U0275790

激励型城市更新

弹性机制的国际反思和中国探索

Incentive-based Urban Renewal:
International Reflections and China's Exploration of Flexible Mechanisms

徐蕴清　　［加拿大］钟　声　等著

中国建筑工业出版社

图书在版编目（CIP）数据

激励型城市更新：弹性机制的国际反思和中国探索 =
Incentive-based Urban Renewal: International
Reflections and China's Exploration of Flexible
Mechanisms / 徐蕴清,（加）钟声等著 . -- 北京：中国
建筑工业出版社，2024. 8. -- ISBN 978-7-112-30081-5

Ⅰ . TU984.2

中国国家版本馆 CIP 数据核字第 2024H990Y0 号

责任编辑：杨　允
文字编辑：冯天任
责任校对：赵　力

激励型城市更新
弹性机制的国际反思和中国探索

Incentive-based Urban Renewal: International Reflections and
China's Exploration of Flexible Mechanisms

徐蕴清　[加拿大] 钟　声　等著

*

中国建筑工业出版社出版、发行（北京海淀三里河路9号）
各地新华书店、建筑书店经销
北京点击世代文化传媒有限公司制版
河北鹏润印刷有限公司印刷

*

开本：787毫米 ×1092毫米　1/16　印张：23¼　字数：438千字
2024 年 12 月第一版　2024 年 12 月第一次印刷
定价：**99.00**元
ISBN 978-7-112-30081-5
（43095）

内容提要

城市更新是发展进入存量时代的关键命题，其本质是面对复杂权益关系、系统性问题难点以及多元、包容性、高质量目标等，所进行的功能转换提升、城市活力再造和价值利益再分配等一系列的制度安排和变化创新。如何破解当地现行制度限制、成本倒挂、短期回报率低和融资难，以及不平衡、不可持续等重大挑战，是各个城市亟待解决的现实问题，而激励型弹性机制将为城市更新提供重要思路。

本书围绕城市更新和弹性激励的结合点，探究总结城市更新的演进和新要求、弹性激励的内生特征以及与城市更新的相关性；从政府放松管制、市场主体选择性弹性规划和"法外"突破性实践三大类别分析多种灵活政策和弹性规划的适用情况、机制原理、工具手段和使用条件，并提出其在中国城市更新中探索实践所面临的正式和非正式制度障碍。本书采用国内外案例研究和比较的方式，选择英国、美国、加拿大、日本，以及国内广州、深圳和上海的多个真实案例。书中围绕案例的分析和比较，不仅展示了不同地域、经济发展和社会文化环境下，针对多重矛盾的弹性机制选择及实施过程和效果，还深入剖析了各地独特的制度环境和规划体系对弹性机制的产生、设计和变迁存在的深刻影响，以及同类型项目在异国异地复制的可行性因素及本地化的制度要求。基于此，本书揭示了弹性激励的作用、规律和面临的新挑战，以及在不断变化的手段和形式的作用下，整体把握其正负影响的有关激励约束相容的关键性思路，包括对制度文化环境的分析，对协同和理性决策的要素组织，对交易成本、执行效率、激励公平与更新品质的界定与兼顾，以及对所采用的市场化和标准化手段的选择等根本性和实用性思考。

本书视野广阔，案例丰富多样，分析深入且多维度，对于城市规划师、政策决策者、开发运营者以及广大的城市研究爱好者和学习者，它兼具面广根深的特点，有助于提升对复杂、动态和系统问题的响应力、预判力和决策力。对于想把握城市更新和驾驭弹性机制的读者，它是极具启发意义和实用价值的读本。

《激励型城市更新
弹性机制的国际反思和中国探索》
撰写人员名单

作 者

徐蕴清 ［加拿大］钟声

研究组人员

窦西其　张璐璐　张沁雨　师照钦　陈　雪
林春晖　罗　畅　戴　玮　谭　云

主 审

周　珂 / 华侨大学建筑学院教授

顾 问

章兴泉 / 联合国人居署高级顾问，前联合国人居署城市经济与社会发展局局长
冯长春 / 北京大学博雅特聘教授，北京大学城市与环境学院教授
徐克明 / 苏州市自然资源和规划局副局长、党组成员
相秉军 / 清华同衡规划设计研究院总工程师、长三角分院院长
赵大生 / 苏州工业园区借鉴新加坡经验办公室原主任

城市更新是城市高质量可持续发展的重要手段

什么是城市更新

城市更新是改造与改善城市建设落后的特定区域的过程。这些需要改造的区域已经显示出某种程度的枯萎衰败迹象，比如破旧的建筑、状况不佳的街道和破败的公用设施，或者完全缺乏基本的街道、公用设施和开放空间，存在城市资产条件恶化、用途组合不相容以及土地利用不当等问题。城市更新是一种土地再开发与城市环境整治的计划，通常用于解决城市中某些片区衰败的问题。它涉及清理内城区的破旧地区，清除贫民窟并为更高质量的住房、商业、服务业开发，城市综合开发和其他开发创造机会。城市更新的主要目的是通过吸引外部私人和公共投资以及鼓励企业创业等来恢复特定地区的经济活力，同时创造优美的城市环境。

恩格斯曾在 19 世纪对英国工人阶级破旧不堪的住房条件进行过详细的报道。发达国家在 19 世纪末进行了许多旧城改造的尝试，并在 1940 年代后期的战后重建期经历了城市更新建设绵密的高潮阶段，这一阶段对城市景观与城市振兴进程产生了重大影响。但是，国外 20 世纪 40 年代后期开始的大拆大建模式的城市更新也留下了沉痛的教训。到 20 世纪 70 年代，许多大城市开始反对对其城市开展全面的城市更新计划，而是推动精雕细琢，进行精准更新。

如何更好地推进城市更新

经过几十年的城市化快速发展，中国城市的发展模式需要改变、转型，从以项目为主导的"散打"式发展向"合力"式发展转变，从粗放型快速扩张向集约式整合、综合、融合发展转变，从追求数量向重视质量转变，城市发展的重心从城市空间增量发展向改善与优化城市空间存量转变。城市高质量发展需要对城市空间"存量"进行增质增效、赋能优化的改造更新，对城市空间"存量"与现有基础设施服务功能进行结构调整，开展功能与空间的综合改善与更新升级。城市更新是城市发展的一种战术调整，通过更高效、集约化地利用土地，调整空间结构，优化城市布局，提升城市功能与效率，配置新型（如：数字化、智慧化、便民化的）基础设施，使城市基础设施与城市空间适应当前与未来的需求，为城市未来发展的灵活性、弹性留有处置和提升空间，增强城市效率、宜居程度、低碳发展和智能水平，以及本土特色与包容性，降低城市发展对资源的依赖程度。

城市更新要解决城市发展的难点痛点，解决城市特定区域功能老旧、衰退问题，在老旧城区推进以老旧小区、老旧厂区、老旧街区、城中村"三区一村"改造为主要内容的城市更新行动。同时，城市更新要精雕细琢，避免大拆大建，侧重于修复与改善。目前，城市更新最常采用的是改造、选择性拆除、商业开发和税收优惠等综合措施。完整地拆除整体区域或一个社区来进行重新开发的城市更新越来越少。城市更新的目标是发展与完善原有社区的功能、设施与环境，融入"本土化"意识与特色，传承历史与地方元素，对现有的城市建设设施、文化进行保护或保存，修复、恢复与改善现有社区的自然和人造环境，促进可持续发展，而不是推倒重来。

更重要的是，城市更新要为城市创造"共享价值"。城市区域不属于单一群体或个人，它不应该为少数人服务，也不应该为资本服务，而应该为城市中许许多多的居民与参与者提供价值。所有属于广泛更新范围的群体，从当地的工人到外来的游客，从儿童、学生到老人，以及难以充分享受城市服务的低收入群体，还有参与更新的投资者，都应该从城市更新中受益。实现"城市是人民的城市"发展理念，为之创造价值并分享城市社区的对象应该是与之具有长期利益的人，而不是主要关注价值提取和返还的短暂利益相关者或过客。

利用激励措施促进城市更新

城市更新激励措施和技术往往有三个方面或类型。第一种是国家授权立法以及制定政策来激励城市更新活动。比如，提高开发密度的激励，即允许在一个地块上建造多于规定的单元或建筑面积，允许更高密度的开发，或采取其他超越基本土地使用法规的标准。第二种是国家或当地政府对城市更新推行财政金融激励或援助。比如减税融资、特别税、重建收益债券、减少或免除开发费、减税或免税。第三种是市政技术支持。这种激励措施涵盖了市政府在其管辖范围内为协助城市更新而开展的技术支持，例如通过城市交通基础设施的更新改造改变邻近地区的可达性，提升交通的便捷性，改善人员与物资的流动性，从而改变特定地区对土地用途、活动和密度的需求。

《激励型城市更新 弹性机制的国际反思和中国探索》一书探讨了城市更新的弹性激励措施，从城市规划和政策制定的角度探讨如何促进城市更新。本书认为，在面对不确定性和变化的情况下，在规划编制审批、更新实施监督、法规政策制定等方面，公共部门可以通过弹性机制设计，激励私营机构和社会资本积极参与城市更新，提供更高质量的公共服务生产，实现社会福利最大化的目标。本书强调从弹性的角度思考规划，承认外在环境的动态和不确定性，并提出城市规划必须正视这些不确定性；而弹性规划将赋予城市空间灵活适应动态社会经济环境的能力。

首先，在规划体系方面，弹性激励要求提供灵活的规划和开发选项。弹性激励可以为城市规划和开发提供更灵活的选择，包括可重构的建筑设计和基础设施、可变的土地用途和开发密度等。这种灵活性可以帮助城市适应不断变化的需求和挑战。其次，在土地管理上，不同于控制性规划，弹性激励强调以奖励代替强制，可以通过奖励机制鼓励城市居民，上地所有者、使用者和开发者做出有利于城市长期发展或公共利益的举措，从而获得弹性发展收益。这种奖励机制能够增加市场的自主性和参与度，同时也可以促进社会共享责任的建立和可持续发展。再者，在规划内容上，弹性激励旨在促进城市规划和开发的多样性和混合性，包括建设不同类型的住宅及商业和公共设施。这种混合性可以提高城市的适应性，同时促进社区的发展和经济增长。总之，在城市更新中，弹性激励可以帮助城市适应不断变化的需求和挑战，激励多元主体参与其中，促进城市的可持续发展和社会经济繁荣。

章兴泉

联合国人居署高级顾问

2024 年 10 月 18 日

序 二 | FOREWORD

世界城市发展经历了城市化、郊区化、逆城市化和城市复兴等不同阶段。在城市快速发展时期,人口和产业向城市高度集聚,发达国家的大城市产生了人口拥挤、交通拥堵、住房紧张、环境污染、社会治安混乱等城市问题,也称为"城市病"。为了治理"城市病",有城市开始发展城市边缘组团,并在距城市 30 ~ 50 千米的郊区建设卫星城,进而逐渐发展为新城(New Town)。到了城市化的后期,人口从中心城区向郊区或大都市区范围迁移,出现"城市人口绝对分散"(Absolute Decentralization)的郊区化现象。中心城区则出现空心化,表现出产业落后、结构不合理;城市布局混乱、社区功能衰退;公共服务不健全、基础设施老化、人居环境质量下降等问题。因此,20 世纪 60 年代末到 70年代初,欧洲大都市计划提出"城市复兴计划"(Urban Revitalization),其内涵是"城市更新"(Urban Renewal),或称为"城市重建"(Urban Redevelopment)、"城市土地再利用"(Urban Land Reuse),由此在欧美大城市开始了城市更新运动。

目前,我国已进入城镇化的稳步发展阶段,城市社会经济发展需要转型升级,产业结构需要调整,城市空间发展以外延式增量扩张转向以存量再开发利用为主的新时期,许多城市的老城区、城中村、棚户区需要改造,老旧基础设施需要更新,城市功能和空间结构需要重构,城市活力需要激发,城市竞争力需要提升,历史文化街区需要保护,等等。所以,城市更新成为现代化城市建设的主要任务,也是城市空间治理和社会治理的主要内容。为此,亟需研究城市更新的理论方法、规划设计技术、再开发利用与保护模式、投融资机制和政策措施。徐蕴清教授研究组从激励政策和弹性机制视角探讨城市更新理论与策略,为城市更新提供了新的思路和途径。

这本书是几位年轻学者近年来关于城市更新研究成果的集成。其特点有三:第一,回顾了国内外城市更新的演进历程,系统总结了不同时期城市更新的模式和特征以及存在的问题;第二,选择中外大城市不同类型城市更新案例进行比较分析,尽管国情和城市状况不同,不同类型城市更新的实践效果存在差异性,但城市更新的成功经验可以借鉴;第三,创新性提出"激励型城市更新和城市更新的弹性机制",阐释了弹性激励型城市更新的理论内涵,针对我国城市更新面临的挑战,从制度环境、文化基因、协同规划、决策理性、成本与效率等方面,探讨了我国城市更新模式和机制的创新。

党的二十大明确提出要提高城市规划、建设、治理水平,加快转变超大特大城市发展方式,实施城市更新行动。城市更新包括土地再开发、环境整治、历史文化保护、功能活化提升等多方面任务。我们在研究北京老城区更新改造时，针对不同的区域或街区，总结出五种更新模式："除旧建新，全面改造""修旧如旧，功能提升""新旧协调，功能联动""古木逢春，功能置换""挖掘地下，空间拓展"。可见，城市更新是一项复杂的系统工程，涉及多主体利益、投融资和交易、公平公正和效率效益、政府与市场的关系等方方面面，需要因地制宜、因城施策，统筹规划、公众参与、共同谋划，合力推进城市更新计划。通过多方式、多模式的城市更新，对城市潜在的资源综合利用，实现产业结构迭代升级、空间结构优化重组、城市文化创新繁荣、城市可持续精明增长和高质量发展，打造宜居、韧性、智慧的城市，让人们的生活更美好！

冯长春

北京大学博雅特聘教授

北京大学不动产研究鉴定中心主任

北京大学首都发展研究院副院长

自然资源部国土空间规划与开发保护重点实验室主任

2024 年 9 月 19 日于北京大学城市与环境学院

目 录 | CONTENTS

第1章 城市更新与弹性激励的理论内涵 **001**

1.1 城市更新的国际演变、发展需求和制度变化 001

1.2 弹性激励的理论基础、内生特征和时代挑战 010

1.3 弹性激励的机制、工具与路径 013

参考文献 029

第2章 中国城市更新机制的探索和挑战 **034**

2.1 演变中的中国城市更新模式 034

2.2 城市更新政策和制度发展方向 041

2.3 弹性激励机制在中国城市更新中的探索和障碍 051

参考文献 060

第3章 中国的城市更新实践和机制创新 **065**

3.1 深圳城市更新制度 065

3.2 深圳南山区大冲村城市更新案例 080

3.3 广州城市更新制度 096

3.4 广州恩宁路永庆坊微改造案例 108

3.5 上海城市更新制度 123

3.6 上海田子坊创意产业园案例 140

参考文献 159

第4章 国际城市更新体系中激励机制的实践与启示 **169**

4.1 英国：自由裁量规划体系下的激励机制 169

4.2 英国伦敦国王十字车站地区案例 184

4.3 美国：分区规划体系下的激励机制 203

4.4 美国纽约高线公园案例 212

4.5　加拿大：混合规划体系下的激励机制　　　　　　　232

4.6　加拿大多伦多摄政公园案例　　　　　　　　　　247

4.7　日本：自由分区规划体系下的激励机制　　　　　261

4.8　日本东京大手町案例　　　　　　　　　　　　　274

　　参考文献　　　　　　　　　　　　　　　　　　　289

第5章　高品质更新下，弹性激励的规律探析和适用展望　　304

5.1　制度环境与文化基因　　　　　　　　　　　　　304

5.2　协同规划与决策理性　　　　　　　　　　　　　312

5.3　交易成本与执行效率　　　　　　　　　　　　　321

5.4　激励公平与品质保障　　　　　　　　　　　　　328

5.5　市场化手段与标准化约束　　　　　　　　　　　339

5.6　弹性激励的反思和建议　　　　　　　　　　　　345

　　参考文献　　　　　　　　　　　　　　　　　　　350

图目录 | LIST OF FIGURES

图 1-1	规划管制改革要点	016
图 1-2	开发权转移的演进示意图	018
图 2-1	中国城市更新实践的刚性弹性情况与未来需求	053
图 3-1	深圳市城市更新规划体系	074
图 3-2	深圳大冲村区位图	081
图 3-3	大冲村卫星图变迁	081
图 3-4	大冲村更新时间线	082
图 3-5	大冲村村集体及村民拆迁安置补偿标准	085
图 3-6	大冲村改造后现状图	086
图 3-7	大冲村城市更新项目机制图	088
图 3-8	大冲村项目改造期间政策变迁	090
图 3-9	荔湾广场改造后建成实景	097
图 3-10	广州永庆坊区位图	109
图 3-11	改造后的活动空间	111
图 3-12	改造后的街区生活	111
图 3-13	恩宁路改造时间线	112
图 3-14	永庆坊微更新项目机制图	116
图 3-15	上海田子坊区位图	141
图 3-16	田子坊内的典型石库门、里弄建筑、厂房建筑	141
图 3-17	田子坊更新后现状：商住混合的功能和公共空间	142
图 3-18	《卢湾区新新里地区控制性详细规划（2004 年 10 月）》规划总平面图	144
图 3-19	田子坊里弄住宅出租房屋情况统计	145
图 3-20	田子坊发展历程概要	146
图 3-21	田子坊第一阶段利益相关者关系示意图	147
图 3-22	田子坊第二阶段利益相关者关系示意图	149
图 3-23	田子坊第三阶段利益相关者关系示意图	150

图 3-24　田子坊向石库门里弄蔓延　152

图 3-25　田子坊"居改非"后混杂的建筑使用情况（2013 年 1 月）　154

图 4-1　英国规划体系的改革梳理　176

图 4-2　伦敦国王十字车站地区区位图　184

图 4-3　国王十字车站地区更新时间线　187

图 4-4　国王十字车站地区主要开发格局及标志建筑空间示意图　191

图 4-5　国王十字车站地区现状照片　192

图 4-6　国王十字车站地区更新项目机制图　198

图 4-7　美国容积率激励制度运作示意图　208

图 4-8　纽约高线公园区位示意图　212

图 4-9　荒废的高线　213

图 4-10　高线历史照片　214

图 4-11　高线公园更新历程概况　216

图 4-12　高线公园卫星图变迁　216

图 4-13　切尔西、西切尔西与甘瑟弗尔特市场历史街区范围　219

图 4-14　西切尔西重新区划图　221

图 4-15　HLTC 土地开发权转移示意图（单位：英尺）　222

图 4-16　西切尔西区叠加分区区划子分区容积率管控要求　223

图 4-17　高线公园周边地块高度控制　224

图 4-18　高线公园周边建筑控制　225

图 4-19　高线公园改造后的现状　225

图 4-20　高线公园沿线地产价格变化情况（单位：美元 / 平方英尺）　227

图 4-21　高线公园城市更新模式图　228

图 4-22　安大略省规划体系示意图　236

图 4-23　安大略省分区规划变更流程图　239

图 4-24　安大略省《规划法》第 37 条密度奖励实施流程　243

图 4-25　多伦多摄政公园社区区位图　248

图 4-26　多伦多摄政公园社区卫星图　248

图 4-27　摄政公园社区更新项目《社会发展规划（2007）》的结构框架　250

图 4-28　摄政公园社区现状　251

图 4-29　摄政公园社区更新历程概况　252

图 4-30　摄政公园社区更新项目利益相关者关系示意图　253

图 4-31　摄政公园社区改造后的公共基础设施　　256

图 4-32　摄政公园社区改造后的住宅建筑　　256

图 4-33　摄政公园社区更新模式图　　257

图 4-34　日本城市更新法规体系示意　　266

图 4-35　日本城市更新管理体系　　267

图 4-36　日本城市更新实施阶段　　269

图 4-37　东京大手町区位图　　275

图 4-38　大手町卫星图变迁　　276

图 4-39　大手町更新时间线　　277

图 4-40　大手町的连锁城市更新换地示意图　　279

图 4-41　大手町的连锁城市更新项目阶段示意图　　279

图 4-42　常盘桥地区更新项目步骤　　280

图 4-43　常盘桥地区再开发项目前后对比　　281

图 4-44　大手町项目主要利益相关者互动关系　　282

图 4-45　大手町更新项目模式图　　284

图 4-46　大手町川端绿道　　284

表目录 | LIST OF TABLES

表 1–1　国外主要国家城市更新特点和变化的比较　006

表 1–2　国外主要国家 PPP 模式比较　008

表 1–3　开发权转移实施要素　019

表 1–4　美国开发权转移标志性事件及其应用场景　019

表 1–5　部分国家和地区容积率奖励措施　021

表 1–6　土地用途混合和转变的管控体系　024

表 1–7　弹性规划工具汇总　025

表 1–8　"法外"实践要点总结　027

表 2–1　国内城市更新发展阶段变化　035

表 2–2　不同阶段城市更新的典型实践　039

表 2–3　2021 年以来城市更新主要政府文件、政策汇总　042

表 2–4　21 个城市法规文件名录　047

表 2–5　21 个城市出台法规文件中的配套政策相关内容　049

表 3–1　深圳市城市更新"1+X"政策体系　069

表 3–2　2009 年《深圳办法》与 2021 年《深圳条例》的内容对比　070

表 3–3　深圳市拆除重建类城市更新项目历史用地处置比例表　072

表 3–4　深圳市城市更新制度的激励与管控　077

表 3–5　大冲村拆除重建规模　083

表 3–6　大冲村三方主体成本收益分析　087

表 3–7　广州市城市更新政策体系　099

表 3–8　广州 2009—2015 年"三旧"改造核心政策变化　101

表 3–9　广州 2016 年至今城市更新核心政策变化　102

表 3–10　广州市城市更新制度的激励与管控　106

表 3–11　上海城市更新政策文件　127

表 3–12　《上海办法》与《上海条例》的目标原则对比　129

表 3–13　《上海办法》与《上海条例》的工作机制对比　129

表 3-14 《上海办法》与《上海条例》的内容差别 131

表 4-1 Argent 初始商业计划 188

表 4-2 关于国王十字车站地区建设协议的谈判内容 190

表 4-3 "106 协议条款"中有关国王十字车站更新项目的规划义务 195

表 4-4 "106 协议条款"中有关国王十字车站更新项目的不同用途的最大建筑面积 195

表 4-5 马里兰州 Charles 郡区划中实施的容积率激励制度 210

表 4-6 切尔西历史街区保护历程时间表 220

表 4-7 日本土地使用分区制度演变 265

表 4-8 日本城市更新模式 268

表 4-9 大手町与四川北路更新对比 289

表 5-1 各国家 / 地区不同文化背景下的更新策略比较 309

表 5-2 城市更新各利益主体的利益诉求 313

表 5-3 我国城市更新不同阶段主导力量和组织方式比较 315

表 5-4 城市更新协同规划方式 317

表 5-5 城市更新流程中产生的交易成本 323

表 5-6 城市更新中的激励工具 332

表 5-7 城市更新案例的品质提升重点与保障思路 336

表 5-8 制度设计中的品质保障重点与举措 338

表 5-9 市场化手段和标准性约束 343

表 5-10 弹性激励的路径与保障 348

第1章

城市更新与弹性激励的理论内涵

1.1 城市更新的国际演变、发展需求和制度变化

1.1.1 国际城市更新的物质和社会演进

城市更新是为解决城市空间存量问题而发展起来的方法和活动，旨在进一步完善城市功能，优化产业结构，改善人居环境，推进土地、能源、资源的节约集约利用，促进经济和社会可持续发展。在其国际演进的过程中，城市更新深受各个时期西方主流规划理论思想的影响，目的也有所不同。罗伯茨根据不同时期城市发展趋势的背景变化，将20世纪50年代至21世纪初期西方国家的城市更新主题进行了分类[1]。

1. 20世纪50—60年代：从形体主义向人本主义过渡

20世纪30年代大萧条之后，凯恩斯主义理论成为主导整个西方国家的主流经济学思想。反映在城市更新上，形成了以政府为主导、以公共财政为基础的空间投资需求拉动模式。在凯恩斯经济思想的指导下，城市更新经历了形体主义和人本主义两个阶段。在形体主义思想指导下，城市更新着重于物质环境的更新，推倒式的重建成为典型的城市更新手段。到20世纪60年代，由于内城的物质衰败以及严重的贫困、失业、安全等社区问题，政府在进行城市物质环境改善的同时，也从人本的角度关注城市发展问题。

"二战"以后至20世纪50年代这一时期的城市更新实践主要受形体主义规划理论的影响。形体主义规划理论倾向于把城市看作一个静止的事物，寄希望于建筑师和规划师绘制的宏大规划蓝图，试图通过技术和资本来解决城市中的所有问题，如新城建设，大规模改造，严格功能分区等[2]。反映在实践上，以改善住房和生活条件为目标，对内城区土地进行置换，通过清理贫民窟、大规模推倒重建、增加城市景观来实现城市中心区的经济繁荣。然而，这种模式不仅抬高了中心城区的物价，助长了城市向郊区的空间蔓延，也使得中心城区出现了治安、交通等方面的一系列问题。大

量被迫从中心城区迁移出来的低收入居民又不得不在内城边缘地带聚集，形成新的贫民窟。更为糟糕的是，它破坏了原本的邻里和社会关系，并加剧了内城的逐步衰败。

20世纪60年代，西方社会出现了思想变革，大规模城市改造的失败促使学者们开始对形体主义的城市更新模式进行批判，进而产生了城市更新的人本主义理论。人本主义角度的城市更新理论在微观层面上要求宜人的空间尺度，体现城市设计的主要内涵和对人生理、心理的尊重；中观层面上强调具有强烈归属感的社区设计，创造融洽的邻里环境；宏观层面上则要求合理的交通组织、适度的城市规模和有机的城市更新。反映在城市更新政策实践上，城市更新应以内城复兴、社会福利改善及物质环境更新为目标，强调被改造社区的原居民能够享受到城市更新带来的社会福利和公共服务，将城市经济振兴视为解决城市贫困、就业和冲突的根本性措施。这一时期，尽管郊区化趋势依然明显，但一批中产阶级家庭开始自发地从郊区回迁到城市中心区，与低收入居民毗邻而居[3]。

凯恩斯主义下的城市更新给城市造成了巨大的财政压力。从投入来看，这一时期城市更新的资金主要来自中央政府公共部门的投资和地方政府的补充，私人资本投资的规模和占比并不高。而城市更新工程往往耗资巨大，所需公共资金均来自向企业和个人的征税，重税政策迫使一些制造业企业进一步从城市迁出，致使城市经济遭到重创[3]。此外，大规模推倒重建要求的前期一次性投入巨大，使得城市财政难以承受。例如，纽约的城市更新在1974年仅短期贷款就达53亿美元，市政府因无力偿还而宣布财政破产[4]。

2. 20世纪70—80年代："旗舰工程"推进城市再开发

石油危机之后，随着政府财力疲弱，新自由主义开始盛行，并成为城市更新实践的主要指导思想。随着全球产业结构调整的加速，城市政策关注的重点从福利问题转向经济发展。城市间的竞争加剧，导致许多城市发展公司和地方当局试图将发展旗舰工程作为地方经济发展的工具和城市更新的手段，如伦敦的千年穹和泰特现代美术馆项目。在大型旗舰项目中，政府开始有选择地介入项目，强调私营机构的参与，对环境问题的关注更加广泛。这种模式强调了私营机构在城市萧条地区振兴中的重要性[3]。

此外，在就业和财富创造方面，大型旗舰项目将会给整个城市或区域带来额外的附带收益（直接或间接）。这种通过大型旗舰项目推动城市复兴的方法被称为"声望工程模式（Reputation Engineering Mode）"[3]。在这一时期，城市重建成为城市地区实体经济复兴的同义词，吸引房地产开发商和私人投资者参与更新成为城市政策的目标方向。对于以旗舰工程推进城市再开发的效果，学者们褒贬不一。支持者认为大型旗舰项目是衰落的城市地区实现物质空间改善和经济功能提升的有效机制。在城市政府企业家主义的影响下，成功的大型旗舰项目可以有效吸引投资，强化城市的形象和品牌效应，带动周边地区乃至一个城市的经济增长，提升市场活力和城市竞争力。还有相当多的旗舰项目被赋予了城市产业转型和空间质量提升的任务，许多美国城市的市中心因为大型旗舰项目发生了"惊人"的转变[5]。而反对者则认为大型旗舰项目往往选择可以使私营机构投资盈利（或潜在盈利）的地点，而不是拥有相对较多的弱势群体和急需发展机会的地区，这种片面追求外在表现的做法就导致该阶段部分西方城市的"绅士化"现象加剧，比如美国纽约曼哈顿区，城市功能的服务重心逐渐转移到了游客而非城市居民身上[6]。这些以房地产为导向的城市更新活动还带来了房价高涨、过度开发以及对环境产生的负面影响等。对获取短期利益的重视和追逐进一步带来了市场的投机倾向和风险，并限制了对长远发展和产业培育的关注和投入，影响地区可持续发展[7]。

3. 20 世纪 90 年代：以可持续发展促进功能再生

20 世纪 90 年代的"城市更新"理论是在全球可持续发展理念的影响下形成的，城市更新被看作实现资源再利用的一种方式[3]。在 3R 理论下（Reduce、Reuse、Recycle），可持续的城市更新可以定义为：城市更新应体现"减少"，应强调"再利用"，应注重"回收"。英国学者 Methuen 提出了"资源管理"的理念，包括"非都市化的空间""减少功能和空间冲突""促进混合土地用途""结合土地用途的互补类型""界定以环境为主线的城市发展方向""塑造城市及其各部分的身份"六项城市更新的可持续原则[5]。

但在实践中，却出现了大量与以上提到的资源管理六原则相悖的、只关注生态方面的城市更新策略。这种出于环境公平角度考虑的城市绿化策略反而衍生出其他城市问题，如绅士化和原有贫困居民的流离失所。因而，在城市更新策略中应同时兼顾经济、社会和环境可持续发展等多个要素。"专项再生预算"（Special Regeneration Budget）、"城市规划行动"（Urban Planning Action）和"城市恢复活动区"（Urban Restoration Activity Area）等政策应运而生，英国的曼彻斯特与伯明翰滨水空间的整治与再利用以及法国鲁贝市的"重新塑造城市公共空间"旧城改造计划成为这一时期兼顾经济社会生态等多方效益的城市再生实践的突出代表[8]。

4. 21 世纪：文化复兴带动社会复兴

进入 21 世纪，艺术、文化和娱乐、教育、医疗服务与旅游业等产业领域在城市发展中得到更多的重视。其中，创意产业更是被众多学者视为新的城市经济增长点。就空间来说，创意产业往往发生和集聚于城市核心区或老城区这类文化氛围最为浓厚的区域，而这些区域往往也是城市更新的目标区域。因此，以创意产业为主要抓手的城市更新策略成为新时期的重要导向，城市更新也由此进入以文化复兴为主题的新发展阶段[2]。同时，创意人才群体也成为参与城市更新的一股重要的社会力量。比如在纽约 SOHO 商业区的案例中，艺术家群体就通过自己的影响力促使纽约州修改了相关法律，推动了 SOHO 商业区由衰败的老旧工业区转向为新兴的创意产业区。

新中产阶级的艺术性审美与消费需求激发了众多以形象塑造和符号经济为目标的城市更新项目，形成了城市形象再现和文化主导的城市更新[3]。例如伦敦、巴黎等城市不断扩大对文化领域的投入，英国老工业城市格拉斯哥也通过升级更新城市文化设施来改变城市的面貌，如格拉斯哥国王剧院和凯尔文哥罗维艺术博物馆等建筑的更新改造就吸引了全球大量的历史学者和艺术爱好者，为城市释放了大量的经济价值和社会效益。总的来说，这一时期的城市更新活动具有以下的特点：（1）在位置上，多数发生在城市的老城区和衰败的核心区；（2）在产业上，往往强调创意产业的培育和作用；（3）在更新主体上，创意人才群体成为一股不可忽视的社会层面的更新力量；（4）在空间上，强调用微更新的手段，赋予如废弃厂房等无用空间新的生机，并且强调公共空间的建设，鼓励多元化的群体使用公共空间。但是，这样的城市更新活动也面临着诸多的挑战和局限。比如，创意产业的发展为城市注入活力的同时，往往伴随着房价的上涨和投资价值的提升。随着资本的大量涌入，创意阶层和原住民逐渐被边缘化，影响了城市的多元和可持续发展等。

1.1.2 国际城市更新的新态势

基于上文对从 20 世纪 50 年代开始的全球城市更新活动演变的梳理，本节将会对这种演变进行以下几个方面的总结，即：在更新范畴上，从空间单一更新走向城市经济、环境、社会文化、政治与物质空间的综合复兴[9]；在更新内涵上，表现为空间、资本、产业和人群的重新组合，使城市焕发新的活力；在更新效应上，强调历史文化保护、创意产业发展、生态效应提升和社区公众参与。

1. 更新范畴

从单一走向综合与多元：城市更新不仅能够振兴产业经济、复兴城市功能，而且可以促进城市社会、经济、文化、环境的良性发展。地理空间层面，城市更新已经从最初的西方旧工业城市走向更广泛的城市范围；内容层面，受多种思潮影响，城市更新从单一目标导向逐步向综合性、多元化目标转变，并注重多个利益相关方、多学科协同合作的复杂过程，在不同制度背景下探索多样化的更新动力机制、指导策略和方法[6]。综合来看，城市更新已经从单纯的物质更新走向物质、社会、经济相融合的综合复兴，从大规模推倒重建走向小规模渐进式更新，从政府主导走向政府、私营机构、社区等多方合作的更新。

2. 更新内涵

要素重构与发展转型：一方面，从全球化和资本空间的视角，城市更新改变了城市结构以及资本、阶层、生产和供应关系；另一方面，城市更新不断强调文化、消费以及新需求在城市转型中的重要性，促使城市从生产空间（Space of Production）向消费空间（Space of Consumption）转变，这种自发的、具有可持续潜力的转变使城市的创意性需求激增，为新生的经济和技术手段提供更多生根发芽的机会。正是在这样的背景下，城市更新使新产业、新资本、新群体与既有空间有机结合，构成了新的城市生态，其本质是通过城市要素重构来实现城市发展的转型和重塑。

3. 更新效应

历史保护与重塑文化价值：影响城市转型重构的空间形态因素是众多的，而历史文化街区的保留和改造对于城市空间的重塑则至关重要。城市更新需要物质更新，更需要凸显地域文化。正如简·雅各布斯在《美国大城市的生与死》中所提及的："当市民想到一座城市时，首先出现在脑海里的是街道：假如街道有生气，城市也就有生气；假如街道沉闷，城市也就沉闷。"[10] 通过改造历史街区来重塑城市空间形态，需要对街区空间的形态、尺度以及节点界面等进行分析，寻找出能体现空间文化价值的要素。

创意产业刺激需求增加：在城市由工业化走向后工业化过程中，学界围绕着城市产业结构向服务化、创新化的转型，加强了创新、创意产业发展对城市更新的作用和机制方面的研究。近十年来，在城市需求领域的一个重要的发展趋势是创意文化产业权重日渐增长。而保留文化完整性，对文化进行系统性思考才能激活文化资本[11]。例如日本城市对创意阶层就有较强的吸引力，但这并不会自动增加城市的创意性，而是需要规划师和城市政策制定者针对城市需求变化，构建一个文化主导的良性生产系统来平衡生产和消费[12]。

促进城市环境生态化：伴随着产业的创意创新升级和内需增长，环境保护逐渐成为城市更新的关注点，以英、美等国为代表的西方国家在更新中着眼于培育壮大绿色城市，更新产业实力，从绿色社区建设、既有建筑的绿色改造等重要实施环节入手，不断满足绿色消费升级需求。如英国政府通过政策部署，以绿色社区更新作为城市更新的基本单元，促使城市老旧城区、老旧住宅区、老旧街区的改造等内容发展成为新时代城市更新的主流，成功刺激了内需[13]。美国则是将绿色城市更新视为一个新的产业链条，其上下游涵盖了绿色评估和认证、绿色设计和维护、绿色施工等多个行业，开拓出广阔的发展前景，在造就新经济增长点的同时有效保护了城市生态环境。

提升社区公众参与：20世纪90年代起，社区参与在城市更新中的重要性逐步体现，主要表现在尊重居民更新意愿和共享收益等方面。政府、私营机构和社区的多方参与使城市更新运作模式从自上而下拓展到兼顾自下而上的新机制，自主更新"社区规划"可以改善环境、创造就业机会、促进邻里和睦，各方权力相互制衡，保证多维度更新目标的可实现性。

1.1.3　国际城市更新实践的比较

国外城市更新实践经历了多个更新历程，面临着各种各样的经济、社会问题，城市更新的侧重点也不尽相同，使得城市更新的实施主体、城市更新的具体方式和资金保障存在一定的差异[13]（表1-1）。基于此，本书选取了英国、美国、加拿大和日本四个国家的城市更新活动为深入分析和比较的对象。这样选择的原因是这四个国家的城市更新活动既有共性也有差异性。共性表现在：（1）更新需求：都客观存在着城市更新的需求，也积累了重要经验；（2）社会思潮：四个国家都是资本主义国家，"二战"后经历了相似的主流政治思潮变化；（3）发展的最新阶段都强调推动多元主体、多种参与方式的城市更新。差异性则在于：（1）城市建设特点：四个国家有着不同的城市建设特点和历史，也就存在不同的城市更新需求；（2）制度文化：政治制度和社会文化之间的差异，造就了四个国家不同的更新制度和更新方式。正是基于这些基本特点，本节从更新历程、实施主体、更新方式和资金来源四个角度，对这四个国家的城市更新活动进行梳理和比较，旨在通过对比分析，得出城市更新在不同国家所面临的新问题和新需求。

表 1-1　国外主要国家城市更新特点和变化的比较

典型国家	更新历程	实施主体	更新方式	资金来源
美国	从清理贫民窟到"城市复兴"	地方政府、私人房地产开发公司以及联邦城市更新行政机关等组成的地方公务局	将清除地段的土地进行市场出售，实现地尽其用	引入私人资金，政府通过税收奖励措施等多种方式对个体开发活动提供激励
英国	从城市物质空间开发到经济复兴，再到社会综合目标实现	由政府主导实施到政府-市场合作，再到社区规划	"棕地"再开发利用，房地产开发，文化和景观更新	开发主体缴纳基础设施建设费；政府财政补贴；中央政府单一再生预算基金（Cetral Government Single Regeneration Budget，SRB）

续表

典型国家	更新历程	实施主体	更新方式	资金来源
加拿大	从大规模拆除旧建筑转向微更新手段，从单一更新主体走向多元公众参与	公共住房的旧式政策干预到以政府与市场机制共同主导	拆除旧建筑、对老建筑"绿色化改造"	由公共部门完全投资，或部分投资，开发商投资一部分，进行城市基础设施、居住、活动场所或公共空间的建设改造
日本	从修复战争对大城市的毁灭性破坏开始，更加注重城市绿带在城市规划中的运用，注重对地下公共空间设施的更新	重视公众参与，鼓励自下而上的项目推进，实践中逐步形成政府、民间团体、第三方机构全流程多元协作框架	对存量土地、存量住宅的再开发，建立可持续的住房供应体系，改变目前新增土地开发为主导的单一新房供应模式	政府支持、社会资本和公众参与下的多方联合开发

资料来源：作者自绘

在城市更新历程上，英美城市更新都经历了从大规模的清除贫民窟运动到中心区商业的复兴，再到注重整体社会经济效果（如改造后的城区就业、历史街区风貌的延承等）的过程[14]。在改造思想上，四个国家从物质环境的更新改造，到街区社会、经济、人文等全方位的复兴，也造就了丰富的更新实践。从更新主体的变化上，几个国家都在积极拓宽主体选择，吸引更多元的主体来参与城市更新。在更新融资上，尽管模式不尽相同，但是四个国家都积极吸纳社会资本参与，尽可能地减小政府的财政压力。

1.1.4　城市更新中政府与社会资本合作模式

1. PPP 的背景、内涵与发展

随着时间的演进，城市更新活动面临着新的挑战与需求。城市更新的对象开始变得愈加复杂，城市更新本身也从单纯的空间建设，发展成将空间、产业、民生等方面都纳入其中的复杂社会活动。但同时，负责更新工作的主体却依然是地方政府，其固化的组织结构以及有限的财政能力都难以满足新时期城市更新工作的要求。正是由于这种原有更新主体的能力和新的更新需求之间的矛盾，地方政府开始选择同其他主体进行合作，通过成本共担、利益共享、资源互补的模式，满足新时期城市更新的新要求。

在此背景下，政府与社会资本合作模式（Public-Private Partnership，PPP）作为一种项目融资模式开始出现于大众面前。城市更新中 PPP 的定义是，私有部门参与城市更新实践和整个城市发展建设工作，承担部分传统上由公共机构承担的责任[15]。对于政府而言，PPP 的优势首先在于可以通过吸引社会资本方参与到城市更新工作当中，解决融资难题；其次，私有部门的参与，有效地帮助政府分担了部分风险；最后，城

市更新项目也可以依靠私有部门所拥有的资源和能力，进一步提升城市更新的效果。

1992 年，英国宣布开始实施 PFI（私人主动融资）模式，自此，PPP 在英国、加拿大等发达国家推广开来，并得到了快速的发展。在这样的背景下，PPP 被广泛地应用于城市基建领域，尤其集中在各类城市项目的新建与维护、大型基础设施项目、历史遗产保护项目等方面[16]。

作为一种有效的公共产品和服务的运作模式，目前 PPP 已推广到了亚洲、非洲、拉丁美洲，以及东欧等地区（表 1-2）[15]。同时，PPP 也是国际货币基金组织、世界银行、欧洲复兴开发银行、亚洲开发银行、经济合作组织（OECD）等国际机构积极倡导的、促进经济发展的重要模式和工具。尤其是在 2000 年由联合国 193 个成员国及至少 23 个国际机构通过的"千年发展目标"框架中，PPP 被认为是确保经济社会实现公平发展的最佳模式[17]。

表 1-2　国外主要国家 PPP 模式比较

典型国家	立法建规	运行机制	操作流程	应用领域
英国	PPP 立法以一系列金融类规范性文件为主，如《绿皮书:政策评审、项目规划与评估论证手册》《PPP 采购和合同管理指引》等	政府建立既相互制约相互协调的部门分工机制，涉及政策制定、审批、财政、招标采购、绩效评估与审计等职责由不同部门分别承担	在长期实践中形成了一套成熟的项目操作流程，大体分为项目发起、项目准备、项目初选、项目初审、公共采购指导和监督、最终审批、审计和监管 7 个环节	主要集中在医疗、教育等社会基础设施领域；也涉及国防、住房、街道照明、IT 基础设施和通信、法院、监狱等
加拿大	颁布《合伙合同法》，借鉴英国的政府付费类 PPP，以法律的形式正式确定下来	PPP 项目主要由行业部门负责管理，没有另外设置针对特许经营的专门机构，而是为推广购买服务类 PPP	不涉及公共资金使用，决策程序相对简单，主要环节是在项目实施前开展社会经济分析，研究论证 PPP 项目的可行性	投资公益性社会事业项目，通过政府购买服务回收私人投资成本，发挥私营机构的专业化作用
日本	建立了以《关于充分利用民间资金促进公共设施等建设的相关法律》为总纲、操作规则和指南相配套的法律制度体系	中央和地方各司其职、分工明确：内阁层面主要承担政策、方针以及操作指南制定的职责；地方政府根据职责分工对特定事业给予补贴、税收、土地、融资等方面的支持，并作监管	设置专门机构促进官民对话，很多地方政府将来自民间的提案、咨询、对话一体化，设置了更加高效的咨询窗口，着力加强行政机构内部的协调，例如横滨设立共创前台、神户设立官民合作推进室	以社会基础设施领域的 PPP 项目为主，包含：教育与文化、健康与环境、城市建设、安保、消防、监狱设施、生活与福祉等领域项目
美国	联邦与州政府各有分工：联邦政府确立宏观发展方向；州政府着眼具体实施（仅在部分州实行）	联邦政府层面没有统一的 PPP 管理机构，由非政府组织或机构推动；州政府管理松散，致力于政商合作	州和地方政府对 PPP 项目实施拥有较大的自治权；各城市之间为推动 PPP 建立了一些对话和交流机制，如市长商业理事会	PPP 项目以设计和建设方面为主，且多数集中在公共交通运输领域

资料来源: 作者整理自参考文献 [18-19]

PPP 模式应用于城市更新，希望达到的根本效果是：（1）在成本方面，政府和私营企业共同承担，将私营企业出资作为城市更新的资金来源之一；（2）在风险方面，通过私营企业的参与，在客观上达成分散风险的效果；（3）在效果方面，通过合理的利润分配激励私营企业发挥自身的优势和长处，联合政府共同面对城市更新活动复杂需求的同时，提升城市更新的效率。

2. PPP 的发展困境和改进方向

PPP 在实践当中面临着诸多的问题。首先，由于 PPP 的盈利点基本都来自政府的财政支出（付费和补助），PPP 项目带来的直接投资收益相对稀薄。这就导致本来目的是减少政府财政压力的 PPP 模式只是在客观上延后了政府的财政支出，没有从根本上解决政府的债务压力。甚至由于 PPP 的快速扩张，地方政府的债务负担日益增加，直到难以为继。其次，社会资本参与 PPP 项目需要承担一定的风险。一方面，PPP 一般需要大量的前期投入，这就使得社会资本需要承担很大的现金流压力；另一方面，PPP 的付款和补贴一般在项目进入运营期时才开始支付，项目的前期开发费用和建设成本都要由项目公司先行支付。两者结合起来，社会资本的投资面临着巨大的风险。最后，PPP 还面临着公平性问题。这一点，首先表现在政府寻求社会资本合作时潜在的"权力寻租风险"和内幕交易的可能性，为了克服这一风险，需要建立完善的监督机制和透明的流程；其次还表现在 PPP 项目最后提供服务的质量上，由于 PPP 项目常涉及公共产品或者服务的供给，而较低的利润率和较高的风险可能会促使社会资本通过提供质量不达标的服务或者产品来降低成本，使整个社会的利益受损。

结合上文，PPP 在城市更新项目的运用还有很多挑战有待解决。首先，城市更新项目运作时间较长，且后续需要长期的维护投入，盈利前景不明朗。其次，城市更新项目涉及众多主体，存在复杂的利益和关系网络，多种社会力量的交织可能会阻碍甚至中断更新项目的运作，使得成本难以回收，社会资本面临着更大的不确定性和风险。最后，城市更新的成本较高，前期投入过多会使社会资本需要承受更大的资金压力。一言以蔽之，PPP 模式在城市更新中的应用难点在于激励不足和风险较高同时存在，导致社会资本的参与动力不足。针对这种情况，学界也提出了包括引入多个社会资本相互制衡、完善法律法规建设、规范退出机制等 PPP 模式的优化策略。总的来说，PPP 模式的出现和广泛应用体现了让私营机构更多地参与城市更新的重要方向，是城市更新项目融资的一种有力补充；但是其长期有效地发挥作用还有赖于项目创造稳定收益和降低风险。对于政府来说，避免债务累积和引导私营企业为公共事业作出贡献，也是一项重要命题。

1.2 弹性激励的理论基础、内生特征和时代挑战

1.2.1 弹性激励

"弹性"一词来源于物理学，指系统或物体对外部压力、力量或变化的应对能力，即在外部作用下能够发生形变或变化，但在作用力消失后能够恢复到原来的状态或形状的能力。经济学上对弹性的定义是"一变量对另一变量的微小百分比变化所作的反映"，这种定义揭示了弹性在系统中的重要性，它不仅是系统本身所需的本质特征，也是对外部因素的应对需要。与物理学上的弹性相似，经济体也需要展现出适应性和恢复能力，以保护自身免受损害，并能够有效应对突发挑战。弹性相对于刚性表现出对复杂多变情况的灵活适应，这种灵活性使系统显示出有效的应对和抵御能力，并能够在面对复杂情况时找到最优解。

组织行为学中，激励指的是激发对象的动机，激励对象可以是个人或团队，使其更有动力和热情地投入工作、学习或其他活动，产生内在的动力向组织期望的目标前进。常见的激励方式包括表扬与认可、奖励制度、提供发展机会、设定明确的目标和挑战等。而城市更新涉及多方主体，通过理解不同主体的行为动机和目标，并采用合适的激励措施，有助于提高多方参与合作的积极性，实现城市更新的综合性目标。

基于对弹性和激励的认知，本书所讨论的弹性激励是指在面对不确定性和变化的情况下，以灵活多样的手段激发个人或组织的适应性和动力，使其具备对外部压力、变化或挑战做出灵活反应的能力。以公共服务公私合作供给为例，公共部门可通过引入弹性机制激励私营机构积极参与，以达到吸收社会资本提供更高质量的公共服务生产，实现社会福利最大化的目标。对私营机构的激励可以分为两种，一种是事前激励，即政府激励私营机构参与供给合作，如提供奖励、减轻合作风险等；另一种是事中激励，即政府激励合作中的私营机构，以提高其参与公共服务建设的积极性，可能涉及奖励、认可、合作条件的调整等[20]。在实施时，根据合作的阶段和性质可灵活运用这两种激励方式，同时也需要注意平衡，确保激励手段能够切实推动私营机构的参与，同时维护公共服务的质量和效益。

城市更新面临着物质、空间、经济、社会等多方面的复杂问题，不同主体和利益交织，需要在适应新的需求和变化趋势的同时对城市功能进行合适的改变并激发城市活力。这涉及土地管理、产权安排（交易、转移与分配）、税收政策等多方面的制度创新和灵活调整。而这些制度创新大多与规划制度的体系设计以及具体规划实施方案的调整相关，富有弹性的规划也成为城市更新中弹性激励的重要抓手。在城市规划工作全流程中，从获取土地、规划编制、行政审批到实施管理等多方面，提

高其灵活应对社会需求和变化挑战的反应能力，适度突破制度限制，有效解决复杂问题，激发各方积极参与并协同合作，实现综合可持续的城市更新。

1.2.2　规划控制与弹性激励

西方城市规划有关弹性规划的基础理论有不确定理论（Uncertainty Theory）和混沌理论（Chaos Theory）。不确定理论指出，规划领域中的不确定性因素一是来自规划系统外部且无法调节和控制的因素，二是来自内部规划系统可调节和控制的因素。从本质上讲，不确定性因素的影响程度和应对难度超过确定性因素，规划内部的不确定因素在相当程度上是直接由外部的不确定因素决定的[21-22]。因此，对不确定性因素加以分析和控制，有助于认识城市和实施规划。混沌理论指出，系统的整体性质，关注有序和无序的统一。不同于传统"只要拥有足够的信息，建立足够完备的模型，就可以准确地预测未来，然后提出相应对策"的观点。混沌理论指出，城市作为复杂性系统，有些因素从根本上是无法准确预测的，规划师在面临不可预见的变化时不应该手足无措，而是要把"变化"和"不确定"当作常态，主动寻找适应这种变化的规划方法[21]。总之，这两种理论强调从弹性的角度思考规划，弹性规划将赋予城市空间灵活适应动态社会经济环境的能力[23]。

基于现有认知，可以概括出城市规划中弹性激励的一些主要内涵。首先，在规划体系上，弹性激励要求提供灵活的规划和开发选项。弹性激励可以为城市规划和开发提供更灵活的选择，包括可重构的建筑设计和基础设施、可变的土地用途和开发密度等。这种灵活性可以帮助城市适应不断变化的需求和挑战，例如人口增长、气候变化和经济波动。其次，在规划管理上，弹性激励强调以奖励代替强制，可以通过简化和优先审批，并结合税收减免、公共资金配套等手段，增加市场的自主性和参与度，促进社会的共享责任和可持续发展。最后，在规划内容上，弹性激励还可促进城市规划和开发的多样性和混合性（包括不同类型的住宅、商业和公共设施），从而提高城市的适应性、包容性和可持续性。

一些发达国家较早地意识到规划管理中弹性理念的重要性，已有弹性规划实践。例如，英国国有化土地开发权，建立规划许可制度，由地方政府控制和授权大部分开发活动，同时建立了以自由裁量为主要特点的城市规划制度，通过谈判机制，保障最终规划决策能够灵活满足具体需求。美国在区划法的基础上，根据实际情况，通过弹性单元的划定提供相关技术措施，实现空间开发的多样性。具体表现在新区划法中增设的容积率奖励、开发权转移、税收减免政策等体现城市活力与灵活性的激励性区划的城市设计引导条款。从近些年学者们的研究来看，英国的规划许可制度在一定程度上保障了土地开发活动能够满足经济社会发展和更好地服务于公众的需求，但这种"一事一议"的制度被批评增加了开发部门的项目风险，在一定程度上加剧了英国今天的住房短缺问题[24]。而与英国相比，美国采用的弹性规划是受到区划条例限制的，有利于降低开发风险和成本，奖励机制也有助于依靠市场力量完成大批公共设施交付，但也发生了过度开发、密度过高等情况，对地区环境负载能力构成了严峻的挑战。从实践来看，弹性规划能够更好地满足经济和社会的动态需求，但也需要刚性要求限制弹性范围，避免某一方利用弹性牟利而导致弹性失效。

1.2.3　控制型与指导型的规划体系

世界各国的规划体系可大致分为两种不同的类型，即控制型的规划体系与指导型的规划体系。控制型的规划体系强调决策的规范性，要求明确开发的权利，形成自上而下、不同层次的规划；指导型的规划体系则关注灵活性，通常通过规划的控制管理（规划许可工具）确定具体的实施方案和措施，而规划文本仅阐述发展的政策和目标。

英国和美国的现行规划体系分别代表了指导型和控制型的规划模式。英国采用高度自由裁量的城市规划体系，强调审批规划申请时的灵活性和适应性，以应对实际发展的不确定性，使规划管理更有效地适应城市和市场的变化[25]。然而，这也导致英国规划体系存在较大不确定性，容易通过协商演化为长周期的博弈，影响土地资源配置效率。相对而言，美国规划的自由裁量权较小，注重确定性，依据的是预先编制或制定好的规划。然而，随着城市的快速发展，分区规划的弱点也显而易见。分区规划预先规定了土地的功能、密度等具体内容，通过提供明确的指标降低开发活动的不确定性，激励片区内自下而上地开发活动；尽管这有助于解决地方政府的财政问题，但事前规划无法有效引导、协调城市发展，也难以解决私人利益与公共利益矛盾的问题。两种规划体系各有优缺点，但单一体系已难以满足当下的经济背景。为了适应竞争和发展需求，各国纷纷引入灵活的措施，朝着互补和相互借鉴的方向发展。例如，英国近年推行的规划改革又开始讨论分区规划的结合应用，并在"地方发展框架"中增加了城市设计导则，明确开发建设的容积率和密度等相对确定的技术标准。而美国也引入了诸如区划变通、激励性区划和开发权转移等自由裁量工具，以更好地应对规划中的特殊情景。这显示出两种规划体系的实践正在朝着相互借鉴和互补包容的方向发展（详见第 4.1 节和第 4.3 节）。

我国也曾经历过以高度自由裁量为特点的指导型规划管理体系，而后逐渐转向较为刚性的控制型规划管理体系。在计划经济时期，尽管上级部门制定了刚性的城市规划标准和规范，但是技术规范的覆盖面较窄，因此地方长期在规划决策、制度设计方面享有较高的自主权，从而形成了有着明显差异的地方规划制度[26]。随着城市开发走向市场化，市场机制在城市资源配置中的主导地位日益明显，开发商利益与规划指标绑定，规划权利博弈日益复杂，过大的自由裁量权容易导致混乱的城市建设和无序的行政管理，扭曲利益分配[26]，增加不确定性和交易成本[27]。因而需要更多的约束性政策进行规划管制，避免私人利益膨胀而影响城市发展的公正性。我国的控制型规划（控规）体系作为一种制度设计和产权安排，可以约束地方对规划决策的自由裁量权，实现对城市发展的科学管理。其本质是通过开发控制指标界定土地的发展权，从而减少城市土地开发进程中的不确定性。

但是，过度刚性的控制指标也难以满足市场灵活、动态、多变的诉求，尤其是在存量更新背景下，为了项目的顺利实施，弹性的规划调整往往不可避免[28]。而对于以地方政府部门为代表的决策者群体来说，刚性管制也可能会导致其不愿意承担决策的风险和责任，减少了灵活应对实践挑战的主动性，难以有效发挥其调配资源、降低交易成本和最大化整体利益的能力。对于市场主体来说，激励不足还不利于提高其参与复杂、有难度且高成本的城市更新建设与运营的积极性，他们可能更容易采取迅速获利的短期策略，忽略了企业责任和对长期发展目标的兼顾。

因此，总体而言，控制型和指导型规划体系各有利弊。控制型体系较为强调提供确定性和规范性，有助于减少不确定性、降低交易成本、提高效率，但可能限制创新和适应性。指导型体系注重灵活性和适应性，能够更好地应对变化，但可能引发不确定性和长周期的博弈。结合国内外实践变化，本书认为，关键的问题是如何在两者之间找到平衡点，兼顾规范性和灵活性，以推动城市可持续发展。

1.3　弹性激励的机制、工具与路径

1.3.1　政府的管制与放松管制

在经济体系中，政府管制的目的是纠正市场失灵，使资源配置达到帕累托最优，增进社会福利水平。政府管制是由行政机构制定并执行的、直接干预市场配置机制或间接改变企业和消费者供需决策的一般规则或特殊行为，而管制的基本内容是制定政府条例和设计市场激励机制[29]。政府管制可以被分为直接管制和间接管制。前者指政府部门通过有关市场准入、行政许可、价格标准等法规对市场进行管制；后者指政府的司法机构通过一定的法律程序对企业的不正当竞争行为和垄断行为进行管制[30-31]。管制理论认为，政府管制的目的是解决信息不对称、外部性和恶性竞争等问题，政

府管制强调抑制市场的不完全性缺陷 [32]，制约私人利益对公共利益的损害 [29]。

然而，政府管制也备受社会批评和责难，其原因不仅在于管制规范、限制了人们的行为，更重要的是过度管制不仅增加了政府成本，而且导致腐败、效率低下等问题。因此，改革与纠正政府管制所衍生的问题，提升管制质量，也成为世界范围内政府改革的核心主题之一。

20 世纪 70 年代末，以欧美为代表的西方发达国家接连出现"滞胀"危机，表现为国家干预经济活动的效果不能增进资源配置效率，反而导致这些国家财政赤字不断攀高、通货膨胀持续上升、失业率居高不下等现象 [33]。政府管制还导致了诸如制度僵化、腐败、管制成本过高、技术创新缓慢等问题 [34]。1970 年，美国对市场管理的联邦机构预算为 1.66 亿美元；到 1975 年，随着机构数量增加，预算上升至 4.28 亿美元。同时，企业进入市场时需向政府支付"租金"，如提供政治献金和竞选经费。政府管制还导致财政支出增加，进而促使管制膨胀，增加纳税人负担，耗费大量人力和财力，代价巨大 [35]。诸如美国和欧洲各国的现实引起了经济学界对政府管制的反思，一些学者同样对政府监管部门的目的与公正性提出了质疑。反对政府管制的核心观点认为，首先，市场与私营机构自身能够依靠竞争和私营机构秩序应对绝大多数市场失灵问题；其次，部分经济学家们认为向法院机构提起私人诉讼的途径能够解决市场参与者之间的任何冲突 [34]。这些批评不仅提供了新的理论框架用以思考政府的角色，同时也得到了大量实践研究的支持，特别是广泛存在的监管失败现象的证据。

于是，20 世纪 80 年代，以英美为代表的西方国家开始对管制体系进行大刀阔斧的改革，进行"放松管制" [34]。放松管制是指政府放宽或取消对特定行业或活动的规定和限制，以促进市场的自由发展和经济的增长。这种政策常常涉及法律、监管和行政方面的改革，旨在减少政府对企业和市场的干预，为私营机构创造更大的自由度。英国政府推动私有化和市场竞争，出售国有企业股份，逐步降低其在国民经济中的占比 [31]。在市场自由化、全球化和新自由主义思潮的影响下，"放松管制"成为西方政府改革中流行的话语。然而，过度放松管制直接导致了 2008 年美国次贷危机的爆发，引发金融市场崩溃和全球经济衰退。从 20 世纪 80 年代后期开始，美国一直通过制定和修改法律放宽对金融业的限制，消除银行业与证券、保险等投资行业之间的壁垒。推行金融自由化的同时，对金融监管的缺失给华尔街投机者提供了钻制度空子的机会，造成次级房产贷款危机、股市剧烈震荡，波及众多国家经济体，对公众的金融安全也构成了重大风险。

因此，政府管制只是影响市场表现的众多制度和结构特征之一 [36]。归根到底，管制是处理市场和政府两大主体之间关系的过程，政府也并非完全理性，过于刚性的制度以及过大的管制范围多会导致管制失灵；然而，过度地放松管制也将增加资源浪费以及社会问题显现的可能性。关键在于适度把握放松管制的程度，让有为政府和有效市场发挥协同作用，推动城市高质量发展。

1. 城市规划中的放松管制

21 世纪以来，一些发达国家陆续掀起了对规划系统进行放松管制的浪潮，相继颁布措施以简化开发审批、标准化地方规划和提高决策效率。这类放松管制措施旨在减少规划中各类有利于公共利益的限制和规定造成的负面影响，同时也标志着国际城市规划制度正逐渐从以刚性管控为主转向有弹性、适度放松的管制制度。

以英国为例，过去几十年来，英国经济学家广泛认为英国城市规划体系、流程和管控干扰了市场机制，降低了土地分配效率，抑制了开发活动。由此，英国历届政府持续推动规划体系放松管制改革。从 2004 年到 2011 年，各届政府陆续推出了《规划和强制性购买法》（2004 年），《规划法》（2008 年）以及《地方主义法案》（2011 年）。这些法案引入了新的规划原则，强调"效率"和"价值最大化"，并强调私营机构要在城市发展中发挥更大的作用[37]。尤其在住房问题上，2016 年，英国正式立法扩大规划许可的范围，规定办公楼改造为住宅将直接获得规划许可，不需要提交详细的计划，并且地方部门不能基于改变用途的原则、开发地点、设计或其对人、环境和地点的影响而否决提议。

但是放松管制也可能导致成本增加和公平性问题。从效益上来看，放松规划管制背景下，英国地方交付的住房数量远超预期[38]。但为了保证利润不减少，开发商在住房改建时没有为便利设施提供更多空间，也没有采用更好的门窗和隔热材料提高建筑物的环境标准，导致住房和环境质量降低，住房维护成本提升，公共部门将不得不在基础设施和可负担住房建设方面增加财政支出[38]。另外，放松管制背景下，市场的主导作用被放大，以我国广州的三旧（旧厂、旧村、旧城镇）改造为例，当城市更新中政府过度放松管制时，市场主体和土地业主占有了大部分土地增值收益，导致公共利益受损的现象屡见不鲜。

2. 规划管制的主要原则

高效的管制流程能够帮助开发过程形成更加集成的决策，发现和解决潜在问题，避免不必要的成本支出；同时，能够促使被监管人为公共利益作出贡献[39]。然而，管制行动本身会消耗被监管方和监管机构大量资源，会导致决策过程过长且复杂，产生的成本则会被转嫁给最终消费者。因此，规划管制改革的关键是如何构建低成本、高效率，兼顾公平性的管制体系问题，应强调在规划管制中找到平衡，旨在维持城市发展基本秩序的同时，提高灵活性、鼓励创新和促进可持续的经济繁荣。

在对规划进行放松管制的改革思路上，应在维持基本秩序的前提下，强调市场力量、社会参与和经济灵活性（图 1-1）。首先，审批程序是其中的关键一环，通过简化和加快规划及建筑许可的审批流程，减少冗长的文件要求，提高开发项目的效率；采用更为标准化和简化的地方规划要求，以降低对土地用途和开发的限制，鼓励更多的灵活性和创新性。其次，强调决策过程的社会参与，确保各利益相关方的声音得到充分听取，以便更好地反映多元化的需求。第三，政府可以通过提供税收激励或其他激励措施，鼓励私人和商业投资，以促进经济增长。

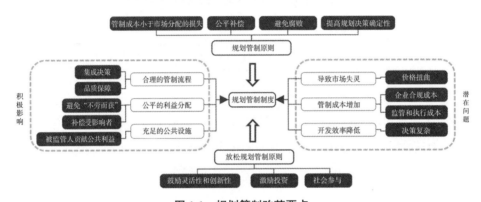

图 1-1　规划管制改革要点

资料来源：作者自绘

一个有效的规划管制制度应该遵循以下原则：（1）能够实现对规划限制开发的对象进行公平补偿，能够对土地增值收益进行捕获。如前文所说，规划管制的内生矛盾是导致管制低效的重要原因，因而激励约束并举的机制是一个规划管制体制所必需的；（2）规划管制制度设计应兼顾管制成本与社会成本。当政府从外部角度对土地开发进行管制时，管制伴随的额外成本始终存在，且成本有可能大于因管制而带来的正面效应，因而如何降低管制成本也应是规划管制要关注的重点之一。

1.3.2　弹性规划工具

城市规划通过开发控制指标（包括土地用途、容积率上限、建筑密度上限、建筑限高、绿地率下限、配建要求等）对开发建设活动管控，从而实现资源的合理分配，并在局部保证每个地块开发的合理性[40]。这样的规划要素通常是静态的单值，缺乏应对社会经济发展不确定性和市场变化的能力[41]，使城市更新实践不时陷入困境，出现如资金和机会成本高昂、利益分配不均、成本收益难以平衡和城市环境品质不佳等问题。为了应对城市化发展后期城市更新中面临的经济、社会和环境等多方面问题，亟需通过一定的弹性机制以及系统化的更新制度，来应对城市转型时期表现出的不确定性和不适应性，以弥补传统规划的静态制约，更好地适应城市发展需要[42-44]。

城市更新的本质是权力和利益等在不同利益相关者之间的再分配[45]。本节主要讨论规划激励和相关技术工具，从开发权转移、容积率奖励及土地用途混合和转变的视角进行分析，着眼于政府在作为调控主体的基础上，给予市场和个人激励，促使其作出相应决策选择，以推动城市更新顺利开展的弹性机制。

1. 开发权转移

1）开发权转移的概念及产生

开发权转移（Transfer of Development Right，TDR）概念源于英国对于权利束中开发权的剥离，在美国得到发展和广泛运用。开发权转移，是指原土地权利人（所有人）将受到规划控制而不能实现的开发权限，有偿转让给其他允许建设的地块的一种市场行为[46]，旨在克服由于分区对于地段开发权利和开发强度的限制[47]，与传统的土地利用规划的监管方法（如分区）共同实现密度控制[48]。1968 年，美国纽约通过《地标保护法》（*Landmarks Preservation Law*），提出了 TDR 的概念，旨在保护具有历史或美学价值的单体建筑或历史文化街区，通过限制对这些建筑或地区进行开发并同意将其开发权进行流转，以保障该区域内土地所有权人的权利。法律规定，历史地标建筑地块中未使用的开发权（主要是容积）可以转移到开发建设需求较高的相邻地块，其目的在于补偿历史地标建筑的所有权人潜在开发权益的损失的同时，给予高建设需求区在基准密度之外增加开发强度的可能性，发挥城市基础设施的最大利用效率。之后，开发权转移被广泛应用于历史文化保护、农田耕地保护、自然环境资源保护、城市基础设施建设和城市管理等领域。

2）开发权转移作用的机制及演变

开发权转移是一项产权的市场交易行为[49]，是解决城市发展中规划与产权矛盾的方法之一[50]，能够利用市场机制解决城市发展与保护所导致的外部性问题[51]。开发权转移充分利用市场对额外容积率的需求来补偿发展受限地区，在不动用有限的政府公共资金的条件下，既保护了历史、自然等宝贵资源，协调了经济发展与环境保护的矛盾，又减少了因不合理的规划给土地所有者带来的损失（尤其对于美国土地私有制度来说），一定程度上可实现公众和私人利益双赢[52]，是环境建设从被动控制，到主动引导的过程[53]。

开发权转移最初由政府主导，要求土地所有人出售建筑容积率来保护历史建筑的完整，主要通过协商的手段进行。当协商存在争议时，向法庭提起诉讼，由法庭做出裁决。但这一过程不仅费时、费力、成本高，还很难适应快速变化的市场[54]。因此，为进一步促进开发权转移的发展，各地政府在实践中进行了探索（图1-2）：其中有一种做法是由政府主导，限定转移区域，由发送区和接收区的土地所有人"一对一"自行协商，确定转移数量和价格，确定后在政府进行登记备案；还有一种做法是，为了更好地撬动市场力量，刺激供需，政府扩大了发送区和接收区的范围，允许土地所有人在市场上进行公开交易，并允许以拍卖的形式对开发权进行交易，形成"多对多"的交易模式，政府在其中主要起监督作用。

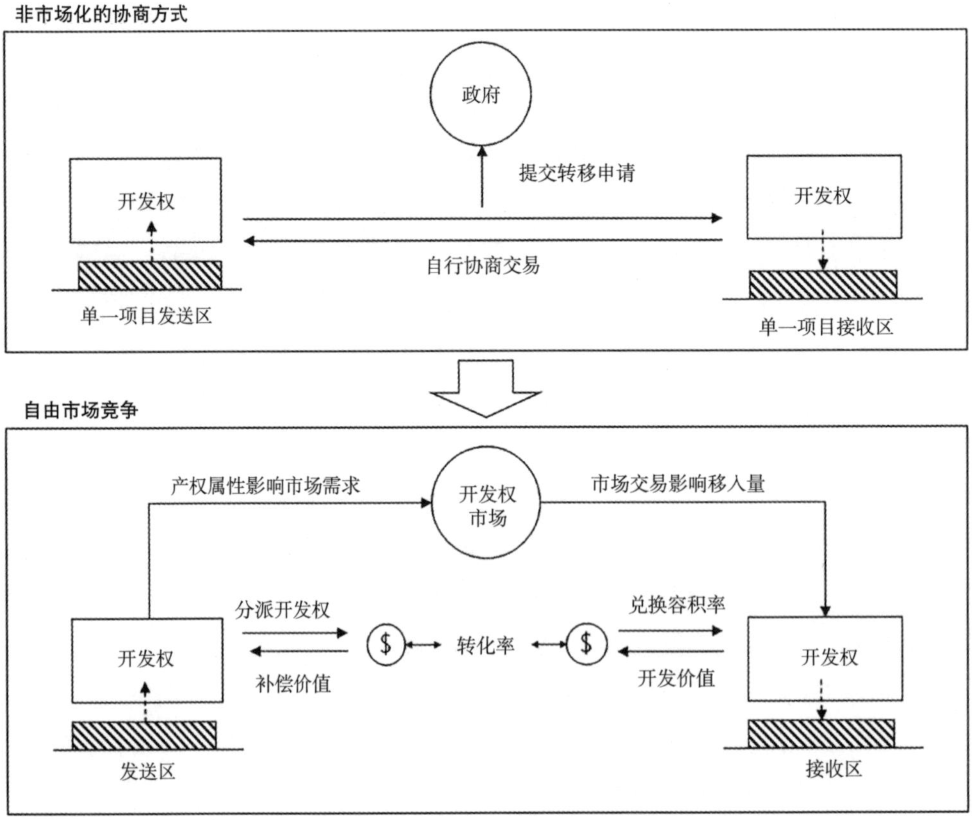

图 1-2　开发权转移的演进示意图

资料来源：作者改绘自参考文献 [54]

3）开发权转移的实施要素

基于开发权转移的概念和作用机制，其实施要素主要包括以下几点（表1-3）。

首先，制度配套，即设定发送区、接收区以及转让数量。发送区是指可将开发权转出的区域，一般是历史保护区或生态敏感区等非增长区域；接收区指开发权的接收地，一般是可以进行高强度建设的区域。为确保开发权顺利转移，地方政府基于分区规则，明确告知市场哪些地方的开发权可以转移、能转移多少、能转移到哪里、可以接收多少转移。其次，市场条件，即存在供需。开发权转移通过市场行为完成，存在供需关系是其成功实施的重要因素。供给主要体现在，开发权利被限制，且开发权可以被转移；需求主要体现在，需要且可以购买高于基准开发密度的更多开发指标。再次，交易平台。调节市场时间差，弥补市场需求的滞后性，同时为开发权转移提供信息平台[55]。最后，公众参与。对于发送区而言，需要获得公众对于开发被限制原因的认可，尤其是在对自然、土地和历史保护的问题上；对于接受区而言，由于开发强度增大，势必会对当地居民造成环境影响，需要听取其意见。

表 1-3　开发权转移实施要素

实施要素	要素说明
制度配套	政府的承诺和推动，有助于维护土地分区和市场的稳定。若没有法定的规划体系，转让项目难以监督、规范和管理
市场条件	发送区有开发权可以被转移，接收区需要且可以购买高于基准开发密度的更大开发指标
交易平台	可以被视为授权购买、持有和转售开发权的官方实体，可以尽可能降低交易成本，促进转移，弥补市场时间差带来的供需失衡问题
公众参与	尤其对于接收区，其开发强度将增大，势必对当地居民生活和环境造成影响，应合理平衡居民意见，保障公众参与

资料来源：作者自绘

4）开发权转移的实施探讨

开发权转移被认为是增长管理和历史环境保护共赢的一种市场手段，并在美国部分地区成功实践。该机制的实施依赖于土地利用制度、市场情况以及配套法律等特定环境，因此美国开发权转移实践也并非在完全一致的模式下实现，各个地区基于现实情况普遍采取"一事一议"的实施规则（表 1-4）。

表 1-4　美国开发权转移标志性事件及其应用场景

时间	事件	应用场景	方式和结果
1968 年	纽约中央车站保护	历史建筑保护	中央车站得以被保护，土地所有人将 44.8 万平方英尺的潜在建筑面积转移到其他地块
1973 年	加利福尼亚州库比蒂诺市基础设施建设	城市基础设施建设	与公共设施建设结合，允许开发商通过开发权转移的方式提供城市公共设施和空间

续表

时间	事件	应用场景	方式和结果
1978 年	马里兰州卡尔弗特县农场保护	农田耕地保护	县规划委员会定期公开开发权的最新价格；允许市场对发展权定价，买方和卖方直接联系。截至 2004 年，共保护了 4 万英亩农田
1983 年	新泽西州松林地区保护松林地	生态保护	建立开发权信用银行，成立 TDR 委员会，市政当局不向开发商免费发放开发密度，所有额外的密度必须通过 TDR 购买
1985 年	加利福尼亚州旧金山市历史区域保护	历史建筑保护	开发权只能在同一分区或指定分区内转移，开发权交易完全自由，可将开发权全部转给单个产权人，也可分批转让，政府只对转移进行记录
1999 年	华盛顿州金县	农田保护	设立 TDR 银行进行重要保护资源开发权的购买、储存与销售，为城市中愿意参加 TDR 计划的参与者提供平台

资料来源：作者自绘

在美国，尽管开发权转移在环境保护、历史保护、保障土地权利人利益以及实现土地高效利用等方面发挥了重要作用，然而，在对"效率"和"公平"的讨论上，部分学者认为，以市场为基础的开发权转移产生的相对效益被夸大[56]，其交易费用和类型[57]、市场情况、法律政策、公众意愿等都可能会影响开发权转移方案的效率和公平。例如，一方面，开发权转移依赖于活跃的房地产市场，如果城市发展放缓，其有效性会减弱。正如马里兰州蒙哥马利县的一位县行政官员指出，由于开发权供需不平衡，以及开发权转移机制的竞争使用，最终大多数接受区最多只能达到预先转移计划的 60%[57]。另一方面，接受区的开发密度超过特定值时，将面临更高的边际成本，而开发商能够以更高的出售价格将成本转移至购买者身上，最终导致密度增加和房价上涨两个负面结果。

因此，开发权转移在以下几个方面仍然存在实施难点和障碍：（1）发送区和接受区的划定：相较于受到保护和开发限制的发送区而言，接受区的划定较复杂，主要体现在接收区需要具备高开发潜力、具备强烈的市场开发需求、基础设施服务满足开发容量并获得居民的支持。（2）保持市场供需平衡：对于发送区来说，土地权利人出售开发权的意愿受到经济环境和个人情况等理性或非理性因素影响；对于接受区来说，一旦开发权转移的增量价值不足以诱导市场获取开发权，或者其所在区域本身具有除开发权转移之外成本更低且可获得更高开发密度的方式，其购买开发权的需求就会下降。（3）市场周期影响：由于开发权的价格由市场决定，当市场供需环境活跃时，可通过协商或拍卖等方式确定并稳定价格，当市场活跃度降低时，需求降低将导致价格受损。

目前，已有部分国家和地区在城市更新中出于保护历史区域、增加公共开放空间、提升城市环境品质等目的使用了开发权转移工具，如法国、美国纽约、中国台湾、中国上海等。在我国当前存量发展时代，将开发权转移作为土地开发管控工具，建立以开发权弹性控制为核心的更新政策机制，是提升土地利用效率，从而获取土地增值收益的重要方式。但由于相应法律法规、技术标准、交易规则等尚未形成制度性安排，开发权转移的体系化落实仍处于探索过程中[58]。

2. 容积率奖励

1）容积率奖励的概念及产生

容积管理是一种调节土地资源配置和城市空间密度的手段，用于平衡开发商、土地权益人等的利益[59]。容积率奖励机制的提出始于美国，是在政府普遍存在财政危机的情况下，允许开发商通过提供公园、广场和开放空间等公共设施，在基准容积率的基础上，获得更多开发空间，从而提高开发强度的一种激励型机制[60]，目前在西方已经是一种较为成熟的规划控制手段。国内外实践表明，在城市更新项目中，容积率奖励可以激发社会资本主体参与，协助地方政府在减少财政支出的情况下，以开发强度提升换取高质量的公共环境或达成历史文化遗产保护的目标，成为引导城市开发建设方向的有力工具。

2）容积率奖励的作用方式

根据建设项目对城市做出的"额外"公共贡献，容积率奖励的内容、标准和目的是不一样的。容积率奖励的区域通常集中在商务商业区、居住区等公共场所，其目的主要是增加开放空间、提高公共设施比例、保护历史环境、建设保障性住房等。容积率奖励在发达国家的规划管理中较常见[44]，我国部分城市也在探索容积率奖励机制（表 1-5）。

表 1-5　部分国家和地区容积率奖励措施

国家 / 城市	容积率奖励内容	目的	来源
美国	开发商在高密度的商业区或居住区内增加一定比例的开放空间，如广场、拱廊等，即可获得额外的建筑面积奖励，奖励容积率额度为 2 : 1	公共空间建设	1961 年《纽约市区划修订条例》
	对于办公区直接到地铁站的快速通路建设，人行路加宽，公共广场、屋顶平台建设等，容积率奖励额度从原有上限 14 : 1 提高到 25 : 1	公共设施建设	1966 年旧金山市《城市中心区区划条例》
	开发商可以在其住宅建设项目中通过提供一定比例的保障性住房，换取密度奖励（Density Bonus）或容积率奖励	保障性住房建设	20 世纪 70 年代，包容性区划
	开发商可以选择建设保障性住房或者为保障性住房提供资金支持，来获得额外容积率，建设超过基础容积率的住宅	保障性住房建设	2006 年西雅图住宅建筑开发容积率奖励

国家/城市	容积率奖励内容	目的	来源
日本	对于加强与车站的便捷联系、改善车站的道路和交通体系、创造更多的公共开放空间等，可放宽对其相应规定的容积率限制	公共空间建设	2002年《都市再生特别措施法》
上海	对于商办建筑，根据能否划出独立用地用于公共开放空间、产权能否移交政府的情况，给予不同的容积率奖励	公共空间建设	2022年《上海市城市更新规划土地实施细则（试行）》
	为地区提供公共设施或公共开放空间的，在原有建筑总量基础上，可适当奖励增加经营性建筑面积；对于增加风貌保护对象的，可予以建筑面积奖励	公共空间建设、历史建筑保护	2015年《上海市城市更新实施办法》
深圳	开发建设用地中，落实附建式公共设施，提供重要公共空间、配建保障性住房等政策性用房、保留历史建筑等，可适当提供面积奖励	公共空间建设、保障性住房建设、历史建筑保护	2019年《深圳市拆除重建类城市更新单元规划容积率审查规定》

资料来源：参考文献[61]

3）容积率奖励的机制探讨

容积率奖励机制在环境保护、空间品质提升等方面发挥了重要作用，但同时也存在一些隐患[59]。一方面，容积率奖励可能导致城市局部区域过度开发，进而对公共配套设施和城市品质造成一定的负面影响；另一方面，在缺乏相关配套法律政策的支持和规范情况下，开发商可能会通过容积率奖励条例的漏洞谋求利益最大化，损害公众利益。因此，容积率奖励的实施既要有科学的技术规范，又要有合理的政策工具，以平衡和协调复杂多元博弈[62]。

同时，从各国各地区的条例和实践中可以看出，第一，容积率奖励存在一条潜在共识，即容积率可以被增加，而这本身是有争议、值得理论探讨的地方。如果容积率可以增加，是否说明本来的规划并没有做足容量，有悖于土地最高最佳利用原则？第二，各国甚至各地区内部关于容积率奖励的标准、容量和技术方法常有不同，相关政策和规定之间的相关性和连接性也不完善，基本还是以个案为管理对象。局部开发强度增加不仅可能对公共服务设施造成压力，在城市整体开发容量合理性上也有欠缺考虑的风险。第三，虽然通过容量的激励能够帮助开发商一定程度上平衡成本和增加开发吸引力，但需要注意的是，无论是容积率奖励还是开发权转移，其实质都是在做"增量"开发[63]。一味通过更高的建设容量来吸引和推进城市更新，或将导致城市在建筑密度和环境质量上的失控，影响城市规划价值理性建设，阻碍城市高品质可持续发展。

因此，在避免"寻租风险"、控制城市整体开发容量，以及处理开发强度的增加与公共空间品质提升相矛盾等问题上，需要将容积管理的制度化作为实践推进的前提，从颁布相关法律政策、整体调控开发容量、完善监管体系等方面深入考虑和研究[59]。同时，需进一步在城市更新制度上采取积极措施，在给予弹性激励的同时守住建设底线，严控容量上限和密度管控。例如美国纽约 2014 版区划条例中明确指出，奖励容积率≤基础容积率×20%；我国深圳在容积奖励上也提出奖励容积率之和不超过基础容积的 30% 的要求。

3. 土地用途混合和转变

1）土地用途混合和转变的产生背景

城镇化过程中，人们对于城市物质空间服务于生产生活的需求不断改变和提升，服务功能也从简单服务向混合服务转变。因此，城市功能也面临改变和提升，该过程涉及土地用途的变化，并趋向土地用途混合利用。其中，用途变化需要向更优使用方向提升，释放和创造价值，吸引投资，同时也越来越需要兼顾公平包容。

自 20 世纪中期，西方城市化发展水平趋于成熟，城市化进程逐渐平缓，城市中心区域面临环境破坏、基础设施落后、城市活力丧失等问题[64]。为挖掘城市建成区域经济潜力，各国各地区开始探索以土地用途转变为重点的更新模式，以适应功能需要、产生发展价值、覆盖更新成本。具体来说，城市更新是获取土地"租差"，释放土地存量价值的过程[65]。当更新地块的租差扩大到足以覆盖开发成本，并且能够产生丰厚收益时[66]，资本就会流入，进而促进城市更新。土地用途的转变（包括单一功能向多功能转变）作为能够盘活存量空间和提高空间附加值的制度手段[67]，在激发城市更新红利的过程中发挥了重要作用。

2）土地用途混合和转变的管控方式

在城市更新中，土地用途主要涉及居住、工业和商业三种类型，其用途转换的本质是将土地从低价值利用向高价值利用转变[68]，促进土地从低质低效利用向高质高效利用转变。国际上已有部分国家通过改变或混合土地用途来重新捕获土地价值。如土地"混合用途"开发是 1990 年以来英国城市更新的核心原则之一，政策制定者通过高密度、组合式的土地利用，颁布规划法令调节土地混合利用，《城乡规划法令修正案》（1995）将商业（A1）和金融（A2）用途混合，不需要额外申请规划许可；《英格兰城乡规划法令修正案》的几次调整，也将住宅和金融、住宅和商业用途进行混合，推动地区满足生活工作需求，增加对人口的吸引力并提高土地利用价值。美国旧金山的"东区邻里计划"（Eastern Neighborhoods Plans）通过为该区域范围内的部分街区制定新的土地利用规划，允许工业用地转变为住宅用地，增加开发强度，以顺应商业和房地产价值增加的趋势，发挥土地盈利能力，获得更多土地费用和剩余土地价值[69]。

崔蕴泽等人在研究国内外土地混合利用和用途转变的全流程管控制度基础上，将土地用途混合和转变的管控逻辑分为指标体系和管控体系两部分[70]。其中，指标体系是指从用地分类和混合规模两个层次上明确具体的土地用途（如居住、商业、工业等）以及可以混合布置或用途转变的组合规则（如居住和其他用途的兼容比例、工业转商业等）；管控体系是指土地用途混合或变更的实施方式等（表1-6）。

表1-6　土地用途混合和转变的管控体系

城市	指标体系		管控体系	
	用地分类	混合规模	土地用途变更	规划编制
纽约	居住、商业和工业3大类用途分区，21个用途次区	18个用途组，同一用途组之内功能的混合与转换不受限制	通则式+判例式相结合的土地变更模式	以文本形式规定用途区的具体开发强度，同一用途区的各项指标均相同
东京	居住、商业和工业3大类，12个小类用地	同一大类用地分为专用地、一般用地、核准用地，兼容度不同	开发许可：只有一定规模以上的开发建设才需要开发许可	可以在不违背城市规划整体意图的前提下调整用途区划中的控制指标
香港	在"全港—次区域—地区"三个规划层面采用不同土地用途分类，次区域层面18类用地	地区层面，采取28种用途地带，同一用途地带内允许混合	每一类用地地带分为经常准许的用途和需要申请的用途	以文本形式规定用途区的具体开发强度，同一用途区的各项指标均相同
深圳	9个大类、32个中类用地	明确主导用途和其他用途，规定六类常用单一性质用地的兼容比例，兼容比例为15%~50%不等	土地差价补缴土地出让金	法定图则中明确混合比例，在土地出让中通过专题研究确定

资料来源：参考文献[70]

3）土地用途混合和转变的实施探讨

土地用途混合和转变需要一定的规划制度和法律配套才能得以实现，同时受到经济、文化、制度和政治等多方面因素的影响[71]。英国实施土地"混合用途"开发的一个重要因素是其制度基础为自由裁量规划体系，规划政策不对土地作严格具体约束，地方规划管理部门对土地使用有决定权，因此在实践中可灵活调整土地利用和功能分区等。美国通过调整区划来激励开发商对土地进行更高价值的开发利用，并利用通则式和判例式相结合的土地用途变更模式保障实施。然而，尽管土地用途混合和转变作为捕获存量土地价值的一种方式，提高了土地利用效率，缓解了土地资源紧张的困境，但在我国实际落实中由于定义不清、用途转换路径不明确、土地出让金补缴等存在动力不足、操作难度大等问题，需要从理论上明确土地用途转变的适用情景，建立更为弹性的用地管控方式和精细化管理制度，从实践上鼓励地方探索符合实际需求的用地管控模式和方法，避免政策制定和市场需求脱节（表1-7）。

表 1-7　弹性规划工具汇总

弹性规划工具	产生背景	应用场景	影响因素
开发权转移	平衡个人发展权益和公共利益，对因分区而被限制发展的土地的所有人进行经济补偿	农田保护、自然资源保护、历史建筑保护	1）规划制度； 2）市场供需； 3）技术标准； 4）政府监管； 5）居民意愿等
容积率奖励	利用容积率经济属性换取公共活动空间	在高密度建设区域增加开放空间、公共设施，改善环境品质	1）基础和奖励容积计算规则； 2）最大建筑容量； 3）实施监管体系等
土地用途混合和转变	转变使用功能，获取土地存量价值，提高空间附加值	低效低收益土地用途向高效高收益土地用途转换，获取经济价值	1）规划制度； 2）法律配套； 3）用地需求等

资料来源：作者自绘

1.3.3　"法外"的突破性实践

1. "法外"行为与城市更新

"法外"一词是相对于法内而存在的概念，其内涵可以被理解为不被现行法规规定、容许和保护，甚至与现行法规相冲突的实践行为[72]。但是这并不意味着"法外"（Extralegal）和违法（Illegal）是完全相同的概念。具体而言，违法行为中的一部分属于"法外"行为；除此之外，一些处于法律真空区，既不被法律允许也不被法律禁止的行为，也是可以被算作"法外"行为。根据 Chen[73]的论文，"法外"行为通常有两个特点：第一，其产生的前提是协商失效或不存在，导致不同主体的诉求无法被合法满足，且使用"法外"手段满足诉求的成本较低；第二，"法外"行为通常是一种群体行为，这种行为的目的在于满足某些群体的诉求，个人的违法行为通常不被包含其中。在法律领域，比较典型的"法外"行为是"Extralegal Policing"，即执法群体进行执法过程中的不受法律保护或者违反法律的行为[74]。

城市更新具有以下特点。首先，城市更新这一行为涉及多个利益主体，包括居民、开发商和地方政府等，利益关系复杂且多样[44, 75]。城市更新的过程本质上是这些多元主体之间为了各自利益进行博弈的过程，常规的城市更新会将这种博弈限制在合法合规的协商框架之内进行[75]。但是由于各个主体利益诉求不同，很难同时满足，而协商有时很难取得成果，甚至会导致由于利益冲突无法解决而中止城市更新进程的情况。其次，城市更新的需求复杂多变，相关的法律法规体系不够完善或有预见性，可能无法及时灵活地满足新的需求或解决多种问题，加之对于"违规"建设的行政处罚存在一定的局限性[76-77]，利益相关人处理问题的方式有可能存在催生"法外"行为的风险。

此外，城市更新活动也可能产生群体性的违法行为。比如，在纽约 SOHO 区的案例中，原来的大部分厂房都被业主出租给艺术家群体供其改造为住房和工作室[79]。在上海田子坊案例中，"居改非"这一"违法"行为基本成为这一地区居民的普遍选择[78]。而在深圳城中村的案例中，超过一半的租户都居住在"违规"建设的城中村住宅中[73]，违法群体的规模可见一斑。

基于此，我们可以将城市更新中的"法外"行为定义为，在常规城市更新制度框架（即合法框架）内的协商机制已经失效或不存在的情况下，为了解决满足某些需求（生存需求、收入需求、环境改善需求等），某些个人或者群体所进行的"违法"行为，或处于法律规定的真空区的行为。

2. 城市更新中的"法外"实践

当前暂未完善的法律法规使城市更新行为在面对复杂而多样的情况和对象时，所发挥的作用有时会很有限，甚至可能导致更新项目难以推进。而"法外"实践可提供一种更加灵活的城市更新策略，在常规更新措施失效或不存在的情况下，成为解决城市更新困境的非常规手段，实现或部分实现城市更新的目标效果。比如在上海田子坊和纽约 SOHO 区的更新案例中，居民和厂房业主两个群体都通过"法外"实践获得了收益，两个区域也依靠"法外"实践吸引来了人流和资金，部分实现了区域振兴的效果[78-81]。

而城市更新中的"法外"实践，通常有以下几个特点（表 1-8）。第一，其出发点通常是解决生存需求和追求经济利益。无论是上海田子坊"居改非"和深圳的城中村违建住宅[73, 78]，还是纽约 SOHO 区的厂区改造为住宅的行为，其最初目的都是追求这些"法外"行为带来的空间使用和收入。第二，其开始的时间往往早于正规化的城市更新项目（由政府或开发商在合法框架内进行的城市更新活动）。早在 20 世纪 30 年代，纽约的艺术家们就开始成批地搬入 SOHO 区，而纽约市政府针对这一地区的住房改造项目的提出，却是在 1949 年联邦《住房法》通过之后[82]。深圳城中村非法住宅建设的高潮出现在 1998 年和 2003 年[73]，而深圳市政府到 2004 年才建立了针对城中村进行再开发领导工作的联合办公室（且作用非常有限，于 2009 年被改组）。第三，这种"法外"实践一经开始，往往会对正规合法的更新造成影响。例如在深圳，城中村"违规"住宅建设使得正式的更新项目无法推进。由于城中村土地普遍存在违建住宅，加上其业主的不妥协态度，使得大量难以被征收的土地处于既不被开发商开发也不被居民使用的荒废状态，更新项目难以推进[73]。而在纽约，已经搬入 SOHO 区的艺术家和居民的强烈抗议使得纽约市政府最后放弃了针对 SOHO 区的住房改造项目[81]。

城市更新中"法外"实践和合法更新措施（合法更新框架）之间的转变关系，则是另一个需要讨论的问题。基于不同的关系，也可以对其转变进行分类。第一种，将"法外"实践通过立法或修改法规等方式纳入合法的更新框架之中。在纽约SOHO区的案例中，居住于此的艺术家和厂房业主成立了艺术家承租协会（ATA）和艺术家住房协会（CAH）。在这两个协会的努力下，纽约州议会在1964年修改了《混合住宅法》（Multiple Dwelling Law），允许艺术家们在工业和商业建筑中居住[81]。由此，"法外"实践成为合法更新框架的一部分。第二种，并不将"法外"实践纳入合法更新框架之中，但通过其他方式认可其行为。在上海田子坊案例中，在社会各方的压力下，卢湾区政府最终放弃了新新里地区的改造计划。最终，在2007年上海世博会建设的契机和影响下，政府在采取"软改造"措施的同时调整了对新新里地区的定位[78]。虽然卢湾区政府默认了田子坊地区的"居改非"实践，但是禁止"居改非"的法律条文并没有修改，这种被默许的"法外"实践，其本质依然是违法行为，即和常规更新措施长期并存的"法外"实践。第三种，是在常规更新措施进行补偿的前提下，"法外"实践退场。在深圳城中村的更新中，市政府一般会通过经济赔偿等方式补偿村民，收回被村民违规建设所占据的国有土地，使下一步采用合法更新手段成为可能[73]。

表 1-8　"法外"实践要点总结

研究对象	要点	具体内容
"法外"实践	背景目的	解决不充分、不灵活的城市更新法定框架和复杂的城市更新现实状况和新的需求之间的矛盾
	特点影响	出发点通常是出于解决生存等基本问题和追求经济利益
		拥有闲置的、可以被利用的空间资源
		出现的时间往往早于合法的城市更新规范或处于法律规范的真空区
		会对正规合法的更新造成影响
	与合法更新之间的互动	将"法外"实践通过立法等方式纳入合法的更新框架
		不将"法外"实践纳入合法的正规更新框架，但通过其他方式认可其行为
		"法外"实践的主体得到某种补偿或达成协议

资料来源：作者自绘

3. "法外"实践在城市更新中的局限和启示

城市更新中的"法外"实践，作为一种弥补常规城市更新策略和措施缺乏灵活性的手段，对城市更新可能会产生一些积极的影响。上海田子坊和纽约SOHO区的人气上涨、产业多样化发展和居民收入水平的提高都证明了这一点。但是，作为一种跳脱于合法框架的非正规更新方式，"法外"实践也面临着一些困境，这些困境不仅会使"法外"实践产生的作用有限，甚至可能会对更新进程起到反作用。

首先，"法外"实践作为一种不在法律框架内的更新策略，难以融入合法更新框架从而与其他的合法措施形成配合。比如在纽约SOHO区案例中，因为由空闲厂房改造而来的住宅和工作室并不合法，也没有相关规范，导致纽约市消防部门和市政部门无法对其进行检查，存在严重的消防隐患。仅在20世纪60年代，SOHO区就发生了多次较大规模的火灾，导致数名消防员和租户丧生[83]。这种"法外"实践和消防规范难以配合的情况，使得SOHO区被消防队称为"地狱一百英亩"。其次，城市更新中的"法外"实践，往往因利益相关者追求经济利益的趋势而有失平衡。虽然可能促成居民收入的提高和区域经济的阶段发展，但是对城市更新其他方面目标的促进作用也会被限制，甚至产生负面影响。在深圳城中村案例中，村民们通过违建住宅的出租行为，确实收获了经济利益，乃至带动了整个城中村收入的增长[73]，但是这种行为对城中村环境的改善、基础设施质量的提高、片区的产业升级所起到的作用非常有限。在一定程度上，这不但没有对城中村综合改造乃至深圳市的更新起到积极带动作用，反而把整体利益向特定群体偏移。最后，部分"法外"实践属于违法行为，尽管其能对特定区域的城市更新产生一定的促进作用，但对整个城市或者区域的城市更新也可能会造成负面影响，特别是在规模快速扩张的情况下，应该得到及时的重视。深圳城中村居民在土地上违规自建房，从初始的个例到超过半数的人效仿，形成自建高潮，这对深圳整体的更新进程造成了严重影响。极大地提高了城市更新的经济成本和时间成本，也间接地与后期高密度更新开发相关联。尽管"法外"实践最初往往源自对生存空间和生活工作的需要，也正因为此，"法外"行为获得了一定程度上的合法性，或至少是社会层面的广泛参与或理解；但深圳城中村改造案例也同时说明，在对"法外"实践包容认同的过程中，应充分考虑其潜在问题，并及时作出反应、纳入制度化过程中，有效、适时地引导问题的发展和转变。应当说明的是，本书并不鼓励"法外"行为，而是从已经发生的真实案例中，客观分析其利害。只有在充分认识、了解城市更新中各种行为的基础上，我们才能更好地发挥规划的作用，实现更加高效和可持续的城市更新。

除此之外，"法外"实践也提示我们，除了地方政府、开发商以外，普通居民和社会团体也可以成为更新的重要主体和影响力量，正如简·雅各布斯所赞扬的依靠社区成员自己完成城市更新的波士顿北端（North End）[10]。但正因为其兼具正面和负面的影响，还需要更多的关注和思考，及时地分析掌握和预判社会的需求变化以及各方行动的广泛影响，并积极地调整法律、政策和策略，有效地发挥各方主体的力量，化解复杂的利益冲突，并引导对公共利益更为有利的行为。

参考文献

[1]　Peter Roberts[N].The Daily Telegraph，2014.

[2]　方可 . 西方城市更新的发展历程及其启示 [J]. 城市规划汇刊，1998（1）.

[3]　范大美 . 美国城市郊区化发展中的联邦政府因素（战后—70 年代）[D]. 安徽：安徽
　　　大学，2010.

[4]　蔡绍洪，徐和平 . 欧美国家在城市更新与重建过程中的经验与教训 [J]. 城市发展研究，
　　　2007，14（3）：26-31.

[5]　SHORT J R.Housing in Britain：The Post-War Experience[M].London，1982.

[6]　曲凌雁 . 更新、再生与复兴 —— 英国 1960 年代以来城市政策方向变迁 [J]. 国际城
　　　市规划，2011，26（1）：59-65.

[7]　XU Y，KEIVANI R，CAO A J.Urban sustainability indicators re-visited：lessons from
　　　property-led urban development in China[J].Impact Assessment and Project Appraisal，
　　　2018，36（4）：308-22.

[8]　张伟 . 西方城市更新推动下的文化产业发展研究 [D]. 济南：山东大学，2013.

[9]　UN-Habitat. Kakuma Regeneration Strategy：Enhancing Self-Reliance for Refugees and
　　　Hosting Communities in Turkana County，Kenya[M].Kenya.2023.

[10]　简 · 雅各布斯 . 美国大城市的生与死 [M]. 金衡山，译 . 南京：译林出版社，
　　　1961：29-30.

[11]　金磊 . 城市更新的国际借鉴与创意设计 [J]. 上海城市管理，2018，27（1）：90-93.

[12]　廖开怀，蔡云楠 . 近十年来国外城市更新研究进展 [J]. 城市发展研究，2017，24（10）：
　　　27-34.

[13]　李爱民，袁浚 . 国外城市更新实践与启示 [J]. 中国经贸导刊，2018（27）：61-64.

[14]　张春英，孙昌盛 . 国内外城市更新发展历程研究与启示 [J]. 中外建筑，2020（8）：
　　　75-79.

[15]　DE P，PAULA V，RUI C M，et al.Public-Private Partnerships in Urban Regeneration
　　　Projects：A Review.Journal of Urban Planning and Development，2023，149（1）：
　　　04022056.

[16]　叶怀斌 .PPP 模式的发展现状、问题及建议 [J]. 银行业观察，2023.

[17]　ARTHU F A.Value for Money Drivers in The Private Finance Initiative[M].Chicago，
　　　Arthur Andersen，2000.

[18]　VINING A R，BOARDMAN A E.Public-private partnerships in Canada：Theory and

evidence[J].Canadian public administration，2008，51（1）：9-44.

[19] MEDURI，TIZIANA.The Public/Private Partnership for Urban Regeneration in the USA[J].Advanced Engineering Forum.Vol.11.Trans Tech Publications Ltd，2014.

[20] 甘海威.我国公共服务公私合作供给中的政府激励工具研究 [D]. 沈阳：东北大学，2019.

[21] 柳飐.深圳市前海合作区城市规划弹性管理策略研究 [D]. 哈尔滨：哈尔滨工业大学，2016.

[22] CHRISTENSEN K S.Coping With Uncertainty In Planning[J].Journal of the American planning association，1985，51（1）：63-73.

[23] 刘堃，李贵才，尹小玲，等.走向多维弹性：深圳市弹性规划演进脉络研究 [J]. 城市规划学刊，2012，（1）：63-70.

[24] GALLENT N，DE MAGALHAES C，FREIRE TRIGO S.Is Zoning the Solution to the UK Housing Crisis?[J].Planning Practice & Research，2021，36（1）：1-19.

[25] 顾翠红，魏清泉.英国城市开发规划管理的行政自由裁量模式研究 [J]. 世界地理研究，2006，（4）：68-73+53.

[26] 侯丽，孙睿.地方规划决策制度的创新与演进——以上海和深圳的规划委员会制度为例 [J]. 城市规划学刊，2019，（6）：87-93.

[27] 衣霄翔.城市规划的动态性与弹性实施机制 [J]. 学术交流，2016，（11）：138-43.

[28] 雷翔.走向制度化的城市规划决策 [M]. 北京：中国建筑工业出版社，2003.

[29] 李晓钟.政府管制的利弊及放松管制的思考 [J]. 江南大学学报（人文社会科学版），2002，1（1）：61-64.

[30] 茅铭晨.政府管制理论研究综述 [J]. 管理世界，2007（2）：137-150.

[31] 年海石.政府管制理论研究综述 [J]. 国有经济评论，2013（2）：125-140.

[32] 徐邦友.自负的制度：政府管制的政治学研究 [M]. 上海：学林出版社，2008.

[33] SHLEIFER A.Understanding regulation[J].European Financial Management，2005，11（4）：439-451.

[34] STIGLER G J.The theory of economic regulation[J].The Bell journal of economics and management science，1971：3-21.

[35] 林成.从市场失灵到政府失灵：外部性理论及其政策的演进 [D]. 沈阳：辽宁大学，2007.

[36] KOEDIJK K，KREMERS J.Deregulation：a political economy analysis[J].Economic Policy，1996，26：443-467.

[37] 余亮亮，蔡银莺.规划管制下相关利益群体福利非均衡的制度缺陷分析 [J].农业现代化研究，2015，36（2）：206-212.

[38] 余亮亮,蔡银莺.国土空间规划管制与区域经济协调发展研究——一个分析框架 [J].自然资源学报，2017，32（8）：1445-1456.

[39] ADAMS D，WATKINS C.The value of planning[J].Royal Town Planning Institute：London，UK，2014.

[40] 衣霄翔，苏万庆.城市规划调整中的行政裁量控制及制度安排 [J].学术交流，2018（12）：62-68.

[41] 盛科荣，王海.城市规划的弹性工作方法研究 [J].重庆建筑大学学报，2006（1）：4-7.

[42] 刘堃，仝德，金珊，等.韧性规划·区间控制·动态组织——深圳市弹性规划经验总结与方法提炼 [J].规划师，2012，28（5）：36-41.

[43] 施卫良.规划编制要实现从增量到存量与减量规划的转型 [J].城市规划，2014，38（11）：21-22.

[44] 唐燕.我国城市更新制度建设的关键维度与策略解析 [J].国际城市规划，2022，37（1）：1-8.

[45] 唐燕，杨东，祝贺.城市更新制度建设：广州、深圳、上海的比较 [M].北京：清华大学出版社，2019.

[46] 王莉莉.存量规划背景下容积率奖励及转移机制设计研究——以上海为例 [J].上海国土资源，2017，38（1）：33-37.

[47] BARROWS R L，PRENGUBER B A.Transfer of development rights：an analysis of a new land use policy tool[J].American Journal of Agricultural Economics，1975，57（4），549-557.

[48] SHAHAB S，CLINCH P，O'NEILL E.An analysis of the factors influencing transaction costs in transferable development rights programmes[J/OL].Ecological Economics，2019，156，409–419[2022-09-15].https://doi.org/10.1016/j.ecolecon.2018.05.018，2019.

[49] 史懿亭，陈志军，邓然，等.减量目标下"开发权转移"的适用性分析——以东莞市水乡特色经济发展区为例 [J].城市规划，2019，43（2）：29-34+45.

[50] MCCONNELL V，WALLS M.Policy Monitor：U.S.Experience with Transferable Development Rights[J].Review of Environmental Economics and Policy，2009，3.

[51] 汪晖，王兰兰，陶然.土地发展权转移与交易的中国地方试验——背景、模式、挑战与突破 [J].城市规划，2011，35（7）：9-13+19.

[52] 侯君，陈汉云，孟庆贺，等.香港发展权转移保护私人历史建筑的多维度解析及优化策略 [J]. 国际城市规划，2022，37（2）：129-136.

[53] 运迎霞，吴静雯.容积率奖励及开发权转让的国际比较 [J]. 天津大学学报（社会科学版），2007（2）：181-185.

[54] 戴铜，路郑冉.美国容积率调控技术的体系化演变研究 [M]. 北京：中国建筑工业出版社，2016.

[55] 翁超，庄宇.美国容积率银行调控城市更新的运作模式研究——以纽约和西雅图为例 [J]. 国际城市规划，2023，38（3）：22-30.

[56] STAVINS R N.Transaction costs and tradeable permits[J].Journal of environmental economics and management，1995，29（2），133-148.

[57] SHAHAB S，CLINCH J P，O'NEILL，E.Accounting for transaction costs in planning policy evaluation[J].Land Use Policy，2018，70，263-272.

[58] 周广坤，卓健.城市更新背景下开发权转移与奖励的理论逻辑解析和制度性建构 [J]. 城市规划学刊，2023（3）：66-74.

[59] 王承旭.以容积管理推动城市空间存量优化——深圳城市更新容积管理系列政策评述 [J]. 规划师，2019，35（16）：30-36.

[60] 洪霞，刘奕博，梁梁.我国与美国容积率奖励制度的比较研究 [C]// 中国城市规划学会.城市时代，协同规划——2013 中国城市规划年会论文集（02- 城市设计与详细规划），2013：10.

[61] 查君.高密度中心城区城市更新 [M]. 北京：中国建筑工业出版社，2021.

[62] 曲冰.从增量发展到存量更新：我国容积率管控技术的发展与挑战 [J]. 规划师，2023，39（1）：48-55.

[63] 唐燕，张璐，殷小勇.城市更新制度与北京探索：主体—资金—空间—运维 [M]. 北京：中国城市出版社，2023.

[64] 陈雪萤，段杰.英国混合用途城市更新的制度支持与实践策略 [J/OL]. 国际城市规划：1-17[2024-02-02].https：//doi.org/10.19830/j.upi.2021.630.

[65] 朱介鸣.制度转型中土地租金在建构城市空间中的作用：对城市更新的影响 [J]. 城市规划学刊，2016（2）：28-34.

[66] 宋伟轩，刘春卉，汪毅，等.基于"租差"理论的城市居住空间中产阶层化研究——以南京内城为例 [J]. 地理学报，2017，72（12）：2115-2130.

[67] 唐燕.我国城市更新制度供给与动力再造 [J]. 城市与区域规划研究，2022，14（1）：1-19.

[68]　雷爱先，申亮 . 城市更新项目中的补地价问题 [J]. 中国土地，2022（9）：10-13.

[69]　NZAU B，TRILLO C.Harnessing the real estate market for equitable affordable housing provision through land value capture：Insights from San Francisco city，California[J]. Sustainability，2019，11（13）：3649.

[70]　崔蕴泽，方文彦，韩胜发 . 国内外城市土地混合利用与用途转换管控体系比较 [C]// 中国城市规划学会 . 人民城市，规划赋能——2023 中国城市规划年会论文集（13 规划实施与管理）.2023：9.

[71]　赵永华 . 面向土地混合使用的规划制度研究 [D]. 上海：上海交通大学，2015.

[72]　WIKTIONARY.Extralegal[EB/OL].（2023）[2023.12.10].https：//www.merriam-webster.com/dictionary/extralegal.

[73]　CHEN H.Institutional credibility and informal institutions：The case of extralegal land development in China[J].Cities，2020，97（102519）.

[74]　HOLMES M D，SMITH B W.Intergroup dynamics of extra-legal police aggression：An integrated theory of race and place[J].Aggression and violent behavior，2012，17（4）：34-53.

[75]　丁桂芬 . 城市更新中利益主体冲突机理和协调机制研究 [D]. 合肥：安徽建筑大学，2023.

[76]　文超祥，张其邦，马武定 . 论违法建设行政处罚的必定性与相当性 [J]. 城市规划，2013（10）：47-52.

[77]　邓迪敏 . 对违法建设的法律思考 [J]. 城市规划，2000（10）：14-6+20.

[78]　孙施文，周宇 . 上海田子坊地区更新机制研究 [J]. 城市规划学刊，2015（1）：39-45.

[79]　芳汀 . 苏荷（SOHO）——旧城改造与社区经济发展的典范 [J]. 城市问题，2000（4）：36-41.

[80]　高见，邬晓霞，张琰 . 系统性城市更新与实施路径研究——基于复杂适应系统理论 [J]. 城市发展研究，2020，27（2）：62-8.

[81]　郭巧华 . 从城市更新到绅士化：纽约苏荷区重建过程中的市民参与 [J]. 杭州师范大学学报（社会科学版），2013，35（2）：87-95.

[82]　王旭 . 美国城市发展模式——从城市化到大都市区化 [M]. 厦门：厦门大学出版社，2006.

[83]　ALEXIOU A S.Jane Jacobs：Urban Visionary[M].New Brunswick：NJ：Rutgers University Press，2006.

2 第2章

中国城市更新机制的探索和挑战

2.1 演变中的中国城市更新模式

我国的城市更新自新中国成立至今，在政策制度建设、规划体系构建和实施机制完善等方面取得巨大的成效[1]，促进了城市的产业升级转型、社会民生发展、空间品质提升以及功能结构优化[2]，也呈现出受自身历史文化传承、经济社会发展状况影响的中国式路径[3]。根据城市更新的实践情况和治理特征，我国城市更新的演进历程可划分为以下四个阶段（表2-1）：

第一阶段是1949—1977年，新中国成立初期，社会经济百废待兴，面对复杂的国际国内环境[4]，城市更新在全面落实城市工业发展的基础上，以解决基本的住房、卫生、安全等物质空间环境为重点。处于计划经济体制下，更新活动完全由政府主导，且由于多重复杂因素而一度难以开展。

第二阶段是1978—1989年，我国进入了改革开放和社会主义现代化建设的新时期，国民经济日渐复苏，城市更新成为城市建设的重要组成部分，并伴随着大规模的旧城改造和经济产业发展。该阶段，我国开始走向市场经济体制，部分地区提出"公私合建"政策推行旧城改造，但由于市场力量仍处于探索阶段，且权力相对集中在中央政府，更新活动仍主要由中央政府出资改造。

第三阶段是1990—2011年，在市场经济不断助推的现实背景下，我国土地管理制度的建立为城镇化提供了强力支撑，释放了土地市场的巨大能量和潜力，轰轰烈烈的"土地财政"拉开序幕。城市空间具有明显的增长主义特征，更新改造呈现出房地产化倾向。房地产、金融业与更新改造的结合推动了大范围旧城更新改造以及大量商品房的建设[2]，全面提升了城市基础设施和环境品质，但也出现开发强度过高、拆迁规模过大等新问题。

第四阶段是2012年以来，城镇化进入"下半场"，拆迁规模过大、旧城容积率过高等问题对社会、环境所带来的不良影响日益突显。在可持续发展理念引导下，城市全面更新行动指向了高质量发展的需求，以促进存量土地发展为核心，以创新城市更新制度建设为重点，关注以人为本，兼顾生态、产业发展等多元目标。同时，激励更广泛的市场和社会多元力量参与，强调综合治理和社区更新等议题，多层次、多维度解决空间与社会经济复杂交织关系，整体提升城市的品质和内在活力。

总的来说，我国城市更新的内涵日益丰富，外延不断拓展，政府、市场和社会参与力量不断多元。与国际城市更新演变进程相似，由过去以规划设计主导的物质更新，转向了以人为本的综合性可持续更新，强调运用公平性、整体性的观念和行动解决城市的存量发展问题[5]。

表 2-1　国内城市更新发展阶段变化

阶段	更新目标	更新重点	特征问题
1949—1977 年	解决最基本的民生问题	以危房改造、棚户区改造、道路修缮为主	政府主导，但缺乏治理和管理经验，城建标准较低
1978—1989 年	加强基础设施建设，改善住房问题	以基础设施改造、旧居住区改造为主	中央政府出资，市场力量处于探索阶段
1990—2011 年	大力提升城市经济水平	以大规模居住区改造、城中村改造、老旧工业区改造和历史地段旅游产业化为主	房地产化倾向、增长主义特征明显，产权人和社会公众利益没有得到重视
2012 年至今	以人为本的高质量发展	以"城市双修"、老旧小区改造、城中村改造、历史街区活化为主	增长主义走向终结，更新如何在激励各主体参与的同时进行约束以保障整体品质进入探索

资料来源：作者整理自参考文献 [1]

2.1.1　1949—1977 年：计划经济时期的政府主导模式

新中国成立初期，环境卫生状况糟糕，众多环境恶劣的棚户区、年久失修的危旧房安全隐患严重。因此，这一阶段城市更新的工作重点是在政府主导下对生存环境进行改善和修补。此时比较有代表性的案例是北京龙须沟改造、上海肇嘉浜改造、南京秦淮河整治等。但总体上，该阶段城市更新活动整体进度缓慢，这受到财政、社会环境等多方因素的影响。

财政方面，这一时期国家仍处于自上而下的计划经济时代，由于中央财力有限，在重生产轻消费的政策指引下，城市建设资金大多用于发展生产和新工业区的建设。城市更新强调利用原有房屋、市政公用设施，进行维修养护和局部的改建或扩建。由于缺乏经验，城市建设标准较低，且重视生产性建设而压缩城市非生产性建设，致使城市住宅和市政公用公共设施不得不采取降低质量和临时处理的办法来节省投资，为后来的旧城改造留下了隐患[2]。

社会环境方面，一些违背实践规律制定的建设目标导致了许多盲目的扩建、乱建行为，对本就脆弱的基础设施造成巨大压力[2]。加上三年困难时期、苏联毁约等多重危机，全国人民面临生存危机，国家经济困难愈发严重，1960年中央政府宣布"3年不搞城市规划"。1966—1976年，大批知识青年、城市干部被下放到农村，城市规划被批判为搞修正主义，诸多城市规划管理与设计机构被撤销，大量规划人才流失，城市规划管理松懈，城市化率从17.86%下降到17.44%，城镇化基本处于停滞[6]。该阶段城市更新建设相关的刚性政策、规范和管理机制尚未形成，因此也没有相对而言的"弹性"更新机制，更新活动基本处于无序发展状态，加之政府财政紧张，真正得以实施的更新项目并不多。

2.1.2　1978—1989年：改革开放初期的旧城改造阶段

20世纪70—80年代，新自由主义思想在国际环境中开始盛行，私营部门开始通过"旗舰工程"项目建设推进城市开发。该时期国内城市更新模式转变关键节点出现在1978年，中国进入了改革开放和社会主义现代化建设的新时期，城市更新面临两项重大转变：一是体制环境从计划经济转向市场经济，导致城市更新思路模糊；二是政府不再是城市更新的唯一推动者，土地流转刺激市场主体参与到更新进程中，城市功能结构的转变和群众的诉求也要求城市更新内容进一步深化[7]。

随着市场化机制不断完善，市场逐渐在资源分配中占据重要位置，以私人开发商为代表的市场力量逐渐突显。该阶段地方政府并未获取中央政府足够的放权，其权力结构仍呈现出较为明显的中央—地方福利型治理特征，因此该阶段的改造活动也基本由国家全额投资，中央财政压力较大[8]。该阶段更新活动侧重于对居住条件的改善以及满足居民出行的需求。为解决城市住房紧张等问题，建设完善基础设施领域的不足，北京、上海、广州、南京、沈阳、合肥、苏州等城市相继开展了大规模的旧城改造[2]。

这一时期，市场经济刚刚起步，开发商开始参与更新活动，但大多城市更新项目仍是以政府主导的方式推进，而由于土地无偿、无期限、无流动，城市建设缺乏稳定的资金来源，政府在房地产方面的投资回报率较低。为了破解这一难题，顺利实施旧城改造等更新活动，各地开始探索以弹性方式收取"土地使用费"，增加更新建设的资金来源。1981年2月，深圳市签订了第一个吸引外资开发经营房地产项目合同，其中由深圳提供6000平方米的"地皮使用权"，土地使用期30年，使用费5000港元/m²。《深圳经济特区土地管理暂行规定》自1982年1月1日起施行，规定了不同用途土地各自使用最长年期和不同用途不同地区每年每平方米土地使用费标准。1984 年初，上海市城市经济研究会成立了"上海城市土地有偿使用"课题组，针对不同类型的地区设计了 3 套土地使用费方案 [9]。尽管土地仍不能名正言顺地进行市场流通，但"土地使用费"这项弹性实践探索让原本无偿使用的土地有了一定"身价"，也为后续土地使用制度改革做好了铺垫。

2.1.3 1990—2011 年：市场主导的大规模地产开发模式

20 世纪 90 年代，人本主义思想和可持续发展理念开始影响国际城市更新，城市更新开始强调社会、经济、物质环境等多维度治理，历史建筑保护、环境的可持续更新与区域更新理念愈发受到重视，社会问题和人民需求也得到更多关注。而这一时期我国城市更新的重点仍在物质空间方面，土地增值潜力初步显现，以大规模房地产开发模式来推进的城市更新行动方兴未艾。1990 年，国务院发布《中华人民共和国城镇国有土地使用权出让和转让暂行条例》，打破了土地长期无偿、无限期、无流动、单一行政手段的划拨制度，创立了以市场手段配置土地的新制度 [10]。1993 年，《国务院关于实行分税制财政管理体制的决定》出台，明确土地出让收入全部为地方财政固定收入，中央财政不参与分成，但地方政府也须承担本地的基础设施建设责任。土地使用权出让制度与住房商品化改革释放了土地市场的潜能，而财政分税制改革又降低了地方政府手头可支配的公共预算收入。尽管中央通过转移支付和部分返还填补部分缺口，但建设开发、招商引资等活动仍需要诸多额外支出，地方财政压力加大。为了拓展资金来源，地方政府在做大税收"蛋糕"的同时还需要增加预算外收入来源。另外，1998 年，单位福利制分房正式结束、《中华人民共和国土地管理法》修订两件大事让城市的土地价值进一步显现。在这些背景下，"土地财政"应运而生 [11]。

由于中央政府尚未给予限制和约束，初期地方政府在调配土地资源方面几乎处于无法可依、无规（划）可依的状态 [12]。由于政府掌握着土地相关的权力，在实际操作过程中极易产生暗箱操作、"权力寻租"和腐败行为，催生了官商勾结拿地、囤地炒卖等问题。为了保障土地出让的合理性，2004 年国土资源部颁布《国土资源部、监察部关于继续开展经营性土地使用权招标拍卖挂牌出让情况执法监察工作的通知》，规定 2004 年 8 月 31 日以后所有经营性用地出让全部实行招拍挂（即招标、拍卖、挂牌）制度。2009 年颁布的《深圳市城市更新办法》首次明确提出通过城市更新可以协议出让土地使用权的地方性法规。从"无法可依"到强制"招拍挂"，再到"协议出让"，城市更新中对土地要素的管控逐渐向刚弹结合的方向演进。随着更新过程中强制拆迁事件频发，2007年国家颁布《中华人民共和国物权法》，明确房屋产权人基本的权利，规定国家征收私有财产时要按照法定程序并给予相应补偿，这对于城市更新的房屋拆迁安置工作具有里程碑式的意义，也标志着城市更新活动逐步走向更加公平公正的方向。

这一阶段，在GDP政绩考核的压力和土地财政的巨大诱惑下，以土地为基础的城市空间成为市场经济条件下城市政府可经营的、最大的活化国有资产，地方政府基于其城市企业主义的发展战略积极推动土地开发[13]，通过超大规模、超快周期的房地产开发塑造了中国城市。该阶段的城市更新涵盖了旧居住区更新、重大基础设施更新、老工业基地改造、历史街区保护与整治以及城中村改造等多种类型，并形成了以容积率控制为平衡工具的改造逻辑，呈现出典型的房地产化倾向和鲜明的增长主义特征，也造成了经济与社会、文化、生态等多元发展目标之间的失衡。

该阶段中，土地管理开始与规划管理衔接在一起，控制性详细规划（简称"控规"）逐步发展并演变成为城市建设和规划管理的关键依据，控规调整成为弹性激励的关键工具，但刚性管控指标与灵活更新需求之间仍存在较为强烈的矛盾冲突。2008年1月1日开始实施的《中华人民共和国城乡规划法》将控规作为规划许可的唯一依据，强化了控规的法定地位，但在实践过程中仍存在诸多难题。一方面，控规的确定性指标内容与市场需求差距较大；另一方面，对控规调整又"宽松管理"，导致控规调整率过高，不仅动摇了控规的法律地位，房地产主导的更新模式也导致城市更新容易偏离整体目标[14]。2009—2010年间，住房和城乡建设部发现，2150个开发项目存在违规变更规划、调整容积率的情况，甚至不乏公职人员受贿、开发商伪造公文等违法案例[15]。且控规调整又涉及一系列烦琐的程序，耗费大量行政资源，严重拖慢了规划审批，降低了建设效率。这些现象引发了诸多关于控规性质、程序和指标等问题的讨论，大家一方面认同控规应具备法律地位和确定性，另一方面也指出控规应跳出"计划思维"的刚性管控模式，适应市场经济发展的多元性和不确定性[16]。

2.1.4　2012年至今：城市更新高质量综合发展阶段

2011年，我国城镇化率突破50%，城镇化开始向"下半场"转折，城镇常住人口超过乡村常住人口，标志着中国社会结构发生了历史性变化，城市经济在国家经济总量中日益占据支配地位。随着城镇化率攀升，土地资源日趋紧缺、人地矛盾愈发明显，以粗放式发展、增长主义思路为特征的城市更新模式对社会结构和环境所造成的不良影响已经显现，传统文化断裂、环境污染等问题亟待解决。随着城市经济结构由以制造业和重工业为主导逐步转向以服务业和消费为主导，居民需求也呈现出更多元化、高品质的特征，保障民生、改善人居环境、强调社会治理成为城市更新的重要目标。可持续发展、人本主义、文化保护与传承等新规划思想出现，城市更新逐步树立底线思维，强调生态保护和文化传承优先，并对盲目扩张、破坏历史文化、有失公平的城市更新活动加以限制，对"土地财政"发展模式加以制约。2012 年，党的十八大之后，中央政府开始制约地方政府对土地财政的依赖，对地方资源（土地资源）和财政收入权力进行收缩，尤其通过在发展要素、收益分配等方面的转变倒逼地方政府寻找新的治理出路。中国城市空间的增长主义走向终结[17]，以提升城市品质和内涵为目标的存量规划成为空间规划新常态。

城市更新在横向上从单一维度走向综合维度，纵向上也呈现出精细化、专业化的发展趋势。总体来看，城市更新呈现出两方面的转变：其一是内涵方面，从追求空间、经济等效益转向对人本、社会公平等价值取向的重视。单一的拆除重建模式所带来的诸多问题得到反思，小尺度、渐进式、有机更新、微改造等模式出现，城市更新不仅关注用地方式转变，更涵盖文化复兴、功能产业升级、社区治理等非物质空间内容，兼具城市发展和居民生活的双重价值导向[18]。其二是范围方面，从"范畴笼统"转向"对象聚焦"。城市更新范围从大规模的工业区、城中村改造转向工业遗产、历史文化街区、老旧小区等小型开发单元，参与主体也走向细分，儿童、老人、流动人口、低收入群体等主体诉求逐步得到重视。随着城市更新向精细化高质量发展，刚性管控模式也愈发难以适应更新活动的不确定性和综合性目标要求，政府与市场协同共建模式也要求城市更新要满足多元主体的诉求，推动更新顺利实施的同时兼顾公共利益。因此，如何在刚性约束和弹性激励之间找到平衡点成为新时期城市更新的关键任务之一。

不同阶段城市更新的典型实践见表 2-2。

表 2-2　不同阶段城市更新的典型实践

阶段	典型改造类型	典型案例	更新模式
1949—1977 年	河沟整治	北京龙须沟改造	政府主导整治臭水沟，改善居住环境
		上海肇嘉浜改造	政府主导填平臭水浜，建立宽阔的车道和街心花园
		南京秦淮河改造	政府主导从航运、灌溉、市政卫生方面论证整治可行性
1978—1989 年	住房改造	北京菊儿胡同改造	政府无偿划拨用地，并减免税收
	旧城改造	南京老城区改造	政府主导建设城市住宅，改善城市环境和商业街区面貌
		苏州古城区保护	政府主导维持旧城原有风貌肌理，逐步改造
		广州的五羊新城、江南新村、荔湾广场等旧城改造项目	公私合建，"四六分成"，缺乏开发强度管控

阶段	典型改造类型	典型案例	更新模式
1990—2011年	城中村改造	深圳南山区大冲村改造	政府统筹、市场化运作、村集体参与共同改造
	旧工业区改造	深圳蛇口工业园区改造	政府指导、国企实施、市场化运营
	历史文化街区改造	上海新天地改造	政府指导、国企投资持有、市场化融资、市场化运营
	特色风貌街区	上海田子坊更新	自下而上的居民自发"众筹"
2012年至今	"城市双修"	三亚"城市修补与生态修复"工作	以治理内河水系为中心，以打击违法建筑为关键，以强化规划管控为重点，优化城市风貌形态
	老旧小区改造	北京劲松社区改造	向群众征集改造意见，并引入社会资本全流程参与老旧小区改造
		上海静安区彭浦镇美丽家园	社区自治、公共参与，政府、居民、设计师、专家协商讨论
	旧村改造	深圳水围村城市更新	政府出资统筹、国企改造运营、村集体筹房协作
	历史文化街区保护与活化	广州永庆坊更新	政府主导，BOT模式引入社会资本参与的"微改造"
	旧工业区更新	厦门沙尾坡	以宅基地为基本单元开展微更新，吸引年轻人和培育新兴产业

注：关于BOT模式的详细介绍请参见本书第3.4节。

资料来源：作者整理自参考文献[1]

纵观中国城市更新75年来的发展历程，城市更新呈现出以政府主导、公私合建、市场主导、自主更新、微更新等多种改造模式。在众多城市更新实践中，深圳大冲村改造作为多方合作改造城中村的典型案例，以拆除重建为主要改造方式，代表了城市更新在调动市场积极性、解决城中村改造难题方面的初期探索；广州永庆坊更新作为引入社会资本参与历史街区保护更新的典型案例，通过微改造方式，优化建筑功能，升级产业结构，代表了城市更新在历史文化保护、旧城活力提升方面的有益探索；上海田子坊作为"自下而上"的旧城更新典型案例，采用小规模渐进式更新方式，将旧街坊转变为融合传统与现代的文化创意产业区，对旧城活力提升、产业更新具有重要参考价值。这三个更新案例在优化空间环境、保护传统文化、带动产业更新、改善城市形象等方面产生了正面效应，但更新过程中部分居民的社会交往和生活品质需求仍缺乏保障。这些案例反映了中国城市更新改造实践中存在的一些普遍问题，因此本书后续选取了这三个案例进行详细剖析和反思，以期为中国城市更新实践提供宝贵的经验与启示。

2.2　城市更新政策和制度发展方向

2.2.1　国家政策方针引领城市更新发展方向

中国城市更新的发展与国家政策的出台密切相关，作为顶层设计，国家层面的制度引导往往具有重要的引导性，通过简洁、深刻的理念和战略为具体行动把握大方向。2012 年，国家发展和改革委员会等部门发布的《关于加快推进棚户区（危旧房）改造的通知》首次提到"有机更新"，即对于"城市棚户区（危旧房）改造要因地制宜，采取拆除新建、改建（扩建、翻建）、综合整治等多种方式"。2013 年，中央城镇化工作会议明确提出"严控增量，盘活存量，优化结构，提升效率""由扩张性规划逐步转向限定城市边界、优化空间结构的规划"等政策方针。2015 年，中央城市工作会议再次指出城市"要坚持集约发展，框定总量、限定容量、盘活存量、做优增量、提高质量"。严控外扩、挖潜内部成为城市建设的新趋势。2017 年，党的十九大提出高质量发展要求，即"城市发展应注重'量'的合理增长和'质'的稳步提升"。

2019 年 12 月，中央经济工作会议首次在国家层面提出"城市更新"，我国城市更新步入高速发展期。2021 年，城市更新首次写入政府工作报告，《中华人民共和国国民经济和社会发展第十四个五年规划和 2035 年远景目标纲要》中提出"实施城市更新行动"，明确将城市更新上升为国家战略。2021 年 8 月 30 日，住房和城乡建设部发布《关于在实施城市更新行动中防止大拆大建问题的通知》，强调严格控制大规模拆除、增建和搬迁，对城市更新项目中具体的拆除面积占比、拆建比以及就地安置率等指标划清了底线。尽管在国家层面上还未对具体指导的工作项目和重点任务对象有明确规定，但顶层的政策方针仍起着提纲挈领的关键性引导作用。

国家层面的城市更新制度建设提出一般性的引导方向和规则框架，以确保顶层设计的引导治理符合城市更新外部环境变化所展现出的多元化、渐进化趋势，防止过时的更新手段在新形势下产生矛盾和不协调[1]。在提质转型的新发展需求上，2021 年，城市更新相关的支持和规范性政策进入密集出台期，相关的政策文件出台数量和频率超过了历年总和。如表 2-3 所示，2021 年形成了约 10 份支持或规范类文件，主要内容包含三方面：一是明确提出在城市更新行动中要防止大拆大建，尊重居民意愿；坚持低影响的更新建设模式，保留城市记忆；加强统筹谋划，坚持城市体检评估先行，稳妥推进城市更新。二是必须要守住城市历史文化保护的"底线"，提出调整工作思路，改变以往大规模拆除对城市历史记忆的破坏，由"拆改留"转变为"留改拆"，应留尽留，保留城市记忆；同时要转变方式方法，采用"绣花织补"等微改造方式进行更新建设。三是基于覆盖东中西部，覆盖一、二、三线城市以及选取不同区域重点城市的原则，选取 21 个城市进行更新试点，为中国城市更新发展探索出因城施策的有效模式[5]。

表 2-3 2021 年以来城市更新主要政府文件、政策汇总

序号	时间	政策	政策主要内容
1	2021.3	《2021 年国务院政府工作报告》	实施城市更新行动，完善住房市场体系和住房保障体系，提升城镇化发展质量。2021 年新开工改造城镇老旧小区 5.3 万个，较 2020 年实际完成量增加约 1.3 万套
2	2021.3	《中华人民共和国国民经济和社会发展第十四个五年规划和 2035 年远景目标纲要》	首次将城市更新纳入国家五年发展规划。加快转变城市发展方式，统筹城市规划建设管理，实施城市更新行动，推动城市空间结构优化和品质提升。加快推进城市更新，改造提升老旧小区、老旧厂区、老旧街区和城中村等存量片区功能，推进老旧楼宇改造，积极扩建新建停车场、充电桩
3	2021.4	国家发展改革委《2021 年新型城镇化和城乡融合发展重点任务》	在老城区推进以老旧小区、老旧厂区、老旧街区、城中村等"三区一村"改造为主要内容的城市更新行动，加快推进老旧小区改造。在城市群、都市圈和大城市等经济发展优势地区，探索老旧厂区和大型老旧街区改造。因地制宜地将一批城中村改造为城市社区或其他空间
4	2021.5	住房和城乡建设部办公厅《城镇老旧小区改造可复制机制清单（第三批）》	总结各地在动员居民参与、改造项目生成、金融支持、市场力量参与等 7 个方面的可复制政策机制。其中金融支持方面涵盖培育规模化实施运营主体、编制一体化项目实施方案、探索创新融资模式、创新金融产品和服务、金融机构建立协同工作机制 5 项举措
5	2021.8	住房和城乡建设部《关于在实施城市更新行动中防止大拆大建问题的通知》	严格控制大规模拆除，原则上城市更新单元（片区）或项目内拆除建筑面积不应大于现状总建筑面积的 20%。严格控制大规模增建，原则上城市更新单元（片区）或项目内拆建比不应大于 2。严格控制大规模搬迁，鼓励以就地、就近安置为主，城市更新单元（片区）或项目居民就地、就近安置率不宜低于 50%
6	2021.9	国家发展改革委、住房城乡建设部《关于加强城镇老旧小区改造配套设施建设的通知》	提出摸排 2000 年底前建成的需改造城镇老旧小区存在的配套设施短板、民生设施缺口情况，将安全隐患多、配套设施严重缺失、群众改造意愿强烈的城镇老旧小区，优先纳入年度改造计划，做到符合改造对象范围的老旧小区应入尽入
7	2021.9	中共中央办公厅、国务院办公厅《关于在城乡建设中加强历史文化保护传承的意见》	提出保护目标：到 2025 年，多层级多要素的城乡历史文化保护传承体系初步构建，城乡历史文化遗产基本做到应保尽保，形成一批可复制可推广的活化利用经验
8	2021.10	商务部办公厅等 11 部门《关于公布全国首批城市一刻钟便民生活圈试点名单的通知》	发布全国首批 30 家一刻钟便民生活圈试点地区名单。北京东城区、石景山区，天津滨海新区，河北省唐山市，山西省运城市等市区入选
9	2021.11	住房和城乡建设部办公厅《关于开展第一批城市更新试点工作的通知》	公布全国第一批 21 个城市更新试点城市名单，探索建立城市更新配套制度政策。北京市，江苏省南京市、苏州市，浙江省宁波市，安徽省滁州市、铜陵市，福建省厦门市等入选

序号	时间	政策	政策主要内容
10	2021.11	住房和城乡建设部办公厅《城镇老旧小区改造可复制政策机制清单（第四批）》	清单聚焦了城镇老旧小区改造中六方面难点问题及对应解决问题的举措，有针对性地总结各地解决问题的可复制政策机制和典型经验做法。如强化政府各部门以及居民社区的统筹协调，施工系统化衔接，完善城市更新治理结构，健全长效管理，探索多方共担的改造资金筹集机制
11	2022.1	全国住房和城乡建设工作会议	将实施城市更新行动作为推动城市高质量发展的重大战略举措，健全体系、优化布局、完善功能、管控底线、提升品质、提高效能、转变方式。在设区市全面开展城市体检评估
12	2022.2	国务院新闻发布会	下一个阶段，将从 7 个方面来推动城市更新：明确不同城市战略定位和核心功能；优化城市发展布局；完善城市功能；管控底线，防止大拆大建；提高居民生活品质；提升城市运行管理效能和服务水平；探索政府引导、市场运作、公众参与的城市更新可持续模式
13	2022.3	2022 年《政府工作报告》	提升新型城镇化质量。有序推进城市更新，加强市政设施和防灾减灾能力建设，开展老旧建筑和设施安全隐患排查整治，再开工改造一批城镇老旧小区，支持加装电梯等设施，推进无障碍环境建设和公共设施适老化改造
14	2022.3	国家发展改革委《2022 年新型城镇化和城乡融合发展重点任务》	有序推进城市更新。加快改造城镇老旧小区，推进水电路气信等配套设施建设及小区内建筑物屋面、外墙、楼梯等公共部分维修，有条件的加装电梯，力争改善 840 万户居民基本居住条件。更多采用市场化方式推进大城市老旧厂区改造，培育新产业发展新动能。因地制宜改造一批大型老旧街区和城中村。注重修缮改造既有建筑，防止大拆大建
15	2022.4	财政部部长在《求是》杂志上的撰文《稳字当头稳中求进 实施好积极的财政政策》	提升新型城镇化建设质量，推动健全常住地提供基本公共服务制度。系统化全域推进海绵城市建设。支持再开工改造一批城镇老旧小区，有序推进城市更新
16	2022.7	国家发展改革委《"十四五"新型城镇化实施方案》	对城市老旧资产资源特别是老旧小区改造等项目，可通过精准定位、提升品质、完善用途、丰富资产功能，吸引社会资本参与
17	2022.7	住房和城乡建设部 2022 年城市体检工作部署暨培训视频会	有序推进城市更新改造。重点在老城区推进以老旧小区、老旧厂区、街区、城中村等"三区一村"改造为主要内容的城市更新改造，探索政府引导、市场运作、公众参与模式。注重改造活化既有建筑，防止大拆大建
18	2022.9	住房和城乡建设部办公厅《城镇老旧小区改造可复制政策机制清单（第五批）》	继续选取直辖市、计划单列市、省会城市和部分设区城市等 59 个样本城市开展城市体检工作，鼓励有条件的省份将城市体检工作覆盖到本辖区内设区的市。各地要在抓 2022 年城市体检评估工作落实上下功夫，在巩固"长板"和补齐"短板"上下功夫，在统筹城市体检与实施城市更新行动上下功夫
19	2022.10	党的二十大报告	加快转变超大特大城市发展方式，实施城市更新行动，加强城市基础设施建设，打造宜居城市、韧性城市、智慧城市
20	2022.11	住房和城乡建设部办公厅《关于印发实施城市更新行动可复制经验做法清单（第一批）的通知》	包括建立城市更新统筹谋划机制，建立政府引导、市场运作和公众参与的可持续实施模式，创新与城市更新相配套的支持政策，共三个方面的内容

序号	时间	政策	政策主要内容
21	2022.12	中共中央、国务院《扩大内需战略规划纲要（2022—2035年）》	推进城市设施规划建设和城市更新。加强城镇老旧小区改造和社区建设，补齐居住社区设施短板，完善社区人居环境。强化历史文化保护，塑造城市风貌，延续城市历史文脉
22	2022.12	国家发展改革委办公厅《关于印发盘活存量资产扩大有效投资典型案例的通知》	征集和评估筛选了一批盘活存量资产扩大有效投资典型案例，包括盘活存量资产与改扩建有机结合案例，挖掘闲置低效资产价值案例等不同类别
23	2023.07	住房城乡建设部《关于扎实有序推进城市更新工作的通知》	创新城市更新可持续实施模式。坚持政府引导、市场运作、公众参与，推动转变城市发展方式。健全城市更新多元投融资机制，加大财政支持力度，鼓励金融机构在风险可控、商业可持续前提下，提供合理信贷支持，创新市场化投融资模式，完善居民出资分担机制，拓宽城市更新资金渠道
24	2023.11	自然资源部办公厅《关于印发〈支持城市更新的规划与土地政策指引（2023版）〉的通知》	推进城市更新与国土空间规划相结合，发挥"多规合一"的改革优势，加强规划与土地政策融合，营造宜居韧性智慧城市，强调完善城市更新支撑保障的政策工具
25	2023.12	住房和城乡建设部办公厅《关于印发城镇老旧小区改造可复制政策机制清单（第八批）的通知》	总结各地在城镇老旧小区改造中盘活利用存量资源、拓宽资金筹集渠道、健全长效管理机制等方面可复制政策机制，推动各地学习借鉴
26	2024.1	住房城乡建设部办公厅《关于印发城市更新典型案例（第一批）的通知》	为发挥典型案例示范作用，因地制宜探索完善城市更新项目组织机制、实施模式、支持政策、技术方法，及时总结了一批好经验好做法好案例，帮助各地积极探索、分类推进实施城市更新行动

资料来源：作者整理自参考文献[19-20]

　　在这一时期，更新工作的一个明显信号在于强调"留改拆增并举，以留为主"的工作方式，为历史保护街区和历史保护建筑的更新改造留出底线控制。尽管必须肯定这一措施的积极作用，但在实际工作当中，一些老旧建筑确实过度破败甚至产生了建筑危险，但保护规范的全盘"刚性"控制实际不利于城市更新运转和再利用，又进一步成为城市更新中的难点，也反映出更新政策的灵活性和创新性仍是政府工作的难点和重点。此外，刚弹结合的思想也在城市更新的市场合作机制等方面得到不断扩展和关注。2023年7月，住房和城乡建设部在《关于扎实有序推进城市更新工作的通知》中强调创新城市更新合作模式，健全市场运作手段和多元投融资机制，以激励市场主体共同参与存量资源的统筹利用，从工作方式上为城市更新资金提供政策方向。尽管如此，在以留为主的政策指向之下，工程建设中可以盈利的空间缩窄，想要调动市场参与城市更新的积极性变得更加艰难。能否灵活地运用刚性和弹性并举的手段，以刚性托底，以弹性提质，并进一步创新多元合作和融资的模式机制，在城市发展面临更多挑战和融资困难的形势下越来越重要。

2021 年以来城市更新政策密集出台，可以看出当前的城市更新强调用综合的、整体的观念和行动计划来解决城市存量发展过程中遇到的各种问题，促进城市高质量发展和社会治理精细化。国家宏观的政策方针指明了城市更新内容上更加强调综合品质提升，从建设质量、基础设施配套等，开始转向城市文化的相互促进，智慧城市和韧性城市的倡导，以及政府与市场的多元合作机制等，逐步提出对城市更新工作体系化的推进和新时代政府治理水平提升的要求。从政策演进中能看到，一方面有明确拆除面积、比例等严格的底线控制；另一方面也积极倡导创新的多元主体合作模式和投融资机制。

2.2.2　地方城市更新政策体系建设的进展及探索

中国的城市更新实践起源于地方探索，国家政策对地方实践也产生了直接影响。2009 年深圳率先颁布《深圳市城市更新办法》，拉开了法规推动城市更新的序幕。2015 年上海和广州也相继出台《上海市城市更新实施办法》和《广州市城市更新办法》，成为城市更新实践的先驱。同时，北京、上海、深圳等城市自 2018 年以来先后推出"减量规划""减量发展"，甚至是用地"负增长"的城市建设理念与要求，在尝试控制乃至降低城市建设规模（用地规模或建筑规模）的同时，通过城市更新推动城市的功能结构优化和空间品质提升。

从当前情况来看，实施城市更新没有固定的模式，各地都在结合区域实际情况，通过不断地实践总结，丰富和完善城市更新政策体系。其中以深圳为代表的部分城市已在城市更新政策体系构建方面走在前列，而多数超大特大城市都趋于构建城市更新专项政策体系[21]。

1. 以深圳为代表的个别城市已成为城市更新政策体系建设的先行者

深圳是国内最早开展城市更新地方立法探索的城市，其城市化的高速发展也使其更早地进入城市更新的阶段。作为中国房地产改革的领先者和开拓者，深圳在城市土地利用开发方面有着得天独厚的创新氛围和试验环境，对弹性做法的接纳度高，使得深圳在城市更新实践中成为更具探索精神的先行者。从 2009 年末,深圳发布《深圳市城市更新办法》，到 2020 年，针对大规模"旧改"城中村的《深圳经济特区城市更新条例》颁布，实现了城市更新政策从地方政府规章到地方性法规的飞跃。经过持续十多年的制度建设，深圳已经形成"纲领性、政策性、程序性、计划性"四位一体的城市更新政策体系，构建了以纲领性文件为统领、以政策性文件为引领、以程序性和标准性法规政策为支撑、以专项规划保障落实的较为完整的一体化政策体系；结合地方实际和特区优势，实现对城市更新多方面、多层次工作的标准化界定和规范指引。目前，深圳已初步形成一整套与大规模存量提质改造相适应的制度机制和政策体系，成为国内各地研究制定本地区城市更新政策体系的参考样本 [21]。

2. 超大特大城市趋于构建城市更新专项政策体系

从超大特大城市的城市更新政策体系发展来看，行政法规类城市更新办法、条例等文件逐渐普及，城市更新政策从相关的"旧改""双修"等政策中逐步调整，形成了新的专项政策体系。目前，许多超大特大城市出台了城市更新的专项规划、行动计划或管理办法。以北京市为例，北京自2021年相继发布了《北京市城市更新行动计划（2021—2025年）》以及《关于首都功能核心区平房（院落）保护性修缮和恢复性修建工作的意见》《关于老旧小区更新改造工作的意见》《关于开展老旧厂房更新改造工作的意见》《关于开展老旧楼宇更新改造工作的意见》《关于开展危旧楼房改建试点工作的意见》五个配套文件，初步形成了城市更新专项政策体系 [21]。这些地方性专项法规整合了顶层设计和各地实践已有经验，包括各类管理体制和技术体系，进一步细化了城市更新完整、全流程的制度框架，保证从国家到地方的政策连续性和有效性。

同时，一些城市通过设立城市更新机构（一般表现为市、区级城市更新局）或专项领导小组来落实政策。如广州市在2015年颁布《广州市城市更新办法》，将"三旧"改造工作纳入城市更新战略，并创新组织机制成立了我国第一个专职负责城市更新工作的"城市更新局"，以专项领导小组的形式落实政策并防止改造行动"过热"，强化了政府对城市更新工作的统筹兼顾和引导管控 [22]。不过，城市更新局是为了协调推进更新项目而成立的政府部门，其有效性还依赖于决策权力的赋予和纵向协调机制的优化。在近年的实践中，这一机构主要在广东省各市设立，主要发挥审核作用。其他城市也在推动相关机构改革，探索成立专门负责城市更新工作的新机构，或建立多部门并联审批、动态调整机制等。

2.2.3 地方城市更新制度的特征及趋势

2021年，在中央政策的带动下，国内许多城市积极响应，密集出台了15部地方性法规。截至2022年初，国内共有21个城市出台关于城市更新的地方性法规（表2-4），形成了当地城市更新制度的"顶层设计"。此外，多省市各类条例、实施意见、管理办法、更新导则等文件陆续出台，推动城市更新更加精细化，有前瞻性、深入性的发展。下文通过梳理21部法规，总结现阶段国内地方城市更新制度的主要特征及发展趋势。不难看出，尽管各地构建了一定的法规体系以有效引导和规范城市更新行动,但从名称和内容来看,各地的法规层级和效力仍有所区别。当前,除北上广深等城市,多数城市的地方制度化建设是通过"办法"类推行,"条例"类仍较少。在定义和实施上"条例"是更具有法律权威性和法定性的文件,"办法"则多是对条例的补充和具体措施。"办法"多为一般性指引,在实际工作中强制性不强、框架完善性不足。城市更新是一项综合性工作,上海、深圳拥有长时间实践经验,作为地方性法规立法本身更具有统领性、原则性和规范性,更新工作的技术标准也更为具体和详细。除这两地外,大多数城市则以政府规章形式规范城市更新[23]。

表 2-4　21 个城市法规文件名录

文件类别	出台城市	文件名称
更新条例	上海市	《上海市城市更新条例》(2021)
	深圳市	《深圳经济特区城市更新条例》(2020)
	广州市	《广州市城市更新条例》(2021)
	北京市	《北京市城市更新条例》(2022)
	石家庄市	《石家庄市城市更新条例》(2023)
实施办法	广州市	《广州市城市更新办法》(2015)
	成都市	《成都市城市有机更新实施办法》
	景德镇市	《景德镇市中心城区城市更新改造实施办法(试行)》
	福州市	《福州市"城市更新+"实施办法》
	宁德市	《宁德市城市更新实施办法》
	张家界市	《张家界市城市更新实施办法(试行)》
	柳州市	《柳州市城市更新实施办法》
	唐山市	《唐山市城市更新实施办法(暂行)》
	安阳市	《安阳市城市更新实施办法和安阳市城市更新资金管理办法》
管理办法	昆明市	《昆明市城市更新改造管理办法》
	重庆市	《重庆市城市更新管理办法》
	石家庄市	《石家庄市城市更新管理办法》
	大连市	《大连市城市更新管理暂行办法》
	中山市	《中山市城市更新管理办法》
	珠海市	《珠海经济特区城市更新管理办法》
	沈阳市	《沈阳市城市更新管理办法》
	西安市	《西安市城市更新办法》
	湛江市	《湛江市城市更新("三旧"改造)管理暂行办法》

资料来源:作者整理自参考文献 [24-43]

1. 对城市更新的内涵趋向共识

城市更新的概念在党的十九届五中全会上被正式提出，大部分法规也对"城市更新"作了明确界定，概念涉及的内容包括城市更新的范围、主体、对象、依据、本质和目标六个方面。由于处在探索阶段，早期各地相关表述有所不同。如在城市更新范围方面，上海等大部分城市将其限定在"城市建成区内"，广州界定为"城市更新规划范围内"，珠海则界定为"符合条件的城市更新区域"。在更新对象上，上海等大部分城市将其界定为"城市空间（或发展）形态和功能"[44]。在更新依据上，大部分城市将地方性法规及相关规划作为开展更新的主要依据。随着中央和国家战略中发展模式的集体转变和现实治理需求，各地以新发展理念为引领，在更加关注城市内涵发展、以人为本和人居环境改善方面达成共识。如2021年《北京市人民政府关于实施城市更新行动的指导意义》将城市更新定义为"城市功能的持续完善和优化调整"。2021年《广州市城市更新条例（征求意见稿）》中同样提到了"进行城市空间形态和功能可持续改善的建议和管理活动"[45]，城市更新的定义不再局限于建筑环境的改善，还包括对历史文化、城市风貌、人居环境等的优化和提升。各地的治理目标也开始从单一经济目标明确转向促进以人为核心的高质量发展与内涵提升，治理工具普遍提出多元共治、多方协同，共同探索自下而上的多元协商机制[46]。

2. 城市更新的工作机制更加强调统筹与协作

城市更新工作机制是立法事项中的关键环节，也是实施城市更新行动的前置条件。大部分法规明确了城市更新的工作机制并呈现两个特征，包括：（1）普遍采用统筹型工作机制，即在现有行政体制的基础上，设置城市更新统筹协调机制——城市更新工作领导小组，相关市级行政部门、区（县）政府作为成员单位，根据职能分工各司其职。（2）专家咨询和公众参与制度越来越受到重视[44]。如上海明确了设立"城市更新专家委员会"，广州提出设立"城市更新专家库"。由政府组织的社区多元参与和公众表达机制在城市更新项目中逐渐得到重视，如广州在恩宁路更新项目中成立"共同缔造"委员会，实现区政府以及社区居民等多元相关利益角色的面对面交流；上海"微更新"改造中成立社区议事会和社区协商平台，促进更新治理中居民协商达成共识。

3. 探索构建完整且独立的城市更新技术体系

为有效引导并规范城市更新，现有法规均构建了以专项规划、计划，单元（或片区）规划，项目实施方案为主的技术体系，并呈现以下3个特征：（1）依托本地国土空间规划构建三级城市更新规划体系。城市更新专项规划（或指引等），对应国土空间总体规划，强调对本地城市更新工作的战略引领和全局统筹；城市更新单元（或片区）

规划，对应国土空间详细规划，重点关注片区存量资源的统筹提升和对公共利益的保障；项目更新（或实施、改造）方案，更强调项目的整体实施、资金统筹及建设运营。（2）根据本地发展规划和年度工作重点，构建聚焦于近期实施的两级城市更新计划体系。包括年度更新计划，强调对当年度城市更新工作及项目的统筹安排；城市更新单元计划，由各区（县）政府具体统筹辖区内的更新工作部署。（3）创新性探索适宜本地的城市更新技术。为更加规范、高效地开展城市更新工作，各地进一步细化了技术文件的制定思路、编制流程和方法，如沈阳提出"建立常态化体检评估体制"[44]。

4. 加速城市更新政策的供给和创新

城市更新是一项涉及政府多部门、社会多方面的综合性活动，需要形成综合性的政策保障。目前深圳、上海、广州等地由于开展城市更新工作的时间长、实践多，因此配套政策种类多，规定也更细致。其他城市的配套政策还属于原则性规定多的阶段（表 2-5）[44]。在这些政策内容中，土地规划涉及综合性、概念性的宏观层次规划以发挥引导作用，而其他方面从内容和形式上多属于专项规划的规划支持，如《深圳经济特区城市更新条例》中明确提出城市更新部门"应当按照全市国土空间总体规划组织编制全市城市更新专项规划"，并确定发展战略和具体的行为规范。其中，相关政策对土地规划、征收补偿安置、财税金融相关内容的关注度高，给予的政策工具多，多层次、分手段地共同推进城市更新政策的探索。通过进一步的制度供给激发城市更新动力和红利是未来政策的重点方向，既需要打政策"组合拳"，抓政策工具创新，也需要聚焦利益的调整分配[5]。

表 2-5　21 个城市出台法规文件中的配套政策相关内容

大类	小类	更新方式
土地规划	土地	土地整备、土地收储、土地置换、用地出让、违法用地的查处、土地出让价款收备、实现土地资源产权重构和利益共享、盘活存量低效建设用地、异地平衡统筹利用
	规划	容积率转移或奖励、用地性质转变或兼容、修改控制性详细规划相关指标、对零星土地或项目的特别规定、建立更新项目数据库
征收补偿安置	征收	制定房屋征收方案、签订房屋征收协议、允许个别征收、健全行政诉讼申请制度
	补偿	确定补偿标准和补偿方式
	安置	产权置换、回搬或补偿安置、复建安置、先安置后搬迁等
财税金融	财政	发行地方政府专项债、纳入政府或部门财政预算、整合专项财政资金
	税收	减免行政事业性收费、减免政府性基金、税收减免、税收奖补
	金融	利用国家政策性资金、提供多种金融产品并进行服务创新、引入社会资本、设立城市更新专项资金（或基金）、提供投资补助、贷款贴息、探索利用住房公积金支持城市更新项目

续表

大类	小类	更新方式
其他	不动产	不动产登记、公房承租权的管理和归集、完善产权手续
	立项审批	完善用地手续、简化项目审批流程、建立正负面清单
	文物保护	鼓励实施主体参与保护；严格按照相关法律法规保护更新单元内的文物保护单位、不可移动文物、历史建筑，给予容积率奖励，鼓励活化利用
	环境保护	开展土壤污染状况调查
	公众参与	社区规划师制度、城市更新协商共治机制

资料来源：参考文献 [5]

5. 逐步完善城市更新规范机制

明确监督和法律责任也是规范城市更新活动的重要抓手，尤其是顶层政策在方向引导上尚显单薄且各地尚未形成普遍的法规政策体系情况下。从 21 个城市出台的法规细分上看，仅有北京、上海、广州、深圳等地对城市更新的监督职能有明确的表述，或是使用了笼统的规定，其余城市的更新法规中基本未涉及相关规定。整体而言，城市更新项目的监督机制不够完善，仅在经济状况较好且实践经验相对丰富的城市中有探索。随着城市更新持续深入地推进，在项目实施中暴露出的问题也越来越具体，使政府部门履行监督和法律责任规范的难度加大。另外，现有城市相关制度的滞后性也给更新工作监督的识别和实施造成了一定的困难，如在多地的更新条例和办法中提出可进行用地性质转变或兼容，但在现行土地制度下，自主改变土地用途或开发强度在法律上仍属于违规。政府为了防止项目推进遭遇障碍，也会规避此类模糊问题，最终造成监督机制的缺乏，抑制法规政策的更新动力。

有关监督与法律责任的规定也需要逐步明确及完善，其发展呈现以下趋势：一是监督措施的数字化、信息化。如今仅有北京、上海、广州、深圳等地探索建立了城市更新信息系统、城市更新基础数据库等进行实时、动态、数字化的监管。二是监管主体的立体化、社会化。目前各地普遍采用更新工作领导小组办公室、地方各级人民政府、城市更新部门三方的立体化监管体系。上海采取人大常委会审议专项报告的方式发挥人大的监管作用，也为公众参与监管提供可能。三是法律责任的具体化、严格化[44]。规定明确各部门职责和工作内容，并且对监管主体明确监管要求和违约的处置方式。

其中，由于更新工作涉及多元主体参与和复杂的利益关系博弈，规划师以专业能力厘清各利益相关方的责任和义务，作为政府、市场主体与居民之间中立的"技术员"，也因此被赋予了"协调员""监督员"等更多的责任。2022 年，自然资源部办公厅印发《关于深入推进城乡规划编制单位资质认定"放管服"改革的通知》，探索推进规划编制单位终身负责制，即规划编制单位及项目负责人在承担项目审查及监督实施等职责的同时，必须对规划成果终身承担法律责任。这一制度强调规划人员在主体和问题复杂多样的更新治理项目中监督推动、合理创新。但事实上，规划师在实际项目中往往受限于服务对象和市场利益，当现有更新需求与滞后的法规产生矛盾时，无法发挥自由裁量权，提升更新效果和发挥监督巡查效能[47]。这种责权失衡、权不符实使规划师从专业角度提供创新路径和监督实施时，反而可能面临审批权等失责的风险，"标准化"策略更加难以帮助城市更新规范和监督机制的成长和完善[48]。

　　总体而言，从国家层面的城市更新整体方向指引到地方层面的具体实施指导还有所欠缺，不难看出现有的城市更新制度规范仍然缺乏整体的制度统筹、强有力的法规指导和普遍实践经验，条文中的针对性和精准性仍有待提升，并且存在法规过于刚性与市场激励要求弹性之间的冲突。基于此，必须完善顶层制度架构，适时地逐步完善各地方立法层面的"城市更新条例"，明确工作目标、对象范围、更新模式、更新标准、实施保障机制，健全规划管理、用地审批、收益分配、项目监管等制度，作为地方城市更新具体项目的指引和依据[45]。随着"实施城市更新行动"上升为国家战略，通过制度化加强城市更新的"顶层设计"，构建覆盖城市更新全类型、全方面、全流程的"法规—技术—政策"体系十分必要[44]。

2.3　弹性激励机制在中国城市更新中的探索和障碍

2.3.1　提出弹性激励机制的背景

　　当前中国面临着深刻变化的国际国内环境，经济发展转入平稳健康发展新阶段，增长主义逻辑体系下的扩张式城市发展模式带来的诸如发展不可持续、地方财政透支、环境资源压力、土地资源短缺、对多元价值缺乏关注等问题日益显现，城市土地发展模式正在由增量开发转向存量提质转型。但现行的一些城市规划编制体系和管理实施制度仍存在一定的滞后性，城市更新工作的效率和公正性仍有待提升，且主体动力不足，往往因高昂的时间、资金和机会成本及利益分配不均等问题陷入困境。具体来看，城市更新面临几大难点：（1）资源有限、遗留问题多：存量更新中，空间发展格局已基本固化，城市更新项目不仅要在现有格局和空间资源中挖掘新的增长点，还有之前城市化扩张进程中遗留的各种问题亟待解决；（2）限制条件多：为满足历史传统文化保护、生态环境保护等高质量发展要求，城市更新项目中往往涉及历史建筑保护、街区肌理保留、片区风貌控制等问题，并在建筑高度、用地功能等方面受到多种规范限制；（3）利益关系复杂：城市更新走向高质量发展，需要优化调整原有城市空间，完善基础设施配套，必然触及产权人、开发商、政府部门等多方利益关系，还需考虑项目可能给周边区域、社会公众造成的影响；（4）规模大、周期长、财政压力重：由于需要平衡多方利益，因此城市更新往往具有投入规模大、周期长、不确定因素多等特征。据不完全统计，2022年，全国571个城市实施的城市更新项目达到6.5万个[49]，仅靠政府有限的财政力量难以支撑众多居住区、工业区、旧城更新改造的需求。

城市始终处于发展变化的过程中，社会经济的发展不断提出新的挑战和要求，规划难以依据"此时此刻"的条件和认知，对未来做出面面俱到的统筹和界定，城市更新的刚性管控所导向的静态"理想蓝图"很难实现，也很难适应时代需求。因此，仅靠刚性约束机制很难满足城市更新中多元化目标和高品质要求，中国城市更新需要不断探索灵活的弹性激励机制，基于动态演进的弹性视角，采取弹性激励机制，充分调动多主体的参与交流，降低更新过程中的交易成本，均衡各利益相关者的权益，实现多元化的城市更新目标。

2.3.2 弹性激励机制在中国的实践与探索

新中国成立之初，我国处于计划经济时代，对市场主体持排斥态度，城市更新活动大多以自上而下的方式安排，刚性程度较高。在由计划经济向市场经济转型的过渡期，政府对市场的态度从排斥转向友好，经历了一段弹性规划程度较高的时期，这也对城市快速发展起到了重要的作用，但刚性的规划约束体系仍未建立完善，乱象时有发生。

随着规划管理体制逐步完善，我国开始自上而下集中制定城市更新行动计划。相比常规治理体系，其决策和编制周期较短，形成"运动型治理"机制，以达到快速调动资源、集中力量完成任务的效果。这种治理方式也使得刚性的约束机制显著增强，"一刀切"的政策措施频出，尽管这种方式在短期内或许能带来一定的积极效应，但长期来看，仍缺乏可持续性和灵活性，难以激励多方主体的参与。

新一轮城市更新开始上升为国家战略，2021年全国共有30多个省市发布百余条城市更新相关文件和政策办法，对激励机制和弹性规划的重视和研究正在各地加速展开。基于过去十来年的先锋行动，上海、深圳、广州等地在更新的制度建设方面，已出现了体系化、综合化发展特征，包括专设管理机构，发布专项法规文件，出台管理办法、条例，对具体空间的功能和开发强度的分区分类管控等。并出现了允许用地兼容、灵活土地出让方式、容积率奖励、容积率转移、公共项目不计容等弹性激励方式。

但弹性激励机制也存在一定风险，随着市场化进程加快，开发商代表的市场利益与规划指标形成绑定，政府面临"权力寻租"压力与腐败风险，弹性的规划管理体系导致权利博弈日益复杂[50]。控规调整等弹性激励措施虽然增加了治理灵活性，但也增加了产权界定的"不确定性"，扩大了主体间的谈判和争议空间，可能导致交易成本进一步增加[51]。城市更新权利人复杂的背景下，多方主体如何在满足各自利益的前提下，实现有效的博弈和协作，并降低或不增加交易成本，还需要弹性激励机制与刚性约束机制共同发挥作用（图 2-1）。

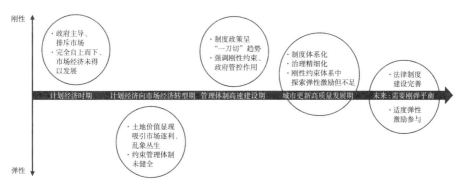

图 2-1　中国城市更新实践的刚性弹性情况与未来需求

图片来源：作者自绘

2.3.3　基于国际比较的弹性激励机制在中国面临的障碍

城市更新中的弹性激励本质上是一种由公权规划管理部门结合城市和区域的实际情况，通过灵活的规划调控与激励性的政策安排，吸引多方主体参与并平衡各方利益分配的机制设计。其主要目的是增加城市更新的驱动力和积极性，促进城市高品质公共空间和公共设施等的建设和提升。国际上一些发达地区采用诸如土地用途变更（或混合用途）、容积率奖励、开发权转移等弹性激励吸引市场等多方主体参与，破解城市更新难题。其中土地用途的弹性变更或混合可以适应地区在存量更新过程中功能调整的需求，有助于改善匹配度、促进城市活力再生；容积率奖励机制可在政府不增加直接经济投入的情况下，有效吸引社会资本进行公益建设，如建设步行社区、提供保障住房，以及公共空间和艺术、绿地、便利设施和教育养老设施等；开发权转移机制一般用于历史保护区、生态敏感地区等特殊限制地区，通过将开发权从开发受限的发送区转移到具有开发潜力的接收区，不仅为开发者提供了一种资金平衡方案，而且有助于在历史保护、生态环境与经济发展之间的实现平衡。这些经验为我国激励型城市更新制度设计提供了良好借鉴。

值得注意的是，在不同国家和地区的法律体系、规划体系背景下，弹性激励机制有不同的实施方法，国际上较为成功的技术方法也均有其相应的适用条件，与我国现有的制度环境和管理体制势必存在差异，因此弹性激励机制的适用性也成为本土化实践过程中必然面临的问题。以土地用途弹性变更为例，土地混合使用在美国的许多城市已成为制度化举措，比如纽约将城市用地分为居住用地、商业用地和工业用地三种基本类别，每类用地采用功能组形式，明确混合类型，从而实现功能的弹性控制[52]。但国内城市更新中的土地用途变更通常要按照常规程序，变更控规中的用地性质，才能进行地段的再开发利用。尽管深圳市通过城市更新单元规划的机制设计绕过了现行的控规调整的复杂程序，增加了土地用途变更的弹性，但与现有规划体系和制度之间仍存在矛盾冲突，从更广泛的应用角度看，未来需要进一步的制度探索和保障。

关于弹性激励工具在国内推广的可行性，学术界意见不一。以容积率奖励为例，有学者认为，受到国家法律、土地和规划制度的制约，容积率奖励机制难以普遍推广[53]。也有学者认为，通过完善相关制度，容积率奖励机制在国内应用依然具有可行性[54]。对比来看，美国的容积率可作为一种"虚拟货币"流通，容积率奖励往往是通过市场交易手段实施；而我国开发控制体系主要采用"开发许可制"，容积率的确定主要通过管理部门的行政裁量决定，还未与产权管理相联系，因此容积率的调整很难与市场交易挂钩。除此之外，在我国控规中，为减少复杂的指标调整成本，规划管理部门在容积率赋值阶段往往就已经按照上限给定容积率，要在此基础上增加容积率奖励的可行性较低。尽管深圳、上海等多地已在容积率奖励方面推出政策，但也存在因容积率过高而导致的城市风貌破坏、基础设施不堪重负等潜在问题，未来还需要开创性地探索奖励的方式，平衡好激励与约束的关系，以精细化管理降低负外部效应。

此外，开发权转移在国内的应用也面临两大难点：（1）土地公有制背景。在美国、日本等国家，开发权转移一般是基于土地私有制的背景和前提，内在依据是对私人财产权的保护。而我国实行的是土地公有制，一方面，缺乏因土地开发权受到限制而需要对权利人进行奖励或补偿的理论依据；另一方面，开发权的转移容易牵扯到各地政府间的协调，因此也存在交易成本较高的问题；（2）财政体制难题。由于我国"分灶吃饭"的财政体制，如果要跨越行政区实施开发权转移，接收区产生的增值收益很难反馈给发送区。这种制度性障碍往往造成不同行政区的政府、土地权利人和开发商等多方的复杂博弈，反而增加更新中的交易成本。不过，也有学者提出，我国土地开发权也具有公权与私权的双重特征，国家法律也保障土地权利人对于土地的使用权[55]。因此土地开发权转移仍然存在一定可行性，广州等地也正在探索通过开发权转移机制破解土地增值收益分配难题。

总体而言，弹性激励机制在国内城市更新中有应用的需求和潜力，但与我国当前的规划制度体系还存在一些冲突，实施过程中也面临障碍，需要在紧密结合国内制度环境的同时，寻找适合本地的创新做法。另外，还需要相关法律法规和技术标准的配合，以真正发挥弹性激励的灵活优势，避免其被滥用为权力寻租的工具，减少其负外部效应，助力破解城市更新难点痛点问题，实现高质量可持续发展。

2.3.4　弹性激励机制不完善的问题本质与未来思考

从上述分析中可以发现，弹性激励机制在国内实施所面临的障碍本质上与土地发展权、土地制度、中国特色的土地财政模式以及政府力量密切相关。从城市整体视角来看，存量更新时期，城市发展缺乏外部增量收益途径，通过城市更新改变土地用途和容量、提升土地利用效率，是获取空间增值收益的关键途径。因此，城市更新中的弹性激励机制大多是通过对土地发展权的弹性调控，来平衡各方利益关系，满足公共利益和发展诉求。而弹性激励机制所面临的障碍难题在本质上也源于现行的制度与政策对土地发展权的多重约束。从地方政府的角度来看，中国特色的土地财政模式塑造了城市更新中政府的基本经营逻辑，并影响着地方政府采取激励机制、吸引市场参与的动力。

1. 土地发展权约束

土地发展权是指在对土地利用的基础上进行再发展的权利，是土地私有产权和公共行政权力共同作用的产物。从内涵来看，土地发展权包含了对土地用途变更的权利、对土地开发强度进行变更的权利以及流转交易的权利。因此，对土地发展权的弹性控制是城市更新中探索弹性激励机制的重要途径。

我国的土地用途与开发强度管控制度是土地发展权控制的主要方式，主要是指以"详细规划（控规）+ 行政许可"为核心的土地管控模式，通过规定土地用途、开发强度以及空间形态对每块土地的开发建设进行管控，其核心指标包括用地属性、容积率、密度等，强制性内容较多，调整流程烦琐且周期一般较长，是城市更新中实施弹性激励机制的关键难点所在。在用地性质方面，我国现有用地分类标准将城市建设用地分为 8 大类、35 个中类和 42 个小类，规范性和控制性强，但难以适应市场经济环境下土地使用的不确定性，也制约着土地混合用途开发的可能性。2018 年4 月，住房和城乡建设部发布《城乡用地分类与规划建设用地标准（征求意见稿）》，其中将"混合用地"写入国家标准,这很大程度上也反映了市场对土地混合功能使用的需求[52]。此外,用地性质调整往往需要补地价,市场主体需一次性投入大量的补地价成本,长期持有运营的成本回收周期也被拉长,大大削弱了开发商参与和原权利人自主更新的动力。

2. 土地出让方式约束

除了土地发展权的约束之外,单宗土地的出让方式和"净地"出让的要求也给城市更新中跨区域平衡、市场主体的引入等弹性激励举措造成一定阻碍。针对单宗土地出让困境,广州和成都市政府规定,可通过政府补助、异地安置、异地容积率补偿等方式在全区统筹平衡,市重点项目可在全市统筹平衡[56]。针对"净地"出让难题,各地主要探索了两种弹性措施帮助市场主体介入前期阶段:(1)土地一、二级开发联动,由同一市场主体完成一、二级开发。深圳等地探索通过协议出让方式,公开选取市场主体,既负责前期土地开发,又负责后期土地开发,在全周期中平衡开发利益。但市场介入一级开发仍存在民事或行政诉讼风险,或因开发障碍、成本预估不准确等问题将导致土地闲置。2023年9月,自然资源部印发《关于开展低效用地再开发试点工作的通知》,继续强调"净地出让"和"竞争性准入"两条原则,这也意味着未来较难由同一个主体完成一、二级开发;(2)针对土地一、二级分离的状况,进一步增加市场主体在土地一级开发中的收益。例如,佛山市南海区对市场介入前期整理的收益予以明确,增强了市场进入信心,激励市场主体参与到拆迁与土地整理环节中[57]。

3. 强政府与管理体制约束

中国的传统文化和制度环境中强调政府角色的宏观调控作用及其所代表的公权,在我国国情下,政府在城市建设中担负着重要角色。对政府角色的分析需要从两个维度进行思考:其一,从外部关系维度来看,我国政府的关键作用使其与市场间呈现出一种不平等的合作关系,而这种不平等的关系要求政府必须谨慎制定政策,避免对市场的过度干预和政策反复变动造成的负面影响。其二,从央地关系维度来看,政府部门权力的集中与下放也始终处于动态变化中。

一方面,在城市更新实施过程中,地方政府掌握了土地再开发的用途许可权,成为土地再开发的关键角色,并具有"裁判员"和"运动员"的双重身份。作为"裁判员",地方政府是公共管理的服务者和规则制定者,具有提供公共服务、维护社会总体福利的职责,通过制定激励政策与约束政策,激发市场与产权人参与积极性的同时保障公众利益。作为"运动员",地方政府参与土地增值收益分配中的博弈,通过收取土地出让金以及税费来增加财政收入,再将这些资金投入到城市基础设施、公共服务的建设与运营过程中。政府掌握政策制定、土地、税收等垄断性资源，拥有规划制定权与批准权，对市场主体具有引导、规范和约束等作用，处于相对强势的地位。因此，尽管有土地再开发的用途调整、功能转变、容积率变动等激励政策工具，但这些手段作用的有效发挥也有赖于灵活机制运用时的稳定性和确定性，也受到政府部门决策方式和内容的较大影响。

当前政府在城市更新中仍充当经济导向的企业化角色，未来应向代表社会、环境等公共利益的角色转变，公权力更多地承担监督和协调市场、社会代表的私权。这种监督和协调在一定程度上会导致对市场的抑制或者激励，使得政府的作用将长期处于动态变化之中。政府自身需要更加灵活的政策应对问题，同时也要加强外部力量对灵活性的监管[8]；且应避免频繁调整政策，尤其是对于改造补偿标准、土地出让金、土地性质转变或土地使用权转让等市场高度敏感的政策，若频繁变动，很可能导致改造主体面临更大的不确定性而丧失积极性，陷入被动等待的困境中。

另一方面，在城市更新治理过程中，推动中央权力下放、增强地方治理能力，已成为政府体制改革的趋势。随着更新中多项事权下放，"市级统筹、区级主导"的模式逐渐形成，区政府有更多权力，也因此更有积极性采取激励工具。但权力下放、灵活举措也可能造成"一放就乱"的现象，需要上级政府做好相应的监督。另外，若事权分配不明晰或者存在交叉，很可能导致多头管理，造成"反公地困局"，并对激励政策的实施效率带来负面影响。更新项目中政府的多机构管制有两种类型：（1）横向多机构管制，即同一级政府要求开发商去多个部门征求批准；（2）纵向多机构管制，即开发商要拿到许可证需要获得从上到下多级政府的批准，而不同级别的政府部门可能还会存在规则的差异[58]。广州旧村改造更新项目的报批程序较明显地表现出这种多机构管制困局，其报批程序分为五个阶段，方案批复前需要 5 次到市级政府审批，审批流程反复、烦琐，大幅提升了协调成本，限制了市场主体的参与积极性，也使得多种激励机制很难发挥作用。因此，城市更新权力下放是城市更新走向精细化、高质量发展的体制保障。但在这个过程中，权力结构的转变可能引起一系列重构，出现诸如事权分配与财权分配关系的不均衡、地方本位和地方保护主义等现象。因此，需要通过法律制度明确各个方面、各个层次政府的权力边界，约束中央和地方政府的利益博弈，强调公众利益。

4. 土地财政模式下的底层行为逻辑

1988 年土地有偿使用制度确立，开启"土地资本化"的序曲，城市批租又使各级地方政府掌握大量预算外收入，以"土地资本化"为主要驱动力的城镇化发展逐步演变成各级政府的"土地财政"[59]。城市政府通过卖地获得土地出让金，并通过招商引资带来企业税收增长，并将这些资金收入用于建设和运营大量高标准的基础设施等公共服务产品。

土地财政模式的发展本质上与公共服务定价方式有关。西方国家的公共服务通过征收财产税向居民收取公共服务运营成本。中国目前并没有收取财产税，而是通过一次性的土地收入提前获得用于土地公共服务的投入，因此土地出让的本质就是为未来的公共服务融资。这种制度性差异决定了城市政府的资产负债表、经营逻辑和市场行为也会大相径庭。国内众多城市政府对"土地财政"模式产生路径依赖，并将"增容"作为城市更新项目的主要财务平衡手段[60]。这不仅加强了政府对"容积率"的垄断性管控需求，也导致更新项目的房地产化趋势，以及对多元价值目标的忽视。政府对土地出让收益的依赖也在很大程度上影响了城市更新中采用弹性工具激励市场主体参与的力度。广州对土地财政的依赖程度相对较高，数据显示，2019 年广州市土地出让金与广州市一般公共预算收入的比值高达 107%，而上海和深圳的这一数据分别是 28% 和 19%，这也是深圳在推进城市更新方面更愿意放手让市场来主导，而广州城市更新则仍以政府主导为主的关键原因之一[61]。

5. 土地融资模式的局限性

长期以来，我国地方政府通过出售土地的方式来进行城市更新融资，虽然推动了城市化进程，但也造成了诸多难题。在土地金融模式下，弹性机制本身的正向激励作用反而可能造成更高的风险和危机。具体来说，土地作为信用抵押、获取融资的途径，本身并没有好坏之分，关键是这种融资的具体用途。如果用于公共服务的投资建设，并通过招商引资增加企业税收收入，且税收能够覆盖公共服务长期运维成本，这样的更新项目可产生正向的现金流，能够可持续发展。但在大多更新项目中，后期通过招商引资增加新的税收这一步往往缺失了，无法通过税收或其他收费方式增加新的现金流。"容积率奖励"这样的弹性做法新增了建筑面积，附带增加了公共空间，所以这种方式也不会增加新的现金流，反而由于更多居民的入住和公共空间建设，可能导致公共服务、运营支出进一步增加，给政府带来更大的长期压力。当更新项目创造的短期利润小于长期服务所需的费用时，政府债务将不断加剧，公共财政很可能走向破产[60]。未来城市更新还是要从土地金融化发展回归空间产业运营，探索可持续、市场化的融资模式，结合创新的弹性激励措施，同时挖掘项目经营性收益，创造正向可持续的财务现金流。

2.3.5 小结

总的来看，当前我国城市更新仍处于刚性约束性较强而弹性激励不足的境况中。

但自上而下的过度刚性管控已经显示出多方面的负面效应：（1）难以满足自下而上的多样诉求。"一刀切"模式往往导致对开发商、产权人、社会公众或者是区级政府等主体诉求的忽视，也因此难以得到一致认可和实现多元主体的共同参与和协同推进；（2）造成非必要的高额交易成本。更新行动常涉及用地性质和容积率等指标调整，但控规中过度刚性的管控指标往往导致这些动态、适应性的调整需要经过复杂烦琐的审批流程，降低了社会资本和产权人投资、参与更新的意愿；（3）造成更新资金来源匮乏。刚性管控约束限制了多元主体参与的意愿和途径，导致大多更新项目仍离不开政府的财政支持，引发更新项目"改不起、推不了、变不了"的现实困境，严重制约了城市更新的可持续推进。因此，这种以刚性管控为主流的城市更新模式亟待改革。

而弹性激励则是破解当前城市更新困局的关键：（1）弹性激励机制设计往往从自下而上的视角出发，重视政策举措的本地适应性，以协调并平衡多元主体利益，激发市场活力，从而有效推进更新项目顺利实施；（2）弹性激励机制也能够降低城市更新过程中的交易成本，比如通过制度创新简化非必要的部门和流程、与利益相关者充分协商、放权并培育基层管理部门的治理能力、提高产权收益等，以整体降低更新项目事前、事中、事后的交易成本；（3）容积率奖励、容积率转移等弹性机制，能够为开发商增加盈利点，因此也有助于增加项目的吸引力，助力解决城市更新的资金难题。

但在我国长期以来形成的土地管理、规划制度、土地财政、土地金融模式背景下，弹性激励机制在实践应用中仍受到诸多限制，面临多种阻碍和可能的冲突，比如我国土地发展权的管制、土地出让方式的限制、强势的政府角色、规划管理体制的约束等，因此还需要深入挖掘、对比、分析、创新弹性机制在不同城市环境和制度背景下的有效性、可复制性和可行性。同时也要重视弹性激励可能带来的"权力寻租"风险、市场逐利行为以及因多主体参与而增加的交易成本问题。总之，为了避免城市更新出现"一管就死、一放就乱"的局面，在刚性的制度引导下，实施有选择性、有约束性的弹性激励，是吸引多主体参与和投入，推动项目高效实施，同时保障社会公平正义的关键举措。

在弹性激励机制的研究与实践中，应重视其与国内制度环境的适应性以及创新做法的可行性，为灵活的更新策略工具最大化发挥效用创造条件。首先，需留出动态调整的空间破除制度障碍，健全完善制度体系，保障公众参与和必要的监督管理。其次，要探索有效的盈利模式以吸引多方参与、前置思考并重视城市运营的持续价值创造。最后，应从整体、系统性角度考虑多元价值诉求，以灵活且精细化的治理举措推动城市更新实现多个维度高品质发展目标。未来城市更新面临复杂的制度环境条件限制，需要从城市更新的动力需求出发，通过精细化、差异化、持续性的弹性激励机制设计，结合必要的刚性约束机制，保障土地发展权的合理分配与流转。同时，提高政府的管理效率，降低更新过程中的交易成本，优化土地增值收益分配，提高市场主体和原权利人参与、主动实施的积极性，并助力提供高质量的服务和专业化的运营，减少对土地财政的依赖，共同推进高质量的城市更新。

参考文献

[1] 王嘉，白韵溪，宋聚生.我国城市更新演进历程，挑战与建议 [J].规划师，2021，37（24）：7.

[2] 阳建强，陈月.1949-2019 年中国城市更新的发展与回顾 [J].城市规划，2020，44（2）：12.

[3] 王世福，易智康，张晓阳.中国城市更新转型的反思与展望 [J].城市规划学刊，2023，275（1）：20-25.DOI：10.16361/j.upf.202301003.

[4] 张京祥，罗震东.中国当代城乡规划思潮 [M].南京：东南大学出版社，2013.

[5] 唐燕.我国城市更新制度建设的关键维度与策略解析 [J].国际城市规划，2022，37（1）：1-8.

[6] 周亚杰，高世明.中国城市规划 60 年指导思想和政策体制的变迁及展望 [J].国际城市规划，2016，31（1）：53-57.

[7] 赵万民，李震，李云燕.当代中国城市更新研究评述与展望——暨制度供给与产权挑战的协同思考 [J].城市规划学刊，2021（5）：92-100.

[8] 姜紫莹，张翔，徐建刚.改革开放以来我国城市旧城改造的进化序列与相关探讨——基于城市政体动态演进的视角 [J].现代城市研究，2014（4）：80-86.

[9] 王永红.攀登新的高度——土地有偿使用制度改革 30 年历程 [EB/OL].（2008-12-19）[2023-12-04].https：//www.gov.cn/gzdt/2008-12/19/content_1182391.htm.

[10] 新华网.中国土地制度改革 [EB/OL].[2023-04-25].http://cpc.people.com.cn/GB/64156/64157/4512167.html.

[11] 兰小欢.置身事内：中国政府与经济发展 [M].上海：上海人民出版社，2021.

[12] 陈易.转型期中国城市更新的空间治理研究：机制与模式 [D].南京：南京大学，2016.

[13] 王世福，易智康，张晓阳.中国城市更新转型的反思与展望 [J].城市规划学刊，2023，275（1）：20-25.

[14]　鲍梓婷，刘雨菡，周剑云 . 市场经济下控制性详细规划制度的适应性调整 [J]. 规划师，
　　　 2015，31（4）：27-33.

[15]　新华社 .2150 个房地产项目因违规变更规划调整容积率被查 [EB/OL].（2010-12-24）
　　　 [2023-12-05].https：//www.gov.cn/jrzg/2010-12/24/content_1772503.htm.

[16]　高捷，赵民 . 控制性详细规划的缘起、演进及新时代的嬗变——基于历史制度主义
　　　 的研究 [J]. 城市规划，2021，45（1）：72-79+104.

[17]　张京祥，赵丹，陈浩 . 增长主义的终结与中国城市规划的转型 [J]. 城市规划，2013
　　　（1）：45-50+55.

[18]　邹兵 . 增量规划向存量规划转型：理论解析与实践应对 [J]. 城市规划学刊，2015（5）：
　　　 12-19.

[19]　全联房地产商会城市更新分会 . 中国城市更新白皮书（2021）[R].2022.

[20]　全联房地产商会城市更新分会 .2021 年度中央及地方城市更新政策分析 [EB/OL].
　　　（2022-01）[2023-04-26].https：//mp.weixin.qq.com/s/Z0GuhP7-ItwIT3CjqSgfQQ.

[21]　赵峥，孙轩，常含笑 . 城市更新政策体系的比较与建议 [J]. 中国发展观察，2022（5）：
　　　 9-13.

[22]　丁曼馨 . 城市更新改造的工作机制创新：广州经验 [J]. 现代商贸工业，2021，42（4）：
　　　 46-47.

[23]　景琬淇，杨雪，宋昆 . 我国新型城镇化战略下城市更新行动的政策与特点分析 [J].
　　　 景观设计，2022（2）：4-11.

[24]　成都市人民政府 . 成都市人民政府办公厅关于印发成都市城市有机更新实施办法的
　　　 通知 [EB/OL].（2020-04-26）[2023-04-15]. https：//cdzj.chengdu.gov.cn/cdzj/c150804/
　　　 2021-12/21/content_b4b2c021dd4642c8be168c47b4a03ec6.shtml.

[25]　昆明市人民政府 . 昆明市人民政府办公厅关于印发昆明市城市更新改造管理办法
　　　 的通知 [EB/OL].（2015-03-09）[2023-04-15]. https：//www.km.gov.cn/c/2015-03-09/3769631.
　　　 shtml.

[26]　景德镇市人民政府 . 景德镇市人民政府关于印发景德镇市中心城区城市更新改造实
　　　 施办法（试行）的通知 [EB/OL].（2016-04-15）[2023-04-24]. http：//www.iic21.com/
　　　 iic-zxbtz%20/index.php?m=Home&c=Articles&a=showart&artid=67090&ac1=2&ac2=1
　　　 3&ac3=47.

[27]　上海市自然规划局 . 上海市城市更新条例 [EB/OL].（2021-08-29）[2023-04-15].
　　　 https：//ghzyj.sh.gov.cn/gzdt/20210831/fc38143f1b5b4f67a810ff01bfc4deab.html.

[28]　深圳市城市更新和土地整备局 . 深圳经济特区更新条例 [EB/OL].（2022-07-15）

[2023-04-15]. https：//www.sz.gov.cn/szcsgxtdz/gkmlpt/content/8/8614/post_8614017. html#19169.

[29] 福州市人民政府.福州市人民政府办公厅关于印发福州市"城市更新+"实施办 法的通知 [EB/OL].（2021-04-09）[2023-04-15].https：//www.fuzhou.gov.cn/zfxxgkzl/ szfbmjxsqxxgk/szfbmxxgk/fzsrmzfbgt/zfxxgkml/xzfggzhgfxwj_2570/202104/ t20210409_4071863.htm.

[30] 宁德市人民政府.宁德市人民政府办公室关于印发宁德市城市更新实施办法的通 知 [EB/OL].（2021-06-20）[2023-04-15].http：//zjj.ningde.gov.cn/zwgk/fgwj/202107/ t20210707_1494065.htm.

[31] 重庆市人民政府.重庆市人民政府关于印发重庆市城市更新管理办法的通知 [EB/ OL].（2021-06-16）[2023-04-15].http：//www.cq.gov.cn/zwgk/zfxxgkml/szfwj/xzgfxwj/ szf/202106/W020230221393606886409.pdf.

[32] 安阳市人民政府.安阳市人民政府关于印发安阳市城市更新实施办法和安阳市城市 更新资金管理办法的通知 [EB/OL].（2021-07-21）[2023-04-15].https：//www.anyang. gov.cn/2021/07-27/2177330.html.

[33] 张家界市人民政府.张家界市人民政府办公室关于印发张家界市城市更新实施办法 （试行）的通知 [EB/OL].（2021-08-05）[2023-04-15].http：//www.zjj.gov.cn/c2284/ 20210814/i619566.html.

[34] 柳州市人民政府.柳州市人民政府关于印发柳州市城市更新实施办法的通知 [EB/ OL].（2021-08-31）[2023-04-15].http：//www.liuzhou.gov.cn/zwgk/zcwj/lzg/202109/ t20210915_2916453.shtml?ivk_sa=1024320u.

[35] 石家庄市人民政府.石家庄市人民政府关于印发石家庄市城市更新管理办法的通知 [EB/OL].（2021-09-21）[2023-04-15].http：//www.sjz.gov.cn/col/1612148764631/2021 /10/08/1633658452935.html.

[36] 大连市人民政府.大连市人民政府办公室关于印发大连市城市更新管理暂行办 法的通知 [EB/OL].（2021-12-29）[2023-04-15].https：//www.dl.gov.cn/art/2021/12/29/ art_854_1995623.html.

[37] 广州市人民政府.广州市城市更新办法 [EB/OL].（2015-12-01）[2023-04-15].https：// www.gz.gov.cn/gzzcwjk/detail.html?id=1403.

[38] 中山市人民政府.中山市人民政府关于印发中山市城市更新管理办法的通知 [EB/ OL].（2020-12-20）[2023-04-15].http：//www.zs.gov.cn/zwgk/fggw/bsgfxwj/content/ post_1880806.html.

[39] 珠海市人民政府.珠海经济特区城市更新管理办法 [EB/OL].（2021-06-15）[2023-04-15].https：//www.moj.gov.cn/pub/sfbgw/flfggz/flfggzdfzwgz/202108/t20210824_435783.html.

[40] 沈阳市人民政府.沈阳市人民政府办公室关于转发市城乡建设局《沈阳市城市更新管理办法》的通知 [EB/OL].（2021-12-21）[2023-04-15].https：//www.shenyang.gov.cn/zwgk/zcwj/zfwj/szfbgtwj1/202201/t20220122_2542259.html.

[41] 西安市人民政府.西安市城市更新办法 [EB/OL].（2021-11-19）[2023-04-15].http：//www.xa.gov.cn/gk/zcfg/gz/61af17c7f8fd1c0bdc72f2ad.html.

[42] 唐山市人民政府.唐山市城市更新实施办法（暂行）[EB/OL].（2021-12-07）[2023-04-15]. https：//tangshan.huanbohainews.com.cn/2021-12/06/content_50071840.html.

[43] 湛江市人民政府.湛江市人民政府关于印发湛江市城市更新（"三旧"改造）管理暂行办法的通知 [EB/OL].（2021-09-16）[2023-04-15].https：//www.zhanjiang.gov.cn/csgxj/attachment/0/72/72562/1505841.pdf.

[44] 赵科科，孙文浩，李昕阳.我国地方城市更新制度的特征及趋势——基于 20 部城市更新地方法规的内容比较 [J].规划师，2022，38（9）：5-10.

[45] 刘妍妍.新时代背景下城市更新路径探索 [J].智能建筑与智慧城市，2023（7）：42-44.

[46] 王嘉，白韵溪，宋聚生.我国城市更新演进历程、挑战与建议 [J].规划师，2021，37（24）：21-27.

[47] 唐燕，张璐.从精英行动走向多元共治——北京责任规划师的制度建设与实践进展 [J].国际城市规划，2023，38（2）：133-142.

[48] 祝贺，唐燕.北京责任规划师制度的"责—权—利"关系研究 [J].规划师，2022，38（12）：27-34.

[49] 万勇.以系统思维推进城市更新（新论）[N/OL].人民日报.（2023-09-15）[2023-10-16].https：//baijiahao.baidu.com/s?id=1777052262937995841&wfr=spider&for=pc.

[50] 侯丽，孙睿.地方规划决策制度的创新与演进——以上海和深圳的规划委员会制度为例 [J].城市规划学刊，2019（6）：87-93.

[51] 衣霄翔.城市规划的动态性与弹性实施机制 [J].学术交流，2016（11）：138-143.

[52] 陈亚辉.面向市场弹性诉求的控规综合用地研究初探 [C]// 中国城市规划学会，重庆市人民政府.活力城乡 美好人居——2019 中国城市规划年会论文集（15 详细规划）.北京：中国建筑工业出版社，2019：186-197.

[53] 何芳，谢意.容积率奖励与转移的规划制度与交易机制探析——基于均等发展区域与空间地价等值交换 [J].城市规划学刊，2018，（3）：50-56.

[54] 荣朝和，朱丹，刘李红，等.以容积率奖励与转移推进城市更新中轨道交通 TOD 开发 [J].城市发展研究，2023，30（4）：25-30.

[55] 唐燕，张璐，殷小勇.城市更新制度与北京探索：主体—资金—空间—运维 [M].北京：中国城市出版社，2023.

[56] 刘贵文，刘刚宁，杨玥.城市更新中的土地制度问题 [J].中国土地，2021，（4）：11-13.

[57] 黄利华，李汉飞，焦政.集体土地主导权下的城市更新路径研究——以佛山市南海区为例 [J].规划师，2022，38（10）：74-79.

[58] 田莉，姚之浩，梁印龙，等.城市更新与空间治理 [M].北京：清华大学出版社，2021.

[59] 田莉.处于十字路口的中国土地城镇化——土地有偿使用制度建立以来的历程回顾及转型展望 [J].城市规划，2013（5）：22-28.

[60] 赵燕菁.城市更新中的财务问题 [J].国际城市规划，2023，38（1）：19-27.

[61] 作者不详.30 个典型城市土地财政依赖度披露，最高达 179%.[N/OL].绍兴网，（2021-06-07）[2024-04-23].https：//www.shaoxing.com.cn/p/2871448.html.

第3章
中国的城市更新实践和机制创新

3.1 深圳城市更新制度

3.1.1 发展背景与重点矛盾转变

1. 发展背景

深圳地处广东省中南沿海地区，得益于香港的产业大转移和国内改革开放，迅速从一个仅有两万多人的海边小镇成长为人口过千万的超大型城市。由于经济社会、城市建设的快速发展，深圳也面临越来越严重的空间资源硬约束。2005 年，深圳市委书记指出，深圳市已面临"四个难以为继^①"的严峻挑战^[1]。空间资源的约束和挑战迫使深圳必须从以增量为主的城市拓展模式向以存量为主的品质提升模式转型，这一趋势也在 2006 年深圳编制的第二轮近期建设规划和随后启动的《深圳市城市总体规划（2010—2020）》中逐步确定。2009 年，《深圳市城市更新办法》颁布，标志深圳城市更新进程开始全面启动^[2]。2015 年，深圳建设用地总量已经超过 940km²，2016 年起平均每年仅有 6km² 的新增建设用地配额^[3]。空间资源约束倒逼城市更新存量转型，但城市更新仍面临大量历史遗留用地问题。深圳早期开展过两次大规模的土地征转，全市土地实现了名义上的国有化，然而由于两次征转过程中的征转补偿并不彻底，留下了大量未完善征转手续的历史遗留用地^[4]，原农村集体经济组织仍然实际占用超过 300km² 建设土地。

1）违法建筑过多

在改革开放后四十年的城市化进程中，随着外来人口的涌入，深圳的住房紧张

---

① （1）土地、空间有限，剩余可开发用地仅 200 多平方公里，按照传统的速度模式难以为继；

（2）能源、水资源难以为继，抽干东江水也无法满足速度模式下的增长需要；

（3）按照速度模式，实现万亿 GDP 需要更多的劳动力投入，而城市已经不堪人口重负，难以为继；

（4）环境容量已经严重透支，环境承载力难以为继。

问题愈发凸显，在巨大的利益驱使下，民间通过非正式自发建设途径来解决紧迫的住房问题，大量违法用地和违法建设滋生。数据显示，截至 2014 年底，深圳全市建筑面积约 8 亿 m²，其中违法建筑约 4.28 亿 m²。居住在违法建筑内的人口占全市总人口的 56%，数量巨大 [5]。这些违法建筑的权属不清、权责不明，利益关系复杂，导致大量存量用地难以再次开发利用，亟须制度创新。

2）更新进度缓慢

由于存量土地空间权益错综复杂，按照传统"蓝图式"规划及既有征地赔偿标准，通过征转土地—纳入储备—公开出让，政府自上而下的管理模式，原权利主体多被排除在土地增值的获益群体之外，既有利益格局很难撬动，造成大量低效利用的现状用地出现"政府拿不走、社区用不好、市场难作为"的僵持局面，城市更新推进缓慢 [4]。

2. 矛盾转变与趋势变化

深圳的城市更新从 20 世纪 80 年代开始出现萌芽，发展至今主要经历了自发改造期、快速发展期、体系确立期和反思优化期四个时期。

1）自发改造期（1980—2003 年）

1980 年深圳成立经济特区，逐步实现跨越式发展，外来人口剧增，大量私房不经规划，由各业主自发改造。由于该时期缺乏统一的组织和引导，深圳市的城市更新整体呈现零散特征，违法用地和违章建筑开始出现。为避免建设失控，政府在 1988 年出台《关于严格制止超标准建造私房和占用土地等违法违章现象的通知》，1989 年出台《深圳经济特区征地拆迁补偿办法》等政策，主要以堵截方式进行控制管理，制度尚不健全，管理也不到位，遗留了众多历史土地问题。1992 年，深圳市人民政府发布实施《关于深圳经济特区农村城市化的暂行规定》，对原特区内集体所有土地实行统一征收。2003 年，《关于加快宝安龙岗两区城市化进程的意见》出台，将原特区外的宝安、龙岗两区内的集体土地以同样方式一次性转为国有，但实际操作过程中存在大量未完善征转手续的用地，给后续存量更新埋下了隐患。

随着原特区内的土地区位价值逐步升高，各类由市场推动的建筑功能转变和拆除重建行为大量产生，造成用地碎片化发展。尽管未经审批的"工改商"仍属于土地管理的禁忌地带，政府却对这些自发市场行为给予了相对温和宽容的态度。但原特区外仍然主要以镇村为单位自主进行招商引资和开发建设，产业与居住空间迅速蔓延，低效无序开发的建设用地成为多年后城市更新整治的主要对象。被快速新建城区所包围的旧村由于产权等原因难以自主改造，"城中村改造"成为社会热点话题。罗湖区渔民村就是在该时期采用"政府主导开发，村民自主建设"的模式实现改造，政府成立领导小组，不仅在政策上给予大力支持，还协助贷款、出资并负责从前期研究到施工图的全部设计工作 [6]。

2）快速发展期（2004—2008 年）

城市快速发展造成土地资源愈发紧张，尽管市政府出台相关政策控制、限制新增工业发展，加大违建管控力度，但一直没有建立有效的存量更新路径。直到 2004 年《深圳市城中村（旧村）改造暂行规定》出台，旧村改造拉开序幕，政府主要通过地价优惠、提供改造专项资金等方式给予支持。2005 年，《深圳市城中村（旧村）改造总体规划纲要》（2005—2010 年）发布，将有计划的城市更新纳入政府工作范畴。区级政府成立改造办公室，主导组织了部分城中村的改造，如渔农村、岗厦村、水库新村等，这些项目多以大拆大建为主，但也有项目因为拆迁补偿问题难以推动。2007 年《中华人民共和国物权法》的出台进一步加强了土地权利人的产权意识，深圳蔡屋围旧村改造"最牛钉子户"事件①轰动全国，充分暴露了强拆式旧村改造中的治理问题。这也迫使深圳在后来的更新改造工作中做出了一系列涉及多方利益平衡的政策机制探索 [7]。

2007 年编制的《上步片区城市更新规划》以《深圳市城市更新办法（试行）》为指导，最早采用了"城市更新单元"的更新管控和开发模式，将片区划分为不同类型规模的 16 个单元 [8]，通过"开门做规划"建立了政府、规划师、业主多方协商的规划机制，显著加强了更新实施的可操作性 [9]。

3）体系确立期（2009—2017 年）

在国土资源部与广东省开展合作，启动"三旧"改造试点工作的背景下，为了规范城市更新活动，完善城市功能，促进土地、资源的节约集约利用，2009 年深圳市颁布《深圳市城市更新办法》（简称《深圳办法》），明确了拆除重建、功能改变、综合整治三种模式，为城市更新工作提供系统性的指引。为了对更新办法的内容进行细化和补充，2012 年《深圳市城市更新办法实施细则》（简称《深圳实施细则》）出台，进一步明确了"城市更新单元"②的概念。随后《深圳市拆除重建类城市更新单元规划编制技术规定（试行）》《深圳市拆除重建类城市更新单元规划审批操作规则》《拆除重建类城市更新项目房地产证注销操作规则（试行）》等配套政策法规相继出台，使城市更新项目从单元计划申报，到专项规划编制审批，再到实施主体确认、房屋产权注销等一系列操作流程规范化、制度化。另外，深圳市还在项目地价测算、

①　蔡屋围案例中，在采用现金补偿方式，其他业主获得 6500 元 /m² 补偿的情况下，蔡氏夫妇以拒绝搬迁相要挟，最终获得了 2.1 万元 /m² 的巨额现金补偿。

②　"城市更新单元"是指实施以拆除重建类城市更新为主的城市更新活动而划定的相对成片区域，是确定规划要求、协调各方利益、落实更新目标和责任的基本管理单位。

容积率审查、配建保障性住房与产业用房等实际操作层面制定了政策指引。以更新办法为核心的制度体系不断完善，并在基本框架的基础上适时调整，自2012年出台《关于加强和改进城市更新实施工作的暂行措施》（简称《深圳暂行措施》）之后，2014年、2016年又进行了两次修订，逐步构建起两年调整一次的动态更新机制。

该阶段深圳市政府主动让利，通过市场运作项目、协议出让土地、建立更新单元规划制度、基准地价等一系列较为灵活的制度安排，盘活了大量存量用地。实施主体方面，通过鼓励原权利人自行实施、市场主体单独实施或二者联合实施等方式，建立了多元主体的参与路径。土地出让方面，允许通过缴纳地价的方式进行土地协议出让，使得参与开发的市场主体能够获得土地开发权，并通过地价优惠降低其改造成本，调动了市场主体的积极性。规划方面也创新提出"城市更新单元规划"，过去的"旧改"受行政单位限制，一般以单一宗地为改造对象，城市更新单元规划突破了具体的行政单位和地块限制，不再以单一宗地划分范围，而是对零散土地进行整合，予以综合考虑，并在面积、合法用地比例等方面设定限制条件，划定具有一定规模的相对成片区域[10-11]。

4）反思优化期（2018年至今）

大量政策制度的出台为深圳城市更新工作提供了众多指引，也激发了市场主体的积极性，但资料显示，2010—2018年，90%左右的城市更新项目都是拆除重建类更新[12]，随着城市发展走向精细化，拆除重建类更新带来的问题也逐渐显现。2018年深圳市已批立项的城市更新项目数据显示，全市近1/3现有建筑更新后的面积将超法定图则的规划容量上限[12]。大拆大建的高强度开发模式导致公共资源配置不均、道路交通条件恶化、城市风貌同质化、地价房价飞涨、保障性居住空间不足等问题，城市更新进入反思优化阶段。《深圳市城中村（旧村）总体规划（2018—2025）》于2019年定稿发布，由此城中村改造从"拆除重建"向"综合整治"①转变。该规划中纳入综合整治分区的对象总规模约99km²，并在部分核心区（福田区、罗湖区、南山区）内规定综合整治分区比例不得低于75%，其余各区不低于54%。

3.1.2 法律法规政策的变化和特点

1. 深圳城市更新政策体系

经过十几年的城市更新实践，深圳市城市更新逐步建立了"1+X"的多层次政

---

① 综合整治是指在维持现状建设格局基本不变的前提下，采取修缮、加建、改建、扩建、局部拆建或者改变功能等一种或者多种措施，对建成区进行重新完善的活动。

策体系（表 3-1），其中，"1"是 2021 年 3 月开始正式施行的《深圳经济特区城市更新条例》（简称《深圳条例》），对城市更新应当重点把握的原则性、方向性问题进行了明确，以地方立法的形式强化了城市更新中的制度保障。"X"则包括了法律法规、管理措施、技术标准、操作指引四大层面的详细配套政策[2]。法律法规层面上，除了《深圳条例》之外，《深圳办法》和《深圳实施细则》也是自 2009 年以来深圳城市更新的政策主干。2016 年，《深圳办法》针对实践过程中暴露的问题提出修订，重点简化了地价体系，删除了原办法中的地价缴纳规定。管理措施层面的政策及时补充完善了城市更新政策中的不足。比如在《深圳办法》颁布初期，城市更新项目仅允许纳入不超过 30% 的历史遗留用地，这导致大量项目难以纳入更新计划，因此 2014 和 2016 版《深圳暂行措施》将该比例分别提升至 40%、50%，促进了历史遗留用地存量潜力的释放。技术标准层面的政策从规划编制、保障房配备、地价测算等方面为城市更新的规划工作提供指引。操作指引层面的政策从城市更新单元计划管理、容积率审查等方面对城市更新具体实施工作进行规范管控。

2. 深圳城市更新政策发展方向变化

深圳的城市更新政策相对稳定并具有延续性，最初的城市更新源于城中村改造，

表 3-1　深圳市城市更新"1+X"政策体系

	层面	年份	政策名称
1	法律法规层面	2021	《深圳经济特区城市更新条例》
		2009	《深圳市城市更新办法》
		2012	《深圳市城市更新办法实施细则》
		2016	《深圳市城市更新办法》（修订稿）
X	管理措施层面	2016	《关于加强和改进城市更新实施工作的暂行措施》
		2016	《深圳市人民政府关于施行城市更新工作改革的决定》
		2017	《关于规范城市更新实施工作若干问题的处理意见》
		2018	《深圳市拆除重建类城市更新单元土地信息核查及历史用地处置规定》
		2019	《关于深入推进城市更新工作促进城市高质量发展的若干措施》
	技术标准层面	2016	《深圳市城市更新项目保障性住房配建规定》
		2018	《深圳市拆除重建类城市更新单元规划编制技术规定》
		2016	《深圳城市更新项目创新型产业用房配建规定》
		2019	《深圳市地价测算规则》
		2018	《深圳市城市更新外部移交公共设施用地实施管理规定》
	操作指引层面	2019	《深圳市拆除重建类城市更新单元计划管理规定》
		2019	《深圳市拆除重建类城市更新单元规划容积率审查规定》

资料来源：作者自绘

从 2004 年颁布《深圳市城中村（旧村）改造暂行规定》开始，城市更新政策不断发展。随着《深圳办法》与《深圳实施细则》的出台，深圳城市更新政策体系逐步确立完善，确定了政府引导、市场运作的基本原则，市场主体成为城市更新的中坚力量。另外，更新政策通过允许土地协议出让，实施弹性的城市更新单元规划制度，将一定规模的公共设施用地移交国有，以达到更新所需的合法用地比例和对配建公共设施、保障性住房的开发商给予容积率奖励，充分激励了市场主体与权利人参与改造的积极性，同时也保障了公共利益。2016 年，深圳以"强区放权"改革为契机，构建了以区政府为主体的审批管理机制，通过赋予区级政府更大的审批权限，提高了城市更新的实施效率。同时，通过编制城市更新五年专项规划的方式，加强规划的传导和管控，以及全市的规划统筹[12]。

2021 年《深圳条例》正式施行，相比于《深圳办法》，在城市更新的内容和方向上有多项调整变化，通过对比两者的关键要点，能够更深入地理解深圳城市更新的未来方向（表 3-2）。

表 3-2　2009 年《深圳办法》与 2021 年《深圳条例》的内容对比

	2009 年《深圳市城市更新办法》	2021 年《深圳经济特区城市更新条例》
基本原则	政府引导、市场运作、规划统筹、节约集约、保障权益、公众参与	政府统筹、规划引领、公益优先、节约集约、市场运作、公众参与
更新类型	拆除重建、综合整治、功能改变	拆除重建、综合整治
权利人更新意愿比例要求	同一宗地内建筑物由业主区分所有，经专有部分占建筑物总面积三分之二以上的业主且占总人数三分之二以上的业主同意拆除重建的，全体业主是一个权利主体	建筑物区分所有权的，应当经专有部分面积占比四分之三以上的物业权利人且占总人数四分之三以上的物业权利人同意；其中旧住宅区所在地块应当经专有部分面积占比百分之九十五以上且占总人数百分之九十五以上的物业权利人同意
未达意愿退出机制	—	申请将旧住宅区纳入拆除重建类城市更新单元计划，自发布征集意愿公告之日起十二个月内未达到前款物业权利人更新意愿要求①的，三年内不得纳入城市更新单元计划
单元规划内容	1. 城市更新单元内更新项目的具体范围、更新目标、更新方式和规划控制指标； 2. 城市更新单元内基础设施、公共服务设施和其他用地的功能、产业方向及其布局； 3. 城市更新单元内城市设计指引	1. 城市更新单元的目标定位、更新模式、土地利用、开发建设指标、道路交通、市政工程、城市设计、利益平衡方案等； 2. 学校、医院、养老院、公安派出所、消防站、文化活动中心、综合体育中心、公交首末站、变电站等公共服务设施建设要求； 3. 创新型产业用房、公共住房等配建要求； 4. 无偿移交政府的公共用地范围、面积

注：①指前文所列举的条款中提到的对物业权利人更新意愿的比例要求。
资料来源：作者自绘

（1）更重视公共利益：《深圳条例》增设公益优先原则，且将公益优先原则置于市场运作原则之前，充分体现了对社会公共利益的重视。

（2）城市更新分类简化：《深圳办法》中将城市更新分为综合整治、功能改变和拆除重建三个类别，而《深圳条例》则简化处理，将"功能改变"并入"综合整治"中。

（3）城市更新实施程序规范化：过去的《深圳办法》与《深圳实施细则》并没有明确制定城市更新的标准实施程序，而《深圳条例》将城市更新的实施程序规范化、具体化，按照先后顺序分为七大流程。

（4）城市更新意愿征集要求提高：对于申报拆除重建类城市更新单元计划，《深圳条例》将《深圳办法》中的三分之二的意愿比例提高至四分之三，且新增加了旧住宅区达到"双百分之九十五"的意愿比例要求，并规定了征集意愿失败之后的市场退出机制，城市更新项目申报难度明显增大。

（5）更新单元规划内容细化：《深圳条例》中，城市更新单元规划的内容不仅从更新模式、土地利用、开发建设指标等方面提出明确要求，还在公共服务设施、公共住房建设和无偿移交的公共用地等多方面细化了对公共品质的要求。

3.1.3　深圳城市更新政策中的弹性机制

作为我国改革开放的第一站，深圳最先经历市场化，也不断面临"计划赶不上变化"的难题，因此，在长期的城市发展过程中，弹性的理念成为深圳城市规划的重要实践经验之一。而回顾深圳城市更新政策的发展历程也可以发现，灵活的激励机制贯穿其中，为解决多项城市更新难题提供了有效的路径，同时也影响着更新项目中的利益相关者参与改造的积极性和更新结果的演进，值得深入地剖析和总结。

1. 强区放权的体制改革

随着城市功能逐渐完善，城市更新日趋复杂，市级政府权力过于集中，已经难以满足各区域差异化发展的需要，区级政府更了解自身发展的痛点难点，部分自主的行政权力能够激发地方活力，增强基层的工作积极性和效能，促进服务型政府建设。2015 年，深圳市政府在罗湖区启动城市更新改革试点，下放了多项事权，罗湖区政府开发了城市更新"一张图"信息系统，使项目审批期限大大缩短，决策的合理性提高。2016 年，《深圳市人民政府关于施行城市更新工作改革的决定》发布，由此"强区放权"改革正式启动，市政府在城市更新方面的行政、监督、审批等一系列权力被下放到区级。2016 年罗湖区全区固定资产投资增长 46%，其中城市更新投资增长 106%，GDP 增速 9%，均创该区多年新高[13]。

为优化规划和自然资源部门行政权力下放，2020 年，《深圳市人民政府关于规划和自然资源行政职权调整的决定》发布，规定除了 7 种土地供应情形 ① 外，其余土地供应方案都将下放至区政府负责审批。在市政府制定的城市更新政策和规范的基础上，区政府可根据各区的实际情况出台相应的完善措施、实施细则或相关规定，以推动城市更新政策更好地实施。市级层面成立了城市更新局，负责政策制定、规划统筹、业务指导等工作，区级层面则形成"区领导小组 - 区城市更新局"的架构，负责辖区内城市更新项目的具体管理工作 [14]。由此，区政府开始成为城市更新决策过程的核心主体之一。

2. 历史遗留用地的灵活处理

为了解决大量历史遗留用地的问题，深圳将历史遗留用地的合法化和存量开发的市场化变两步为一步，从 2012 到 2014、2016 版《深圳暂行措施》，城市更新项目中可纳入历史遗留用地的比例从不超过 30% 逐步提高到 40%、50%，且 2016 版《深圳暂行措施》中提出试行 10 个重点城市更新单元，允许纳入不超过 70% 的历史遗留用地，并根据"被纳入的历史遗留用地比例越多，则需要提交给政府纳入储备的土地越多"这一基本逻辑制定规则（表 3-3），这一系列措施逐步加快了历史遗留用地的处理，腾挪了更多城市存量发展空间 [15]。另外，通过对建设年限、合证合规情况等的界定，鼓励村集体贡献部分土地给政府，既作为其获得住宅正式产权的条件要求，也助力了剩余土地的正规化 [16]。

表 3-3　深圳市拆除重建类城市更新项目历史用地处置比例表

拆除重建类城市更新项目		处置土地中交由继受单位进行城市更新的比例	处置土地中纳入政府土地储备的比例
一般更新单元		80%	20%
重点更新单元	合法用地比例 ≥ 60%	80%	20%
	50% ≤合法用地比例< 60%	75%	25%
	40% ≤合法用地比例< 50%	65%	35%
	合法用地比例 <40%	55%	45%

资料来源：参考文献 [17]

此外，鉴于拆除重建类城市更新的片区合法用地比例不足，且规划的公共设施用地难以有效落实的情况，2018 年深圳市政府颁布了《深圳市城市更新外部移交公

---

① （1）居住用地（不含通过城市更新、棚户区改造方式出让的居住用地）；（2）作价出资用地；（3）市投市建项目用地；（4）以划拨或者协议方式供应的只租不售的创新型产业用房和科研项目用地；（5）未完善征（转）地补偿手续用地流转方案；（6）置换用地；（7）占用国有储备土地总面积 3000m² 及以上的留用地、征地返还用地、安置房用地。

共设施用地实施管理规定》，提出将公共设施用地的"整备"与更新项目的实施进行捆绑。一方面由更新项目的实施主体按照管理规定通过移交方式获得项目拆除范围以外的一块公共设施用地，对该用地的权利人进行拆迁赔偿，并缴纳地价①，理顺经济关系，完成建筑拆除，并无偿移交国有（该部分移交的公共设施用地简称外部移交用地②）；另一方面通过给予承担移交责任的更新项目部分合法用地比例的计入及适当的建筑面积补偿，保障更新项目的实施。该政策充分发挥市场交易机制的灵活性，通过将同行政区内的公共设施用地与更新项目用地捆绑的方式，探索用市场化手段解决公共利益拆迁难题的更新路径[18]。

3. 土地开发权的分离

深圳城市更新政策本质上是将土地开发权从土地使用权中分离，给市场和土地权利人赋权[2,19]，打破了原有土地开发权被政府垄断的制度约束，并通过补缴地价或土地实物贡献的方式为开发权定价，将土地增值收益的"蛋糕"做大，再通过产权关系重构再分配增值收益。权利人具备自主申报、主动选择合作主体和合作方式的权利，自身权益得到进一步保障，并能够通过与开发商合作共享土地增值收益，其参与更新的意愿大幅提升。

4. "更新单元"的规划体系建设

在全国大多城市，更新项目的用途改变一般需要按照常规程序，通过修改控规以调整用地性质，而深圳创新设立的城市更新单元规划结合项目的实际情况，在符合法定图则主导功能的前提下可实现灵活的用地性质调整。深圳的法定规划体系包括城市总体规划、次区域规划、分区规划、法定图则和详细蓝图"三层次五阶段"。城市更新项目则由"城市更新专项规划＋更新单元规划"两级管理体系指引。"专项规划"是从宏观的市域层面进行总量控制和分区指导，主要规定城市更新的原则、控制目标、空间管控等内容[20]。而"单元规划"则从地区局部角度考虑，依据城市更新专项规划和法定图则编制，针对具体地块制定规则，聚焦空间形态、城市设计、环境影响和开发效益等多维度专题研究，市场主体可自行组织编制单元规划，在刚性管控的基础上具有调整变更的灵活性（图 3-1）。

---

① 按规定计入的合法土地面积，其中属外部移交用地手续完善的各类用地等面积计入的部分，以外部移交用地的现状合法用途，与拆除范围内手续完善的各类用地按照城市更新地价测算规则和次序进行测算；属未完善征（转）手续的用地计入的部分，参照"历史用地处置"的测算次序、地价标准和修正系数参与地价测算。

② 外部移交用地对象主要含三类：（1）法定图则或其他法定规划确定的各类公共设施用地；（2）辖区政府亟需实施的道路、河道等线性工程的重要节点用地；（3）基本生态控制线范围内（不含一级水源保护区）手续完善且需要进行建设用地清退的各类用地。

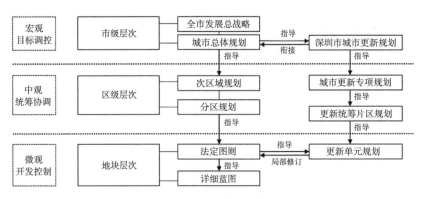

图 3-1　深圳市城市更新规划体系

资料来源：作者改绘自参考文献 [3]

　　法定图则与城市更新单元规划是更新项目规划实施的重要依据，法定图则的地位与其他城市的控规类似，一般是基于城市综合发展问题，在大面积范围或全片区覆盖式编制，多采用自上而下的方式，站在管控方立场，由政府和规划委员会专家商议制定，并代表全市利益；更新单元规划一般是基于开发建设问题，对局部需更新的地块编制，常采用自下而上的方式，由开发商、权利人、规划师及审批部门经多轮协商谈判后编制形成，更多站在需求方立场。尽管这二者编制意图和方式不同，但同样经市规划委员会审核形成并具有同等规划效力，也因此造成潜在冲突。当两者内容不一致时，相关制度安排更倾向于以城市更新单元规划确定内容为主，因此城市更新单元规划制度切实增加了规划方案的弹性与灵活性，但规划调整也仍需要经过相应的审批控制。

　　具体来说，首先在更新单元规划制定时，应符合已批准的法定图则要求，并由区政府审批。其次若有所变更，则分两种情况讨论：

　　（1）调整法定图则一般内容时：即不改变法定图则确定的用地性质和配套设施内容且公共利益用地面积不减少，单元规划容积符合法定图则规定或者仅额外增加产权移交政府或政府指定部门的公共配套设施面积，对 5 种情形[①]作适当调整的，仍由区政府审批。

　　（2）调整法定图则强制性内容（包括地块用地性质、单元主导功能、地块容积率等）时：须先由区城市更新职能部门审查通过后报区政府审议，审议通过后按规定进

[①]　（1）因规划统筹原因优化用地布局，微调公共绿地及配套设施用地边界，调整地块容积率；（2）按照《深圳市城市规划标准与准则》（简称《深标》）或各类经批准的专项规划要求，增加公共绿地、公共配套设施的用地面积或建筑规模；（3）道路方案主体线型、规模和功能与法定图则基本相符，仅对部分路口、横断面和交通节点进行微调或增加支路，拓宽支路红线宽度；（4）在符合《深标》要求且有效使用面积不减少的前提下，将独立占地的垃圾转运站、公交首末站、公共停车场、文体活动场地、影剧院、菜市场及其他社区级公共配套设施改为附属建设；（5）因《深标》配套设施面积标准修订而减少法定图则确定的配套设施占地面积。

行公示。公示结束后，由区政府对相关意见进行汇总和处理，将规划草案与公示异议处理意见一并报市城市规划委员会下设的建筑与环境艺术委员会（简称"建环委"）审批，市政府另有规定的从其规定 [21]。

但对于已批的城市更新单元规划，若批准未满两年，或更新单元内已签订土地使用权出让合同的用地，原则上不能修改用地性质、容积率等强制性内容，以维护规划的严肃性，避免随意更改。

总体来说，更新单元的规划编制以批准的法定图则为依据，而经审批通过的更新单元规划成果将纳入法定图则中。即在保障前述刚性管控要素发展空间的前提下，不需政府启动片区法定图则整体修编，市场主体可自行组织调整城市更新单元规划，开发强度可结合《深圳市城市规划标准与准则》（简称《深标》）中的要求拟定。规划审批阶段，城市更新单元规划经公示及建环委审批等法定程序后，即视作完成对法定图则的修改 [22]，可作为城市更新项目内具体地块规划条件的审批依据与实施更新的法定依据，减少了对法定图则整体修改再认定新规划的烦琐流程，大幅降低了多方合作中的交易成本。

5. 容积率的奖励与转移

适当增加容积率以提高项目的开发收益已成为推动城市更新的常见手段，为实现实施主体的利益平衡，同时保障公共利益，深圳城市更新通过基础容积、转移容积和奖励容积三者复合叠加的政策对规划容积实施了富有弹性和精细化的控制策略。

（1）基础容积是依据《深标》密度分区所确定的容积率，结合微观区位影响条件进行修正，测算得到的容积，也是在片区各项支撑系统可以接受的前提下可实现的开发规模容量。

（2）转移容积是指城市更新单元内因历史文化保护、生态修复等公共利益用途导致开发受限，可转移其部分容积至可开发建设用地范围内。转移容积包含三类：一般转移容积、增加转移容积和外部转移容积。

（3）奖励容积是对配建保障性住房、建设公共设施等做出公共利益贡献的项目，给予一定比例的容积奖励，但最高不超过地块基础容积的 30%。由于深圳市住房特别是成套住宅供应不足，2019 年《深圳市城市更新单元规划容积率审查规定》中明确，更新单元计划方向含居住的，转移容积、奖励容积可优先安排居住功能。综合来看，三项容积的复合叠加措施通过对容积率的灵活调整，弥补了仅依靠技术评估管控容积率的不足 [23]。

6. 动态更新的地价计收规则

2009 年，《深圳办法》分免缴地价、适用基准地价和适用市场评估地价三种标准，实施了差别化的地价管理。2016年11月，深圳市政府对《深圳办法》予以修订，删除了旧版中所规定的地价政策。2016年12月发布《深圳暂行措施》，提出将城市更新地价测算逐步纳入全市统一的地价测算体系。随着时间的推移，基准地价已经严重背离市场规律，不能准确反映真实的土地价值及市场行情。2019年，深圳市发布《深圳市地价测算规则》，摒弃了基准地价，在全国率先全面应用标定地价[①]。标定地价与实际的土地市场价格更加贴近，且每年更新一次，一般年度更新价格水平变化不超过5%，能够帮助各部门准确判断当前土地使用权的正常市场价格，降低地价评估中的人为干预风险[2]。另外，城市更新、棚户区改造、土地整备等各类地价测算规则被全部整合，推进了地价的公开化、透明化，降低了更新过程中的制度性交易成本。

7. 市场与权利人主导的拆赔谈判

传统的土地征收或者以行政指令作为决策依据的城市更新由政府主导，带有明显的自上而下的特征，其中的利益相关者只涉及政府和原权利人。而深圳市政府按照"积极不干预"的行为原则，将经济利益分配的谈判与协调权限交给市场和原权利人，将市场主体引入更新项目并推动其成为更新项目的主导力量。政府仅充当规划引导、政策提供等支持性角色，结合补偿性政策的制定以提高改造项目的财务可行性，以此鼓励和吸引开发商投资。拆迁补偿由原权利人和市场之间通过签约的市场化方式解决，这种灵活的制度安排避免了行政命令对市场的扭曲，也保障了原权利人和开发实施主体的合法权益。但需指出，在市场化背景下，补偿标准由供需双方博弈确定，因而推高了城市更新的补偿标准，进一步导致了后续开发强度的增加。

综上所述，深圳的城市更新政策随时间变化不断优化，并通过权力下放、有限度地放松合法用地比例、土地开发权分离、更新单元规划体系构建、容积率管理、地价计收和拆赔谈判等多种灵活机制，激励多方主体参与到城市更新进程中。"强区放权"使得各区政府拥有了更多自主权，能够更有效地实现因地制宜的发展；相关政策通过增加更新项目中历史遗留用地的比例以及外部移交用地方式，旨在通过城市更新手段，将以往快速城市化进程中的非正规、产权不明的建筑与用地转变为正规、产权明晰的建筑与用地；土地开发权的分离与容积率管理有助于土地增值收益的合理分配，同时也对高强度开发做出一定程度的反思与限制；地价政策作为政府重要的经济调控手段之一，从基准地价标准到以标定地价为核心的"一套市场地价标准"，强化了地价的统一管控，而定期更新机制以及针对城市更新、棚户区改造、土地整备等分类制定的不同地价测算规则又体现了一定程度的灵活性，有助于及时协调各方

[①] 标定地价是政府为满足管理需要确定的，标准宗地在现状开发利用、正常市场条件下，于某一估价期日法定最高使用年限下的土地权利价格[24]。

主体利益（表 3-4）。更新单元规划赋予市场主体组织编制规划的权利，也提高了规划调整的效率。尽管多项灵活机制从破解用地难题、激励各方参与和优化收益分配等方面作出贡献，但地方治理不足、改造空间碎片化、高强度开发、更新成本过高等诸多问题的出现，也反映了目前的政策体系仍然存在一些缺陷。

表 3-4 深圳市城市更新制度的激励与管控

	灵活的激励机制	约束的管控要求
历史遗留用地处理	提高更新项目可纳入的历史遗留用地比例； 通过移交外部公共利益用地增加合法用地比例	—
开发权分配的创新	突破"招拍挂"限制，可"协议出让"土地开发权； 权利人可选择合作主体与方式	—
规划调整	市场可自行组织编制城市更新单元规划，开发强度可适当调整，审批效率得以提高； 用地性质等强制性内容调整由环建委审批流程，通过后即可纳入法定图则	更新专项规划从宏观层面进行总量控制和分区指导； 开发强度需符合《深标》中的要求
容积率奖励与转移	基础容积、转移容积和奖励容积三者叠加的管理体系	容积率有上限；奖励容积是基于保障公共利益目的，在特定情形下给予奖励，且不超过基础容积的30%
地价计收	长时间以基准地价为基础的计收规则为市场主体提供了地价优惠	标定地价采用全市统一的测算规则，强化了地价管控
拆赔标准	利益分配的谈判和权限交给市场	—

资料来源：作者自绘

3.1.4 深圳弹性机制的执行情况和实施难点

深圳在城市更新中，从产权处理、用途调整、容量管理、主体和利益博弈等多角度采用了灵活策略，来激发市场主体的积极性与主导作用，但在实际执行过程中，存在碎片化、开发强度持续走高，公共设施建设不足等问题，其实施难点可总结为五个方面：

1. 地方治理水平与调控监督能力亟待提高

"强区放权"改革在审批上精简了流程，区政府也获得了计划立项、项目审批、权属核查及实施主体确认等权力。2021 年的统计数据显示，深圳市城市更新在"强区放权"之后的阶段性工作花费的平均时长比之前缩短至少一半的时间 [25]。2019 年以前，深圳市城市更新和土地整备局由深圳市规划和自然局领导和管理；2024 年机构改革后，更名为深圳市城市更新局，由深圳市住房和城乡建设局统一管理；而各区城市更新局则是各区政府的派出机构，直接受区政府领导。区城市更新局在实际执行中仍然受到其他相关审批的制约，需要与多个部门的协同配合。城市更新工作呈现政出多门、多头审批的现象，放权难以得到真正的落实。且目前仍存在市区两级机构衔接不畅、权责不清、个别事权下放承接存在分歧、区级部门事权承接能力不足、在项目准入和统筹规划方面举棋不定，以及为了本区利益而放宽用地功能和容积率管控标准等问题，差异化的政策执行也导致项目审批存在不公平的争议[26]。市场主体也普遍反映项目审批不仅没有提速，反而由于区政府管理技能的局限、政策的不确定性等问题，增加了市场主体参与更新项目的难度，导致城市更新审批效率低下[27]。另外，"强区放权"改革后更新项目的规划容积率和规模也有所改变。据统计，2017年罗湖区改革后项目平均容积率为 8.2，相比试点前的 6.3，提升幅度达到 30%[28]。总体而言，强区放权后各区纷纷制定自己的规则，更新容积率和规模也有较大变动，呈现出一定的"乱象"，未来全市层面的调控与监督力度的加大成为必然趋势。

2. 违建处理和产权整合难度加大

目前，深圳市政府主要以激励政策为主，强制执行的征收机制比较有限。城市更新借助市场化手段，将现状不能明确的土地权属关系与市场、土地利益分享机制捆绑，更新为权属清晰的土地产权关系，已经成为深圳解决历史遗留用地的重要手段。但这种以"市场主导"的方式也带来一些负面效应，如刺激了部分权利人博赔的心理，导致非法抢建行为屡禁不止。另外，更新项目更倾向于小地块开发。2010—2021 年，单个城市更新项目平均实施规模为 8hm²，且小型化的趋势越加明显。这导致占地较大的公共利益用地难以落实、集中连片的产业空间难以形成，市场主体在逐利导向下倾向于选择利润较高、配建压力小的地块，余下地块的更新难度进一步增加，片区整体环境质量难以提升。在这种情形下，多产权整合面临高额的交易成本，城市更新难以连片开发、统筹实施[18]。

3. 城市更新单元规划的局限性

城市更新单元规划是更新项目实施的最主要依据，但规划往往出于项目自身资金平衡的考虑，忽视了高强度开发对片区基础设施造成的压力，也无法预见多个更新项目叠加对片区整体的影响。即使相关政策中对开发商提出配建公共设施和保障房等要求，但容积率增加带来人口增长和随之而来的基础设施负荷增加，引发的教育、医疗等服务资源短缺等问题在更新单元规划中仍然缺乏前置思考[29]。截至 2019 年底，已批复的城市更新规划项目的居住建筑可容纳共 203 万人。依据《深圳市城市规划标准与准则》，203 万人需要公共服务设施 380hm²，但实际上更新规划的公共服务设施仅有 218hm²[30]。

法定图则是更新单元规划制定和审批时的重要依据，但更新单元规划又能够对法定图则的强制性内容做出局部突破，这样的制度设计虽然灵活，但也削弱了法定图则的管控力度。法定图则与城市更新单元规划并非上下层级的规划关系，两者制定与调整过程也很难统一。法定图则的编制是由市规划主管部门主导，由市规划委员会赋权下设的法定图则委员会（简称"图则委"）审批通过，更新单元规划的编制由城市更新主管部门主导，对法定图则强制性内容的调整由建环委审批通过。图则委从片区、区域整体规划的角度进行考量，其审批通过难度、控制和修订要求都相对较高，而建环委更注重建筑方面的考量，也不要求每个项目对整片区域进行评估调整[31]。因此，更新单元规划也在某种程度上为高强度开发提供了规划捷径，其微观层面的规划局限性导致项目往往缺乏片区整体层面的统筹协调和影响评估。

4. 缺乏限制与统一标准的更新补偿谈判

深圳城市更新项目中，政府将安置与拆赔谈判权限交给了市场，且不设定统一的补偿标准，这虽然能够充分保障土地权利人和开发商在补偿标准层面达成共识，避免后续的利益纠纷，但过高的交易成本最终会以房价上涨和开发强度突破等形式转嫁给公众。根据《深圳实施细则》规定，市场主体要与所有产权人签订搬迁补偿安置协议（相当于 100% 的签约面积和签约人数）后才可启动拆迁，这使得谈判中权利人相对于开发商有更大的博弈筹码，个别产权人的超额诉求常使谈判陷入数年的僵局。而得以成功实施的更新项目中，高额的拆迁成本由开发商承担，在市场需求旺盛的条件下开发商能够实现利益平衡，但随之推高的土地和住房价格最终还是带来了多方面的经济和社会问题，城市更新的负外部效应显著。为破解个别权利人补偿诉求过高带来的实施困境，2021 年深圳市出台《深圳市城市更新条例》，首创"个别征收＋行政诉讼"制度，取消"双百分百"要求，旧住宅区签约面积与签约人数达到"双百分之九十五"，区政府可依法依规对未签约部分房屋实施征收。

5. 过度依赖高容积奖励的更新模式困境

深圳城市更新遵循"政府引导，市场运作"的原则，强调市场的关键作用，但政府在实际执行过程中往往缺乏适当的干预，由于市场本身的逐利特性以及高额的拆迁补偿成本，开发商和土地权利人形成利益共同体"倒逼规划"，最后更新单元规划不得不突破容积率，以激励主体参与，并实现项目的利益平衡。由于缺少多元的利益调节机制，深圳城市更新高度依赖于容积率增加所带来的土地增值收益，尽管现有城市更新政策已从基础容积、转移容积和奖励容积三个维度明确了容积率的计算规则与上限，但在实际更新的过程中，高容积率开发仍然普遍存在。根据 2014 年深圳市已编制的法定图则开发量汇总核算，其规划毛容积率超过 1.2，这一开发强度已经超过大部分亚洲城市[2]。2018 年城市更新项目平均容积率为 7.2，且有逐步提高的趋势[18]。高强度的开发给片区公共服务设施、城市基础设施形成较大的压力，对建筑的采光、通风、视野等建筑环境也造成一定影响。

总体来说，深圳城市更新政策制度在权力下放的背景下，以政府引导、市场化运作为主要特征，并重视土地权利人的诉求，利用城市更新手段探索历史遗留用地问题的解决路径，通过土地发展权的分离，帮助多方主体参与到土地增值收益的利益分配中，并创新建设城市更新单元规划体系和容积率管理调控机制，增强了规划调整和开发强度拟定的灵活性，而逐步完善的地价计收标准则通过适度管控，进一步调整优化城市更新中的利益分配格局。但是目前地方治理水平仍有待提高，且灵活机制在实施过程中又显露出违建治理难度高、片区统筹难实施、开发强度与拆赔成本过高等诸多问题，未来城市更新还需在保持弹性的同时适度地加强刚性管控，在实现各方共赢的同时从城市整体层面降低负外部性。

3.2　深圳南山区大冲村城市更新案例

3.2.1　项目背景

1. 区位条件

大冲村位于深圳市南山区高新技术产业园区中区的东部，深南大道与沙河西路交界处，西临高新中区西片，北接高新北区东片（即松坪山住宅区），南望高新南区，地处福田 CBD 与"特区中的特区"前海合作区之间，其地理位置优越，是高新技术产业园区的后勤基地，也是深圳重要的城市节点（图 3-2）。

2. 更新背景与机遇

大冲村的重要变迁源于 1985 年深圳科技园的设立，园区建设和运营迎来大量的务工人员。凭借优越的交通条件、区位和廉价的出租屋，大冲村吸引了大量外来务工人员和低收入群体，2011 年，村内暂住人口约 6.9 万人，占总人口的 97%[32]。大量村民自建房与村集体矮楼也日益增多，2005 年的大冲村规划中统计村内建筑共 1337 栋[33]，而 2011 年开始拆除建设时村内建筑约 1500 栋。大冲村超过 70% 的村民物业都用来出租[34]，教育、医疗、市政设施严重匮乏，建筑密度大，安全隐患严重，社会治安混乱，城市更新需求迫切。

为了解决大冲村的困境，1992 年农村城市化改造后，大冲村的旧村改造就曾提上议事日程，此后 10 多年频繁传出旧改讯号，但由于缺乏市场资金，一直没有实质性进展，反而导致村内违章建筑日益增多。2005 年，大冲村的总建筑面积为 86.8 万 m²，2006 年 12 月已达到约 102.9 万 m²，近一年间增加了 16.1 万 m²，拆迁赔偿建筑量的大幅增加使得改造难度不断增大[35]。

关键转折出现在 2007 年，在政府的大力推动下，村集体与华润集团开展合作，双方协商拆赔方案、委托编制改造方案，由政府主导转向开发商主导建设。2011 年《深圳市南山区大冲村改造专项规划》通过审批，并提出将片区打造成为集大型商业、办公和居住为一体的城市复合功能区，实现为高新技术产业园区和华侨城景区提供综合配套服务等更新目标[36]。审批通过后进入快速推进阶段，经过多次方案调整修改，大冲村正式进入实施建设阶段。2015 年物业回迁、住宅开售，2017 年大冲村的商业核心区万象天地开业，2019 年产城融合示范项目南山科技金融城正式交付，标志着该项目改造建设的全面完成（图 3-3）。

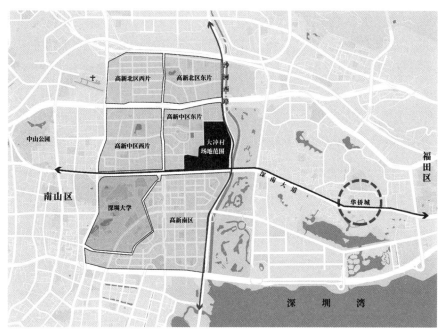

图 3-2 深圳大冲村区位图

图片来源：作者自绘

（a）2008 年 （b）2020 年

图 3-3 大冲村卫星图变迁

图片来源：作者自绘

3.2.2 项目实施

1. 实施过程与环节

在大冲村的城市更新工作中，建立了"政府引导、市场运作、股份公司合作参与"的更新模式。即深圳市南山区政府以驻点工作组的形式参与到更新过程中，引入华润集团按照市场方式运作，引导大冲村村集体及村民参与其中，三方共同开展并推进城市更新项目。在大冲村城市更新过程中，一些灵活的政策与工具发挥了重要的推动作用。

2007—2011 年是大冲村旧村改造的整理筹备阶段，核心是处理村民与开发商的利益矛盾。在尊重主流民意，保障村民合法权益的前提下，经过多轮谈判协商，最终确定了集体物业和私人物业的补偿标准、过渡期的租金补偿和安置费补偿等核心利益博弈内容，同时逐步完成确权查丈和拆迁安置工作。2007 年，华润公司与大冲实业股份公司签约初步确定了合作意向。2008 年底，经过多次谈判，实物补偿从 1∶0.8、1∶0.9 一直谈到 1∶1；而物业拆迁的货币补偿也谈定为 1.1 万元 /m²[37]。2008 年 7 月，南山区政府派出 30 余人的驻点工作组，进驻大冲村指导和协调合作双方开展工作。在政府的强力推动下，2009 年，大冲实业股份公司与华润集团正式签署物业安置补偿协议，并于 2011 年 9 月基本完成拆迁安置工作。2011 年 12 月 20 日，项目整体改造正式奠基，标志着项目进入全面开发建设阶段。2012—2019 年是大冲村更新的建设阶段，核心是破解城市发展矛盾，营建适应深圳城市发展需求、主动承接城市产业升级的城市综合体（图 3-4）。

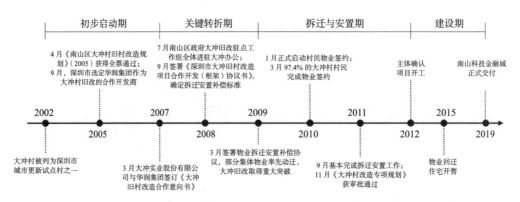

图 3-4 大冲村更新时间线

资料来源：作者自绘

改造项目采取拆除重建与综合整治相结合的模式，综合整治活动仅限于现状小区和两栋老建筑，拆除建筑面积达 102.91 万 m²[38]。地上建筑基本全部拆除，大王古庙等主要历史建筑得到保留。重建物业除商业、酒店、住宅外，还包含回迁物业、保障性住房以及公共配套设施（表 3-5）。

表 3-5　大冲村拆除重建规模

拆除前		重建后	
规划拆迁用地面积（m²）	471200	开发建设用地面积（m²）	361363.6
拆迁范围内建筑总面积（m²）	1029100	计容积率总建筑面积（m²）	2800000
其中 居住（m²）	566500	其中 住宅（m²）	1385350（含保障性住房 53600、物业服务用房 1650）
工业（m²）	198600	商业（m²）	283360
商业（m²）	184800	办公（m²）	722500
办公（m²）	11500	酒店（m²）	81500
配套（m²）	2900	公寓（m²）	262790
其他（m²）	64800	公共配套设施（m²）	64500
容积率	2.18	容积率	7.75

资料来源：作者整理自参考文献 [32]

2. 主要参与者与其职责

大冲村项目的参与者主要是政府、开发商以及代表村民的村集体股份公司。政府通过制度政策安排、编制改造规划等形式，行使改造范围内土地的发展权，以规划、用途管制许可等手段允许大冲村村集体土地转换为城市国有建设用地，使其进入正规市场并获得市场价值，直接驱动了土地增值[39]。尽管已将村集体土地名义转变为国有土地，但产权登记、确权、发证率极低，实际上仍然属于原村民和村集体所有[40]。2008 年，南山区政府派出驻点工作小组，进驻大冲村指导和协调工作。一方面作为城市更新的宣传者，广泛征求村民意见，开展了相关政策法规宣传和群众思想工作。另一方面作为利益协商平台的搭建者，针对旧改保证金等关键问题共同研究应对之策，并组织全体村民大会等，保障村民的知情权与参与权。2009 年，大冲旧改指挥部成立，负责督促集体物业按时移交、开展对村民私人物业的确权查丈、过渡安置等工作，推动项目前进[34]。但为避免谋取不当利益，政府部门并不参与开发商与村民的拆迁补偿谈判。

开发商在大冲村改造中承担了主要成本的支出和要素投入，包括与村集体及村民协商并提供补偿，向政府支付土地出让金、相关税费并移交公共服务设施、公共利益用地和保障性住房，以及投入要素重新开发土地、建设地上物业，承担了交易、补偿、土地开发和建筑安装成本。

村集体股份公司作为原产权人，代表全体村民参与谈判，主要通过土地和物业作价入股方式与开发商合作，获得货币补偿和物业补偿。补偿标准基于双方谈判，政府不强制规定补偿标准，在很大程度上激发了市场的活力，但由于缺少对于补偿标准的规范控制，村民与开发商之间的博弈使得补偿协议迟迟难以敲定，阻碍了改造进程。

3. 采用的灵活工具

为了激励市场主体的积极性，深圳市政府通过制定灵活的土地出让政策并给予地价优惠、创新城市更新单元规划制度等方式保障了开发商的收益，同时为村民主体提供灵活的补偿标准与奖励选择以保障原权利人的利益。

1）灵活的土地出让

2009年颁布的《深圳市城市更新办法》规定权利人自行改造的项目可协议出让土地，突破更新改造土地必须"招拍挂"出让的政策限制。根据2004年《深圳市城中村（旧村）改造暂行规定》，特区内城中村改造项目建筑容积率在2.5及以下部分可免收地价；容积率在2.5至4.5的部分则采取相应楼面地价的20%计算；建筑容积率超过4.5的部分按照现行地价标准收取地价。随着2009年《深圳市城市更新办法》出台，规定按照2006年公告的基准地价代替现行地价标准，又进一步大幅降低了城市更新的成本，增加了市场吸引力。

2）灵活的规划编制

原有更新项目以单个宗地为改造对象，《深圳城市更新办法》创造性地推出城市更新单元规划，突破了以宗地和产权划分更新范围的习惯做法，在申报确定拆除范围之后，以拆除范围为基础，统筹考虑用地腾挪、零星用地划入，综合考虑自然要素及产权边界，划定更新范围，并设置了最小规模门槛。这种安排充分发挥了对零散用地的整合作用，确保更新单元内的城市基础设施、公共服务设施等公益性项目与经营性项目同步建设 [41]。城市更新单元规划根据法定图则所确定的各项控制要求制定，若对法定图则的强制性内容做出调整的，由市规划国土主管部门报市政府批准后即可实施，简化了通过法定程序调整旧规划和认定新规划的流程。

3）灵活的补偿标准

一般情况下，旧改项目的补偿标准由政府统一制定，但大冲村项目首次采用了市场化模式进行了补偿。政府协助开发商与大冲村集体股份公司协商后，由大冲村集体股份公司协调村民内部统一意见，达成开发商全权承担拆迁补偿及就地安置的方案：村民可选择物业补偿、货币补偿或两者结合三种模式，根据合法或违法建筑的面积，按图 3-5 所示的标准进行补偿。货币补偿按照 1.1 万元 /m²，略低于当时的市场价格，相关数据显示，2010 年大冲村周边房价约为 1.3 万 ~ 1.5 万元 /m²[42]。但实际选用这种补偿方式的不到 5%[14]，大多居民还是选择了 1:1 的物业建筑面积补偿。另外，在规定日期前签约，将给予 5 万元的奖励物业 [36]，这些标准很大程度保障了村民的利益。

选择物业补偿	选择货币补偿	选择物业补偿与货币补偿相结合
■ 首层建筑面积的 60% 按建筑面积 1:1 补偿商铺物业或写字楼物业 ■ 首层建筑面积的 40%、二层及以上按建筑面积 1:1 补偿住宅或公寓物业 ■ 经大冲实业股份公司与华润共同认定的村内"老祖屋"，按永久性建筑面积 1:3 的标准补偿住宅或公寓物业 ■ 阳台面积按照大冲实业股份公司与华润谈定的标准进行补偿	■ 按建筑面积 1.1 万元 /m² 的标准予以补偿	■ 大冲村民可根据被拆除的永久性建筑面积自行选择物业补偿和货币补偿比例，并按上述标准分别补偿

图 3-5　大冲村村集体及村民拆迁安置补偿标准

资料来源：作者改绘自参考文献 [39]

3.2.3　项目效果

1. 城市层面的"大账"

从城市整体发展层面来看，大冲村项目实现了规划预期的大多数目标：

（1）环境设施方面：交通、公共设施得以完善，空间环境品质得到极大提升。内部交通以及学校、医院、文体设施等公共服务配套得到整体提升，原有公共配套设施的总建筑面积不足 2900m²，更新后，大冲村拥有了 6.45 万 m² 的公共配套设施，以及 5.36 万 m² 的 1000 套保障性住房 [43]。

（2）社会经济方面：项目也为城市带来了更多的税收和就业人口的增长。根据 2015 年的预期测算，大冲村改造后建设的商场和写字楼将带来约 13 亿元的税收增长，直接或间接带动就业人口增长约 4.3 万人 [43]。

（3）综合效益方面：更新后的片区已成为复合的多功能片区，除住宅外，新增了较多商业、办公等功能，且保留并修缮了原村民的宗祠，并建设了完善的公共开放空间（图 3-6）。

然而，高强度、高容积率的开发建设也对城市市政系统造成冲击，并带动了项目和周边房价大幅增长。已有研究表明，大冲村改造实施后市政设施运营负荷发生突变，给水、污水、电力专业市政设施运营负荷分别增加 105%、120% 和 233%[44]。

由于地区容积率增长了3倍，新增公建面积仅能满足项目新增容量要求，难以解决片区公共服务及市政设施运营负荷[45]。区域原有的市政服务量是按照总体计划开发量或人口来计算的，因此对开发量有着较严格的刚性控制，然而大冲村项目为实现利益平衡，弹性增加了开发量。作为村民、开发商与政府之间的利益博弈的最终结果，大冲村更新的开发强度超过了合理的范围。

图3-6 大冲村改造后现状图

图片来源：作者自摄

2. 主体层面的"小账"

在大冲村城市更新项目中，政府出让国有建设用地，得到土地出让金与部分物业面积，土地出让金最终作为大冲村改造涉及市政基础设施的建设费用，物业面积用作提供公共服务配套与保障性住房，以保障公共利益，由此可见政府在其中的让利行为。开发商则在地价、房屋建设等方面投入一定资金，所获收益包括国有建设用地使用权、物业面积以及商品房销售收益。所获收益显著高于成本，这也是开发商积极性较高的重要原因。村民所获收益主要包括资金补偿或物业面积补偿，若房屋出租还可获得租金收益，村集体资产也得以高效运营。资料显示，有超过一半的户主在村里拥有超过1000m²的建筑面积，若全部按照货币补偿，可以得到千万元补偿，而物业补偿带来的财富效应更加明显[46]。这样的补偿标准是村民与开发商谈判的结果，也与周边房价紧密相关，这在很大程度上确实满足了居民的利益诉求，也推动了更新的进程（表3-6）。

表 3-6　大冲村三方主体成本收益分析

利益相关者	方面	成本	收益
政府	土地	出让 22.9 万 m² 国有建设用地使用权	11.81 万 m² 物业面积（6.45 万 m² 的公共配套设施和 5.36 万 m² 的保障性住房）
	资金	—	30 亿元土地出让金
开发商	土地	—	36 万 m² 国有建设用地使用权；159.8 万 m² 的物业面积
	资金	240 亿元（含地价 30 亿元，租金补偿 30 亿元，回迁房建设 50 亿元，公建和保障房建设 10 亿元，自有物业建设 120 亿元）	300 亿~350 亿元的商品房销售收入；2017 年 9 月万象天地开业，2019 年实现 5.13 亿元的租金收入，评估价值达 58.93 亿元
村民	土地	失去 45.6 万 m² 由村集体实际控制的集体土地，以及 110 万 m² 建筑面积（含集体物业 34.8 万 m²，私宅 66.3 万 m²）	108.5 万 m² 物业面积（包含村集体 34.8 万 m² 商业面积，67.3 万 m² 住宅）
	资金	—	1.1 万元 /m² 的货币补偿；大冲实业股份公司每年的租金收入由旧改前的约 6000 万元人民币，2021 年增加至近 6 亿元人民币

资料来源：作者整理自参考文献 [14，36，47]

　　政府、开发商、村民三者在某种程度上实现共赢，但大量低收入流动人口的安置问题未得到重视和解决，低成本生活空间遭到破坏。资料显示，拆迁补偿上的花费高达 100 亿元以上，这样巨大的土地开发成本最终还是转嫁到消费者身上，加大了新建房屋租金和购房价格 [48]。原大冲村实际上充当着低收入保障房的作用，使周边工作人员的住房与生活成本处于较低水平，更新后人居环境得到改善，但房价的大幅度增长也带动生活成本大幅增加。根据相关新闻报道显示，2007 年大冲村的月租房价格约为 20 元 /m² [49]，2008 年房价约 9000 元 /m²，总体的房价和租金水平不高 [42]。更新后，2019 年住宅单价约 12 万元 /m²，月租金 150~200 元 /m²，从更新前的租金洼地变成了租金高地。因此，大冲村的人口结构也发生了转变，更新前大冲村人群主要为原村民和租户，其中约 46% 的租户为就近工作的企业职员，也集聚了各占约 16% 的个体经营者和工厂工人。更新后，尽管居住建筑面积是改造前的 2.5 倍，但由于近 60% 的住房用于商品房销售，还有部分居民自主销售，可出租的面积有限，且单套建筑面积有所提高，因此可供出租的建筑套数较 2010 年大幅减少 [38]。新的业主多是城市较富裕的中产阶层，原租住于村中的低收入群体由于无力承受暴涨的租金而被迫迁移到远离城市中心的外围地区。项目仅提供 1000 套保障房，数万流动人口失去住所。大冲村的改造结果呈现典型的"绅士化"特征，脱离了高新区的生活配套功能，也对低收入人群形成了"驱逐效应" [50]。主要表现为从业人员住房难、上班难等现象，制约高新区未来发展。从城市整体层面来看，数据显示，2018 年深圳市住在城中村内的租户为 1200 万人左右[51]，但大量更新政策仍然缺少对低收入人群的关怀。他们的生活在未来的规划中应当如何处理，已成为未来深圳城中村更新需要解决的关键问题。

3.2.4 项目机制

大冲村城市更新在 2007 年以前进展较为缓慢，缺少开发商参与，2007 年之后引入了华润集团参与，项目得以逐步推进。这可能是受到当时的土地出让、地价折减等多方政策制定、体制机制的影响与支持（图 3-7）。

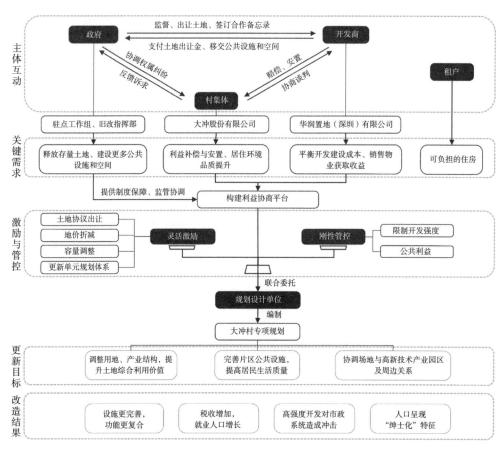

图 3-7 大冲村城市更新项目机制图

图片来源：作者自绘

1. 创新的土地出让机制

依据当时国家关于土地出让的政策，《招标拍卖挂牌出让国有土地使用权规范

（试行）》（2006）和《限制用地项目目录（2006 年增补本）》规定，城中村项目用地需通过招拍挂程序分次获取，即开发商无法获取完整用地[52]，这极大影响了开发商参与旧改的积极性。大冲村项目中采用了分批次协议出让的手段，确保开发商获取了完整的用地。该做法主要依据深圳市出台的《深圳经济特区土地使用权出让条例》（2008 年修正版）中的规定："旧城改造可采取协议出让的方式出让土地使用权，但必须按公告的市场价格出让"。基于该政策，用地的完整性得以保证，项目得以顺利推进。

2. 优惠的地价计收机制

项目采用了地价计收与容积率联动的规则，主要参考了 2004 年《深圳市城中村（旧村）改造暂行规定》中关于地价计收规则的规定。事实证明，这些做法一方面为土地权利人参与土地再开发利益分配提供了路径；另一方面，也大幅提高了开发商参与改造的积极性。华润置地最终缴纳了 30 亿元的地价，且这些地价全部返拨给了所在地区政府，最终作为城中村改造市政基础设施建设费用。地价计收规则中，根据容积率的不同，为市场主体制定了差异化的地价优惠政策，以限制开发强度。但在实际操作过程中，由于基准地价的价格较低，容积率提高的开发边际收益大于地价边际成本，该机制并没有起到控制容积率的作用。

3. 弹性的规划调整机制

根据当时的《深圳市城市规划条例》，城市开发建设需要遵照法定图则在土地利用性质、开发强度等方面的明确规定。2005 年，南山区政府委托深圳市城市规划设计研究院编制了《南山区大冲村旧村改造规划》，后被纳入 2007 年法定图则中，并对大冲村定位、用地功能作相关规定，以期为大冲村的后续规划落地提供依据。然而，受多种因素影响，拆迁成本不断升高，该规划并没有按计划实施。2007 年引入华润置地后，原有规划被推倒重来。2008 年，深圳市人民政府与华润置地签订了《推进具体合作项目备忘录》，鉴于片区现状建筑较 2005 年已有大幅增多，允许提高开发容积率，但总建筑面积不得超过 280 万 m²[52]。后大冲村村集体与华润置地协同委托深圳市城市规划设计研究院作为统筹单位，与多方设计公司共同设计研究，制定了《深圳市南山区大冲村改造专项规划》，并于 2011 年 10 月取得规划批复。弹性的规划调控推动了改造的顺利实施，按照法定程序审批通过的城市更新单元规划基本可等同视为地段的法定图则，减少了反复调整的烦琐流程和成本，激励市场主体的同时也提升了项目实施效率[3]（图 3-8）。

规划调整的弹性诉求得到重视，但刚性管控却没能得到充分落实。为了保障公共利益，大冲村村委会对开发商提出了配建一定比例的保障性住房和公共设施的要求，其指标主要参考 2004 年版《深圳市城市规划标准与准则》。但由于开发商的利益平衡诉求，最终并没有完全按照要求建设，仅落实政府保障性住房 5.4 万 m²，公共配套设施 6.5 万 m²。其中公共配套设施基本满足要求，但公共绿地面积低于标准。

深圳城市更新工作从 2009 年《深圳市城市更新办法》和 2012 年《深圳市城市更新办法实施细则》出台后才逐步规范有序，在 2002—2011 年，虽然深圳市出台了一些城中村改造的相关政策，但多为土地和房产管制类，缺少对开发强度、公共利益方面的细化约束政策。大冲村更新项目中，原法定图则具有一定的约束作用，但在实际操作中管控效力不足。两次详细规划（《大冲村旧村改造规划（2005）》和《大冲村改造专项规划（2011）》）所制定的时间均处于更新政策尚不成熟的阶段，后期政策逐步完善时大冲村项目已进入建设实施阶段，因此缺少有效的政策依据和引导、约束机制也是开发强度过高、公共利益受损的重要原因。

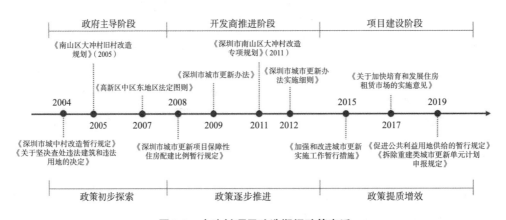

图 3-8　大冲村项目改造期间政策变迁

资料来源：作者改绘自参考文献 [23]

4. 博弈主体的互动机制

项目采用了"政府引导、市场化运作、股份公司参与"的运作模式，三方利益博弈主要发生在拆迁安置谈判与更新规划编制两个阶段。

拆迁谈判阶段的安置与补偿标准交由开发商和村民村集体自行协商博弈，政府采取"积极不干预"的态度，避免了行政命令对市场的扭曲，也在一定程度上保证了村民的收益；但也因为政府管控不足，拆迁补偿缺少相应的限制与标准，大冲村的拆赔比最终达到了 1 : 1，这表明既有的违法建设全部被开发商"合法"确认。最终，大冲村更新后的总建筑面积接近更新前的 3 倍 [40]。内部住宅、公寓、办公场所和酒店等均采用超高层建筑形式，容积率达到 7.7[53]。高强度开发给片区的市政基础设施造成巨大压力，对城市公共服务的长期运营形成负担，高额的拆迁补偿让大冲村的产权人得以充公分享土地增值所产生的巨大收益，但在城市整体层面也使得社会公平遭受了挑战。而大冲村的众多租户作为仅次于村民之外的直接利益相关者，却无法参与这场博弈，当利益受到侵害时，他们只能选择离开。

更新规划编制阶段，政府和市场在规划指标层面和土地贡献层面进行了博弈。政府要求配建非独立占地的公共服务设施、保障性住房等。而开发商则希望尽可能提高项目容积率以获得增值收益。对于开发商超额配建基础设施的部分，政府视情况给予一定的容积率奖励。双方博弈后形成城市更新单元规划，并通过土地出让合同在法律层面予以确定[23]。但在大冲村项目博弈过程中，由于当时缺少关于开发强度限制和公共利益保障的具体政策，已有政策执行力度不足，市场与政府部门不断讨价还价，最终导致商业和居住用地高强度开发，公共绿地面积和保障性住房等公共利益用地被压缩。特别是公共绿地面积方面，由于开发商通过村民的利益诉求向政府施压，将公共开放空间作为提升地块开发强度的筹码，原先规划的南北公共服务带，公共绿地面积由法定图则规定的 16% 缩水到 9%[54]，由 11.56 万 m^2 降至 7.07 万 m^2，并且部分绿地位于封闭式居住小区内，可供居民使用的开放空间大幅减少[35]。

综上，大冲村项目中多种灵活机制发挥了关键作用：土地出让采用协议出让的方式，充分激励了业主和市场的积极性；城市更新单元规划制度简化了规划调整流程，提高了市场吸引力和实施效率；拆迁谈判过程中，政府不干涉非公共利益的拆迁谈判协商，以避免权力干预可能带来的不良影响，也减少了后期因利益分配产生的纠纷。但市场化运作取得积极成效的同时，政府角色与制度政策的不足使得该项目缺乏必要的管控及对公众利益的保障。规划方案诸多细节缺少法律和政策依据；由开发商主导的市场化运作、博弈机制也导致交易成本上升，进一步推高的房价与租金，忽视了村中绝大多数的流动人口的需求；超高容积率的建筑也使得社会公众利益受到侵害，增加公共设施和服务供给的压力，给城市的长期可持续发展带来不良影响。

3.2.5　项目复制

1. 新问题与改进

深圳大冲村改造案例体现了深圳的市场化以及效率至上的态度，其中，灵活的政策与激励机制保证了政府、开发商和村民的三方利益，使得城市更新得以高效率实施。除了项目过程中的经验复制，在吸取大冲村等城市更新改造项目教训的基础上，针对城市更新中产生的问题，深圳市制定了新的灵活政策。

为控制城市更新的开发强度，深圳城市更新以《深圳市城市规划与准则》中的建设用地密度分区指引图为基础，综合地块的交通情况、临路情况、用地规模、用地性质，得出各个地块的基准容积率和容积率上限，对城市更新项目的开发强度进行整体管控。另外，还建立了由基础容积、转移容积和奖励容积三部分组成的弹性容积率管理体系，将容积率调整与公共利益和政府发展目标挂钩，以促进政府与市场、个人利益与公共利益的"激励相容"[23]。

针对低成本生活空间不足、拆赔标准高昂等问题，深圳市也逐步制定相关政策实施管理。《深圳市城中村（旧村）综合整治总体规划（2019—2025）》提出，改造后出租的要优先满足原租户的需求，保障低成本居住空间。针对因个别权利人诉求导致拆迁补偿成本过高的问题，2021年《深圳条例》中首创"个别征收+行政诉讼"制度，打破原本"双百分百"要求，规定旧住宅区签约面积与签约人数达到"双百分之九十五"，区政府可依法依规对未签约部分房屋实施征收，将为更好推进城市更新工作提供法治保障[55]。2021年7月，深圳市发布《深圳市城市更新未签约部分房屋征收规定（征求意见稿）》，公开征求意见，其中提出签约人数达到85%以上时，市场主体与区城市更新整备部门应建立关于项目基本情况的双向沟通机制[56]。如最终确定对房屋实施行政征收，房屋征收补偿和安置标准按照深圳市房屋征收相关规定执行。这样的补偿标准将明显低于城市更新市场标准，将在一定程度上给予未签约房屋权利人压力，促成其与市场主体签订搬迁补偿协议。当然，为保障业主的权益，《深圳条例》也从信息公开、补偿方式、补偿标准、产权注销等多个方面进行了一系列制度设计。这些动态更新的深圳市城市更新政策体系不断完善，为未来的城市更新项目提供了更有效的制度保障与政策支持，但项目的成功实施仍具有一定的特殊性，对其灵活机制的借鉴也需要依赖于一定的条件。

2. 项目特殊性、意义与可复制条件

深圳大冲村城市更新项目具有一定的特殊性，深圳市本身作为经济特区，自主立法权限较大，城市更新市场化程度较高，政府也坚持不断推动市场放权，因此开发商得以深度参与城市更新，这样的环境背景可能难以复制，但大冲村项目在高地价高增长的城市中得以顺利推动、高效实施实属难得，对当前的城市更新仍具有一定的借鉴和反思意义。

首先，该项目本身作为城中村典型案例，其拆除范围面积达到$47hm^2$，是广东省最大的城中村整体改造项目，面临着居住环境恶劣、交通不畅、市政基础设施和公共服务设施落后、私搭乱建严重等与其他城中村类似的问题，影响居民的生活品质。面对不断变化的社会背景、逐年增加的违法建筑、难以满足的村民诉求等改造难题，大冲村项目通过构建多元主体的协商博弈机制解决问题，就土地增值收益分配方案达成一致意见，促成政府、开发商、村集体和村民实现多方共赢，并为城市经济发展注入了新活力。

其次，拆除重建类的更新项目涉及利益重大、周期长、主体关系复杂，采用市场运作和灵活机制设计，可为解决主体间的利益协调难题提供有效方法。相比于政府主导的项目，它为城市更新中权利主体参与收益分配、地方政府减少资金投入、降低财政风险提供了参考路径。但拆除重建类城市更新往往造成高容积率开发、低成本生活空间压缩、破坏原居民生活方式与社区活力等问题，对未来如何进一步改善更新模式，在市场化逐利导向的背景下保障创新创意活力所需的低成本生活与产业空间，具有重要反思价值。

2020 年，深圳流动人口达到 1243.87 万人，占常住人口的比例高达 70.8%。庞大的流动人口群体对城市产业链的完善和经济产值的增加都具有极大贡献。数据显示，2015 年，深圳的非户籍常住人口中，有 71.2% 居住在城中村[57]，以城中村为主的"小产权"住房解决了全市 31.62% 人口的住房问题[58]。城中村虽然容易产生"脏乱差"等治理问题，但其作为建构和拓展社会关系的重要场景，为广大流动人口的生活和工作构建了一个兼具稳定性和发展性的基础结构[59]。在公共住房缺位的情况下，城中村在很大程度上承担了廉租房的功能。不同于欧美的"贫民窟"，我国城中村的外来人口往往怀抱希望，以城中村为跳板，创业成功后便离开，新的流动人口又迁入进来，这样的动态变化为城市发展提供了源源不断的新鲜血液和创新活力。因此，如何尊重租户、商户等流动人口的诉求，探索包容性的城中村更新模式，对维持城市可持续的创新活力具有重大意义。

尽管大冲村项目带来诸多关于城中村更新的问题反思，但其得以顺利推进改善了空间环境，也为多方主体带来了实际效益，其更新中的灵活机制仍具有实践参考价值。借鉴大冲村模式须考虑一定的条件因素：（1）当项目的建筑空间环境十分恶劣，仅通过渐进式的综合整治难以实现更新目标，必须实施拆除重建时，可以借鉴大冲村项目经验，但需要前置思考这种模式可能产生的负面影响，做好合理的安排和政策准备，考虑多元价值诉求、整体提升空间环境品质。但是过度房地产化的改造方式并不适于全面复制，且在房地产市场下行、企业资金压力增加的背景下，更加难以推进。（2）项目引入的开发商须具有承担项目资金风险的能力。大冲村更新项目范围较大，涉及建筑总量较多，且项目所在地块周边房价较高，村民对改造补偿有较高期望，前期政府主导的征收机制难以推进，不仅效率低，反而促进了几轮违法抢建的风潮，造成开发成本进一步加大的恶性循环。大多数房地产企业并不具备承担这种资金风险的能力，华润置地背靠大型央企华润集团，有能力和责任承载这一项目，才使得大冲村改造项目得以推进。

3. 借鉴策略与未来思路

1）借鉴策略

深圳市大冲村改造项目积极引入市场主体，在土地出让、规划调整、拆迁谈判和地价等方面制定灵活的政策，解决了城市更新中多方主体间利益难以平衡的困境，为其他城市更新项目如何盘活土地资源提供了可复制借鉴的思路。但其更新后出现的各类问题更值得城市规划和管理工作者进一步思考。即如何调动市场积极性而规避负外部性，短期利益视角下的市场逐利趋势与长期利益视角下的低成本空间需求之间如何实现平衡等问题。推动城市更新高效实施同时保障社会公众利益，成为后续类似项目实施更新需要关注的核心问题。

大冲村项目中可复制的经验主要包括四个方面：（1）项目用地方面，可考虑采用协议出让的方式，激励市场主体的同时为权利人参与土地空间增值收益分配提供路径。但协议出让中须确保获得一定比例的土地权利人同意，并充分考量实施主体的资金实力和社会信誉。政府相关部门对更新项目的监管应贯穿始终，确保更新目标和公益保障落实到位。（2）城市更新规划体系建设方面，可借鉴深圳城市更新单元规划制度，采用灵活的更新范围划分方式，确保范围内公益性项目与经营性项目的同步建设，减少修改和调整控规的流程，以提高改造效率。但宏观体系的总体规划或法定图则也需及时制定、动态更新并落实，以强化城市宏观调控与片区统筹，避免专项规划的点状空间增量突破诉求，对区域整体造成过度冲击。（3）利益相关者博弈方面，可考虑政府适度让利，放权给市场，调动业主与市场主体积极性。但产权人在分享土地增值收益的同时也需要承担一定成本和责任，租户虽然没有产权，但作为关键利益相关者，其对低成本空间的需求应受到重视和保障。公权应在需要的时候适度介入、参与协调以保障公众利益，为政府、村民、开发商、租户等主要利益相关者搭建一个多方沟通平台，积极协调各层面的矛盾与冲突。（4）地价处理方面，给予适当的地价优惠可提高更新积极性，但应注意避免造成开发强度的突破，借鉴完善地价计收与容积率联动机制，结合建筑规模建立城市更新项目累进地价计收规则，平衡容积率提升带来的开发边际收益与地价补缴边际成本，实现城市更新的"激励相容"。

2）未来思路

从城市整体层面来看，以大冲村为代表的城中村更新模式在未来仍面临两大关键挑战：（1）拆除重建导致大量流动人口、中低收入群体赖以生存的"廉租房"被剥夺，湮灭了城市诸多的潜在创新机会。（2）高额拆赔成本和市场逐利下的高强度开发。深圳将谈判权交给了市场，村民的赔偿标准在市场的推动下节节攀升，渔农村、岗厦村所有建筑（合法和违法）面积均按 1∶0.9 进行赔偿；大冲村所有建筑面积均按 1∶1 进行赔偿。在大冲村之后，大部分城中村的赔偿均采用 1∶1 的标准[60]。2018 年，城中村的拆赔比已增长到 1∶1.3。这样的拆迁赔偿标准在市场中已经逐步形成利益固化，低于该标准，则居民缺乏意愿；实施高标准赔偿，又将导致市场为了平衡开发成本大幅增容，增加城市公共设施和服务的长期运营压力。也有学者建议加强公权介入力度，制定统一的拆赔上限标准。针对产权人有意愿做自主更新，但经济可行性较低的项目，可建立地价与拆赔比联动机制，拆赔比越低、地价补缴越低的方案，政府和业主共同让利推进城市更新[61]。按照"谁收益、谁出资"的原则，居民出资自主更新是未来的重要趋势，居民可以通过直接出资、使用（补建、续筹）住宅专项维修资金、提取住房公积金、让渡小区公共收益、捐资捐物、投工投劳等方式，承担相应的责任。

面对这两项挑战，未来的城中村更新需要转换思路，探索低成本、包容性的城中村更新路径，同时加强对非正规用地的收储。

（1）结合房屋租赁探索包容性更新路径

通过渐进式的改造提升将非正规住房合法化，是解决城市更新中低收入群体居住问题的有效路径。2015 年，由福田区政府牵头，国企深业集团和水围村股份公司配合共同启动的水围村局部改造，将 35 栋村民自建房改建为水围柠檬公寓。改造后的 600 多套房间被纳入福田区住房和城乡建设局的人才房系统，成为体制内公共资源的一部分[62]。水围村以"人才公寓"这一公共产品供给为抓手，采用"整组统筹＋运营管理＋综合整治"的方式，探索出一条低成本且具有包容性的城市更新路径。2017 年 8 月，国土资源部、住房和城乡建设部出台《利用集体建设用地建设租赁住房试点方案》，为城中村利用集体建设用地建设公共租赁房、满足流动人口的合理住房需求提供政策支持。

因此，针对建筑质量较高、消防达标潜力较大，周边公共设施配套较完善的城中村，可以考虑学习水围村的经验，由政府或开发商统租村民的出租屋，改造成人才住房，缓解城市公共住房供应不足的问题，为中低收入群体提供住房保障。针对建筑质量和环境较为恶劣的城中村，应重视符合新市民需求的保障性住房建设，提供单居室的房型以降低租金水平，或利用给村民补偿的富余面积提供小面积可支付健康住房。城市更新政策方面未来也应采取积极措施，重视租户的利益诉求，建立多元化的沟通机制，为外来人口制定参与城市更新的路径和机制，将解决外来人口的住房问题纳入到城市更新的政策目标中来。但同时应注意对各主体的成本收益分析，对于户主而言，小面积的住房单位面积租金较高，因此可以提供更高的可持续收益。但对于开发商而言，由于小面积的户型需要增加卫生间、厨房等空间，必然会增加开发商的建设成本。为此应提出适当的激励措施，保证开发商的收益，通过包容性的城市更新，达到多方共赢的目标，实现帕累托改进。

（2）统筹实施土地整备，加强对非正规用地收储

在"政府引导、市场主导"的城市更新模式下，未来城中村更新应考虑转换存量土地的利益分配模式，采用土地整备思路，加强对非正规用地的收储。2018年，深圳修订出台《深圳市土地整备利益统筹项目管理办法》，提出政府对现状是空地的非法用地收储80%，对现状容积率大于零的非法用地收储至少50%，剩余用地作为留用地返还村民，作为利益补偿；但是这种以土地处置为核心的整备模式带来新一轮的利益纠纷，由于土地整备中的留用地受到法定图则等上位规划、《深标》的测算规则等限制，村民或开发商可开发的容积率相对较低（约4.0），导致市场积极性不高。因此，土地整备再出新政，2022年3月，深圳出台《深圳市土地整备利益统筹办法（征求意见稿）》，从土地处置为核心转变为以容积为核心，首先算好能够平衡经济利益的容积总量，并设定容积率的上限和下限，保证留用地集约节约利用。在土地不足的情况下，留用居住用地按照6.0的容积率上限排布，如果排布不下，"可与本行政区范围内其他利益统筹项目、城市更新项目统筹处理，或者在同一行政区内的国有储备土地上选址"。

3.3　广州城市更新制度

3.3.1　发展背景和重点矛盾转变

1. 发展背景

广州具有2200多年的城建历史，经历了快速城市化进程，但也愈发受到土地资源、空间的限制。20世纪80—90年代，广州以重大基础设施建设带动旧城改造。2000年后，改造范围从老城区向外拓展，政府主导的公共建设及危旧房屋改造工程随之开启。随着城市拓展，城中村问题日益凸显，相关改造活动也逐步增多。2009年，广东省提出"三旧"改造策略并制定相应政策，零星的更新改造活动开始拓展为全面的"三旧"改造行动。一些城市发展的重大事件，如亚运会、广州"中调"战略等，在广州的城市更新政策变迁中起了重大作用。在广州更新过程中，城市更新的资金来源、治理模式，以及土地权利人、开发商和政府之间的互动关系和角色

责任发生了多次转变。

2. 矛盾转变与趋势变化

1）自由探索期（20 世纪 80—90 年代）

1980—1990 年，政府主导城市更新，以危房修缮改造为主要形式，资金来源于政府投入。但由于老城区房屋基础数量十分庞大，资金不足，成效有限。于是在 1992 年，广州开始尝试引入市场机制，鼓励私人企业进入房地产市场，后半程"四六分成"①成为共识。尽管缓解了政府的资金压力，但在市场利益驱动下，局部地块建设量大幅增加，且由于缺少相关制度和规划的管控，土地供应失控、城市建设管理混乱，出现了一批烂尾地和烂尾楼[63]。该时期的典型案例是 1996 年建成的荔湾广场项目，原有旧房被全部拆除推平后，4.5 万 m² 的用地上总建筑面积约 27.15 万 m²，容积率达 6.0，5 层裙楼和 26 层塔楼的建筑综合体拔地而起，旧城的文化肌理没有得到充分保留（图 3-9）。

图 3-9　荔湾广场改造后建成实景

图片来源：Wikimedia

2）政府强力主导期（1999—2008 年）

从 1999 年开始，广州禁止所有开发商参与城市更新项目，改造工作由市房屋管理局领导，由区国土资源和房屋管理局组织实施。基于前期的经验，决定由政府主导更新项目的投资、安置和建设，政府以非营利或微营利为原则，更新前后开发强度基本不变，资金来源于广州市、区两级财政以及改造范围内的业主出资。此时政府在前期的土地出让阶段获得了一定的财政资金，并积累了开发和融资方式的相关经验，提高了主导城市更新的能力。但旧城改造总量仍然庞大，且居民的安置经济

---

①　更新后的建设面积，开发商分得六成用以销售盈利，政府分得四成用以安置回迁、平衡账面。

收益期望值较高，政府力量依然捉襟见肘，再次面临投入不足的困境。

3）"三旧"改造期（2009—2015年）

2009年，广州出台《关于加快推进"三旧"改造工作的意见》，自上而下统筹全市范围内的旧厂、旧村、旧城镇的更新改造，采取了灵活的开发商准入与土地出让制度，采用"一村一策、一厂一策"，鼓励市场参与、自主更新等多种形式，业主可以选择由政府收储或和开发商自由谈判进行自主更新改造。根据政策规定，旧工厂用地或农村集体建设用地收储后出让的，原业主可获得最高达60%的土地出让纯收益。而自行改造由于减少了土地收储出让环节，开发商的土地出让金主要采取协议价格，远低于招拍挂土地出让价格，从而使开发商和业主事实上获得了更多的剩余收益索取权，自主更新成为这一时期的主要形式 [65]。

尽管政府通过利益让渡降低了改造难度，提高了业主与市场改造的积极性，但同时也造成了政府土地收益的流失。且市场偏爱产权明晰且盈利空间大的国有或集体旧厂，而旧村由于住宅产权较为复杂，市场改造积极性较低，导致了城市更新项目"挑肥拣瘦"，旧村改造难以推进的现象。另外，市场为了实现土地租金最大化而开发了大量经营性土地。据统计，该阶段有80%的更新项目改造后的功能是商业、办公和住宅，因此出现办公和商业用房过剩，而公共设施、空间供给不足的局面。

于是，《关于加快推进"三旧"改造工作的补充意见》于2012年出台，规定旧城改造必须由政府统筹实施，开发商不允许直接参与城市更新改造，自主改造通道也被收缩，须经广州市城市更新改造领导小组审批。政策再次收紧，导致市场参与受到约束，城市更新项目一度处于停滞状态。且政策中提出"规划先行、成片连片改造"，强化政府土地收储，要求集体物业、集体旧厂必须和旧宅同步改造 [66]。同时为保障业主利益，提高了旧村改造的门槛（村民同意率提高至90%以上，之前为80%）。到2013年，广州市政府再次做出调整，停止审批新的改造项目，城市更新再度举步不前，"三旧"改造进入了短暂的休整期，但这一阶段搭建的政策体系与积累的实践经验为后续城市更新的发展提供了丰富的养分和坚实的基础。

4）城市更新系统化建设期（2016年至今）

2016年，《广州市城市更新办法》出台，规定城市更新应遵循"政府主导、市场运作、多方参与、互利共赢"原则，城市更新工作思路从土地更新向综合空间更新转变，从"大拆大建"向"全面改造"与"微改造"结合的改造方式转变，从刚性管控机制向结合市场机制修正作用的多主体协同式更新改造方式转变。同时适当放宽改造要求，在满足政府统一招商、抵扣留用地指标、无偿移交部分物业面积等条件下，集体旧厂和物业可先行改造。2017年，《关于提升城市更新水平促进节约集约用地的实施意见》出台，更新方式从原来的"单一项目"模式转向强调成片连片改造、土地整备模式。但由于城市更新产权主体日益复杂、公共财政压力大、激励力度不足，连片成片更新成效一般。2009—2018 年的已批复更新项目中，成片连片改造项目只占总更新项目的 18.8%[67]。

　　总体而言，广州城市更新制度呈现跨越式发展，从借助市场力量参与更新，到强力禁止开发商参与，再到重新接纳市场，促进协作改造，不同阶段制度导向差异性较大。其优点在于对城市更新各个阶段所出现的问题能够及时地做出反馈调整，对旧制度政策存在的弊端进行及时修正；缺点是政策的连贯性不足，部分时期的刚性政令大大降低了市场主体参与的积极性，而部分时期对市场的放任又使得城市的公共品质要求无法保障。在整个过程中，政府的强力管控正在逐步避免"一刀切"的模式，注重在管控的前提下适度地放松条件，引导市场参与。

3.3.2　法律法规政策的变化和特点

1. 广州城市更新政策体系

　　自 2009 年"三旧"改造政策出台以来，广州逐步完善更新顶层设计，明确城市更新的总体要求和重点任务。2016 年，广州开始逐步形成"1+3+N"的城市更新政策体系（表 3-7），包括土地征收补偿、改造成本核算、项目监督管理实施等多方面的规范文件；随着 2020 年新一轮政策的出台，又形成了新一轮"1+1+N"的城市更新政策体系，从规划统筹、规范流程、深化改革等方面入手，强调产城融合、职住平衡、文化传承、生态宜居、交通便捷、生活便利，提出树立"全周期管理"意识，推进九项重点改造整治工作，助力城市更新高质量发展。同时，广州在片区策划方案编制和报批、项目审批流程优化、合作企业引入与退出、老旧小区微改造实施等方面制定了多个配套指引政策文件。

表 3-7　广州市城市更新政策体系

	年份	政策名称
2015—2019 年，"1+3+N"阶段		
"1+3"	2015	《广州市城市更新办法》
	2015	《广州旧城镇更新实施办法》
		《广州旧村庄更新实施办法》
		《广州旧厂房更新实施办法》
"N"	2016	《广州市城市更新基础数据调查和管理办法》
	2017	《广州市城市更新项目监督管理实施细则》

续表

	年份	政策名称
"N"	2017	《广州市人民政府关于提升城市更新水平促进节约集约用地的实施意见》
	2017	《广州市农民集体所有土地征收补偿试行办法》
	2018	《广州市城市更新安置房管理办法》
	2019	《广州市旧村庄全面改造成本核算办法》
	2019	《广州市深入推进城市更新工作实施细则》
	2019	《广州市城市更新三年行动计划（2019—2021年）》
2020—2021年，"1+1+N"阶段		
"1+1"	2020	《关于深化城市更新工作推动高质量发展的实施意见》
	2020	《广州市深化城市更新工作推动高质量发展的工作方案》
"N"	2020	《广州市城市更新单元详细规划编制指引》
	2020	《广州市城市更新单元详细规划报批指引》
	2020	《广州市城市更新单元设施配建指引》
	2020	《广州市旧村全面改造项目涉及成片连片整合土地及异地平衡工作指引》
	2020	《广州市关于深入推进城市更新促进历史文化名城保护利用的工作指引》
	2020	《广州市促进历史建筑合理利用实施办法》
	2021	《广州市老旧小区改造工作实施方案》
2021年至今，新阶段		
—	2021	《广州市城市更新条例（征求意见稿）》
	2022	《关于进一步明确广州市城市更新（全面改造）项目推进有关管控要求（试行）的通知》
	2023	《广州市旧村改造合作企业引入及退出指引》

资料来源：作者自绘

2. 广州城市更新政策发展方向变化

从2009年开始的"三旧"改造政策到2016年形成的城市更新办法，广州的城市更新延续着旧城、旧村、旧厂的分类方式，但不同时期出台的政策，对市场主体的态度均有所变化。

正如前文所述，2009年《关于加快推进"三旧"改造工作的意见》出台后，政府的大幅让利使得市场和业主参与改造的积极性被极大调动，城市更新爆发式增长。2009—2017年间，广州市累计批复的202个"三旧"改造项目大多是2012年前批复的[68]。但部分项目一味地追求经济利益，使得更新呈现挑肥拣瘦、以房地产为导向的特征，且缺乏整体统筹考虑。由于政府土地收益的流失，2012年后，广州开始实施"应储尽储"政策，开发商和原业主的剩余索取权空间明显压缩，参与积极性降低。2012年全市报批的"三旧"改造项目仅有25个。2013年，广州市政府再次做出政策调整，停止审批新的改造项目，这标志着广州市的"三旧"改造进入了短暂的休整期[69]（表 3-8）。

2016 年发布的《广州市城市更新办法》（以下简称《广州办法》）及 3 个配套文件，正式将"三旧"改造升级为综合性的城市更新，整合了"三旧"改造、危旧房改造、棚户区改造等多项政策，建立了更新规划与方案编制、用地处理、资金筹措、监督管理等制度相结合的整体政策框架，对成片改造和土地收储等方面的要求实施有限度放松。2017 年，《广州市人民政府关于提升城市更新水平促进节约集约用地的实施意见》出台，放宽了旧厂自行改造条件，政府适当让利，调动产权人和市场主体积极性。改造方式上强调成片连片存量用地的整备开发，并提出对"全面改造"和"微改造"进行区别化管理。2019 年，《广州市深入推进城市更新工作实施细则》出台，从七个方面[①]着手，通过"城市更新"+"土地储备"双轮驱动，盘活各类低效城镇建设用地。

从 2020 年至今，广州城市更新政策以《广州市关于深化城市更新工作推进高质量发展的实施意见》《广州市深化城市更新工作推进高质量发展工作方案》为核心，出台了多项指引政策，并进一步推进城市更新立法工作。2021 年，《广州市城市更新条例（征求意见稿）》（以下简称《广州条例》）发布，对广州市十多年来行之有效的城市更新规章、政策进行总结提炼，并上升为地方性法规。更新条例确定"微改造"是广州今后开展城市更新的重要方向，在土地管理方面，引入容积率奖励、异地平衡等政策工具，活化土地管控机制，为市场主体创造利益空间；在规划编制方面，提出专项规划、保护规划等文件，进一步提升历史文化遗产保护工作的重要性，并强调应优先对历史文化遗产进行保护和活化利用（表 3-9）。

表 3-8　广州 2009—2015 年"三旧"改造核心政策变化

	《关于加快推进"三旧"改造工作的意见》（2009）	《关于加快推进"三旧"改造工作的补充意见（2012）》
原则	市场运作、多方共赢	政府主导、规划先行、成片改造、配套优先、分类处理、节约集约
目标	着力推进旧城镇、旧村庄、旧厂房改造工作，加快建设现代化宜居城市和国家中心城市	鼓励成片更新开发，强化公共利益保障和历史文化保护
主要机构	"三旧"改造办公室	"三旧"改造办公室
主导方向	政府让利，市场主导	政府主导，市场参与

---

① 　七个方面包括：标图建库动态调整、推进旧村全面改造、加大国有土地上旧厂房改造收益支持、推进成片连片改造、推进城市更新微改造、加大城市更新项目支持力度、加快完善历史用地手续。

续表

	《关于加快推进"三旧"改造工作的意见》（2009）	《关于加快推进"三旧"改造工作的补充意见（2012）》
更新主体	鼓励市场参与、自主更新等多种形式	不允许开发商直接参与城市更新改造；自主改造须经广州市城市更新改造领导小组审批
改造方式	因地制宜，分类推进	强调成片改造
对象分类	旧城、旧村、旧厂	旧城、旧村、旧厂
土地处理	既可以选择土地收储，也可以选择自主更新合作改造	重点地区的旧厂房土地"应储尽储"

资料来源：作者自绘

表 3-9　广州 2016 年至今城市更新核心政策变化

	《广州市城市更新办法》及 3 个配套文件（2015）	《广州市城市更新条例（征求意见稿）》（2021）
原则	政府主导、市场运作，统筹规划、节约集约、利益共享、公平公开	规划引领、系统有序，民生优先、共治共享
目标	促进城市土地有计划开发利用，完善城市功能，改善人居环境，传承历史文化，优化产业结构，统筹城乡发展，提高土地利用效率，保障社会公共利益	建设宜居城市、绿色城市、韧性城市、智慧城市、人文城市，不断提升城市人居环境质量、强化城市功能、优化空间布局、弘扬生态文明、保护历史文化，实现产城融合、职住平衡、文化传承、生态宜居、交通便捷、生活便利
主要机构	城市更新局	住房和城乡建设局（主管部门）、规划和自然资源局
总体方向	政府主导、市场运作	政府统筹、多方参与
更新主体	更新主体可以是政府部门、单个土地权属人或多个土地权属人的联合；自主更新要求在市公共资源交易中心以"招拍挂"的方式确定合作企业	可以由权利主体、市场主体或者政府组织实施；符合规定的，也可以由权利主体与市场主体合作实施
改造方式	全面改造、微改造	微改造、全面改造、混合改造

资料来源：作者自绘

从广州城市更新核心政策的变化可以看出，从积极面向市场进行合作改造，到政府强力主导包办改造，再到联合市场、社会促进协作改造，政府对市场主体的态度一直在变化，这与利益的平衡困难有很大关系。政府财政难以负担大量的城市更新项目资金投入需求，需要引入市场主体解决资金缺口问题，但同时市场主体对利益的追求，容易导致高强度开发、破坏旧城风貌，成为城市更新的痛难点之一。

目前，广州城市更新政策呈现以政府主导的特征，政府管控在历史遗产保护、容量控制、公共利益保障、土地整备等方面发挥了不可或缺的作用，但"一刀切"式的政策存在使城市更新工作陷入停滞的风险。近年来，微改造、有机更新、活化利用等渐进式改造方式的探索，意味着城市更新愈发注重城市品质的提升。未来总体趋势是向着多元参与的方向发展，在品质要求的基础上，采用灵活机制，才能解决城市更新的痛难点问题，这也是广州城市更新制度的重要经验与未来方向。

3.3.3　广州城市更新政策中的弹性机制

1. 多样的改造方式

在广州城市更新制度发展的不同阶段，提出了全面改造、微改造、混合改造等多种改造方式，从禁止开发商参与、限制自主改造到允许权利人、市场主体等组织实施改造，体现了广州市政府对于更新改造行动的灵活态度和政策的动态调整优化机制。2016 年，《广州办法》提出城市更新包括"微改造"和"全面改造"两种方式。2021 年，《广州条例》将城市更新进一步分为微改造、全面改造和混合改造三类。微改造在目标上侧重对社区小空间节点的改造，以解决社区尺度的空间问题为导向；全面改造关注城市片区功能重整和经济振兴，同时也侧重以生态修复、土地复垦等为目标的项目；混合改造则适用于同时涉及居住改善、商业和公共设施再开发的项目。三种改造方式的适用场景体现了广州城市更新的社会化和本地化转向。

2. 历史遗留用地处理与土地整备

对土地问题的处理是城市更新项目的开展前提，也是重要限制因素。广州市从历史遗留用地处理和土地整备两个角度出发，采用灵活的策略手段解决更新难题与困境，为项目的顺利实施提供可行的客观条件。

首先，对于非正规建设的历史遗留用地，广州没有采取"一刀切"的方式全部拆除，而是采用了"转合法、转性质、转地类"的多种途径，对房、地的产权历史遗留问题进行了灵活处理[63]。其中，"转合法"指的是将部分以往的违章占地转为合法用地，并针对不同情节作差异化处理；"转性质"是指将列入规划区的集体建设用地转为国有用地，村集体需缴纳地价、办理转变土地性质手续，从而获得国有建设用地使用权；"转地类"是指将一部分原有的工矿企业用地或公益用地转为商业、商住等经营性用地，如果按原有流程转变土地性质，则需要先将土地交给政府，再通过"招拍挂"开发。总的来看，这三种途径体现了政府部门希望通过灵活的举措解决历史遗留问题，理顺土地权属关系，激励土地权属人改善土地经营投资模式的积极性、降低城市更新中的制度性交易成本的态度。

其次，由于土地权利主体复杂、权属边界破碎，部分零散土地没有独立利用价值，"地不能用，地不够用，地不好用"的现象普遍存在，导致土地难以连片开发利用或开发商无法实现经济平衡。为应对此类问题，广州对旧村改造下的土地整备进行"松绑"，《广州条例》提出可通过土地整合、异地平衡、土地置换和留用地统筹利用[①]四种方式进行土地整备，助力解决项目资金平衡问题，推动土地资源空间重组，实现产权重构和利益共享。但目前，对于具体的实施细则、实施要求尚未明确，《广州条例》至今也未正式定稿出台，对四种路径的选择和执行未有明确约束。

3. 灵活的用途改变

土地用途改变是历史遗留用地解决办法的重要补充。政府部门通过理顺、理清历史遗留的土地产权问题，在一定程度上能够降低土地交易风险和成本，而弹性的用途改变则有助于土地权利人和开发主体根据市场情况，调整更新改造策略。一方面适应城市产业转型、历史建筑活化的政策需求，另一方面加速低效益工业用地腾退；此外，在允许灵活用途改变的同时，也制定限制措施，避免过度经营性开发。

（1）在促进产业转型方面，2017年发布的《广州市人民政府关于提升城市更新水平促进节约集约用地的实施意见》，规定旧厂房若兴办新产业、建设新业态，过渡期5年内允许不改变现有工业用地性质进行自行改造，政府不增收地价，不收取土地出让金。这样的制度安排可降低业态转型和整治修缮的门槛，加大对产业类改造项目的支持力度。（2）在历史建筑活化方面，2020年广州市政府出台《广州市促进历史建筑合理利用实施办法》，从多方面出发，为国有历史建筑的活化使用"松绑"[64]。（3）针对微改造项目，《广州条例》提出："符合区域发展导向的，允许用地性质兼容和建筑使用功能转变。"由于涉及微改造的街区多是老街区或存在历史文化遗迹的街区，改造项目注重文化延续和文明传承，而非以单纯提高土地利用价值为导向，鼓励兼容的情形，更好地调动了改造主体的积极性，有助于推进微改造类项目的顺利进行[70]。

同时，为了避免过多经营性用地的开发，广州还通过补缴或优惠地价、公共服务配套等政策安排对自行改造的用途改变加以限制。2019年发布的《广州市深入推进城市更新工作实施细则》提出，"工改经营性"项目，需要移交一定比例的公益设施，按商业用途市场评估价格补缴40%土地出让金，土地性质改为"教育、医疗、体育"的则按照办公用途市场评估地价的20%计收，"工改工"项目无需补缴[M0用地（新型产业用地）除外][71]。之所以将M0新型产业用地排除在外，是由于虽然

[①]（1）土地整合：通过房地产相关权益转移以及集体建设用地、国有建设用地的土地置换实现对零星土地进行整合；（2）异地平衡：针对因用地和规划条件限制无法实现盈亏平衡的城市更新项目，通过实施主体进行开发权转移或利用政府储备用地作为融资地块，支持促进项目达到盈亏平衡；（3）土地置换：将"三旧"用地与其他建设用地置换，或以复垦方式与本项目范围内非建设用地实施置换，实现不同权属或用途的土地之间的交换；（4）留用地统筹利用：针对项目建设用地指标不足的问题，提出可以将村留用地或留用地指标纳入项目中一并实施。

M0 用地有助于产业结构调整、体制机制创新，但也因为拿地成本低、容积率比传统工业用地高，容易产生产业用地流失和过度房地产化的风险。

4. 容积率奖励与转移

一方面，广州正在探索通过容积率奖励的方式提高社会参与改造的积极性。《广州条例》第十六条提出，在规划可承载条件下，对无偿提供政府储备用地、超出规定提供公共服务设施用地或者对历史文化保护作出贡献的城市更新项目，可以按照有关政策给予容积率奖励。有关容积率奖励的相关细则，广州市规划和自然资源局还在研究制定中。

另一方面，广州也正在探索容积率转移机制。城市更新单个项目往往难以实现土地再资本化的平衡，尤其是历史街区，"拆不动、赔不起"成为普遍问题[72]。2014年，广州市颁布《广州市历史文化名城保护规划》，对历史城区核心保护范围内的建筑实施高度控制。然而在规划编制前已有不少更新项目办理了建设许可相关手续，但由于不符合相关要求未能建设，这也成为广州历史文化名城保护的一大难题，容积率转移或可成为处理这些项目的最优解。这种模式在《广州番禺区城乡更新总体规划（2015—2035 年）》和广州越秀区北京路更新项目实践中已有所探索[16, 73]。为了维护越秀区北京路历史文化核心区风貌，满足控高要求，经广州市规划委员会同意，其中某个已批未建建设项目的 1.8 万 m² 的建设量按照等价值原则转移到了同一公司权属下的天河区东莞庄某项目中。2020 年，《广州市关于深入推进城市更新促进历史文化名城保护利用的工作指引》中提出，容积率转移范围优先选择更新单元内，如有困难也可在行政区甚至全市范围内进行统筹。

5. 异地平衡机制

除了历史文化保护类更新，部分旧村全面改造也面临资金难题，为此广州创新探索了"异地平衡"政策，通过联动改造、储备用地支持等方式将不同更新项目"打包"组合，为低收益更新项目注入资本的活水，助力破解资金难题。2020 年，广州市发布《广州市旧村全面改造项目涉及成片连片整合土地及异地平衡工作指引》，提出通过整合土地和异地平衡方式推动旧村全面改造，以破解部分旧村实施成片连片改造难度大、土地节约集约效率未充分发挥、全面改造难以实现盈亏平衡的难题[74]。该政策提出，可以通过联动改造或储备用地支持两种方式实现异地平衡。异地平衡以行政区内平衡为主，但由于广州越秀区面临特殊的环境因素，政策中提出越秀区的旧村全面改造项目可以跨区平衡。有研究机构指出，"跨区平衡"正是为越秀区搁置多年的西坑村和登峰村更新改造项目量身定做[75]，但目前项目仍在初期推进中，尚未形成具体的实践经验。

在异地平衡、土地置换工作中，土地价值评估是关键要点之一。广州市增城、黄埔两区，都提出了以"等面积置换"的评估方式。将"同一项目范围"和"最短直线距离 2km 范围"视作位于同等地价范围，等面积土地"价值相当"[76]。但是对于寸土寸金的中心城区，如天河、越秀、荔湾等区域，在土地置换时难以采用这种"价值相当"的认定方式，相关政策规定还在探索中。

综上所述，广州城市更新政策从改造方式、历史遗留用地处理、用途改变、容积率奖励和转移、异地平衡等方面制定了灵活的政策措施，以盘活存量用地资源，撬动多方主体积极参与，助力解决城市更新中的改造难题。同时，为了防止过度弹性所导致的建设失序，政府也制定了一些管控规则，在与市场、权利人分享土地增值收益的同时要求保障公共产品供给与建设品质，以实现城市更新的长远价值和整体利益（表 3-10）。

表 3-10　广州市城市更新制度的激励与管控

	灵活的激励机制	刚性的管控标准
改造方式	多种方式：微改造、全面改造、混合改造	为微改造设置特殊技术标准，保障建筑退让空间、环境保护等多项空间品质
产权处理	通过土地整备重组土地资源、盘活存量用地	鼓励权利人交地收储
用途改变	为旧厂房办新业态提供过渡期；国有历史建筑公开招租，公益类使用可予免租金，政府鼓励业态的非公益类使用给予租金优惠	"工改经营性"项目需要移交部分用地，缴纳出让金
容积率奖励	对提供政府储备用地、公共设施或做出历史文化保护贡献的项目给予奖励	—
容积率转移	将老城区无法实现的开发量转移到新城区	—
异地平衡	通过联动改造与储备用地支持，助力全面改造项目实现盈亏平衡	—

资料来源：作者自绘

3.3.4　广州弹性机制的执行情况和实施难点

1. 政府土地收益流失和财政矛盾凸显

尽管土地不经收储而通过协议出让的方式大幅提高了开发商和原权利人的改造积极性，但这也导致了政府在土地增值分配中占据份额较低、土地收益流失的新困境[65]。特别是广州本身税收留成较少，且亚运会相关建设积累了较高的地方债务，因此地方财政对土地出让收入的依赖度远高于北京、上海、深圳等城市（2017—2021 年广州的土地财政依赖度① 超 100%，而北京、上海、深圳均不足 50%[77]）。在

---

① 　土地财政依赖度 = 卖地收入 / 一般公共预算收入

此情况下，加强土地储备有利于政府的统筹调控与获得更高的土地出让收益。因此，广州出台了相关政策，积极鼓励权利人交地收储。2017 年发布的《广州市人民政府关于提升城市更新水平促进节约集约用地的实施意见》中提出，按照政府与土地权属人 5∶5 的思路分配土地增值收益（按时交储可额外奖励 10%）[78]，但从目前的数据来看，成效并不显著，2019 年广州以更新方式储备的土地仅占总量的 4.5%[79]。

2. 房地产导向下的公共利益缺失

2009—2017 年，广州 80% 的更新项目均属房地产开发[80]，由于房地产导向的改造项目所产生的收益较高，因此安置补偿标准也相对较高，从而受到村民和村集体的青睐。对比之下，政府基于公共利益开展的改造项目则因为补偿标准相对较低而难以推进。这方面，深圳的城市更新制度将公共利益与开发权益绑定，在一定程度上保障了公共利益的落实；而广州城市更新在公共利益保障方面仍未建立有效机制。虽然政策中也对公共设施的配建提出要求，比如《广州市城市更新单元设施配建指引》提出，居住片区的公共服务设施建筑面积配建比例下限为 11%；产业（商业商务服务业）片区的公共服务设施建筑面积配建比例下限为 6% ~ 11%。但这种针对更新单元制定公共服务设施配套政策的做法，也可能会忽视片区整体公共服务配置的合理性。

3. 微改造项目中社会资本参与不足

基于过往经验，广州市政府已经认识到全面改造、大拆大建的模式所带来的诸多问题，也一再强调微改造模式的重要性，但具体实施情况仍不尽如人意[64]。由于公共空间、生态环境、历史文化等"无形资产"难以被转化为具体的"租差"①，因此微改造类项目对社会资本的吸引力仍然较低。目前广州市微改造项目的资金来源以市、区两级财政补助为主，一般按照 8∶2 的市、区出资比例投入，但受区级政府财政资金限制，有些微改造项目实际上均由市政府全部出资改造。从 2021 年广州市政府出台的《广州市老旧小区改造工作实施方案》等微改造相关政策文件来看，未来政府安排对老旧小区的微改造专项改造资金总量预计会相应增加，市、区政府资金投入比例也会有所调整，政府将根据老旧小区的区位和改造价值情况将其择优纳入微改造实施计划，安排相应资金有重点地实施改造。但总体上，由于微改造项目相对于旧村庄全面改造来说盈利空间较小，社会资本参与的积极性较低。

---

①　"租差"是指实际地租（现状土地利用下的资本化地租总量）和潜在地租（"最高且最佳"土地利用下的资本化地租总量）的差值。

4. 容积率转移与异地平衡难以落实

容积率转移和异地平衡是解决城市更新利益平衡问题的有效政策工具，但目前政策实施仍然面临几个难点：（1）在土地价值评估方面，如何评估转移区和承接区的土地和建筑总价值，以及评估机构的选择等都是难题；"等面积置换"的评估方式无法完全体现土地潜在收益价值，仍需要更加精确的计算模型；（2）容积率转移还涉及不同开发主体的置换，转移后房地产权的分割也存在较大难度；（3）容积率作为土地出让价格的关键条件，不同地区的容积率转移可能涉及两地的土地出让财政收入变化，可能导致政府土地收益流失问题；（4）容积率的转移需要从容积率严控区转向容积率宽松区，在当前居住用地从严管控的背景下，如何划定宽松区来承接容积率转移也是一个难点；（5）异地平衡下，储备用地作为融资地块能够激励支持更新，但储备用地的使用涉及土地管理的相关法规，而广州的城市更新至今仍缺乏地方性法规支撑，因此土地手续的操作细则仍需要进一步完善。

总体来看，广州城市更新制度经历了从市场摸索到政府强力主导，重新引入社会资本到政策再度收紧等多个阶段，虽然不同时期的政策都是适应阶段需求和解决当前问题所采取的措施，但制度导向的跨越式变化也导致多方主体参与性降低。尽管如此，广州在制度变迁过程中也探索了多项灵活机制，为解决部分城市更新的棘手难题提供路径：（1）微改造、全面改造、混合改造等多样更新的改造方式，满足了不同条件和背景下，各类城市更新项目因地制宜的改造需求；（2）"转合法、转性质、转地类"的多重手段为正在探索中的土地整备机制提供解决历史遗留用地问题的可能途径；（3）2020 年以来出台的多项政策为新业态建设、历史建筑活化和微改造项目提供了灵活的用途变更机制保障，但与此同时也强调适度管控，避免经营性用地开发；（4）探索容积率奖励、转移与异地平衡等措施，破解项目范围内资金平衡难题。但目前已步入实践阶段的灵活机制带来的诸多新问题开始显现，比如微改造项目社会资本参与不足、土地出让导致的政府土地收益流失、公共利益保障不足等。而尚未步入实践阶段的灵活机制，在新出台的政策中还缺乏更进一步的实施指引，容积率转移与异地平衡难落实的问题还未解决，未来还需要细化相关政策的落实手段，并通过实践检验不断优化调整。

3.4 广州恩宁路永庆坊微改造案例

3.4.1 项目背景

1. 区位条件

恩宁路街区是广州 26 片历史文化街区之一，有着浓郁的岭南风情和西关文化特色，与龙津西路、第十甫路、上下九步行街骑楼相连，成为广州最完整、最长及最具岭南特色的骑楼街。永庆坊项目位于广州恩宁路历史文化街区北侧，临近粤剧博物馆和西关郑培小学，区内有骑楼、竹筒屋、李小龙祖居等历史建筑（图 3-10）。

图 3-10 广州永庆坊区位图
图片来源：作者自绘

2. 更新背景与机遇

永庆坊项目与广州的城市更新制度背景以及恩宁路改造的历史背景紧密相关。1992 年，广州城市更新开始引入外资，但由于对社会资本的逐利性缺乏管控，造成了旧城肌理破坏严重等问题。于是，1999 年广州市政府明令禁止开发商参与旧城改造，旧城改造经费由市、区两级财政承担以及部分个人分摊，旧改进度极为缓慢。2004 年，广州获得第十六届亚运会的举办权，开始思考城市品牌建设问题；2006 年进一步提出"中调"战略，发展思维从"增量"向"存量"转变[81]。为落实"中调"战略，2006 年 11 月，"恩宁路连片危破房改造项目"作为广州危破房试点项目启动。

2007 年 2 月，荔湾区连片危破房改造项目办公室（现更名为"荔湾区旧城改造项目中心")成立，并开始着手办理该项目的各项前期工作。2007年9月，广州市发布恩宁路拆迁公告，完全"推倒重来"的更新方式以及"规划未定先拆迁"的做法引起了当地居民的强烈反对，社会媒体也开始关注并且报道。2008年，恩宁路80多户居民集体信访，对该项目提出多项质疑[82]。随着新闻媒体、社会公众的持续关注，居民也愈发意识到恩宁路历史文化保护的价值。2009年12月，荔枝湾区政府公布《恩宁路历史文化街区保护开发规划方案》征询社会意见。2010年1月，恩宁路内183户居民联名反对恩宁路规划方案，首要诉求就是文化保护。2010年4月，广州市"两会"召开期间，居民再次联合发布公开信，要求保护西关文化，并制定合理的安置与补偿方案。2010年10月，广州市政府成立15人组成的专委会，并在次年6月的规划委员会上通过了"保留历史建筑"的方案[83]。这一事件反映了居民与社会公众希望能够真正参与决策、保护历史文化、维护居民权益的态度，该过程中，居民、媒体、民间组织、专家学者共同构成了具有影响力的多方利益团体，在以政府、规划编制单位为代表的决策团体之间逐渐形成了决策施加与反馈的机制。几经修改的《恩宁路旧城更新规划》于2011年9月才得以确定。而在此过程中，政府已经完成了恩宁路大多房屋的征收工作，到2012年2月已搬迁居民1782户，占动迁量的97.7%[84]。

搬迁的居民可以得到货币补偿但无法回迁，由于产权不明、无法得到足够补偿、无力购房、居住条件尚好不愿搬离等原因，也有部分居民选择留下。资料显示，2009—2010年，货币补偿价格平均为1万元/m² 左右，而2012年，恩宁路片区的二手房价已达到约2万元/m²，新建商品房约2.5万元/m²，居民拆迁后很难在同一片区买到同等面积的房子[84]。以上补偿价格还是针对产权明确的房屋，若房屋产权不明晰，只能按照租户获得补偿。据媒体报道，2009年，该片区租户只能获得2000元/m² 左右的补偿[86]。

在2007—2012年恩宁路北片的大规模拆迁安置中，政府耗费了18亿元的公共财政。但由于低容积率的规划、建设总量的控制和历史街区保护的严格要求，恩宁路更新项目的获利空间较小，开发商参与意愿不高，项目缺少资金来源并陷入了停滞[84]。

2015年，在广州市城市更新局成立的契机下，荔湾区政府常务会议审议通过《关于开展永庆片区微改造的请示》，恩宁路的更新被再次提上了日程。2015年底，《广州市城市更新办法》及配套文件颁布，将城市更新分为全面改造和微改造两种方式。相比于大面积拆除重建的全面改造，微改造针对小面积、局部地区进行更新，灵活性、适应性、针对性较强，对城市格局影响比较小，通过小规模改造调整，延续原有街区肌理，有效保护建筑的历史风貌特色。永庆坊的改造方式最终也确定为微改造。为了破解资金难题并满足文化保护要求，荔枝湾区政府采用多种灵活工具，引入社会资本参与，促进历史建筑活化利用，使得该项目最终得以成功实施（图 3-11、图 3-12）。

图 3-11　改造后的活动空间

图片来源：参考文献 [87]

图 3-12　改造后的街区生活

图片来源：参考文献 [87]

3.4.2 项目实施

1. 实施过程与环节

永庆坊作为恩宁路历史文化街区的一部分，初期随着恩宁路的规划调整而变迁，后被纳入"微改造"更新试点，其更新历程总体包含四个阶段（图3-13）。第一个阶段是从2006—2012年的危破房改造期。这一阶段的改造由政府主导，试图用拆除重建的方式改造恩宁路片区，遭到广泛质疑。2009年，政府开始有意识地引入专家，社会各界也自发地参与。虽然在这期间改造规划一直没有定论，但拆迁工作一直在进行，直到2011年被叫停修改规划之前，政府已经以拆迁的名义征收了永庆坊内的大部分房屋，永庆坊占地面积约7800m²，改造时政府收回产权面积约7200m²。其中55%的房屋被认为是需要保护的历史特色建筑，政府拥有已签约腾空又尚未拆除且在规划上将予保留的房屋，这也成为永庆坊更新项目的特殊条件。

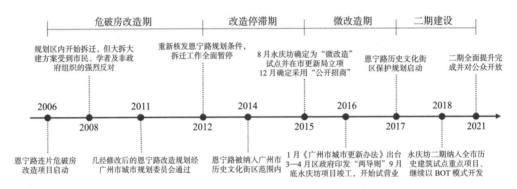

图3-13 恩宁路改造时间线

图片来源：作者自绘

第二个阶段是2012—2014年的改造停滞期。由于原更新方案被叫停，且新的高密度、低容积的改造方案限制条件多、实施风险高、收益难预期，因此少有开发商愿意介入。尽管政府支持居民自主更新，但自主更新动力仍然不足，项目陷入停滞。

第三个阶段是2015—2017年的微改造期。直至2015年，永庆坊作为微改造试点项目在城市更新局立项，更新项目进入新阶段。在BOT开发模式 ①（Build-Operate-

---

① BOT模式是基础设施投资、建设和经营的一种方式，以政府和私人机构之间达成协议为前提，由政府向私人机构颁布特许，允许其在一定时期内筹集资金建设某一基础设施并管理和经营该设施及其相应的产品与服务。政府对该机构提供的公共产品或服务的数量和价格可以有所限制，但保证私人资本具有获取利润的机会。

Transfer，建设—经营—转让）下，广州万科企业有限公司（简称"万科"）获得 15 年经营权，并负责进行建设和运营，期满后交还给政府。项目的建筑更新改造设计工作由本地的创意设计机构竖梁社和上海 Lab D+H 负责。永庆坊一期共 90 余栋建筑，其中政府移交房屋 61 栋。建筑修缮改造方案并没有采用全盘保护的方式，而是对各建筑评估状况制定了"原样修复""立面改造""结构重做""拆除重建"和"完全新建"五种改建方案[83]。绝大部分建筑以局部修葺的方式进行小修小补，拆除重建的建筑仅有 4 栋[88]。

第四个阶段是 2017—2021 年的永庆坊二期建设阶段。永庆坊改造受到了社会各界的广泛关注，改造完成后也吸引了众多游客。2018 年，永庆坊二期作为国家历史建筑保护利用试点，《恩宁路历史文化街区房屋修缮活化利用项目》被纳入全市历史建筑试点重点项目，由万科中标，运营期为 20 年，继续通过 BOT 模式探索历史文化保护与城市发展相融合的城市更新路径[88]。

2. 主要参与者与其职责

政府主体方面，市政府出台《广州市城市更新办法》《广州市旧城镇更新办法》等，为永庆坊改造提供"微更新"政策指引；市城市更新局为项目立项；区政府作为责任主体开展居民安置工作，并印发两"导则"；街道办及社区委配合政府，维护正常秩序。

开发商在更新过程中主要参与前期的改造方案制定，并负责建筑修缮与后期经营管理的工作。万科公司在调研、评估后与设计单位商议制定出每栋建筑的改造方案，在完成相关清理和历史建筑保护工作之后，开展对房屋建筑立面进行更新、对部分房屋结构进行加固或者替换、在片区内建立消防控制系统、配建公共服务设施等工作。承担建筑改造成本的同时，万科也获得了特定年限的经营管理权以获得收益。根据政府与企业签订的 BOT 协议，承办企业在"微改造"建设结束之后将享有 15 年的运营期。在此期间，万科物业统一管理永庆坊服务中心，享有入驻企业的招商、管理入驻企业、活动策划等权限[89]。

居民在更新中拥有一定的自主选择权。永庆坊片区居民主要包括公房租户和私房业主，公房所有权属于国家或集体，租户只享有使用权，不能出租房屋。已有调研表明，万科曾提出在附近租赁房屋以供公房租户居住，租户只需交等额的公房租金，但部分租户担心房屋交由万科经营后被政府直接收回，无处居住，因此选择留下[88]。私房产权为业主所有，可以选择自己居住、将房屋出租给开发商或自行出租获得收益，亦可由政府征收，业主获得资金与置换居住空间。另外，只要遵循相关规划要求，居民可自行改造住屋；此前永庆坊地区大部分房屋危旧，整体环境不佳，大多业主选择将房屋出售给政府，目前有 12 户居民选择留了下来，其中有私房业主，也有公房租户，但"自行改造"却难以落实[83]。

3. 采用的灵活工具

永庆坊在前期作为恩宁路片区的一部分经历了漫长的争议与质疑，从大拆大建方案到微更新方案，原本陷入停滞的项目最终得以顺利实施，不仅是各方主体共同努力的结果，也得益于土地功能转变、融资模式等多种灵活工具的支持。

1）灵活的土地功能转变

由于恩宁路公布拆迁范围内的建筑原计划全部拆除，然而后续改造规划变动后保留了大量历史建筑，这类建筑在征收后按照法律程序无法办理拆迁结案，土地也无法转性[88, 90]。因此，永庆坊一期改造中，荔枝湾区政府通过制定《永庆片区微改造建设导则》和《永庆片区"微改造"社区业态控制导则》，将大部分原居住用地置换成为商业用地、商务用地及公共服务配套设施用地，以置换、腾挪产业空间[88]。万科依据政府文件规定，植入创客空间、文化创意、教育等服务配套产业，保留街区原有肌理，按照"修旧如旧"的方式对街区建筑进行改造。二期改造中，《恩宁路历史文化街区保护利用规划》也提出鼓励活化利用，在符合结构、消防等专业管理要求和历史建筑保护规划要求的前提下，历史建筑可以按照相关要求作为多种功能使用，无需审批[91]。

2）灵活的融资模式

永庆坊项目采用BOT模式，给予开发商15年经营权，由开发商进行投资、建设及运营，自负盈亏期满后交还政府。这种方式有效地注入了社会资本，缓解了政府在城市更新过程中资金需求大的问题。广州市荔湾区政府将征收来的7200多平方米的房屋在2015年10月对外公开招标，最终万科中标作为主体开发运营商开始介入永庆坊项目。

3）灵活的管理方案

2019年，广州市出台《广州市关于加强具有历史文化保护价值的老旧小区既有建筑活化利用消防管理的工作方案（试行）》，针对具有历史文化保护价值的老旧小区在活化利用中难以满足消防规范的难题，提出采用"一案一审"的原则组织专家评审论证，并以规划手续和专家论证意见为依据，开展消防设计审查、验收和备案。永庆坊二期作为试点项目，对片区内消防问题进行了全面梳理，根据分类开展消防设计，并以新兴的科学技术补强消防措施，提升区域火灾预防和救援能力，破解了历史建筑消防审批难题。

3.4.3 项目效果

1. 城市层面的"大账"

城市整体层面，永庆坊项目在低容积率限制的背景下，采用灵活的功能转变、

BOT 融资模式等方式激励多元主体参与，推动项目顺利实施，在一定程度上实现了保护西关文化、盘活旧城资源、改善空间资源的目标（图 3-14）。项目推动了城市品质和公共服务水平的整体提升，既促进了文旅产业的发展，也创造了更多的就业机会。项目以"微改造"代替"大拆大建"，尽力维持了原有的街巷肌理，保留了片区内的特色历史建筑文物，比如李小龙祖居、24-28 号双号民国时期红砖墙体旧民居、銮舆堂等。建成后，永庆坊具有共享办公、教育营地、长租公寓、配套商业四大功能，新旧融合吸引了一大批旅客，使得该片区旅游业迅速崛起[90]。永庆坊更新改造完成后，平均每月举办文化活动 8 场，日吸引客流量达 7500 人，月均人流量约 20 万人次[88]。尽管永庆坊项目改善了空间环境，刺激了地方经济增长，但对文化传承和社会结构方面仍然带来了负面影响。虽然项目倡导"修旧如旧"，但部分新材料仍在一定程度上破坏了原有风貌，比如大檐口屋面与当地传统屋面造法不符等问题，使得新建筑风貌与传统岭南建筑并不相符，降低了地方的原真性。据万科负责人介绍，永庆片区除了李小龙祖居等属于文物古迹用地以外，其他地块均属于商业金融业用地[93]。大部分建筑的居住功能被置换为商业功能，改造后商业、商务功能占比达 67%[88]，生活空间商业化明显。且由于居民大多迁出，原有的邻里关系和社会网络解体，地方的原真性没有得到充分保护。

2. 主体层面的"小账"

开发商在建筑和环境修缮方面投入了大量成本，也大幅提升了地块的商业价值，其收益主要来源于改造后的房屋租金。最终的评审报告《广州恩宁路永庆片区微改造实施评估研究》显示，2017 年共享办公的月度租金高达 150 元 /m²，出租率已经超过 80%；商铺的租金价格也达到 150 元 /m²，是改造前的 2 ~ 5 倍；住房的租金从 30 ~ 40 元 /m² 提升至 60 ~ 70 元 /m²，这无可辩驳地证明了永庆坊地块的商业价值[83]。但考虑到万科对整个项目的建筑改建成本高达 6500 万元（接近 1 万元 /m²），项目回本时间也从预计的 6 年延长到了 12 年半[88]，这给只有 15 年租赁期的企业带来巨大压力，也成为开发商更改业态，导致永庆坊后期过度商业化的重要原因。

对于政府来说，公私合作的融资模式减轻了地区财政负担，同时通过将城市配套服务引入市场竞争实现了高效的资源配置和服务水平提升，创造了更多就业机会。永庆坊内 60 栋建筑中 43 栋已经在前期的恩宁路拆迁行动中被政府征收，耗费了 18 亿元的公共财政。引入 BOT 模式后，政府不再需要为永庆坊改造消耗大量财政资金，而是通过丰富城市配套服务功能，给予一定年限经营权的方式，由开发商对危房修缮、改造和整体空间环境优化进行资金和资源投入，后期的专业化运营服务也交由开发商管理，政府主要通过制定两份导则给予一定程度的约束。

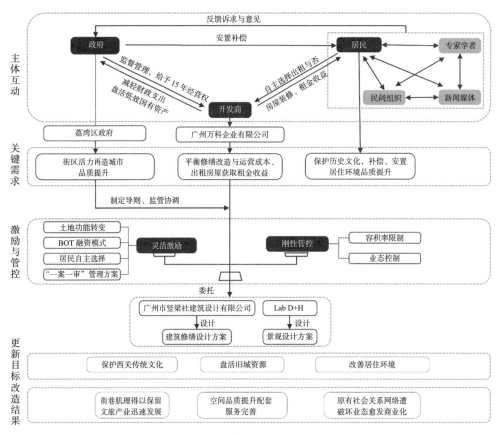

图 3-14 永庆坊微更新项目机制图

图片来源：作者自绘

从居民的角度来看，该项目改善了周边环境和服务设施，但也给生活带来诸多干扰。自 2007 年起，私房业主和公房租户在恩宁路片区危破房改造项目的拆迁中逐渐搬离，最终有 12 户居民选择留下，其中私房业主能够享有更新所带来的房屋增值[94]和生活质量的提升，但也面临生活空间商业化所带来的影响。嘈杂的商业环境对生活的干扰屡见不鲜，施工时的噪声污染、未与居民讨论规划、不准快递骑三轮车出入等问题也常见诸报道。面对商业化的环境对生活空间的干扰，私房业主可以选择将房屋出租，但公房租户却不得不与之共存。也有部分现住居民利用自住房开展具有本土文化气息的销售活动，其商品包括粤语怀旧唱片、当地特色小吃等。与进驻商户不同，现住居民无需缴纳租金和物业管理费，经营成本大大降低，其经营活动获得颇多外来游客青睐，并被认为"具有生活气息和地方特色"[95]。

永庆坊作为恩宁路微更新的试点，推动了整个恩宁路片区居民的自组织行动和公众参与。除了永庆坊微改造前爆发的居民集体抗议事件，永庆坊开业后，新快报等新闻媒体也主动介入并发布多篇报道。2017 年 2 月，恩宁路 60 户居民自主联合起来，向政府提交了建议书，对永庆坊的管理及未来恩宁路的改造提出建议。同年 5 月，恩宁路历史文化街区保护规划小组探索组织了第一场公众参与工作坊。在此过程中，居民与媒体、社会公益组织逐渐形成共同体，开始作为第三方力量出现，催化社区集体行动。为协调居民意见，永庆坊二期建立了共同缔造委员会，区更新局与开发商、设计单位等代表一起逐户上门，处理业主与租户诉求，协商讨论改造方案[96]。

综上，永庆坊项目采用 BOT 模式引入社会资本参与，解决了城市更新中资金需求量大的问题，且充分发挥了企业在管理经营方面的优势，提高了项目的整体运作效率。但在该项目中，"居民参与"并没有得到落实，前期恩宁路改造中，项目中居民的安置、补偿标准完全由政府主导制定，后期永庆坊实施过程中，政府缺少对开发商的监督，企业根据自己的需要加高建筑、改变业态经营方向等，导致留下的居民权益遭受侵害。相比之下，深圳大冲村项目中，安置与补偿交给社会资本与业主自行协商，尽管过高的补偿标准和市场逐利趋势下推高了拆迁成本和后期的物业售价，高容积率开发也给片区带来压力，但却较大程度地保障了居民的利益。综合来看，这两种方式各有利弊，均有借鉴和反思价值，深入剖析永庆坊项目效果背后的深层次原因，还需从体制机制的角度进行研究。

3.4.4　项目机制

1. 初步探索的法律机制

2015 年广州市城市更新局成立，而后开始实施新的 "1+3+N" 政策，即《广州市城市更新办法》和 3 个配套文件，在继续强调政府土地储备的前提下，城市更新政策有限度放松，更新主体可以是政府部门、单个土地权属人或多个土地权属人的联合。城市更新在内容和方式上更趋于多元化和综合化，在全面改造的基础上探索微改造方式，转变了全面改造方式下更新陷入停滞的局面[97]。同年，荔湾区政府常务会议审议通过《关于开展永庆片区微改造的请示》，永庆坊的更新方式被确定为微改造。在微改造模式下，政府退出改造主体地位，引入市场主体进行更新，避免了大规模的拆迁安置，而是在原有住区结构上修缮传统建筑，对住区进行现代化改善，更新活化产业，以渐进更新方式对建筑进行分批改造。尽管《广州办法》提出的"微改造"的模式为永庆坊改造提供了全新的思路，但由于项目建设实施仍处于政策初期探索阶段，缺乏详细的具体措施指导，导致在实际操作过程中缺乏有效管控。

2. 管控不足的规划机制

永庆坊一期项目中缺乏及时的历史保护规划约束，尽管荔湾区政府通过"两导则"为项目进行一定程度的指引，但对开发商的监督、约束力度有限，导致项目实施后产生诸多争议。永庆坊一期历史建筑的拆除、重建或修复依据街区保护规划在2016 年完成，而《恩宁路历史文化街区保护利用规划》在 2019 年 1 月才获广州市政府批准，因此改造过程中缺少总体保护规划的指引。且由于政府之前的拆迁没有结案，土地无法转性，无法办理规划许可和施工许可。基于此，为推动更新项目实施，荔湾区城市更新局提出"两导则"，以备案制代替规划许可，符合业态控制导则的商户可进行街道备案、办理经营许可 [98]，为永庆坊项目提供了可操作性的指引。但多项研究指出，由于缺乏明确的法律法规支持和有效的监督管控，导致企业权力过大，对未迁出的居民生活造成负面影响 [99]。综上，永庆坊一期改造中缺少总体规划统筹和规划经营依据，且更新改造方案大多按照开发商和设计单位的意愿确定，以致出现诸多问题，成为改造后居民和社会公众诟病之处。

3. 缺乏公众参与的互动机制

在永庆坊改造项目中，开发商成为政府的"经理人"，主导了整个项目的进程，如空间规划设计、改造施工、后期运营维护等。但与深圳大冲村案例的区别在于，企业在与政府的谈判中已经拥有了大多数房屋的经营权，因此在与地方居民谈判的过程中反而处于强势地位。诸多社会组织和媒体在前期的居民集体抗议事件中发挥了重要的沟通媒介作用，但在永庆坊项目中，因方案没有经过公示就开始动工，导致社会组织没能介入其中 [100]。一期改造仍暴露出"自上而下"的弊端，虽然赋予了居民对微改造的参与权，却没有实质性的制度安排和沟通协调平台，居民的知情权和监督权并没有得到程序上的切实保障，只能通过媒体、信访的方式表达意见，公众参与很大程度上仍流于形式。

3.4.5　项目复制

1. 新问题与改进

综合来看，该项目采用"微改造"的城市更新方式，通过建筑结构的优化、立面的翻新和少量的拆建使得街区的肌理得以保存，通过灵活的用地功能调整，将原有的居住功能转变为商业、商务功能，引入了以文化创意产业为主的新业态，使得大量历史建筑得到活化利用，片区产业得以更新，文化、经济得以复兴。项目采用了多种灵活工具，实现政府引导、企业承办、居民参与。虽然永庆坊在开放后赢得了诸多赞誉，但也因居民权益遭受侵害而存在较大争议，其争议点主要在于：

（1）公众参与机制的缺失：没有将公众参与程序化和细化，公众参与的组织无据可依，自上而下的执行流程和相对弱势的居民角色导致更新结果引发较多社会舆论争议。（2）缺少有效的刚性规范约束：虽然通过微改造修缮了居住环境，但改造过程中存在随意更改业态的行为，所注入的新产业使得永庆坊变得商业化，破坏了原本的居民生活和社区网络。这与项目在采用 BOT 模式融资时缺少有效的规范约束有关，在片区规划限制了容积率增加的情况下，企业难以平衡改造成本，为了在运营期内平衡收支并实现盈利，部分企业可能会选择更多地开展商业活动或提高服务费用，而这可能导致公共利益无法得到充分保障。

这些问题的出现为永庆坊二期项目改造提供了经验与教训，2018 年开启的二期项目从编制历史街区保护规划和构建公众参与平台两方面着手做出改进。二期项目启动前，政府主导编制了以强调历史文化保护底线为核心的《恩宁路历史文化街区保护利用规划》，明确保护对象与要求 [91]，在保护历史价值的前提下，编制了以活化利用为导向的实施方案。二期改造项目在管控的同时也采取了一些灵活性的措施：（1）实行地块内建设指标平衡，在不突破实施方案批复面积的前提下，根据实际情况实现公有产权房屋建设面积的片区转移。（2）"一事一议"为项目实施预留了弹性调整通道。因实施需要提出的合理诉求以及因客观原因导致的必要调整，经过专家会论证，不涉及指标要素内容，可对实施方案进行调整并报原审批部门同意 [101]。

公众参与方面，永庆坊二期制定了广州首个历史街区"共同缔造"委员会工作方案。2018 年永庆坊二期改造中，市 - 区 - 社区三级联动，从规划、设计、建设、运营、维护、管理多个维度引导公众参与。9 月成立首个广州历史文化街区改造公众参与平台——共同缔造委员会，由荔湾区多宝街道办事处牵头，荔湾区城市更新局及荔湾区国土规划和资源局（现更名为广州市规划和自然资源局荔湾区分局）配合，统筹荔湾区人大代表、区政协委员、规划师、居民、商户、媒体代表和专家顾问等成员共计 25 人参与，协调汇总各方意见，监督更新中的问题矛盾，开展定期走访，发动居民、业主单位等参与工作坊，探讨、协助规划、建设、更新等部门推进问题的解决 [102]。

2. 项目特殊性、意义与可复制条件

永庆坊微改造项目存在一些难以复制的特殊因素，例如政府在恩宁路规划未定之前就通过拆迁获得大量房屋。随着 2011 年《国有土地上房屋征收与补偿条例》出台，拆迁被征收取代，而用于商业、办公等经营性用途的，并不符合征收必须以公益为目的的条件，收购成本大幅提高 [103]。还有政府在项目实施过程中提供"绿色通道"、通过组织专家委员会解决问题的审批流程等。尽管这些条件在未来很可能难以复制，但该项目仍然具有一定的借鉴意义。

首先，研究该案例可帮助相关研究者和从业者跳出以容积率提升为主要手段的传统城市更新思路，考虑通过所有权与经营权的分离，出租国有历史用地给企业投资、建设、运营，引入社会资本参与，拓宽了历史街区更新的资金来源渠道，有效减轻政府财政压力同时，也充分发挥开发商在建设改造方面的专业能力。引入创意产业、商业和公共空间，盘活国有历史用地，为一般改造中只有物质空间改造，缺乏产业引导、无法维持地方活力的问题提供了解决思路。其次，研究该案例有助于提升居民和社会组织参与、影响决策的意识。在前期恩宁路改造进程中，居民通过信访表达诉求，引起了社会公众对该事件的关注，新闻媒体、社会组织的参与促使局部事件公共化，并强化了居民对历史街区文化价值等问题的认知。在此过程中，居民、社会组织与政府、设计单位等决策团体之间形成了决策施加与反馈的互动机制，共同塑造了新的规划理念与实施方案。

除此之外，永庆坊项目为类似旧城更新、历史街区更新改造中原有的邻里关系和业态如何保留、如何介入社会资本、加强公众参与以及如何保持历史街区的活力等问题提供了解决思路和反思借鉴。然而，借鉴永庆坊案例需要满足一定的条件：（1）当项目地块具有历史文化保护价值，难以通过增容覆盖改造成本时，可借鉴永庆坊案例，采取微改造方式引导企业参与。（2）当项目区位条件较好且存在明显的"租差"，具有一定的商业升值空间时，可借鉴永庆坊案例。永庆坊位于热点旅游景区，周边有小学和博物馆，人流密集，其丰富的历史文化遗产和资源可以有效变现，打造出附加值较高的文化经济产品。也因此，该项目能够得以引入社会资本参与运营。

3. 借鉴策略与未来思路

1）借鉴策略

永庆坊项目作为广州"微改造"模式的试点项目，采用政企合作的方式，通过灵活的融资模式、用地性质调整和运营管理模式，修复了破败的城市环境，提升了公共服务水平，在高地价、高风险的地块实现了城市修补。但同时，项目也因为缺少居民参与、规划实施没有合法合规的程序等问题产生较大争议，并引发了关于历史街区改造如何保留原有社区的邻里关系、在引入资本的同时维持街区活力的问题思考。

当城市更新项目历史文化价值较高或建筑质量良好，没有必要拆除重建时，可参考广州"微改造"模式，通过局部拆建、保留修缮、完善基础设施等方式对建筑进行保护、合理的功能置换和活化利用，让历史街区、老旧小区等散发新的活力。永庆坊"微改造"案例中可借鉴的内容包括：（1）投融资模式方面，当城市更新项目难以通过政府财政支持或建筑增量提升实现资金平衡时，可采用 BOT 模式引导企业介入进行建设运营，自负盈亏。通过在一定运营期内使用权和经营权的转移，盘活存量资源，帮助政府缓解资金压力、降低开发风险的同时，为社区带来成熟的管理经验。但是借鉴该模式需要平衡好开发商的利益，并制定有力度的政策法规来约束开发商的行为，否则可能会因为政府将经营权转移，导致居民、公共利益缺乏保障。（2）用地功能调整方面，更新范围内若涉及较多历史建筑更新，可参考永庆坊的建筑功能变更，鼓励以收购、产权置换等方式对历史建筑进行合理利用和用途变更，更新低端业态，盘活低效存量用地。同时进行全周期的管理与监督，对业态做好约束管控，防止市场逐利导致空间过度商业化，破坏街区原有的历史文化底蕴和生活气息。（3）历史建筑消防方面，建筑耐火等级低、防火间距不足、消防车道狭窄等一直是困扰城市老旧小区改造的重点问题。未来的历史建筑消防设计可参考永庆坊二期项目的设计和审批经验，统筹编制合理利用总体方案、分类开展消防设计、建立正负面清单、强化消防专项评估[104]，以破解活化利用的消防难题。

　　微改造模式愈发成为历史街区改造与活化利用的重要方式，相对于大规模拆除重建来说，该模式下的物质文化空间和片区肌理可以得到很好的保留，这一点可以对比上海建业里改造案例来看。建业里最初建造于 20 世纪 30 年代，位于上海建国西路和岳阳路，是上海市中心最大的石库门里弄建筑群。建业里房屋产权归上海徐房集团所有，2008 年徐房集团计划改造建业里，恢复原始石库门景观，作酒店式公寓及商业用途。后期实际改造中，原本以保护修缮为主的改造转变成大拆大建，仅有西弄被保留下来，原有的东弄、中弄被全部推倒重建，尽管复制了原有建筑外观，但内部结构已更换为钢筋混凝土结构[105]，被称为新建的"假古董"。改造后的建业里居住环境品质大幅提升，从里弄街区转变为服务于少数高收入群体的豪宅居住区，邻里关系和生活方式被彻底改变。原里弄居住了 3000 多人，改造后大约仅可容纳 90 户人家，居住人口将变为原来的约十分之一[106]，大量居民的迁出也使得里弄原有的弄堂生活和社会关系网络几乎消失。

　　2）未来思路

　　尽管微改造模式在建筑修缮、空间肌理保留方面具有显著优势，但在实践操作过程中仍面临财政资金困境以及如何保留原有社会网络关系、维持街区活力等问题。（1）资金方面，目前微改造模式往往以政府出资为主进行建设，市场难以找到盈利渠道。这种方式不仅给财政资金带来巨大压力，同时也降低了改造的可持续性；（2）社会关系网络方面，微更新模式虽然遵循"修旧如旧，建新如故"的原则，但其关注点往往聚焦于建筑空间的文化特色保留，而忽视了街区原居民对地方文化建构所起的重要作用，忽略了原有社会网络关系保留在文化传承中的必要性。虽然永庆坊采用微改造的方式对街区建筑进行了精细化的修葺与保护，与建业里的拆除重建模式有一定区别，但其原有社会网络关系也仍然遭到了较大程度的破坏，且更新后的商业氛围掩盖了居住原始生活状态，并对居民生活空间产生排斥现象。大量居民的迁出破坏了街区的原真性，基于地缘关系的社交网络逐步瓦解，使得街区成为缺乏特色生机与活力的空壳。

因此，未来的历史街区改造需要从以下两大策略入手：

（1）拓展融资渠道，降低投资风险。积极采用 PPP、EPC+O①、BOT 等新型融资模式，针对不同的项目类型制定灵活的投融资组合模式，建立社会资本与项目的政策激励与分项分担机制。在国企平台发展较好的地区，可利用平台公司国企资信背书，筹划更新项目融资模式，但同时应注意严防新增政府隐性债务。在市场经济活跃、国企平台作用不足的地区，可激励民营企业参与、延长特许经营权，建立使用者付费机制，明确各自权责、建立收益风险分担机制，在反对大拆大建的背景下，探索合理有效的融资解决方案。引入社会资本时应当加大管控力度，建立明确、权威的法律规范体系，避免企业为了追求运营期限内的高额利润做出与历史文化保护、公众利益相违背的行动，以确保公共利益。同时，考虑适当增加奖励机制，保障开发商平衡商业利益。以 BOT 模式为例，可以有多种方式：加长企业的免租期；承担部分基础设施建设费用；在用地完全为公益性质，企业获利甚小的前提下，可以与其他建设用地捆绑一起招标，让开发商达到利益的平衡。

（2）探索居民自主更新路径，保留原有社会关系网络。历史街区作为城市传统文化的载体，并非是简单的由建筑要素和街道所组成的物质空间环境，更重要的是生活在其中的人。政府主导的土地储备思路和市场主导的逐利导向往往伴随着大量原居民的迁出，居民自主参与更新的积极性也难以得到调动。为了维护原有社会关系网络，可尝试借鉴我国绍兴仓桥直街、台北大稻埕迪化街更新项目与居民合作进行更新的思路。仓桥直街采用政府与居民合作改造的方式，私房住户出资 45%，政府出 55%，公房住户改造经费由政府全额负担，基础设施也由政府负责[107]。最终80% 的居民回迁[108]，解决危房问题的同时也保留了原有的社会关系网络。迪化街在台北"都市再生前进基地"②政策的推动下，台北市、民间团队和当地居民建立了

---

① EPC（Engineering Procurement Construction）总承包框架又称设计、施工、采购一体化模式，EPC+O（EPC+Operation）表示总承包商除了在建设期内要承担传统意义上的设计任务以外，还要包揽在运营期内的所有维护任务。

② 都市再生前进基地，Urban Regeneration Station，简称 URS 计划，是台北市于 2010 年起推动的一项公私合作推进城市更新的实验性计划。

长期的合作关系，并通过引入容积率转移机制，使开发重点转移到非历史街区基地，以较为完整的形态保留了迪化街历史街区[109]。居民可以选择继续居住，也可以去其他地方居住（房屋归台北市所有）。对于容积率转移后的房屋，在对房屋进行保护修缮及活化利用前提下[110]，免费提供给青年人作为文创产业或文化活动场所。未来的街区更新可借鉴这两个案例的经验，结合容积率转移制度，制定规则和技术指导，为居民自主参与更新改造提供路径，同时实施有效的监督管控，确保居民在符合规范的基础上完成自主更新。在保留原有部分传统产业的前提下引入创意产业，在满足居民经济要求的同时减轻被迫搬迁的压力，为解决文化保护与经济发展之间的矛盾提供可行的实施路径，实现有活力的城市更新。

3.5　上海城市更新制度

3.5.1　发展背景与重点矛盾转变

1. 上海制度创新背景

实行改革开放后，上海的城市功能定位由单一的生产中心向复合的经济中心转变，产业结构向重点发展服务业转变，城市更新类型随之从"旧区改造""城中村改造"向"工业用地转型"发展，近年来更突出"有机更新"理念对综合性更新领域的指导。国务院于 2017 年 12 月批复《上海市城市总体规划（2017—2035 年）》，确立了"国家历史文化名城，国际经济、金融、贸易、航运、科技创新中心"的目标定位，上海在新时期的城市战略地位不断增强。而总体规划中提出的"卓越的全球城市"总体目标，和推动城市高质量发展与创造高品质生活，已经成为上海今后工作的首要任务，城市更新是实现上述目标的主要路径。

上海在经历了快速城市化进程之后，用地规模逼近资源环境极限，工业用地利用低效粗放，旧区改造任务十分艰巨。《上海市城市总体规划（2017—2035 年）》要求将建设用地总量控制在 3200km^2 以内；而早在 2015 年，上海建设用地规模已突破 3145km^2，约占全市陆域面积的 45%，逼近现有资源环境承载力的极限[113]。作为老工业基地，工业为上海发展做出巨大贡献，但工业用地比重偏大、使用粗放、效率低下等问题日益凸显，很大程度上制约了城市发展。同时，虽然经历多次的住房改善行动，上海的住宅建设仍存在住房供给日益紧缺、房价持续上升、居住环境不尽完善等问题①，阻碍着城市的可持续发展[111]。在资源紧约束的发展背景下，上海亟须

---

① 2004 年，上海城镇居民人均住房建筑面积 29.4m^2，2016 年增加到 36.1m^2，有所改善但仍未达到全国人均水平（36.6m^2），与全球城市（40m^2）目标则差距更大。

从困境突围，总量锁定、存量优化的有机更新理念和注重提质增效的"逆生长"模式也成为上海城市发展的新要求、新方向和新常态。

2. 上海城市更新历程

上海的城市更新伴随着城市的发展一直不断地进行，大致经历了四个阶段。

1）按计划执行更新时期（1949—1978年）

新中国成立之后，计划经济占据主导地位，上海通过编制城市总体规划和经济发展计划分别提出城市更新的工作内容。上海于1953年编制的《上海总图规划》和1959年编制的《上海市总体规划》提出逐步改造旧市区，严格控制近郊工业区，有计划地发展卫星城镇[112]。1963年上海市"三五"计划又提出住宅、道路、市政设施多个城市更新的工作重点。这一时期的更新方式是通过强制性行政命令达成的，虽未面临当前诸如利益冲突、拆迁补偿等常见问题[3]，但没有建立更新制度，实施缺乏保障，在政府财政紧张的情况下真正得以实施的更新项目并不多，且多为重点的城市公共活动中心，遗留了大量亟待改善的社会住宅项目。

2）住房改善和城市功能重构期（1979—1999年）

1978年全国城市住宅建设会议之后，上海提出住宅与城市、新区与旧城、新建与改造相结合，通过城市更新来解决人均住房面积小、环境质量差等问题。在"相对集中，成片改造"的原则下，开启了为期近20年的住房改善运动。这一时期政府通过引入市场力量、设定年度改造计划，以及放权基层等方法快速推动城市改造。如1987年，上海出台《上海市土地使用权有偿转让办法》，为引入社会资本参与旧改工作提供制度依据；1991年提出"365棚改计划"，极短时间内对全市范围的"危棚简屋"进行拆除重建[113]；1993年，上海发布《关于同意市建委〈关于简政放权、完善土地批租两级管理的请示〉》，赋予区县保留批租土地所得的权利，极大地调动了地方政府参与旧改的积极性。这一时期，政府主导、市场参与的模式①基本形成，众多大拆大建项目上马。住房改造之外，这一时期上海中心城区的大量工业用地腾退与功能转变也成为更新的重点内容。1986年，上海发布《上海市城市总体规划方案》，指出上海应从改革开放前以工业为单一功能的内向型生产中心城市向多功能的外向型经济中心城市发展[112]，首次提出了功能重构的需求。在这一方案的引导下，城市中心的职能由单一行政职能向兼具商业、文化、休闲的综合职能转变，因此中心城区的大量历史遗留工业区为植入新功能提供了必需的土地和空间资源，其改造也成为必然趋势和工作重心。这些遗留的工业企业多数归国有，拆迁安置相对容易，

---

① 这一时期，政府负责拆迁安置、产权收拢、土地一级开发、评估出让等工作，开发商负责重建、销售盈利。

但由于缺乏合理的工人安置保障，也产生诸如 20 世纪 90 年代工人下岗潮及相应的大量失业、再就业不公、社会不安定等问题[3]。

3）狭义旧改向综合城市更新过渡期（2000—2013 年）

大拆大建的改造方式带来了很多城市风貌破坏和社会问题，在反思过往问题的基础上，2000 年以后，上海城市更新工作开始注重城市规划的引导作用，更新理念和更新方式也得到转变，旧区改造高度重视历史文化保护。2000 年，上海编制完成《上海城市总体规划（1999—2020 年）》，也对上海中心城区完成控规编制全覆盖，城市规划特别是控规成为城市更新工作的重要依据和指导。2002 年，上海吸取"365 棚改计划"的经验教训，开启了新一轮旧改，提出"拆、改、留、修"四类更新方式：要求对结构简陋、环境较差的旧里弄拆除重建；对一些结构尚好、功能不全的房屋进行改善性改造；对具有历史文化价值的街区、建筑及花园住宅、新式里弄等加以保留；对物质空间部分破损的进行修复[114]。2003 年，《上海市历史文化风貌区和优秀历史建筑保护条例》施行，政府层面的历史保护思路正式转变，且体现出对历史文化风貌保护前所未有的重视[3]。2009 年，上海出台《关于进一步推进本市旧区改造工作的若干意见》，提出"零星改造"与成片改造相结合的工作思路，并提出扩大旧区改造事前征询制度试点，充分听取群众意见。这一时期上海的城市更新工作思路在拆建理念、历史保护、公众意见等多个方面产生了重大变化，实现从狭义"旧改"逐步向综合城市更新的过渡转变。

4）城市更新制度体系建设期（2014 年至今）

2014 年上海第六次规划土地工作会议提出，建设用地规模要实现负增长，通过土地利用方式转变来倒逼城市转型发展，更加注重品质和活力的"逆生长"发展模式等理念被提出[116]。上海较早的城市更新被称为工业区改造、城中村改造和旧城改造，如 2014 年上海推出《关于本市盘活存量工业用地的实施办法（试行）》，开始试行存量工业用地盘活的更新专项政策，鼓励原物业主体实施更新。正式提出城市更新是在 2015 年，上海发布《上海市城市更新实施办法》以及《上海市城市更新规划土地实施细则（试行）》《上海市城市更新规划管理操作规程》等相关配套文件，涉及规划、土地、建管、权籍等规划土地管理的各个方面，为全面开展城市更新项目打下了坚实的基础[117]。至此，上海市的城市更新专项制度体系初步建成。政策文件发布的同时，上海也在实践方面开展了新一轮探索。2015 年，全市开始推动城市更新试点项目。此外，2017 年发布的《上海市城市总体规划（2017—2035 年）》提出中心城区由"拆改留"转向"留改拆"，且更加关注城市功能与空间品质、历史传承和魅力塑造[3]。2021 年，上海出台《上海市城市更新条例》，将城市更新上升到立法保护的高度，并相继出台了《上海市城市更新指引》和重要的配套文件《上海市城市更新操作规程（试行）》。上海城市更新制度的建设正在不断建立和完善中，且已成为推动人居环境综合发展的重要政策工具。

综上所述，上海在建国之后便开始了有计划的城市更新，虽有城市规划或国民经济发展计划，但却一直缺少常态化的机制保障。直至 2000 年，上海开始全面转变思路，探求通过城市更新制度建设综合提升城市环境水平、促进历史文化保护，更加注重城市品质。在城市更新的演进历程中，更新主体从政府专责逐步转向政府、市场、公众多元共治，更新思路从成片开发转向零星改造与区域成片更新相结合，更新方式从大拆大建转向因地制宜的"留改拆"并举，更新目标从服从计划、增加住房供给、重构城市功能、提高土地集约利用转向促进城市全面发展的目标体系，制度建设则以《关于盘活本市存量工业用地的实施办法》和《上海市城市更新实施办法》为基础，不断拓展形成政策体系并逐步精细化、增强可实施性。

3.5.2 法律法规政策的变化和特点

1. 上海城市更新政策体系

在颁布《上海市城市更新实施办法》之前，上海已针对亟待解决的工业转型、旧区改造等问题，颁布了诸如《关于本市盘活存量工业用地的实施办法（试行）》（2014）等政策文件，只是内容处在时松时紧的变化中，未形成体系化的政策建构[114]。2015 年，上海正式颁布了《上海市城市更新实施办法》，并出台了一系列配套文件，城市更新工作得到系统化的规范。2021 年上海出台《上海市城市更新条例》，更是强化了城市更新的制度体系建设。

2014 年至今，上海城市更新建设工作逐步明确了法制化、常态化的思路，形成具有地方特色的政策体系。结合政策文件的发布时间和内容关联，可将上海的政策体系归纳为"1+N"体系，"1"指的是《上海市城市更新实施办法》（简称《上海办法》），后更新为《上海市城市更新条例》（简称《上海条例》），"N"指的是一系列的配套细则、专项政策及技术细则（表 3-11）。值得注意的是，不论是《上海办法》抑或是《上海条例》适用范围都有限，主要是针对物业权利人自主发起以及政府引导推动的城市更新类型，其他经市政府认定的旧工业用地、旧区、城中村等更新改造仍按原有政策，如《关于进一步推进本市旧区改造工作的若干意见》《关于本市盘活存量工业用地的实施办法》《关于上海市开展"城中村"地块改造的实施意见》等政策的要求执行。

表 3-11　上海城市更新政策文件

政策层级	政策类别	上海现行城市更新相关政策
核心政策		《上海市城市更新条例》（2021） 《上海市城市更新实施办法》（2015）
配套细则	基础性文件	《上海市城市更新指引》（2022） 《上海市城乡规划条例》（2010） 《上海市土地储备办法实施细则》（2004） 《上海市国有土地上房屋征收与补偿实施细则》（2011） 《关于在本市开展政府购买旧区改造服务试点的意见》（2016） 《上海市城市更新规划土地实施细则》（2017） 《关于进一步提高本市土地节约集约利用水平的若干意见》（2014）
专项政策	产业类	《关于本市盘活存量工业用地的实施办法》（2016） 《本市低效产业用地处置工作的实施意见》（2019） 《关于上海市推进产业用地高质量利用的实施细则（2020 版）》（2020） 《关于鼓励本市国有企业集团利用存量工业用地建设保障性住房的若干意见》（2010） 《上海市加快推进具有全球影响力科技创新中心建设的 规划土地政策实施办法（试行）》（2015）
	历史风貌类	《关于深化城市有机更新促进历史风貌保护工作的若干意见》（2017）
	居住类	《关于进一步推进本市旧区改造工作的若干意见》（2009） 《上海市旧住房拆除重建项目实施管理办法》（2018） 《关于本市开展"城中村"地块改造的实施意见》（2014） 《关于坚持留改拆并举深化城市有机更新进一步 改善市民群众居住条件的若干意见》（2017） 《关于进一步做好本市既有多层住宅加装电梯工作的若干意见》（2019）
	其他类	《关于加快培育和发展本市住房租赁市场的规划土地管理细则（试行）》（2017） 《促进和规范利用存量资源加大养老服务设施供给的工作指引》（2019）
技术细则	—	《上海市城市更新操作规程（试行）》（2022） 《上海市城市更新规划管理操作规程》（2015） 《上海市各类里弄房屋修缮改造技术导则》（2017）

资料来源：作者整理自参考文献 [117] 和上海市某区规划资源局规划管理科负责人的访谈文件

　　此外，在政策体系的实际执行过程中，政府规划工作者更倾向于将现行的政策文件按不同用地性质进行分类，形成包括基础性文件和产业类、历史风貌类、居住类、其他类文件，作为指导工具。其中基础性文件是重要的工作抓手和依据，包括：推进城市更新工作的重要法律依据《上海市城市更新条例》，更新过程中涉及控规调整的重要依据《上海市城乡规划条例》，以及涉及土地储备及房屋征收细节等的依据《土地储备办法实施细则》和《国有土地上房屋征收与补偿实施细则》等文件。商业商办类项目主要依据《上海市城市更新实施办法》和《上海市城市更新规划土地实施细则》，明确了权利人如何通过贡献公益性功能获得经营性面积及具体的换算标准。居住类城市更新是非常复杂的问题，上海一般采取分类管理，诸如城中村、二级旧里、非成套住宅等都有相应的政策可供查阅；此外，还有一些其他类型的城市更新，比如如何使工业用地转 2.5[①] 性质，如何做养老服务设施配套完善或使租赁住房合规等，都有相应文件作为指导工具。

2. 上海城市更新的核心政策演进——从《办法》到《条例》

上海的城市更新核心政策演进过程可分为以项目试点探索更新路径的政策探索期和制度与试点并行的政策规范期，即与政策体系同步推进的还包括上海的城市更新试点实践。2015 年，上海开始全市推动城市更新试点项目，2016 年推出"12+X"四大更新行动计划，2017 年陆续启动"缤纷社区"试点，9 类 49 个项目的"微更新"实践，以及试行"社区规划师制度"等，不断探索"自上而下"和"自下而上"相结合的多种城市更新实践模式 [3]。

虽然上海的城市更新实践形成了自身特色，但在以往的项目实践过程中，往往会遇到更新政策不全、更新机制不完善以及更新工作因无立法支持而难以推进等问题。因此，上海于 2020 年开始起草并于 2021 年正式发布《上海市城市更新条例》，为城市更新工作提供最新且有法律保障的指导和支撑。更新条例主要内容包含明晰工作机制、强化源头引领、突出区域统筹、实施多样化保障措施、破解更新难点问题、确立全方位监督管理体系以及发挥浦东引领作用等 [119]。2015 年出台的《上海办法》是最具有纲领性的文件，长期作为上海城市更新工作的指导依据，而《上海条例》的出台将城市更新工作上升到了立法高度，这一变化引发了各界讨论。下文通过对《上海办法》与《上海条例》中的关键点进行对比分析，剖析上海城市更新的最新政策导向及特点。

1）目标原则升级

《上海办法》中城市更新更注重存量用地的节约集约利用，与当时提倡的"逆生长"理念相契合。《上海条例》更突显"以人为本"的理念，在城市精神品格、城市能级、高品质生活、历史文脉、城市竞争力以及城市软实力的提升等方面，相较《上海办法》更加契合未来上海城市总体发展趋势和发展要求，导向更加明确、目标更加聚焦（表 3-12）。

《上海办法》的基本原则是"规划引领、有序推进，注重品质、公共优先，多方参与、共建共享"，缺乏对更新方式的分类指引，也未明确更新主体的构成。《上海条例》在基本原则中提出要坚持"留改拆"并举、以保留保护为主，也更强调对于

[①] 2.5 产业是指介于第二和第三产业之间的中间产业，既有服务、贸易、结算等第三产业管理中心的职能，又兼备独特的研发中心、核心技术产品的生产中心和现代物流运行服务等第二产业运营的职能。2.5 产业是工业化发展到一定阶段后经济增长的动力源，是经济社会现代化的表现 [118]。

城市历史风貌和历史建筑的保护保留。在如何推进更新方面，相较《上海办法》概括性的"有序推进"，《上海条例》明确提出要区域整体发展、规划总控的导向。

表 3-12　《上海办法》与《上海条例》的目标原则对比

	2015 年《上海办法》	2021 年《上海条例》
目的	适应城市资源环境紧约束下内涵增长、创新发展的要求，进一步节约集约利用存量土地，实现提升城市功能、激发都市活力、改善人居环境、增强城市魅力	践行"人民城市"重要理念，弘扬城市精神品格，推动城市更新，提升城市能级，创造高品质生活，传承历史文脉，提高城市竞争力、提升城市软实力，建设具有世界影响力的社会主义现代化国际大都市
基本原则	遵循规划引领、有序推进，注重品质、公共优先，多方参与、共建共享的原则	坚持"留改拆"并举、以保留保护为主，遵循规划引领、成片推进，政府推动、市场运作，数据赋能、绿色低碳，民生优先、共建共享的原则

资料来源：作者整理自政策文件

2）工作机制更加明晰

《上海办法》的组织构架是市政府及市相关管理部门组成城市更新工作领导小组，市规划国土资源主管部门负责协调全市城市更新的日常管理工作，区县政府是推进本行政区城市更新工作的主体。《上海条例》的组织构架则将各层级的职责进行拆分，分为政府职责、部门职责、区和街道职责。其中部门职责更是分别对不同部门的职责进行了更为细致的界定（表 3-13）。同时，设立城市更新中心，作为全市统一的旧区改造功能性平台，具体推进旧区改造、旧住房改造、城中村改造，以及其他城市更新项目的实施，具体职能由功能性国企（上海地产集团的全资子公司——上海城市更新建设发展有限公司）承担。为充分发挥城市更新中心的作用，上海市住房和城乡建设管理委员会、发展和改革委员会、财政局、规划资源局和房屋管理局等部门将为中心赋权赋能，保障更新工作有力有序推进[119]。此外，设立城市更新专家委员会，开展城市更新有关活动的评审、论证及提供咨询意见等工作。可以看出，《上海办法》中的职责分工较为笼统，政策的可实施性不强。《上海条例》细分且细化了市、区各政府部门及专家的职责分工，体现出未来参与上海城市更新工作的管理部门范围更广，专家专业力量更加综合，有助于多方合力，共同促进高质量城市更新[119]。

表 3-13　《上海办法》与《上海条例》的工作机制对比

部门职责	2015 年《上海办法》	2021 年《上海条例》
市政府	负责领导全市城市更新工作，对全市城市更新工作涉及的重大事项进行决策。办公室设在市规划国土资源主管部门	建立城市更新协调推进机制，统筹、协调全市城市更新工作，并研究、审议重大事项。办公室设在市住房城乡建设管理部门

部门职责	2015 年《上海办法》	2021 年《上海条例》
规划资源部门	负责协调全市城市更新的日常管理工作，依法制定城市更新规划土地实施细则，编制相关技术和管理规范，推进实施	组织编制城市更新指引，推进产业、商业商办、市政基础设施和公共服务设施等城市更新相关工作，承担城市更新有关规划、土地管理职责
住房城乡建设管理部门	—	推进旧区改造、旧住房更新、"城中村"改造等城市更新相关工作，承担城市更新项目的建设管理职责
经济信息化部门	—	根据本市产业发展布局，组织、协调、指导重点产业发展区域的城市更新相关工作
商务部门	—	根据本市商业发展规划，协调、指导重点商业商办设施的城市更新相关工作
其他部门	—	发展改革、房屋管理、交通、生态环境、绿化市容、水务、文化旅游、应急管理、民防、财政、科技、民政等其他有关部门在各自职责范围内，协同开展城市更新相关工作
区政府	推进本行政区城市更新工作的主体。指定相应部门作为组织实施机构，具体负责组织、协调、督促和管理城市更新工作	含市政府派出机构的特定地区管理委员会，推进本辖区城市更新工作的主体，负责组织、协调和管理辖区内城市更新工作
城市更新中心	—	参与相关规划编制、政策制定、旧区改造、旧住房更新、产业转型以及承担市、区人民政府确定的其他城市更新相关工作
专家委员会	—	开展城市更新有关活动的评审、论证等工作，并为市、区政府的决策提供咨询意见
统一信息平台	—	建立全市统一的城市更新信息系统，通过信息系统向社会公布相关文件、方案、标准等。依托信息系统，为城市更新项目的实施和全生命周期管理提供服务保障

资料来源：作者整理自政策文件

3）更新体系更加完善

《上海办法》中涉及的实际工作内容主要为开展城市更新区域评估和编制实施计划。其中区域评估包含地区评估和划定城市更新单元[①]，实施计划包括明确具体项目、制定建设方案、确定实施要求等，但并未明确开展评估和编制实施计划的主体是谁，不利于具体落实。《上海条例》则根据完善各层级规划、计划工作的具体工作内容，明确由市级层面编制城市更新指引、区政府和相关管委会编制更新行动计划、物业权利人或统筹主体提出更新建议并编制项目更新方案，层级更加清楚，实施主

---

① 上海的城市更新单元，指的是按照公共要素配置要求和相关关系，划定出的建成区中由区县政府认定的现状情况较差、改善需求迫切、近期有条件实施建设的地区。

体更加明确，工作内容更加清晰（表 3-14）。相较于《上海办法》，《上海条例》进一步明确了城市更新的发起步骤与发起内容，即在开展行动计划前增加了城市更新指引的环节，且明确指引需符合国民经济与社会发展规划及国土空间总体规划等较控制性详细规划层级更高的宏观规划，以及计划相关标准和要求，为城市更新提供了更上层的指导依据。此外，《上海条例》对工作内容的要求更加明确，如更新区域的界定，包括居住环境差、市政基础设施和公共服务设施薄弱、存在重大安全隐患、历史风貌整体提升需求强烈以及现有土地用途、建筑物使用功能、产业结构不适应经济社会发展等内容；而《上海办法》中仅要求按公共要素配置要求和相互关系，对相关地区划定更新单元。两者虽内容相似，但存在核心差异，《上海条例》立足于城市，《上海办法》立足于社区，前者考虑的维度更多元。总体而言，《上海条例》较《上海办法》将职责更加明确地落实到负责部门或个体，且更新体系的层级更清晰、内容更明确，对城市更新工作的实施具有更强的指导意义。

表 3-14 《上海办法》与《上海条例》的内容差别

	管理制度	具体内容	编制主体	审批主体
2015 年《上海办法》	区域评估	确定地区更新需求，主要包括两项内容：一是进行地区评估。按照控制性详细规划，统筹城市发展和公众意愿，明确更新目标，重点细化公共要素的配置要求。二是划定更新单元。按公共要素配置要求和相互关系，划定城市更新单元	市、区县规划土地管理部门	区县人民政府
	实施计划	具体安排各项建设内容，主要包括两项内容：一是明确城市更新单元内的具体项目，制定更新单元的建设方案。二是确定建设方案的实施要求，明晰单元的更新主体、权利义务和推进要求	市、区县规划土地管理部门、物业权利人	区县人民政府
	全生命周期管理	以土地合同的方式，约定更新权利义务、物业持有、权益变更、改造方式、建设计划、运营管理等要求，进行全过程管理	市、区县规划土地管理部门	—
2021 年《上海条例》	城市更新指引	明确城市更新的指导思想、总体目标、重点任务、实施策略、保障措施等内容	市规划资源部门	市人民政府
	更新行动计划	明确区域范围、目标定位、更新内容、统筹主体要求、时序安排、政策措施等	区人民政府	市人民政府
	城市更新实施方案（更新区域项目）	主要包括规划实施方案、项目组合开发、土地供应方案、资金统筹以及市政基础设施、公共服务设施建设、管理、运营要求等内容	统筹主体	区人民政府或者市规划资源部门
	城市更新实施方案（零星更新项目）	主要包括规划实施方案和市政基础设施、公共服务设施建设、管理、运营要求等内容	物业权利人	

	管理制度	具体内容	编制主体	审批主体
2021 年《上海条例》	全生命周期管理	将城市更新项目的公共要素供给、产业绩效、环保节能、房地产转让、土地退出等要求纳入土地使用权出让合同，并将这些管理要求与履行情况纳入城市更新信息系统进行共享、协同监管	市、区县规划土地管理部门	—

资料来源：作者整理自政策文件

4）更新主体更加多元

《上海办法》中提出"区县政府是推进本行政区域城市更新工作的主体"，明确了其拥有城市更新实施的主导权。过去上海完成的城市更新，从项目计划、启动到实施的全过程大多数由政府主导，其成绩是显著的，也确实带动了城市整体有序发展[114]；但更新工作均落在政府肩上，任务重、压力大，推进速度相对广州、深圳等地较慢。《上海条例》则扩大了更新主体的范围，将其归纳为三类主体——市、区政府通过遴选机制选出或指定的更新统筹主体、物业权利人本身、物业权利人与市场主体通过合作方式形成的主体。其中，更新统筹主体遴选机制由市人民政府另行制定，即市场主体通过公开招标、竞争性谈判等方式遴选，选择满足开发资质且具有突出更新能力、融资实力和运营经验的企业，包括国有企业和私营企业。进而提出"物业权利人可以通过协议方式，将房地产权益转让给市场主体，由该市场主体依法办理存量补地价和相关不动产登记手续"，这就为解决城市更新中的权利主体认定壁垒问题打下了良好的基础，减轻了政府压力，也能够更加充分调动物业权利人的更新动力和市场力量参与更新的意愿。

5）可实施性更强

城市更新是一项综合性的系统工程，更加强调实施性和可落地性[120]。《上海办法》中通过规划政策和土地政策对城市更新过程中涉及的具体实施操作进行分项指引，而《上海条例》则对城市更新活动提出了更为详细的要求，并提出了实施保障、监督管理的相关规定，以及浦东新区城市更新特别规定等。如提出建立更新项目质量和安全管理制度，以及在财政政策中提出鼓励通过发行地方政府债券等方式筹集改造资金等，相较《上海办法》有更多有助于项目实际推动的条文，可实施性更强。在《上海条例》之后颁布的《上海市城市更新指引》（简称《上海指引》）更是进一步健全了区域更新和零星更新两种更新类型的实施细则，并从规划、用地、标准、资金、金融等方面完善了实施保障措施，提高了《上海办法》和《上海条例》等纲领性政策文件的可落地性，也加强了指导性。

3.5.3　上海城市更新政策中的弹性机制

1. 鼓励自主更新及多主体实施更新

"产权"是决定城市更新实践可否推进的首要因素之一，上海的城市更新实践多为原产权人发起的自主更新或原产权人委托市场主体共同参与的更新行为，涉及的产权问题相对简单，难度在于涉及多个原产权所有的情况，如何达成各方对更新方向等的一致同意，以及如何规避原产权人通过更新项目牟取私利的行为。

《上海办法》和《上海市城市更新规划土地实施细则》(简称《上海实施细则》)中均明确了城市更新项目主体包括物业权利人、政府指定的具体部门，以及其他有利于城市更新项目实施的主体。《上海条例》在既有物业权利人的基础上，创新性地提出"统筹主体"，并赋予其参与规划编制、更新方案编制、配合土地供应等多项职能。《上海条例》提出，更新区域内的城市更新活动，由统筹主体开展，统筹主体由市、区政府通过遴选机制选出或指定。零星更新项目可以由有更新意愿的物业权利人实施。由物业权利人实施的城市更新活动，应当在统筹主体的统筹组织下进行，物业权利人也可以采取与市场主体合作的方式开展更新活动。而《上海指引》中将统筹主体的遴选对象从此前的市场主体，扩展为物业权利人和市场主体，进一步鼓励物业权利人参与城市更新。此外，《上海指引》中引入了实施主体的概念，并明确了统筹主体与实施主体的关系。提出区域更新中各项目的实施主体由统筹主体在区域更新方案中明确，实施主体也可以是统筹主体；零星更新的实施主体则由申请人在项目更新方案中明确。

结合上海近年的更新项目实践，并考虑到上海城市更新中心设立在国有企业上海地产集团内，有学者提出，上海城市更新模式中，更新统筹主体将担任至关重要的角色，其社会责任大于盈利需求，因此猜测统筹主体很可能是国有性质的企业，特别是承担政府功能保障的平台公司[121]。此外，《上海条例》指出，国有企业土地权利人应带头实施自主更新，积极向市场释放存量土地，促进资产盘活。不论是零星项目的物业权利人自主更新、市场主体参与更新、国有企业带头自主更新，还是统筹主体统筹更新，都体现出上海在更新主体方面的制度创新，一定程度上扩大了各方利益博弈的空间，提高了多主体参与实施城市更新的积极性。

此外，为减少原物业权利人通过更新项目进行物业建设和买卖以获取私利的行为，《上海实施细则》中对物业持有作了明确要求，如"规划用途为商业办公用地，一般地区的商业物业持有比例不低于80%，办公物业不低于40%，且持有年限不低于10年。出让人应将持有比例和年限载入土地出让合同中，并在出让合同约定的可售部分以层为单元进行销售"。

2. 允许土地协议出让突破开发权制约

城市更新的有效推动与土地供应政策的支撑密不可分。《上海条例》中提出："根据城市更新地块具体情况，供应土地可采用招标、拍卖、挂牌、协议出让以及划拨等方式。按照法律规定，没有条件，不能采取招标、拍卖、挂牌方式的，经市人民政府同意，可以采取协议出让方式供应土地。"这一规定突破了既往市场运作中更新主体只能通过招拍挂形式获取土地开发权的制约，增加了土地供应制度的灵活性，有助于激发市场主体参与更新活动的积极性。此外，《上海条例》中也提出，经市人民政府同意，符合条件的市场主体可以归集除优秀历史建筑、花园住宅以外的公有房屋承租权，实施城市更新，并且鼓励更新统筹主体通过协议转让、物业置换等方式，取得存量产业用地。

3. 灵活的地块边界调整与产权年限

地块产权边界的调整、产权年限的设定和变更等规定会影响城市更新项目实施的市场吸引力、更新模式等。《上海办法》中规定："在同一街坊内，对符合相关要求的地块可进行拆分合并等地块边界调整。"《上海实施细则》中也明确提出4种调整情形，包括：（1）更新地块与周边的"边角地""夹心地""插花地"等无法单独使用的土地合并，所引起的地块扩大；（2）相邻地块合并为一幅地块；（3）一幅地块拆分为多幅地块；（4）在保证公共要素用地或建筑面积不减少前提下，对规划各级公共服务设施、公共绿地和广场用地的位置进行调整。《上海条例》中更是进一步提出"对不具备独立开发条件的零星土地，可以通过扩大用地方式予以整体利用"。其他专项更新政策如《关于加强本市工业用地出让管理的若干规定（试行）》（2014）等，也对土地的产权边界的拆分、合并及其他调整等提出了明确要求。允许地块产权边界的灵活调整可以提高地块更新和利用的弹性与可操作性，但产权分割也可能带来产权的碎片化和无序，形成管理隐患。

产权年限方面，《上海办法》和《上海实施细则》都规定，以拆除重建方式实施的，可以重新设定出让年期；以改建扩建方式实施的，其中不涉及用途改变的，其出让年期与原出让合同保持一致，涉及用途改变的，增加用途部分的出让年期不得超过相应用途国家规定的最高出让年期。《上海条例》也进一步明确以拆除重建和改建、扩建方式实施的，可以按照相应土地用途和利用情况，依法重新设定土地使用期限。其他工业用地更新政策也对产权年限提出明确要求。

4. 探索创新弹性的用地混合、兼容与转换

设定用地兼容性及放宽部分用途的相互转换，是减少城市更新过程中因用途改变而频繁调整法定规划的有效途径，也减少了调规过程中的程序影响和不必要的行政干预，上海对此进行了制度探索创新。《上海办法》规定："在符合区域发展导向和相关规划土地要求的前提下，允许用地性质的兼容与转换，鼓励公共性设施合理复合集约设置。"《上海实施细则》明确了用地性质混合、兼容和转换的多种情形，包括鼓励新增的公共服务设施与各类用地兼容或混合设置；满足设施配套前提下，住宅、商业、办公、工业、仓储物流等用地可以全部或部分转为租赁住房；商业与办公可以相互转换；住宅可以全部或部分转换为商业或办公；根据风貌保护要求，确认的保留保护建筑，因功能再次利用的，其用地性质可依据实际情况通过论证程序进行转换等。《上海条例》则进一步明确了"经规划确定保留的建筑，在规划用地性质兼容的前提下，功能优化后予以利用的，可以依法改变使用用途"。

5. 持续探索存量用途变更下的补地价方式

"存量补地价"是针对因土地用途改变等产生的增值收益而做出的利益分配，是一种不通过上市交易而实现收益变更的更新途径。从 2014 年《关于本市盘活存量工业用地的实施办法（试行）》开始，上海探索了存量补地价和全生命周期管理的土地补偿与管理方式，为原权利主体参与更新提供了渠道和制度保障。此政策的适用对象也在《上海办法》中拓展至全口径的城市建成区。《上海办法》规定："现有物业权利人或者联合体为主进行更新增加建筑量和改变使用性质的，可以采取存量补地价的方式。""城市更新按照存量补地价方式补缴土地出让金的，市、区县政府取得的土地出让收入，在计提国家和本市有关专项资金后，剩余部分由各区县统筹安排，用于城市更新和基础设施建设等。"对于如何补地价，《上海办法》《上海实施细则》都作了标准和要求，即按照新土地使用条件下土地使用权市场价格与原土地使用条件下剩余年期土地使用权市场价格的差额，补缴土地出让价款。在《上海指引》中，也进一步明确了存量补地价时土地价款的评估方式，即委托土地评估机构进行市场评估，并经区人民政府集体决策后确定。市场评估中可综合考虑土地前期开发成本、移交类公共要素成本等，区人民政府集体决策可综合考虑相关产业政策、土地利用情况、公共要素贡献等因素。

6. 关注城市品质，推行公共要素清单制

不论是《上海办法》，还是《上海条例》，上海近年来的政策文件尤其注重城市品质，提倡公共优先，其中优先保障公共要素的增加及清单制做法成为一大创新。政策文件也不断强化公共要素作为城市更新项目开展的必要前提条件、重点评估内容和实施落实重心。《上海实施细则》中对公共要素的评估、认定标准、设置要求及公众参与均作出详细说明，具体包括：（1）综合考虑规划实施情况、公众意愿、地区发展趋势等，明确更新单元内应落实的公共要素清单。（2）公共要素的布局、规模、形态等应满足公共活动的要求，方便周边居民使用，包括保证可达性、提供适宜的规模、处理好相邻关系、方便使用、注重设计和建设品质。（3）公众参与的对象包括本地居民、街道或镇政府意见利益相关人，公众参与方式可为问卷调查、访谈、座谈、意见征询会、网上征询等。（4）公共要素的类型、规模、布局、产权移交要求、建设实施要求、运营管理要求等形成的要素清单须列入土地出让合同中进行全生命周期的管理。在《上海指引》中，也进一步加强对公共要素实施以及后续运营的监管，提出公共要素应与更新项目同步开展，并严格监督公共要素开放要求的后续落实情况，加强后续运营管理。该要求体现出政府对于城市更新项目公共要素建设，及其后续开放运营管理的高度重视。

7. 严控总量下的容量奖励、转移与约束

为了鼓励既有产权主体提供更多的公共设施或公共空间，上海设定多种适度奖励措施，特别是其将公共要素提供与容量奖励进行捆绑的方法成为一次重要的探索与创新。《上海办法》提出："按照城市更新区域评估的要求，为地区提供公共性设施或公共开放空间的，在原有地块建筑总量的基础上，可获得奖励，适当增加经营性建筑面积，鼓励节约集约用地。增加风貌保护对象的，可予建筑面积奖励。"《上海实施细则》进一步明确，增加各地块建筑面积必须以增加公益性设施或公共开放空间为前提：

（1）规划保留用地内根据评估要求新增公益性设施的，或经认定具有保留价值的新增历史建筑且用于公益性设施的，可在原有建筑总量不变的基础上，额外增加相应的公益性设施建筑面积，即满足地块出让协议的同时无须承担建筑面积扩大带来的容积率负荷。

（2）在建设方案可行的前提下，规划保留用地内的商业商办建筑可适度增加面积（具体增加面积按照提供公共空间和公益性设施的情况确定）。

（3）经认定为确需保护保留的新增历史建筑用于公益性功能的，可全部不计入容积率；用于经营性功能的，可部分不计入容积率。

（4）建筑容量调整因风貌保护需要难以在项目所在地块实施的，在总量平衡的前提下，允许进行容量转移；应优先转移至临近地块或所在单元的其他地块。关于风貌保护的容量转移，之后出台的针对风貌保护类型更新的《关于坚持留改拆并举深化城市有机更新进一步改善市民群众居住条件的若干意见》中，增加了历史风貌保护开发权转移机制的相关内容，进一步明确历史风貌保护对象的建筑面积奖励政策，放开了风貌区带方案招标、拍卖、挂牌、定向挂牌、存量补地价等差别化土地供应方式，明确了协议置换、居民抽稀（即居民协议搬离、降低居民密度，释放空间）、征而不拆等住房政策,形成了整体政策合力,推进历史风貌保护地区内的有机更新。《上海指引》更是提出:"零星更新可以以提供公共要素为前提,按照规定,采取转变用地性质、按照比例增加经营性物业建筑量、提高建筑高度等鼓励措施。"此举有助于进一步激发物业权利人或市场主体的更新动力。

容积率奖励政策往往是提高市场参与更新积极性的决定性因素,但过度的容量增长会影响整个区域的城市品质及空间收益的公平分配。因此,给予奖励的同时,上海也设定了明确的约束。《上海实施细则》对更新单元总量平衡和地块容积率奖励进行了规定,要求"实施计划阶段,增加各地块建筑面积必须以增加公共设施或者公共开放空间为前提,各种情形对应的建筑面积调整一般不超过本规定设定的上限。各更新单元内部,可在现有物业权利人协商一致后,进行各地块建筑面积的转移补偿"。《上海实施细则》中对商业商办建筑容量调整提出了可适度增加面积的计算方法及上限,例如,在能提供公共开放空间的情形下,能划示独立用地用于公共开放空间,且用地产权移交政府的,可获得 2 倍的额外面积。

3.5.4　上海弹性机制的执行情况和实施难点

随着一系列城市更新政策文件的出台以及更新示范项目的推进,上海市已初步形成具有上海特色的城市更新工作框架。但是与深圳、香港以及台北等城市相比,上海开始城市更新规划变革的时间稍晚,配套文件与相应的政府机构设置也相对滞后,整体层面缺乏系统的框架设计[122],制约了更新实践工作的开展。上海当前城市更新政策、激励方式与手段仍待完善,实施与技术瓶颈仍待突破[112]。

1. 政策体系有待完善

上海系统化的城市更新工作正式启动时间不长,仍处在探索、试错、修正的过程中,需要根据实施情况不断调整。2021 年出台的《上海条例》虽从立法层面确立了城市更新的定义和地位,但尚未形成全市层面的统筹性政策。此外,系列政策的整体性仍欠缺,存在政策覆盖面既有交叉重叠,又留有空白的现象。例如,现有的城市更新政策中,工业、旧住房和"城中村"有比较明确的对象,但是《上海条例》《上海办法》和《上海实施细则》都没有对更新对象进行明确的分类,所以存在一定程度的交叉和遗漏。比如一块工业用地,是要按《关于本市盘活存量工业用地的实施办法》来更新,还是要按照《上海办法》或《上海条例》来更新,在路径选择上还有一些模糊。此外,一些政策的有效期偏短,失效后新政策未及时补充,在操作层面,容易形成真空期。如《上海办法》已于 2020 年失效,但目前仍是上海规划管理部门开展城市更新工作的重要依据。

2. 市场更新动力不足

一是在建筑总量严控的约束下，上海无法以较大的建设增量来同时满足现有物业权利人和市场投资者两方面的利益需求，需要在划定的评估区域保障总量平衡，因此地块容积率奖励相对有限。而由于进行容积率转移及补偿方案没有操作实施细则，往往一事一议，难以推进，在某种程度上降低了市场参与的热情[116]。目前在上海杨浦区 228 街坊的历史建筑街坊保留利用实践案例中，杨浦区探索了城市更新项目联动开发的利益平衡机制，市规划和自然资源局在进行开发量跨社区转移统筹平衡等政策上予以了有力的支持，将 228 街坊所在的长白社区中，由于历史保护而未使用的开发量转移至本区域内的平凉社区开发地块内，用于滨江公共服务设施建设，实现了区域内的共建共赢，体现了创新开放的更新发展理念[117]。从此转移模式可以看出，一方面，在同一行政区内转移，政府的协调决策更便捷，效率更高；另一方面则反映出目前仍缺乏开发权转移等制度指引，对开发商的激励手段仍不明确，同时本区域范围内的奖励力度不强，在保证老旧社区历史文化风貌、空间环境品质的同时，一定程度上会损害开发商获得的利益水平，对激发更大范围市场动力仍作用有限。

二是当前的城市更新政策对于更新后持有的物业权进行了严格的规定，并且对于用地性质的转换，例如非住宅用地转为住宅用地有严格的限制，一定程度上影响了非住宅产品的灵活流通，降低了市场主体的积极性。而且由于城市更新项目一般周期长、产权复杂，对资金需求量大，因此有较高的资金及技术门槛。《上海实施细则》中系统性地提出了地区亟待改善的公共要素类型和规划要求，但是现有容积率奖励的内容只包括了基础的公共开放空间和公共服务设施，不包括功能拓展、生态环境、慢行系统建设等内容，且没有对奖励的量进行细分。

三是激励政策对开发商的吸引力较低。现有激励政策主要有五条：包括存量补地价，土地储备收益返还，出让金返还，免征城市基础设施配套等行政事业收费，降低电力、通信、市政公用事业等经营性收费。除了存量补地价之外，其他的奖励政策由于缺乏吸引力而较少落实，在实际的更新案例中也很少采用[116]。

3. 更新程序有待简化

上海城市更新主要是针对现状不同使用性质，例如工业用地更新适用《关于本市盘活存量工业用地的实施办法》，但大多遵循了区域评估—更新单元实施计划（同步调整控规）—更新项目实施（全生命周期的管理）的逻辑，一个更新项目从立项到批准，不仅要完成城市更新的全套程序，还要同步调整控规，按照相关规程至少需要半年到一年的时间[116]。

涉及容积率、用地性质等指标调整时，相关研究的实际案例访谈中，实施主体普遍认为更新流程时间过长，程序过于烦琐。目前较为成功的更新项目也多为国资背景的企业主导或极少数的大型房产开发商参与，社会资本较难介入，因此城市更新项目仍以试点为主，难以大范围推广展开。例如上海首个成功的试点更新项目西亚宾馆，通过提供公共停车位、公共开放空间，并确保不增加经营性建筑面积等，其地块性质实现了商业转商办，建筑高度得到提高。根据相关研究的调研访谈结果，真正促进该项目顺利完成的主要原因在于该更新主体为国企，且是徐家汇中心各大商业建筑的重要主体，在平衡整体利益及提升徐家汇地区品质的大前提下，排除万难完成了这个更新项目，在执行过程中承担了大量时间成本。这是一般自负盈亏的小型民营企业和更新个体难以承担的[114]。

4. 组织机制仍需统筹

城市更新工作除了规划资源部门之外，常常还涉及住建、交通、环保、财政等部门。除政府部门外，统筹主体还涉及原有产权主体、物业、开发商等。目前城市更新工作在组织机制统筹方面存在两方面难点。

一是不同部门之间的协调和配合。如上文提到的西亚宾馆项目，更新后非经营性面积出现无人管理的问题，几经协商才确定与办公物业一同管理，这些非常规产权证的办理操作相较属于特例，难免需要多部门协调，突破原有组织架构限制。此外，莘闵大酒店更新项目中配建的社区图书馆实施后，街道也并无意愿接收，因为后续运营管理增加了街道的人力财力投入，而之前并未有相关预算[114]。

二是项目从前期到运营全周期的统筹。现有城市更新组织框架中，缺乏常设的组织实施机构。例如张江西北片主要由管委会承担，邯郸路产业园由园区办承担，负责组织各异。现有的城市更新工作仍然是以政府主导为主。根据《上海办法》规定，区域评估和实施计划均由政府组织实施机构组织编制，既给政府增加较大的任务压力，也难以调动市场和社会的积极性[116]。

5. 产权复杂制约更新实施

《上海办法》及《上海条例》等文件仍是政府主导制定的管理政策，面对市场逐利以及实际更新项目中复杂的产权组成，仍难以起到充分的指导作用。产权是制约更新的首要和核心因素，目前的制度文件中缺乏物权、财税等多方面的政策奖励与明晰，将难以形成规模的更新项目。如张江西北片区更新，意图实现整个片区从产业园区向综合城区的转变，但由于早期各大地块属于各个大型企业，其对于整片区的公共绿地、公共设施等公共空间系统内容的更新并无动力，因此仅能在张江高科技园区开发股份有限公司等区属平台公司所属的用地范围实施，远期再逐步启动其他区域更新[114]。

6. 操作技术瓶颈待突破

《上海办法》倡导的创新做法与现有建设标准规范存在一定冲突，操作技术层面的瓶颈仍待突破。中心城区的部分地区，特别是历史风貌区内，建筑复建或新建后，即便不计容积率，建筑在日照、消防、配建、绿地率等方面经常无法满足现行的建设标准和规范，改造方案难以通过相关部门审批；另外，新增保留历史建筑可能与既有规划道路红线存在冲突。在老旧居住区内，住宅建筑日照间距也制约了成套化改造的推进，如试点项目"曹杨新村"更新的近期重点也是始终围绕在环境美化方面，没有触及城市更新的核心问题，也没有设计出具体的实施操作流程 [116]。就技术瓶颈如何突破，2023 年 3 月正式施行的《北京市城市更新条例》提供了借鉴思路。该条例提出："在保障公共安全的前提下，城市更新中既有建筑改造的绿地率可以按照区域统筹核算，人防工程、建筑退线、建筑间距、日照时间、机动车停车数量等无法达到现行标准和规范的，可以按照改造后不低于现状的标准进行审批。"并允许有关行业主管部门按照环境改善和整体功能提升的原则，制定适合城市更新既有建筑改造的标准和规范。

3.6 上海田子坊创意产业园案例

3.6.1 项目背景

1. 区位条件

田子坊地块位于原上海卢湾区，现黄浦区，东至思南路、南至泰康路、西至瑞金二路、北至建国中路的区域内，大体包含泰康路 210 弄、248 弄、270 弄，占地面积约 5.9hm²，涉及更新建筑面积约 6 万 m²（工厂区和居住区各 3 万 m²）。田子坊地块毗邻徐汇区，南向与世博园隔江相望；北向紧邻衡山路—复兴路历史文化风貌区，周边有多处传统商业区，人流聚集，区位良好（图 3-15）。历史上田子坊的街区形态形成于 20 世纪 20 年代，建筑形成里弄住宅、花园住宅、公建及里弄工厂混合共存的形态（图 3-16），风格多样混合，具有明显的上海特色，为后期的街区改造创造了多元的切入点（图 3-17），也为探索保留风貌特色、文化街区再生等多样化更新手段提供了新的可能 [123-125]。

2. 更新背景

田子坊片区最初是由传统的里弄工厂和里弄住宅区组成，其更新的起源也颇具"民间"特色。在此之后，国家和地方政策深刻影响了田子坊的更新转变，为田子坊彻底的更新发展提供了充足的依据和具体的道路形式指引，主要包括以下几个方面：

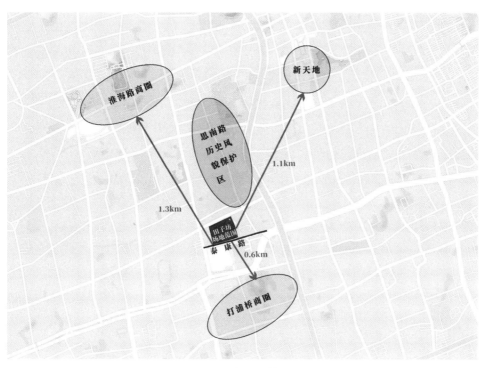

图 3-15　上海田子坊区位图

图片来源: 作者自绘

图 3-16　田子坊内的典型石库门、里弄建筑、厂房建筑

图片来源: 作者自摄

图 3-17　田子坊更新后现状：商住混合的功能和公共空间

图片来源：参考文献 [126]

（1）产业结构调整。20 世纪 90 年代，上海的经济结构面临调整升级，城市空间面临深刻转变。整个上海从工业型城市向国际化大都市、后工业型和消费型城市快速转变[127]。当时的第二产业城郊化，中心区第三产业比重不断上升。而田子坊紧邻打浦桥商圈，面临"退二进三"的更新压力，土地使用权也一度被转让给地产开发商。

（2）财税体制变革。同样是 20 世纪 90 年代，上海市首创"两级政府，三级管理"的管理体制，将更多权力赋予社区，以确保基层管理组织在社会管理中心具有一定地位，街道办事处可充分利用这些职权进行基层经济建设[128-129]。

（3）注重文化保护。历史文化保护对传承地方特色文化意义深远。2003 年，上海出台《上海市中心城历史文化风貌保护区范围划示》，一时间对于历史街区、历史建筑保护的呼声日益高涨。2007 年，时任上海市副市长杨雄提出"石库门是上海建筑的特色，要特别加以保护"，更加强调了里弄文化在海派文化中的重要意义，也是田子坊地区得到保护发展的重要条件[130-131]。

（4）注重创意产业布局。与文化保护相呼应，2004 年，时任上海市市长韩正提出"开发、保护、改造都是发展"的观念，并明确上海应该走创意产业的发展道路。同时期，卢湾区政府为鼓励创意产业项目的落地布局，从纳税奖励、租金减免等方面制定了一系列优惠政策，为田子坊地区更新改造最核心的文创产业发展提供了重要支撑[130-132]。

（5）世博会契机。2010 年上海世博会期间，田子坊被市区两级政府列为窗口接待单位，成为世博会创意产业发展示范点，是其引起市区两级政府重视而得以保留和发展的重要背景条件。

3. 更新动因

在田子坊的更新过程中，1998 年和 2008 年是两个重要节点，引领了两个关键转型阶段，其更新的动因也因当时面临的不同困境和发展目标而呈现较大差异。

在 1998 年的上海产业结构调整中，一些里弄工厂因周边被里弄住宅包围，商业价值不高，且产权关系复杂，在相当一段时期内被废弃闲置。周边里弄住宅也因长期缺少维护，居住质量整体下降。田子坊便存在闲置厂房无人问津的情况，且田子坊所处的打浦桥街道在全区中属于经济最弱的一个 [127]。正是在这样的背景下，打浦桥街道率先提出复兴街区的改造目标 [133]，一是通过改造废弃厂房开启文化产业创新实验，将泰康路发展成为文化艺术街。二是通过田子坊创意产业的外溢效应带动整个地区的更新，不断适应市场需求，推动地区经济发展 [127]。从 1998 年画家陈逸飞的工作室入驻田子坊，慕名而来的艺术家们在这里集聚并快速将厂房租完，泰康路成为艺术家汇集的地方；随着艺术家及创意人才对扩张场地及配套服务的需求，工厂周边的民居获得了出租商机，并很快形成了富有海派风貌特色的商业街区。

经过近 10 年的快速发展，2008 年的田子坊已自发成长为集聚多家艺术家工作室和商铺的特色街区。但 2004 年田子坊所处地块被批准拆迁再开发，使得田子坊长期处于拆迁危机之中，出现诸如管理机制不健全、基础设施缺乏、租金高低无度、商业无人纳税、改造随时进行、安全无人过问、居民怨声载道、冲突时常发生等问题，凸显了体制机制缺乏、监管不足等问题，呈现"自下而上"的无组织状态。正是这些激烈的矛盾，使得占据更大主导权的政府参与到更新之中成为必然选择。通过规划调整，结合世博会主题馆建设，2008 年前后，卢湾区政府提出打造国际化创意文化街区的新目标，具体包括打造创意产业集聚地、里坊风貌居住地、海派文化展示地、世博主题演绎地 [134-135]。

3.6.2　项目实施

1. 实施过程与环节

依据改造对象和改造主体的不同，可将田子坊地区的更新实施过程分为三个阶段 [127]。

1）第一阶段：1998—2003 年，里弄工厂改造阶段

这一时期的改造以旧厂房艺术化改造、艺术家工作室入驻、创意产业联盟签署成立为标志，范围在 210 弄工厂区面积约为 4500m² 的创意产业园。建设特点为无拆迁的更新，以里弄工厂保留改造为主。1994—1999 年，卢湾区内原市（部）属部分

工业企业进行着大规模的"关停并转",原泰康路马路菜场迁入废弃厂房,引发卢湾区政府及相关职能部门的全新思考,打浦桥街道率先提出"空置厂房资源利用模式"。1998 年 12 月,打浦桥街道引入一路发文化发展有限公司,将田子坊工业楼宇整饰一新,开始有少量文化艺术品店铺入驻,且主要存在于 210 弄。1999 年初,卢湾区政府主张强化街道文化特征,创意产业模式逐渐凸显。1999 年 8 月,画家陈逸飞在田子坊开设工作室,且陆续有多位艺术家入驻。至 2002 年,田子坊艺术文化街初步形成[131],很多著名品牌在这里生根发芽。2003 年,田子坊第一次被媒体报道,一时间声名鹊起。

2)第二阶段:2004—2007 年,里弄住宅改造阶段

这一时期的改造以房地产开发商介入拆迁、居民自主加入更新、街区管委会成立、文化创意圈内人士大量入驻、业内专家发声保护、媒体参与宣传等为标志,范围在 248 弄内工厂区与周边居民区,面积约为 7300m²[125]。建设特点为无拆迁的更新,以保留改造里弄住宅为主。2003 年,卢湾区政府公布的《卢湾区新新里地区控制性详细规划》显示,田子坊所在地块将被打造成商业、居住、文化休闲为主的综合性社区。政府公示的详细规划将采取拆除新建的房地产开发模式,原有的里弄住宅将被高楼大厦取代(图 3-18)。2004 年,田子坊被列入拆迁范围,土地招拍挂的中标公

图 3-18 《卢湾区新新里地区控制性详细规划(2004 年 10 月)》规划总平面图

图片来源:参考文献 [127]

司为台湾日月光地产公司，其获得合法的地块开发权并做整体的土地开发，贴出的拆迁公示宣告着改造工程的正式启动。同年，田子坊所在地区的街道办事处等部门牵头成立"泰康路艺术街管委会办公室"（简称"艺委会"），行使政府职能，授牌经营，作为街道办事处的办事机构分支，总揽负责招商和运营工作，主要对入驻单位的产业形态和性质进行把关审核。同年 11 月，第一家居民商户开店，此后，街区内空置住宅迅速出租，引入多种服务业内容（图 3-19）。在 2003—2005 年，一些专家学者们也纷纷通过报刊媒体支持田子坊保留式更新的延续发展，放弃整体拆迁[138-139]。2005 年，居民自发成立"田子坊石库门业主管理委员会"（简称"业委会"），帮助居民对外出租房屋，并自发维护田子坊内部的公共设施[129-131]。2005 年，陈逸飞逝世，媒体再次报道田子坊，艺术家生前的创作场所吸引大量参观者慕名前来[144]。

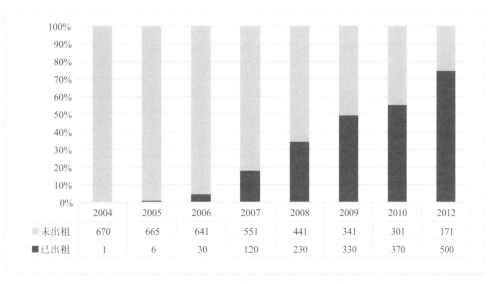

图 3-19　田子坊里弄住宅出租房屋情况统计

数据来源：作者改绘自参考文献 [133]

3）第三阶段：2008 年至今，政府介入改造阶段

这一阶段以"居改非"政策实行、公共基础设施建设完成、商业爆发性增长、街区矛盾越发激烈等为标志。范围以 210 弄、248 弄、274 弄居民区为主，面积约为 13300m²，并向周边区域延伸。2007 年，卢湾区政府将田子坊街区列为"居改非"试点工程项目，从发展战略层面及时调整[141]，并确定由卢湾区房屋土地管理局负责赎回待拆迁土地，为土地持有公司更换开发用地作为补偿，是"拆"与"留"的关键期。2008 年初，"待拆迁土地赎回"工作完成。卢湾区调整编制新的详细规划，将

田子坊的土地性质由"居住用地"转为"综合用地",并相应调整原规划的用地性质、容积率、建筑密度等指标,从而在法规层面明确了新模式所具有的合法性。2008年,卢湾区政府成立田子坊管理委员会,分三期出资 1000 万元进行街区内的基础设施改造。随着街区内的矛盾日益凸显,2009 年 5 月,郭英俊人民调解工作室挂牌成立,化解了大量商户与居民间的日常纠纷,并协助组织居民参与听证会,获取意向信息[141]。2010 年,田子坊正式被批准为国家 AAA 级旅游景区,成为主要面向外地和外国游客的旅游景点,以及本市居民的休闲区。2015 年田子坊被确定为风貌保护街坊,同时被纳入上海市历史文化风貌区范围扩大名单之内[125]。2016 年,联合国副秘书长,人居署执行主任华安·克罗斯(Joan Clos)考察田子坊①,田子坊被联合国人居署定义为自下而上的旧城更新与社区包容性创业的案例,走出了旧改的新路(图 3-20)。

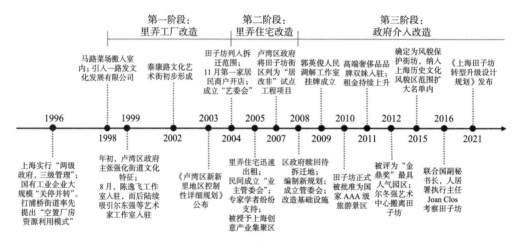

图 3-20 田子坊发展历程概要

图片来源:作者自绘

2. 主要参与者与其职责

从艺术家自发组织到基于市场的居民自发行为,再到政府介入的过程中,在田子坊实施更新的各个阶段,参与主体受不同动因影响表现出多样的行动特征,角色间的互动与博弈也直接推动了项目土地转型等灵活性转变。

---

① 2016 年,联合国副秘书长,人居署执行主任华安·克罗斯(Joan Clos)来上海出席《上海手册:21 世纪城市可持续发展指南》(简称《上海手册》)国际修编委员会会议,会后主动要求考察田子坊,理由是田子坊是中国唯一入选面向全体成员国的城市可持续发展指导文本《上海手册》中的案例。

1）第一阶段

第一阶段的利益相关者包括区政府、街道办事处、投资咨询公司以及艺术家。基于"两级政府，三级管理"的制度改革，区政府充分授权街道办事处发展地方经济。作为基层管理单位，田子坊所处的打浦桥街道办事处积极探索发展策略，联合投资咨询公司一路发有限公司，通过邀请艺术家入驻工厂发展创意产业，带动地方经济，提升文化特色。为盘活资源，发展文创产业，街道办事处租下里弄厂房并零差价转租给投资咨询公司。投资咨询公司以低廉的价格获得里弄厂房的长期使用权，进而通过简单的基础设施改造及面向特定人群的招租活动，吸引来艺术创意工作者。对于艺术家而言，虽该地区的市政服务设施服务能力不足、建筑质量不高，但入驻田子坊的成本很低，且最重要的是可以无成本地获取该地区的人文资源和艺术创作素材。此外，为了改善创作条件，艺术家翻新租赁厂房建筑的同时，也自筹资金去改造田子坊的街道空间和基础设施，这些改造更新也为本地居民带来便利，为投资公司改善了设施条件。艺术家的创作活动作为非常宝贵的人文艺术资源，也吸引了周边居民的驻足及新艺术家的入驻。因此，从利益相关者互动关系来看（图 3-21），街道办事处联合投资咨询公司为艺术家提供了低廉的房屋物业资源的支持，艺术家来到田子坊后，通过人文艺术资源的产出及基础设施资源的提供与改善对其进行"反哺"，实现了双赢。这种互动共赢推动了田子坊地区的第一阶段城市更新。

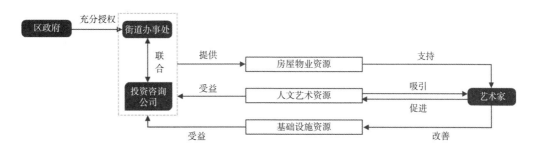

图 3-21　田子坊第一阶段利益相关者关系示意图

图片来源：作者自绘

2）第二阶段

第二阶段涉及多个利益团体，包括：（1）卢湾区政府与房地产开发商的联合；（2）街道办事处与投资咨询公司联合成立的艺委会；（3）居民自发联合并成立的业委会；（4）艺术家与个人工作室/创意产业商户的联合；（5）专家学者和媒体的联合。这样的多股力量共同促成了该地区的保留与发展。该阶段利益相关者间的博弈起于区政府最初试图采用一般的"城市开发"或"旧区改造"模式，推倒重建，发展土地经济。开发商通过招拍挂方式取得田子坊地块的合法土地开发权，但由于城市轨道交通规划的调整影响了预期开发计划，导致该片区的开发被长时间搁置，采用商业开发运营改造的日月光综合商业项目至 2010 年才正式落地。正是在这样的政策不明朗、亟待拆迁的过渡期，随着里弄工厂片区的创意产业效应不断溢出，该地区出现了个人工作室与小微创意企业的入驻需求，周边居民也希望在这个阶段获得一些实际利益，便纷纷出租住房，促使该地区爆发出强大的商业活力。专家学者及媒体也逐渐关注到了田子坊地区，为保护其历史文化，专家学者们不遗余力地向政府机构建议、提案，并通过媒体发声[①][138-139]。基于向外出租房屋而获得的个人利益最大化、改善生活的迫切愿望，并考虑到先期入驻的个人工作室对居民生活环境影响较小[②]，最先获利的一些居民成立了民间业委会，对街区进行自治式的日常管理。这些管理工作包括负责里弄住宅建筑中非居住功能比例的统计，居民与商户之间出租业务的联系工作，以及纠纷处理等，业委会逐步成为社区市场的决定性力量之一[138]。这一阶段的艺委会，则作为负责工业楼宇的办事机构，总揽田子坊招商工作，也为各方建立了沟通的桥梁。此外，街道办事处推动该地区进行文创点申报，为吸引个体投资进行改造更新创造了条件，一方面与政府斡旋，执行行政指令，另一方面约束房东和商家行为，是与各方博弈中的中坚力量。这一阶段的入驻商户多为年轻创业者，他们通过对房屋和街道空间的改造，保留了老上海风情的里弄空间特色，吸引了大量游客。

总体而言，从利益相关者互动关系来看（图 3-22），区政府与房地产开发商之间联合，与其他主体或团体之间形成博弈关系，在田子坊地块的拆迁与保留问题上是对立方。在田子坊内部，街道办事处与投资公司团体继续为艺术家或个人工作室提供厂房物业资源并从中受益；居民借由兴起的租赁市场向个人工作室或小微商户提供民居物业资源并从中获利；艺术家或商户则通过基础设施的改善使居民和地区受益，同时通过人文艺术资源的输出吸引新的艺术力量加入，并引发业内专家学者的关注，进而通过专家力量影响区政府的决策。基于两大团体代表的不同发展模式，该阶段的城市更新主要由市场选择与民间自发的组织力量推动，最终田子坊得以保留。

---

① 2003—2005 年间，著名的建筑学家、城市遗产保护专家和经济社会学者纷纷在报刊媒体上从遗产保护、空间美学、创意产业等角度展开论述，表达对田子坊项目的大力支持，其中阮仪三先生更是组织团队为田子坊街区作了专项保护规划。

② 田子坊最早出租的房屋的房租，由 2007 年的每月 7000 元上涨到 2015 年的最高每月 1 万多元[139]。

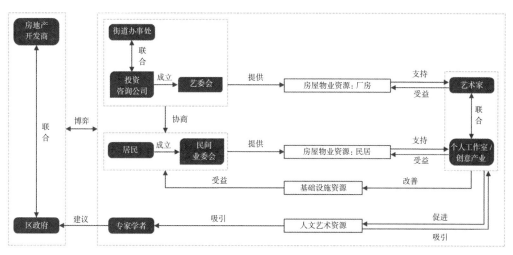

图 3-22　田子坊第二阶段利益相关者关系示意图

图片来源: 作者自绘

3）第三阶段

第三阶段的利益相关者由区政府的管理团体与居民、艺术家、商户及游客等多个主体组成。以区政府将田子坊确定为"居改非"改造试点为起点，各主体的立场发生转变，其间的互动关系也发生较大改变。在经历了较长时间的"政府不干预"状态后，2007 年，卢湾区政府才又重新建立对田子坊的系统管理。例如，由规划部门调整控规，改变地块的土地利用性质，以及完成待拆迁土地的赎回工作[138]。前期更新发展虽导致房屋转租价格有所提升，但依然处于较低廉的水平，因此吸引了大量商户涌入田子坊，其较强的财税贡献能力也促使区政府加大了基础设施的改善。然而，在里弄住宅区，高度竞争的入驻商家一方面使房屋租金快速上涨，房东居民充分受益，但大量餐饮、酒吧、服装类商户的入驻带来了噪声、油烟等扰民问题，以及侵犯公共空间带来的其他矛盾冲突；而这些负面效应一定程度上破坏了留守居民及艺术家的生活创作环境，迫使尔东强工作室及不少艺术家搬离了田子坊。另一方面，在里弄工厂区，受 2011 年卢湾区与黄浦区合并的影响，田子坊的行政级别与受政府关注程度下降，而黄浦区政府对国有企业考核的要求以收入为主，增加了国企的资金压力致使国企厂房大幅度涨价。

因此，从利益相关者的互动关系来看（图 3-23），在重新树立管理权之后，区政府不断加强片区物业管理和房屋的收储运营，尝试通过统一运营去调整控制地区发展。而田子坊内部，尽管出租房屋的居民实现了获得利益最大化，但留守当地的居民受到大量游客的打扰以及商户运营过程中的负面影响，引发诸多争议。同时，租金的持续上涨以及地区内人文艺术资源的消耗也逐渐逼退了部分艺术家，使得地区的人文资源进一步溃散。该阶段的更新由政府力量和市场行为共同主导，田子坊内部各主体关系逐渐失衡，地块发展的不可持续性也逐渐凸显。

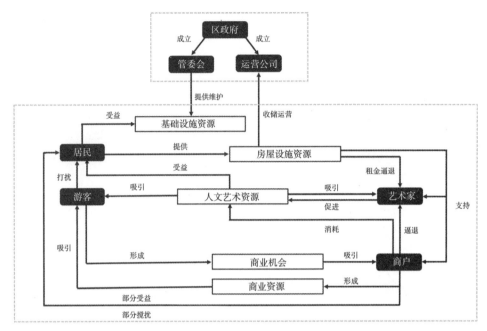

图 3-23　田子坊第三阶段利益相关者关系示意图

图片来源：作者自绘

3. 采用的弹性工具

1）弹性的土地功能改变

田子坊地区的兴起是源于社会多主体的积极探索与市场的有效应对，而长远的持续发展也与上海市政府的灵活态度和后续支持密不可分。2003 年，卢湾区政府按照规划设想，意在将田子坊所在的新新里地区打造为"打浦桥商务中心"，并将其纳入上海市"新一轮旧区改造"范围，准备进行整体拆除重建。2007 年，市、区政府通过人大、政协的建议提案，放弃原有拆迁建设的开发模式，并赎回待拆迁土地，重新修改调整新新里地区的控制性详细规划[127]。2008 年，卢湾区政府将田子坊列入"居改非"试点。居民将房屋租赁给商户经营成为合法行为，实现了商业功能改变，但土地性质保持不变，无需补交用途转变出让金。2009 年，卢湾区房地局颁发《田子坊地区住房临时改变为综合用房受理流程》；卢湾区工商局制订了《田子坊内工商注册登记流程》。同年，经卢湾区房地局申请，上海市房地局批复《关于卢湾区田子坊地区转租实行审批制的申请报告》，同意田子坊里弄住宅改变居住功能用于商业经营，且采用"一年一审批"的灵活方式[137]。

2）灵活的行业准入机制

此外，也有一些非政府主体探索的产业导入与知识产权保护措施，为田子坊地区的艺术产业长期发展提供保障。例如，2000 年，田子坊被上海市技术监督局授予"上海市名牌商标"；2003 年，在卢湾区知识产权局的支持下，由 23 家企业发起成立"田子坊知识产权保护联盟"，签署《知识产权保护公约》，有效保护了这块"金字招牌"，为创意产业发展保驾护航。此外，在产业管理相关部门的支持下，制定了《田子坊创新产业集聚区产业导向目录》，建立行业准入机制，对鼓励类、限制类、禁止类行业分类管理，一定程度上保护了创意产业的良好氛围。

3.6.3 项目效果

田子坊不同阶段的发展呈现出不同的项目效果，既有正面的，也有负面的，既有经济效益，也有社会和文化效益。通过多维度、多角度的分析评价，可更清晰地看出不同利益者的得与失。

1. 第一阶段

这一时期，田子坊更新改造集中在泰康路 210 弄，将其从一个杂乱、无名的弄堂工厂区逐渐变为文化名人聚集、艺术文化活动日益频繁的区域，城市地位、形象发生转变[131]。艺术家对空间进行艺术化更新改造，保留了里弄工厂的肌理和记忆，也给田子坊地区提供了丰富的人文和艺术资源，为田子坊地区的创意产业发展奠定基础。因此，在尚无政府介入的情况下，田子坊仅用 3 年时间就已享誉海内外。

2. 第二阶段

以创意产业效应从里弄工厂外溢至周边居民里弄空间为起点，渐进式向周边蔓延更新（图 3-24）。较传统的更新模式而言，田子坊更新没有大拆大建，其社会网络得以延续，社区功能得到提升，社区居民获得逐年提高的租金收益[130]。创业企业的不断加入及空间改造，也使得地区文化活力得到提升，空间肌理得到延续，历史原真性得以保留[130]。此外，居民、艺术家、专家学者的全程互动参与，使得这一阶段的城市更新向着多元包容的方向发展。一方面，多方力量共同促进了城市空间的改善，另一方面，良性的互动实现了艺术创意产业与居住功能的和谐共存、艺术家与居民的和睦共处，加速了人文资源的积累和独特创意产业的发展，进而吸引了游人驻足。虽然这一阶段的城市更新在城市形态与基础设施上取得的进步没有第三阶段显著，但塑造了一个居住与创意产业相互混合的多元化地区，为上海市培育了一块创意文化高地[142]。

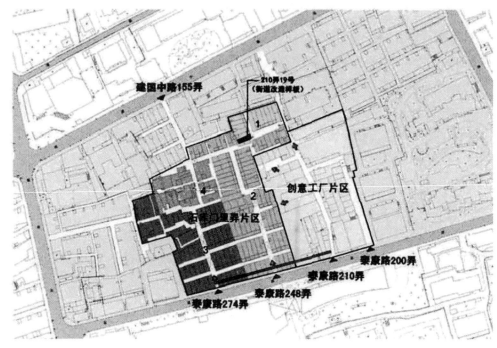

图 3-24　田子坊向石库门里弄蔓延

图片来源：参考文献 [127]

注：1—志成坊（泰康路 210 弄）；2—天成里（泰康路 248 弄）；3—平原邨（泰康路 274 弄）；4—长留邨（建国中路 115 弄）。

3. 第三阶段

管理模式的适时调整，给田子坊街区带来了许多关键性转变。政府介入后，主动调整发展策略，将文化创意产业发展与历史文脉传承、旧区软改造结合起来，如 2008 年投入资金 2100 万元用于基础设施提升[131]，促使田子坊街区实现了从"杂乱无序"到"条理分明"的转变，街区的品牌效应逐日凸显。田子坊多次获评中国最佳创意产业园区、上海十大时尚地标、最具影响力品牌等殊荣。相关研究数据表明，在田子坊与新天地及豫园旅游商城的活力评价比较中，田子坊的总体活力最强，2018 年商铺平均分布密度达到 97.46%，商铺人均消费水平为 145 元 /（人·店），人均消费香农 - 威纳指数①为 6.18，高于新天地的 5.61 和豫园的 3.96，显示出了较高的消费水平和多样性；社会活力方面，居住人口密度为 46906 人 /km²，平均每日微博签到密度为 3 人 /（d·hm²），日常生活服务相关设施占比为 10.77%；从文化活力来看，

---

① 香农 - 威纳指数（Shannon-Weiner Index）表示物种异质性指数，香农 - 威纳指数越高，说明地区所提供的消费活动的差异越大多样性越多，越能满足不同人群的消费需求。

创意产业企业数占总数比例为 30.36%，创意产业岗位数占总数比例为 38.51%，创意文化服务相关设施占比[①]为 6.7%[125]。由此可见多元主体的参与改造，及本地居民的保留，造就了该地区的高社会活力。

虽然整体看来田子坊显示出更高的社会活力，但正如前文分析，其内部深藏着不同个体与群体间的利益冲突，正逐步消解它的文化特性、产业资源及未来发展的可持续性。在"居改非"合法化后，田子坊地区衍生了各类问题，包括居民之间、居民与商户之间、商户与艺术家之间的各类矛盾与冲突，产生了很大的负面效应。

1）居民利益格局的分化

在田子坊发展的过程中，一部分居民通过将自己的居住空间租给商铺并搬出去居住，改善了居住和生活条件；而另一部分居民由于不愿意或不可能出租居住空间给商铺[②]，他们的生活没有得到改善，甚至居住条件由于商业经营的影响及游客的增多而进一步恶化，因此他们寄希望于通过政府的拆迁解决问题。

2）商居混合的矛盾凸显

相关研究数据表明，田子坊三条半弄堂共有 671 户人家，截至 2012 年，已有 500 户陆续出租自家住房，进行了商居置换。而从田子坊的建筑使用情况来看，田子坊的居住空间急剧收缩，商业空间不断扩展，空间使用结构发生了巨大改变（图 3-25）。而这种商业使用需求和行为的加入势必限制甚至损害原有居住空间的使用。根据 2012 年对田子坊地区居民的问卷调查结果显示[145]，居民对住在商居混合街区中表示不满意和非常不满意的占 77%，不满的原因主要包括噪声、油烟、光污染、生活空间被挤占、缺乏安全感、生活成本提高等方面，而这些不满经常转变为投诉、报警等行为。2010 年，田子坊的餐饮业商家达 71 家，经田子坊管委会严格管理之后限制了餐饮数量，2011 年底控制在了 53 家，但扰民问题并没有得到根本解决。

3）商业与艺术产业的矛盾

对于艺术家群体来说，由于商业房租的逐年攀升，厂房区域的房租也不断高涨，工作室的运营成本逐年提高。相关研究数据表明，2000 年前后，厂房底层租金约为 3 元 /（天·m²），厂房内画室租金为 1 元 /（天·m²）；而到 2010 年，厂房底层租金已达 12 元 /（天·m²）；厂房内画室租金上涨到 6 元 /（天·m²）[144]。此外，餐饮业对

[①]　日常生活服务相关设施占比和创意文化服务相关设施占比两个数据中的计算方式为，将大众点评中的设施按详细的业态类型进行数量统计并排序，取数量排序前 15 的所有业态设施的总数量作为分母，分子取为按数量排序前 15 的业态设施中与日常生活服务相关设施及创意文化服务相关设施的总数量。

[②]　部分留守居民面临的问题是非常现实的。一方面是一些老年人、孤老和独居老人在外无法找到愿意租房给他们的人，他们不愿以不稳定的租住方式解决住房问题。另一方面，大部分原住居民是住在二、三层的居民，他们的房子或是没人愿意租，或是租不出好的价格，因此他们宁可选择留下。

文化艺术产业的冲击尤为强烈，餐饮类比例从 2013 年的 24.2% 上涨到 2015 年的 33.7%；服装业的占比紧随其后，其次分别为低廉小商品，而田子坊发展的独特条件——艺术创意产业仅占到了 8.33%[144]。这些以餐饮、旅游业态为主的无序、低质商业的过度进驻和挤压，以及由此产生的各种负面效应，使得该地区的人文艺术资源日渐溃散，一些艺术家工作室因此退出田子坊，这里的创意产业氛围正逐渐削弱。

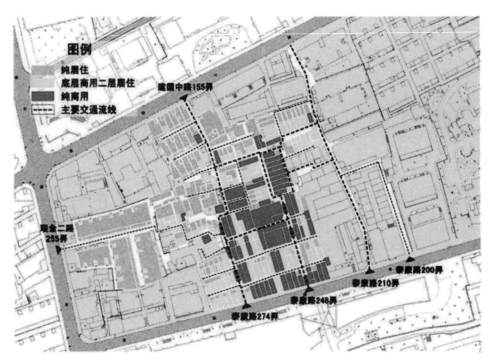

图 3-25　田子坊"居改非"后混杂的建筑使用情况（2013 年 1 月）

图片来源：参考文献 [127]

3.6.4　项目机制

1. 制度改变："居改非"弹性政策的探索与运用

田子坊地区的更新直接挑战并冲破了既有的相关制度，但仍取得了阶段性的成功。由于历史原因，大部分上海中心城区的旧式里弄住宅都是国有直管公房，即居住在田子坊的居民绝大多数都不是房屋的真正所有者。按照《上海市城镇公有房屋管理条例》规定，将"居住房屋改作非居住使用"要经过房屋所有者，即为政府代管房屋的国有物业公司的许可。并且依据 1997 年的《上海市居住物业管理条例》规定，住宅不得改变使用性质。因特殊情况需要改变使用性质的，应当符合城市规划要求，其业主应当征得相邻业主、使用人和业主委员会的书面同意，并报区、县房地产管理部门审批。里弄居民们较长一段时间内的"居改非"行为显然无法按合法程序获得批准，是不合法的，田子坊的自下而上的探索也是不被官方认可的。然而，田子坊是卢湾区最早形成并由街道一手培植的文化创意产业园区，通过旧厂房改造和石库门房屋出租、置换，在创意产业和城市文脉方面，逐渐成为上海彰显海派文化魅力的一张名片。正是田子坊在保留海派特色方面的特殊表现，使其受到更高层级政府的关注，在世博会的契机和多方力量的作用之下，卢湾区政府将田子坊列入"居改非"试点项目，使其获得正名，实现了商户经营的合法化，进而促成其商业及创意产业的蓬勃发展。从非法到合法，其前提和条件是与城市重视文化和创意产业的发展目标相一致，并符合相关住宅物业管理规定。近年来，上海为支持海派特色小店的发展，出台了相应政策保障其有序经营 ①，也是"居改非"合法化的有益探索。

在这里，我们进一步思考发现，若非原居民或街道企业的大胆突破性操作，可能就不会有田子坊的今日。然而"非法"行为的背后，也体现了弹性及合理预测的规划法规的缺位，若原有的规划法规对新产业的发展趋势有所认识并留有弹性发展的余地，那么面对创意产业的萌芽及发展，也许可以及时适应新需求，并在一定程度上扶助空间功能改变及产业调整。因此，对该案例的灵活机制及弹性政策的反思可从灵活市场与政府干预的互动结果探讨，包括两个方面：一是规划法规如何做到前瞻兼具弹性，在新兴产业兴起之时，能快速判断和应对；二是迫于压力和认清问题之后，政府做出了重要转变，包括出台了弹性政策，正式修改了相关规划，但同时需要思考如何发挥规划的整体协调和引导作用，防范个体行为带来的业态和空间失控等乱象。

2. 形成共赢：多种社会力量的共同作用

早期的里弄工厂与居住混合的阶段，各级政府盘活空置厂房资源、发展地区经济、实现产业结构调整的意愿与艺术家对低租金、工厂灵活开放的空间格局、良好交通区位的要求相契合，实现了双方共赢。在地块形态逐渐以里弄住宅为主的阶段，艺术家入驻里弄住宅的需求与居民改善生活条件的需求一拍即合，但由于涉及"居改非"制度瓶颈，引起诸多争议。这时社会各界力量介入，其中专家学者提出保护里弄住宅，市政府加大对创意产业园区的支持，知名艺术家对保留里弄厂房一再坚持，市场也作出积极回应，且基于原有社区脉络进行空间再生产，与社会公众一起塑造

---

① 为支持海派特色小店发展，根据时任上海市委书记李强"让知名特色小店能经营下去，成为上海特色"的批示精神，2019 年 4 月，上海市商务、规划、国资、房管、市场、绿化、城管、财政等八部门联合印发《关于本市支持海派特色小店发展的若干意见》，推出允许特色小店开展"外摆位"试点、鼓励举办街区集市等十条措施；同时，明确根据上海市住宅物业管理相关规定，结合街区规划，由各区规范调整房屋使用性质，为海派特色小店有序经营提供保障。

出该地区的人气。多元力量的集聚不仅将该地区打造成标志性意义的创意文化街区，也对政府彻底拆迁改造的原计划形成了对冲性的压力，共同迫使拆迁改造计划的撤回。这种多方参与的实践在客观上也探索了政府引导、居民自主推动的，自下而上的多元化、渐进式更新方式。

3. 主体能动：基层组织的充分授权

在田子坊地区更新过程中出现的社会力量中，有一股非常特殊的力量来自于街道办事处及其负责人。在上海"两级政府、三级管理"的制度改革下，街道办事处的地位得到提升；一方面属于区级政府派出机构，执行地区事务的行政管理，同时被赋予发展经济的职责；另一方面直接与居民企业面对面打交道，直面各种诉求，在各种矛盾中寻找空间和平衡。基层组织作为媒介，在把握上一层级的行政导向的同时，充分尊重居民、租户群体及商家的合法利益，倡导各方共同维护街区总体格局氛围和各主体享有的空间权利。在更新的各个阶段和既有制度框架下，基层组织可以综合协调体制框架外的民间力量和合法的上级决策政策，取长补短，灵活运用，一定程度上突破规则帮助街区自我再生。但由于其基层组织属性，仍不可避免地会遇到市场效益冲击、行政职能模糊、因缺少可指导的法律性文件而处于非正规状态和约束制衡力量有限等情况。尽管如此，正是该类角色的存在，使田子坊改造更新能够聚合起各种社会力量，编织起复杂的社会网络，进而推动该地区的不断更新发展。

3.6.5　项目复制

1. 产生的新问题与应对改进

城市更新的过程也是各方角力的过程，包括各利益相关方和社会公众、专家学者等，涉及经济、社会、制度的方方面面。在田子坊繁华的背后也有着重重困境和矛盾，包括社区结构的瓦解、社会文化的衰退、居住生态的恶化、过度商业化、创意产业发展空间被挤占、居民租金预期高企等[139-143]，而这些问题的核心又皆源于"居改非"的限制被打破后，未及时、有前瞻性地预测和探索如何让利益、空间、产业、产权等在这里取得新的平衡和融合，致使矛盾进一步发酵，进而使地区发展受到制约。"破"还需要"立"，需要从利益相关者的角度以及地区整体和谐发展的角度建立完善相关机制与制度设计，比如结合空间使用权限、业态分布情况，建立利益共享机制，调整出租房东、商户和留守居民之间的关系。对类似田子坊地区的产权关系不清、多户混杂使用一套住宅的住区，还应进行一系列的制度创新，明确可进行市场交易的使用权边界，进而在鼓励的同时，有效引导居民之间进行交换和自组织更新。此外，可通过政府有形之手控制业态引入情况，比如更加严格的行业准入机制，结合空间功能改变需求，完善业态变更制度。

2. 项目特殊性、意义与可复制条件

1）项目特殊性

田子坊的城市更新参与者多元复杂，原居民也充分地加入到了城市更新过程之中，既响应了民生改善的诉求，又扶持了创意商铺的实验，促进了历史街区的复兴，从而将一个不合规的集体"居改非"做成了一项有助于旧城区更新和新社区发展的集体创业[133]。田子坊的更新保护和再利用也因触及了城市空间和社会中最基层和最基础的社会动力和作用者，从而成为国内史无前例的自下而上的草根更新。由于其所处的特定时期和特定空间以及同一时期发生的特定事件的共同作用，比如当时艺术家的聚集、文创产业的快速发展，以及田子坊本身处于商业居住区和工业过渡地带的特殊条件，田子坊案例突破了"居改非"的限制。这一模式不仅根植于特殊背景之上，且伴随着一定的法律风险与安全隐患，因此难以被轻易推广复制。

2）项目意义

尽管该项目得以实施有其特殊性，但仍具有重要借鉴意义。一方面，通过深入分析田子坊地区的更新历程和多元主体决策互动，能帮助我们理解城市更新中的多元问题和复杂情况，借鉴其以创意引领发展的先进理念和典型的自下而上式更新探索。另一方面，田子坊的经验和教训也帮助我们反思"居改非"这一灵活政策工具的作用和局限。具体而言，政府选择应灵活，顺应潮流需求，但同时应做好规划前置，明确要放什么，要管什么，加强精细管理，尤其是对地区业态的合理引导。对于工厂区的业态管理，由于其产权为国有企业所有，而国企由政府负责资金支持和行政管理，因此可通过降低租金收入方面的指标考核，加强对创意产业发展的支持，从而促使国企降低工厂区的高额租金，避免艺术家工作室及真正创意产业的流失。对于居民区的业态管理，对"居改非"政策做进一步的实施限制是解决问题的关键。可参考香港特别行政区的城市功能变更制度，即通过法定图则对每一类用地的用途进行明确规定；用途被分为两栏，首栏是一直准许的用途，次栏加入了需要通过申报和申请从而进行调整的用途。对应到田子坊地区，可在地区控制性详细规划的基础上编制业态控制导则，并引入业态变更制度，即在导则中设定两类业态，第一类是一直准许的业态，如与创意产业相关的艺术室、工作室、艺术品零售等；第二类是需要通过向田子坊管理委员会申报和申请才能进行调整的业态，如餐饮、酒吧等。

3）项目可复制条件

田子坊是典型的小规模渐进式更新，比较适合处于经济发展平稳期，地方可投入更新中的资源较少，且需要在基本保留原有建筑和城市肌理基础上进行翻新和功能改变的更新项目。田子坊更新项目的可复制条件包括：（1）在经济社会经过大规模增量建设，进入平稳发展期，需要应对大量存量资源问题时，可采用这种模式对小规模历史街区或老旧社区进行改造，其经济上投入成本低，产出效益高。（2）当土地和空间资源紧缺时，这种模式具有一定的可普及性，在空间上也具有良好的拓展性。田子坊更新从工厂区向居民区扩展并逐渐向附近更大范围蔓延，在初期硬件建设投入少、资金平衡问题不突出时，就缓解了对周边土地的压力。当内部空间资源紧缺时，可以通过政策适应范围调整空间资源供应，以缓解压力，带动周边自主更新。（3）政府适度放权，鼓励各级干部敢为敢拼搏的大环境更有利于此种模式的推广。田子坊中上级政府对基层管理组织充分授权并调动积极性，有助于提高更新效率，带动整个地区跨越式发展。（4）当房屋产权问题难以协调时，可采取此种模式。在房屋产权上，田子坊居民能够参与更新的最大保障是他们手中仍旧握有"事实上的"房屋产权，在更新中拥有话语权，可以参与社区自治，更新开始阶段也没有动迁过程和动迁矛盾。在政策辅助之下，居民可自由处理手中资源，分享发展利益，激发市场动力。然而此做法虽顺应了民意，与前文的深圳、广州案例相比，政府也借助市场力量完成了拆迁，占据主动权，但后期也出现片区整体性差的问题。因此，借鉴田子坊经验的同时也应反思利弊，审时度势。

3. 借鉴策略与未来思路

田子坊的关键复制点在于从主体视角探索如何实现自下而上的更新模式，难点在于项目改造后资本战胜了创意，以及如何应对全球消费主义对城市本土脉络带来的负效应。其未来的核心问题是如何通过政府干预去控制业态发展，协调各方利益，缓解商居矛盾等问题。

田子坊项目的借鉴策略主要可体现在：充分挖掘地方文化特色和风貌特色，以保护促发展，以创意激发活力，注重在城市更新过程中建构可持续扩展的利益共同体和社会网络。研究田子坊不仅在于探讨此种更新方式是否可以且如何复制推广，更在于希望从田子坊的经验和教训中看到对城市善治的希冀。当前的田子坊由区级政府直接参与空间改造并重新纳入体制内进行管理，但其未来并不明确。随着居民陆续离开，业态不断更替，商铺逐渐高端化。田子坊内部空间正逐步被商业主义俘获，而曾引以为傲的差异化社会空间正日益萎缩。为了避免田子坊逐渐衰败，或走上资本权力主导的道路，政府应反思其角色定位，合理用其权力和影响力去引导田子坊的业态构成，从而更好地保存和发展原来的文化特色，实现新的利益平衡。此外，目前在旧城更新项目中常出现特色风貌保留完好，但居民撤离且业态过度商业化的挑战，如浙江乌镇、江苏同里古镇等项目，因此，旧城更新需格外重视业态构成对地方文脉的影响。

综上所述，虽文中对田子坊特殊的自下而上渐进式的城市更新模式表示赞赏，但对其前景仍充满担忧，仍需对未来类似项目或挑战提出一些解决应对思路。一方面，要强调规划的前置准备，让规划具备弹性及合理预测性，为新发展需求留有空间，为新的问题提供思路；另一方面，要加强应对资本逐利的政府精细化管理，整体协调政策的刚性与弹性，既体现弹性政策的灵活性，也要发挥政策文件的法律效力和可控性。

参考文献

[1] 李桂茹 . 深圳再跨越：打造高品位文化城——写在深圳经济特区创建 25 周年之际 [EB/OL].（2005-08-25）[2023-05-23].http：//zqb.cyol.com/content/2005-08/25/content_1166189.htm.

[2] 邹兵 . 存量发展模式的实践、成效与挑战——深圳城市更新实施的评估及延伸思考 [J]. 城市规划，2017，41（1）：89-94.

[3] 唐燕，杨东，祝贺 . 城市更新制度建设：广州、深圳、上海的比较 [M]. 北京：清华大学出版社，2019.

[4] 王承旭，钱征寒 . 融合治理理念的深圳城市更新实践 [J]. 城市发展研究，2021，28（10）：8-11.

[5] 中国人民政治政商会议广东省深圳市委员会 . 关于深圳市的历史违法建筑问题症结的提案及答复 [EB/OL].（2017-01-09）[2022-12-18].https：//www.szzx.gov.cn/content/2017-01/09/content_14766956.htm.

[6] SEA CiTY. 深圳土整新政背后的利益逻辑 [EB/OL].（2022-05-04）[2022-09-20].https：//mp.weixin.qq.com/s/BUilT3ckSie97Q9FEXUf2Q.

[7] 欧阳亦梵，杜茎深，靳相木 . 市场取向城市更新的钉子户问题及其治理——以深圳市为例 [J]. 城市规划，2018，42（6）：79-85.

[8] 黄卫东，张玉娴 . 市场主导下快速发展演进地区的规划应对——以深圳华强北片区为例 [J]. 城市规划，2010，34（8）：67-72.

[9] 黄卫东 . 城市治理演进与城市更新响应——深圳的先行试验 [J]. 城市规划，2021，45（6）：19-72.

[10] 赖亚妮，吕亚洁，秦兰 . 深圳市 2010-2016 年城市更新活动的实施效果与空间模式分析 [J]. 城市规划学刊，2018（3）：86-95.

[11] 国家发展和改革委员会 . 新型城镇化建设系列报道之二：以城市更新为重点 促进可

持续发展 [EB/OL].（2016-05-19）[2022-09-27].http://www.gov.cn/zhengce/2016-05/19/
content_5074733.htm.

[12] 缪春胜，邹兵，张艳.城市更新中的市场主导与政府调控——深圳市城市更新
"十三五"规划编制的新思路 [J].城市规划学刊，2018（4）：81-87.

[13] 艾琳，王刚.大城市的政府职权配置与现代政府型构——基于深圳"强区放权"的
论析 [J].国家行政学院学报，2017（4）：134-138+149.

[14] 郑坚.深圳土地整备实践模式研究 [D].广州：华南理工大学，2018.

[15] 王承旭，钱征寒.融合治理理念的深圳城市更新实践 [J].城市发展研究，2021，28
（10）：8-11.

[16] 田莉，夏菁.土地发展权与国土空间规划：治理逻辑、政策工具与实践应用 [J].城
市规划学刊，2021（6）：12-19.

[17] 深圳市人民政府办公厅.关于加强和改进城市更新实施工作暂行措施的通知 [EB/
OL].（2017-01-17）[2023-03-29].http://www.sz.gov.cn/zfgb/2017/gb988/content/post_
5000980.html.

[18] 林强，李泳，夏欢，等.从政策分离走向政策融合——深圳市存量用地开发政策的
反思与建议 [J].城市规划学刊，2020（2）：89-94.

[19] 刘贵文，易志勇，刘冬梅.深圳市城市更新政策变迁与制度创新 [J].西安建筑科技
大学学报（社会科学版），2017，36（3）：26-30.

[20] 盛鸣，詹飞翔，蔡奇杉，等.深圳城市更新规划管控体系思考——从地块单元走向
片区统筹 [J].城市与区域规划研究，2018，10（3）：73-84.

[21] 深圳市城市更新和土地整备局.深圳市拆除重建类城市更新单元计划管理规定 [EB/
OL].（2019-04-10）[2023-03-15].http://www.sz.gov.cn/szcsgxtdz/gkmlpt/content/
7/7019/post_7019447.html#19169.

[22] 王承旭，钱征寒.融合治理理念的深圳城市更新实践 [J].城市发展研究，2021，28
（10）：8-11.

[23] 林强.城市更新的制度安排与政策反思——以深圳为例 [J].城市规划，2017（11）：
52-55+71.

[24] 国家质量监督检验检疫总局.城市土地估价规程：GB/T 18508—2014[S].北京：中国
标准出版社，2014.

[25] 合一城市更新.强区放权后，深圳旧改从立项到确认实施主体要花多久？（上篇）
[EB/OL].（2021-08-26）[2022-12-18].https://mp.weixin.qq.com/s/cN0SmHaICf84IKFG-
fLZMVw.

[26]　杨振宇，李妍，陶立业．地方政府"强区放权"改革中事权承接存在的问题与机制优化——以深圳市为例 [J]．广东行政学院学报，2020，32（3）：26-32.

[27]　上海建纬（深圳）律师事务所．深圳城市更新十年之变：欣欣向荣但乱象丛生 [EB/OL]．（2019-05-12）[2022-03-15].https：//lvdao.sina.com.cn/news/2019-05-28/doc-ihvhiews5119961.shtml.

[28]　牛浩思 - 旧改先锋．初议"强区放权"后的深圳城市更新未来有哪些变化 ?[EB/OL]．（2017-03-10）[2023-05-23].http：//news.szhome.com/242437.html.

[29]　周彦吕，洪涛，刘冰冰．深圳城市更新空间发展及反思——以南山区为例 [C]// 中国城市规划学会——2016 中国城市规划年会论文集（06 城市设计与详细规划）．北京：中国建筑工业出版社，2016：611-621.

[30]　伍灵晶，刘芳，罗罡辉，等．构建存量土地开发的市场化机制：理论路径与深圳实践 [J]．城市规划，2022，46（10）：10.

[31]　周显坤．城市更新区规划制度之研究 [D]．北京：清华大学，2017.

[32]　深圳市城市规划设计研究院．南山区大冲村改造专项规划 [Z].2011.

[33]　南方都市报．五百岗厦旧楼倒下去 十个亿万富翁站起来 岗厦改造造就大批富翁，相关人士称或影响深圳旧改补偿标准，致城市更新门槛提高 [EB/OL]．（2009-10-27）[2022-08-25].https：//news.sina.com.cn/c/2009-10-27/045316504450s.shtml.

[34]　刘思思．城市更新进程中的政府行为分析 [D]．深圳：深圳大学，2019.

[35]　高昕蕊．深圳大冲村改造后住区形态对高新区的影响研究 [D]．哈尔滨：哈尔滨工业大学，2020.

[36]　迈际飞．城市更新案例（一）——从大冲村到深圳·华润城的蝶变之路 [EB/OL]．（2021-11-23）[2022-05-11].https：//baijiahao.baidu.com/s?id=1717181853125727343&wfr=spider&for=pc.

[37]　欧国良，刘芳．深圳市城市更新典型模式及评价——以城中村拆除重建类型为例 [J]．中国房地产，2017（3）：48-54.

[38]　高昕蕊．深圳城中村改造路径选择——基于大冲村项目思考 [C]// 中国城市规划学会，重庆市人民政府．活力城乡 美好人居——2019 中国城市规划年会论文集（02 城市更新）．哈尔滨工业大学（深圳），2019：12.

[39]　张泽宇，李贵才，龚岳，等．深圳城中村改造中土地增值收益的社会认知及其演变 [J]．城市问题，2019（12）：31-40.

[40]　司南，阴劼，朱永．城中村更新改造进程中地方政府角色的变化——以深圳市为例 [J]．城市规划，2020，44（6）：90-97.

[41] 周子勋，张孔娟.寻找可推广的改革案例：城市更新的深圳样本 [N].中国经济时报，2015-04-24.

[42] 崔元星.解密深圳大冲村改造 [EB/OL].（2010-02-27）[2022-08-25].http：//blog.sina.com.cn/s/blog_558ec1160100gpmq.html.

[43] 华润置地华南大区.聚焦｜央视《焦点访谈》聚焦华润大冲旧改（华润城）项目 [EB/OL].（2015-06-08）[2022-08-29].https：//mp.weixin.qq.com/s/Y9Xet3m-kOhqCN1cO6C1nQ.

[44] 刘江涛，傅晓东.存量土地开发模式下市政影响评价机制探讨 [C]// 中国城市规划学会.城市时代，协同规划——2013 中国城市规划年会论文集（07- 居住区规划与房地产）.中国山东青岛.深圳市规划国土发展研究中心，2013：8.

[45] 洪世键，胡洲伟.存量规划背景下深圳土地二次开发绩效评价与反思 [J].低温建筑技术，2019，41（6）：47-51.

[46] 南都周刊.深圳旧改十年：暴富的村民、彷徨的租户、精明的投资客 [EB/OL].（2019-10-16）[2022-08-31].https：//mp.weixin.qq.com/s/HR21TZYbP0VyWMZlVW2QEw.

[47] 乐居网广州.深圳大冲村，由旧改掀起的价值重塑样本 [EB/OL].（2021-09-09）[2022-08-30].https：//baijiahao.baidu.com/s?id=17104194190629153 09&wfr=spider&for=pc.

[48] 程丹丹，吴雪颖，孟凡炀.深圳城中村更新模式对比——以水围村和大冲村为例 [C]// 中国城市规划学会，杭州市人民政府.共享与品质——2018 中国城市规划年会论文集（02 城市更新）.中国浙江杭州.哈尔滨工业大学（深圳），2018：11.

[49] 南方都市报.深圳二手房价微跌 城中村租金涨幅明显 [EB/OL].（2007-12-18）[2022-08-30].http：//news.sohu.com/20071218/n254144964.shtml.

[50] 邹兵，王旭.社会学视角的旧区更新改造模式评价——基于深圳三个城中村改造案例的实证分析 [J].时代建筑，2020（1）：14-19.

[51] 李景磊.深圳城中村空间价值及更新研究 [D].广州：华南理工大学，2018.

[52] 徐亦奇.以大冲村为例的深圳城中村改造推进策略研究 [D].广州：华南理工大学，2012.

[53] 刘泳娜.广东省"三旧"改造典型案例发布.精选案例分析（之一）[J].房地产导刊，2019（6）：26-29.

[54] 朱丽丽，黎斌，杨家文，等.开发商义务的演进与实践：以深圳城市更新为例 [J].城市发展研究，2019（9）：62-68.

[55] 深圳市规划和自然资源局.深圳经济特区城市更新条例 [EB/OL].（2021-03-01）

[2022-05-11].http：//pnr.sz.gov.cn/bmgkml/gxzbj/zcfg/content/post_8614016.html.

[56] 深圳市规划和自然资源局.深圳市拆除重建类城市更新单元规划容积率审查规定 [EB/OL].（2019-02-02）[2022-06-16].http：//pnr.sz.gov.cn/ywzy/gxzb/csgx/content/post_5836870.html.

[57] 叶裕民.特大城市包容性城中村改造理论架构与机制创新——来自北京和广州的考察与思考 [J].城市规划，2015，39（8）：9-23.

[58] 赵燕菁.城市化 2.0 与规划转型——一个两阶段模型的解释 [J].城市规划，2017，41（3）：84-93+116.

[59] 杜鹏.城中村：城乡社会结构的"第三元"——基于京郊 H 村的调研 [J].暨南学报(哲学社会科学版），2022，44（12）：26-36.

[60] 钟文辉，吴锦海，张建美."租差"分配视角下的深圳市"城中村"更新研究 [J].城乡规划，2022（3）：79-88.

[61] 苏海威，胡章，李荣.拆除重建类城市更新的改造模式和困境对比 [J].规划师，2018，34（6）：123-128.

[62] 田莉，姚之浩.中国大城市流动人口的居住问题 [EB/OL].（2018-04-21）[2022-11-09].https：//mp.weixin.qq.com/s/20JlxZ-QekkBfdhfJQLxbg.

[63] 广州市政协常务委员会.关于政府主导民生为重进一步完善我市老城区危破房改造工作的建议案 [EB/OL].（2007-05-28）[2022-09-28].https：//www.gzzx.gov.cn/index/zwhgz/cjzyhj/202105/t20210510_120280.htm.

[64] 丁寿颐."租差"理论视角的城市更新制度——以广州为例 [J].城市规划，2019，43（12）：69-77.

[65] 朱一中，王韬.剩余权视角下的城市更新政策变迁与实施——以广州为例 [J].经济地理，2019，39（1）：56-63+81.

[66] 姚之浩，田莉.21 世纪以来广州城市更新模式的变迁及管治转型研究 [J].上海城市规划，2017（5）：29-34.

[67] 许宏福，林若晨，欧静竹.协同治理视角下成片连片改造的更新模式转型探索 ——广州鱼珠车辆段片区土地整备实施路径的思考 [J].规划师，2020（18）：22-28.

[68] 陈伶俐，梁师誉，李睿佳，等.广州"三旧"改造的经验分析与思考 [J].中国国情国力，2022（1）：61-65.

[69] 万玲.广州城市更新的政策演变与路径优化 [J].探求，2022（4）：32-39.

[70] 广悦城市更新研究院.《广州市城市更新条例（征求意见稿）》亮点总结及对应条文解读（下）[EB/OL].（2021-07-19）[2022-09-30].https：//mp.weixin.qq.com/s/gimX_

oDppUkXou3rZrTASA.

[71] 许宏福，王秀梅，林若晨．土地发展权视角下的城市更新增值分配与共享——源自广州城市更新土地整备的实践思考 [C]// 中国城市规划学会，成都市人民政府．面向高质量发展的空间治理——2021 中国城市规划年会论文集（02 城市更新）．中国四川成都．广州市城市规划勘测设计研究院，2021：12.

[72] 何冬华，高慧智，刘玉亭，等．土地再资本化视角下城市更新的治理过程与干预——对广州旧村改造实施的观察 [J]．城市发展研究，2022，29（1）：95-103.

[73] 邱杰华．基于土地发展权的广州土地再开发管制策略 [C]// 中国城市规划学会，成都市人民政府．面向高质量发展的空间治理——2021 中国城市规划年会论文集（02 城市更新）．中国四川成都．广州市城市规划勘测设计研究院规划设计一所，2021：9.

[74] 广州市规划和自然资源局（广州市海洋局）城市更新土地整备处．探索政策 破解难题 助推实施城市更新行动——广州城市更新 "1+1+N" 政策首个行政规范性文件出台 [EB/OL]．（2020-12-30）[2022-09-30].http：//ghzyj.gz.gov.cn/zwgk/xxgkml3/bmwj/zcjd/content/post_7003216.html.

[75] 华南城市更新．一则异地平衡通知，揭开越秀十年旧改难题 ![EB/OL]．（2021-01-15）[2023-03-21].https：//mp.weixin.qq.com/s/786KtPY7YL-2krcl06x68w.

[76] 国地科技．对于 "三旧" 改造中土地置换的思考 [EB/OL]．（2022-05-26）[2023-03-20].https：//mp.weixin.qq.com/s/y0lxzaCNu02_fEnWd9eiRA.

[77] 凯风．全国卖地收入排行：谁是最依赖土地财政的城市 ?[EB/OL]．（2022-01-11）[2022-09-29].https：//mp.weixin.qq.com/s/QqndEQZc0mrM8BqkKENUCQ.

[78] 广州市人民政府．《广州市人民政府关于提升城市更新水平促进节约集约用地的实施意见》政策亮点 [EB/OL]．（2017-06-19）[2022-09-30].https：//www.gz.gov.cn/zwgk/zcjd/zcjd/content/post_3088904.html.

[79] 方旖旎．城市更新背景下的土地整备策略 [J]．城市住宅，2021，28（10）：209-210.

[80] 田莉，郭旭．"三旧改造" 推动的广州城乡更新：基于新自由主义的视角 [J]．南方建筑，2017（4）：9-14.

[81] 冯萱，吴军．旧城更新的中观层面规划管控思路与方法——以广州市旧城保护与更新规划为例 [J]．城市观察，2014，（3）：5-17.

[82] 黄冬娅．人们如何卷入公共参与事件 基于广州市恩宁路改造中公民行动的分析 [J]．社会杂志，2013，33（3）：131-158.

[83] 孚园．城市更新:实现 "不可能三角" 平衡（以恩宁路改造为例）[EB/OL]．（2018-04-11）[2022-05-11].https：//zhuanlan.zhihu.com/p/33173056.

[84] 新快报.恩宁路拆迁：最后的拉锯 [EB/OL].（2012-02-21）[2022-07-26]. https：//news.focus.cn/gz/2012-02-21/1787590.html.

[85] 广州楼市发布.又又又延期！恩宁路拉锯11年！拆迁补偿最高19800元/平 [EB/OL].（2018-09-12）[2022-09-06].https：//mp.weixin.qq.com/s/cT8PA34Rr-X1ONIff1MGvFQ.

[86] 何姗.恩宁路拆迁：最后的拉锯 [N].新快报，2012-02-21.

[87] 竖梁社.旧城生活的复兴——广州恩宁路永庆片区微改造 [EB/OL].（2017-05-25）[2023-05-17].https：//www.gooood.cn/recovery-of-old-city-life-enning-rd-yongqingfang-renovation-in-guangzhou-china-by-atelier-cns.htm.

[88] 谭俊杰，常江，谢涤湘.广州市恩宁路永庆坊微改造探索 [J].规划师，2018，34（8）：62-67.

[89] 华高莱斯.李忠案例库丨广州永庆坊——旧城更新的"微改造"样本 [EB/OL].（2020-07-03）[2022-05-11].https：//www.sohu.com/a/405558021_120168591.

[90] 新快报.万科在恩宁路这样微改造，你喜欢吗？ [EB/OL].（2016-12-08）[2022-09-06].https：//www.sohu.com/a/114750749_119778.

[91] 广州市规划和自然资源局.《恩宁路历史文化街区保护利用规划》已获市政府批准，正式公布 [EB/OL].（2019-01-30）[2024-04-23].https：//mp.weixin.qq.com/s/Oj9pl2Wp-BlNIKgXUnoO5xQ.

[92] 尹来盛.城市再生视角下历史文化街区改造升级研究——以广州市永庆坊为例 [J].城市观察，2021（5）：69-76.

[93] 钟丽婷.老街新生，永庆恩宁 [N].南方都市报，2016-09-30.

[94] 吴凯晴."过渡态"下的"自上而下"城市修补——以广州恩宁路永庆坊为例 [J].城市规划学刊，2017（4）：56-64.

[95] 温士贤，廖健豪，蔡浩辉，等.城镇化进程中历史街区的空间重构与文化实践——广州永庆坊案例 [J].地理科学进展，2021，40（1）：161-170.

[96] 何姗，王婷婷，黄婷.恩宁路二期先改造骑楼街 广州首次逐家与业主租户协商改造方案 [N].新快报，2018-11-16.

[97] 朱一中，王韬.剩余权视角下的城市更新政策变迁与实施——以广州为例 [J].经济地理，2019（1）：56-63+81.

[98] 邓堪强.广州恩宁路历史文化街区永庆坊片区微改造 [EB/OL].（2019-10-12）[2022-07-27].https：//mp.weixin.qq.com/s/2nMFf5qTZEcnVqtlY7JoGg.

[99] 闫睿悦.老房子中的商业区：广州永庆坊的新旧城市改造实验 [EB/OL].（2019-01-21）[2022-05-11].https：//www.jiemian.com/article/2805418.html.

[100] 康毅彬.我国城市更新中多元参与主体关系的平衡与再造 [D].厦门:厦门大学,
2019.

[101] 余倩雯,古美莹,郭萌.复杂历史建成环境下"蓝图"到"实景图"的实施机制——
以恩宁路永庆坊为例 [C]// 中国城市规划学会,成都市人民政府.面向高质量发展
的空间治理——2020 中国城市规划年会论文集(13 规划实施与管理).中国四川
成都.广州市岭南建筑研究中心,2021:10.

[102] 南方都市报.恩宁路成立广州首个历史街区更新"共同缔造"委员会 [EB/OL].
(2018-09-07)[2022-05-11].https://www.sohu.com/a/252552986_161795.

[103] 南方都市报.永庆坊:成功却不可复制的历史街区活化案例 [EB/OL].(2017-09-06)
[2022-06-15].https://www.sohu.com/a/190033720_161795.

[104] 广东建设报.破解历史建筑活化利用 消防难题 永庆坊作出"标杆示范"[EB/
OL].(2021-03-24)[2022-06-15].http://ep.ycwb.com/epaper/gdjs/html/2021-03-24/
content_1161_370114.htm.

[105] 林霖.延续邻里环境的上海里弄街区适应性更新——以上海市瑞康里、瑞庆里街
区为例 [D].重庆:重庆大学,2014.

[106] 张俊.多元与包容——上海里弄居住功能更新方式探索 [J].同济大学学报(社会
科学版),2018,29(3):45-53.

[107] 中国新闻周刊.旧城改造的绍兴模式 [EB/OL].(2006-04-20)[2022-11-08].https://
news.sina.com.cn/c/2006-04-20/14149673533.shtml.

[108] 连云港市文广旅局官微.留住原住民 留住历史街区的"本真"[EB/OL].(2021-08-18)
[2022-11-09].https://mp.weixin.qq.com/s/kkt96Tm1PD3zluEK7B7lNA.

[109] 肖梅乐,徐逸伦,李依倪.基于容积移转制度的历史街区复兴——以中国台湾迪
化街为例 [J].城市建筑,2019,16(16):183-189.

[110] 薛杨,刘康宁.社区营造视角下的城市更新反思——以恩宁路永庆坊微改造为例
[C]// 中国城市规划学会,重庆市人民政府.活力城乡 美好人居——2019 中国城市
规划年会论文集(02 城市更新).中国重庆.北京清华同衡规划设计研究院有限
公司,2019:8.

[111] 吴冠岑,牛星,王洪强.上海住房问题及综合治理对策探讨 [J].上海房地,2015
(11):29-32.

[112] 苏甦.上海城市更新的发展历程研究 [C]// 中国城市规划学会,东莞市人民政府.持
续发展 理性规划——2017 中国城市规划年会论文集(02 城市更新).东莞.上海
营邑城市规划设计股份有限公司,2017:12.

[113] 匡晓明.上海城市更新面临的难点与对策 [J].科学发展，2017（3）：32-39.

[114] 葛岩，关烨，聂梦遥.上海城市更新的政策演进特征与创新探讨 [J].上海城市规划，2017（5）：23-28.

[115] 吴敬琏.促进制造业的"服务化" [J].中国制造业信息化，2008（11）.1672-1616.11-4974/TH.

[116] 葛岩.上海城市更新的探索、挑战及策略思考 [J].北京规划建设，2019（S2）：42-47.

[117] 周舜珏.从旧城改造迈向城市更新——以杨浦区 228 街坊为例 [C]// 中国城市规划学会，东莞市人民政府.持续发展 理性规划——2017 中国城市规划年会论文集（02 城市更新）.上海营邑城市规划设计股份有限公司，2017：12.

[118] 全国勘察设计信息网.上海市城市更新中心揭牌成立 [EB/OL].（2020-07-15）[2023-03-20].http：//www.cidn.net.cn/show.asp?id=54253.

[119] 张莉.从办法到条例——上海城市更新政策的历时性解读 [J].上海房地，2021（9）：60-62.

[120] 林华.城市更新规划管理与政策机制研究——以上海和深圳为例 [C]// 中国城市规划学会.持续发展 理性规划——2017 中国城市规划年会论文集.北京：中国建筑工业出版社，2017：1164-1171.

[121] 中潜咨询.浅谈上海城市更新统筹主体 [EB/OL].（2021-09-22）[2023-03-20].https：//zhuanlan.zhihu.com/p/412727180.

[122] 周俭，阎树鑫，万智英.关于完善上海城市更新体系的思考 [J].城市规划学刊，2019（1）：20-26.

[123] 陈青长.浅谈田子坊的再生模式 [J].中外建筑，2012（3）：87-89.

[124] 李挚.田子坊：自下而上的可持续性旧城更新模式 [J].福建建筑，2013（7）：86-88+82.

[125] 单瑞琦，张松.历史建成环境更新活力评价及再生策略探讨——以上海田子坊、新天地和豫园旅游商城为例 [J].城市规划学刊，2021（2）：79-86.

[126] 邬昊睿，董春方.基于共生理念的石库门更新模式探究——以田子坊为例 [J].建筑与文化，2022，（3）：165-168.

[127] 孙施文，周宇.上海田子坊地区更新机制研究 [J].城市规划学刊，2015（1）：39-45.

[128] 杨梦丽，王勇.历史街区保护更新的协作机制 [J].城市发展研究，2016，23（6）：52-58.

[129] 管娟，郭玖玖.上海中心城区城市更新机制演进研究——以新天地、8 号桥和田子坊为例 [J].上海城市规划，2011（4）：53 -59.

[130] 黄江，徐志刚，胡晓鸣.基于制度层面的自下而上旧城更新模式研究——以上海田子坊为例 [J]. 建筑与文化，2011（6）：60-61.

[131] 李燕宁.田子坊 上海历史街区更新的"自下而上"样本 [J]. 中国文化遗产，2011（3）：38-47.

[132] 洪启东，童千慈.文化创意产业城市之浮现——上海 M50 与田子坊个案 [J]. 世界地理研究，2011，20（2）：65-75.

[133] 于海，钟晓华，陈向明.旧城更新中基于社区脉络的集体创业——以上海田子坊商街为例 [J]. 南京社会科学，2013（8）：60-68＋82.

[134] 同济大学.上海市田子坊发展规划（2008-2015）[Z].2007.

[135] 城市更新智库.上海文创第一街田子坊的前世今生 [EB/OL].（2019-05-08）[2024-01-09].https：//mp.weixin.qq.com/s/vn5kBH7yj3yI7g_awoVyPQ.

[136] 王尧舜，胡纹，刘玮.旧城改造中的博弈与重构——以上海田子坊为例 [J]. 建筑与文化，2016（11）：122-123.

[137] 何芳，张皓.我国城市存量土地盘活政策创新实践及启示 [J]. 改革与战略，2013，29（12）：21-24+42.

[138] 于海.旧城更新叙事的权力维度和理念维度——以上海"田子坊"为例 [J]. 南京社会科学，2011（4）：23-29.

[139] 张琰.上海田子坊：文化气息逐渐消散，唯有租金上涨 [EB/OL].（2016-08-31）[2024-04-23].https：//collection.sina.cn/yejie/2016-08-31/detail-ifxvixeq0794989.d.html.

[140] 姚子刚，庞艳，汪洁琼."海派文化"的复兴与历史街区的再生——以上海田子坊为例 [J]. 住区，2012（1）：139-144.

[141] 李彦伯，诸大建.城市历史街区发展中的"回应性决策主体"模型——以上海市田子坊为例 [J]. 城市规划，2014，38（6）：66-72.

[142] 彭健航，胡晓鸣.基于产权视角对自下而上城市更新模式的反思——以上海田子坊为例 [J]. 建筑与文化，2014（2）：117-119.

[143] 上海市黄浦区田子坊管理委员会.关于《田子坊转型升级设计规划》征求公众意见的公告 [EB/OL].（2001-12-19）[2022-04-09].https：//www.shhuangpu.gov.cn/hd/wszjgb/index.html?questionnaireid=67c9b147-6943-47f2-a780-bbd83d2959a5.

[144] 邵静怡，孙斌栋.创意产业集聚与城市更新的互动研究——以上海田子坊为例 [J]. 城市观察，2013（1）：158-168.

[145] 黄晔，戚广平.田子坊历史街区保护与再利用实践中商居混合矛盾的财产权问题 [J]. 西部人居环境学刊，2015，30（1）：66-72.

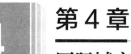

第4章

国际城市更新体系中激励机制的实践与启示

4.1 英国：自由裁量规划体系下的激励机制

4.1.1 社会环境背景

英国国土面积为 22.41 万 km²，人口 6830 万，其中约 90% 属于城镇人口，是欧洲人口最密集的国家之一。英国的社会和文化背景尊重传统，以保守主义、经验主义为主，其历史演变的一个重要特点是其文化传统有较大的连贯性。这种连贯性使英国人坚持一种传统观念，即崇尚过去的智慧和成就，崇尚蕴涵传统的制度和生活方式 [1]。如同英国政治思想家柏克所说，英国的"政体是约定俗成的体制；这种体制的唯一权威性就在于它的存在源远流长""约定俗成是一切权柄中最坚实的，不仅对财产是如此，而且对保障该财产的权利，对政府，也是如此"。

英国宪法惯例得到普遍遵守的原因也在于对传统的尊重，是历史上长期形成的做法，虽然没有法律效力，但是英国人尊重这些历史形成的习惯，将其视为理所当然，并把它作为宪法的一部分 [2]。

因此，以惯例作为衡量准则的英国，强调发展的渐进性和连续性，法律准则和决议均可根据实际情况的需要进行更改。在这一点上，英国的不成文宪法是典型的例子。

4.1.2 法律政策背景

1. 英国不成文宪法体系

在英国的政治传统中，宪法是关于政府制度及政府与个人关系的规则，即一种规范国家政府制度的规则群 [3-4]。作为典型的海洋法系国家，英国没有统一的法规体系，采用判例形式解决矛盾，法律成文主要由成文法、判例法以及非书面的惯例习惯组成，且它们互相平行。成文法（Legislation）指宪法性法律文件，由英国议会立法，具有高度法律效力，例如 1215 年的《自由大宪章》，1628 年的《权利请愿书》，

1689 年的《权利法案》，1701 年的《王位继承法》等历经数百年还一直保持有效的法律文件，这一点来自于上文所讲到的英国对传统尊重的信念。判例法（Case Law）是在司法实践中形成的，按照遵循先例的原则适用。早在 13 世纪，法官就已援引判例阐明法律；至 16 世纪，判例作为普通法院的审判依据引用已成为惯例；19 世纪，判例法成为约束力原则，所有法院都必须考虑有关判例[5]。判例法是英国法院特别是高等法院在司法实践中对某些案例判决和解释的依据。

英国不成文宪法本质上是宪法惯例（Constitutional Convention）[6]。然而，宪法惯例在绝大多数实例中只能作为一般条款笼统地概述出来，其具体应用存有争议和模糊性，需要视具体情况而定，这一点为行政权力的"自由裁量"奠定了重要基础。

2. 英国政府架构及权力分配

英国的政府架构是两院制议会，分为上议院和下议院，上议院由世袭贵族组建而成，而下议院是民选议院。英国议会的权力主要包括四个方面，分别是立法权、财政监督权、行政监督权和司法权，其中司法权由上议院独有，立法权、监督政府财政和行政的权力归属于下议院。

作为实行地方分权的单一制国家，英国的地方政府权力直接来自中央授权，同时，英国推行广泛的地方自治，保证地方政府的相对独立性[7]。英国主要由英格兰、威尔士、苏格兰和北爱尔兰四部分组成，虽四个地区在规划立法与行政权上各有不同，但均以英格兰模式为发展蓝本，因此，本文讨论的规划体系主要也以英格兰为主体。在英国中央层面，共有 24 个部门，其中住房、社区与地方政府部（Ministry of Housing, Communities and Local Government）是主管规划的部门，负责制定规划的法规、政策框架和相关实践指导等。同时中央还下设了 400 多个机构来辅助提供政府服务，其中就包括规划督察委员会。除中央政府外，英国主要有四级行政区划：区域（Region）、郡（County）、地区（District）和教区（Parish）[8]，在不同时期，不同的行政区划层级会制定相应的规划，这一点在后文规划体系部分会具体说明。区域层面，主要由区域发展机构负责区域空间战略的编制，2011 年后，区域空间战略被废止；在郡级层面，由郡议会负责规划编制；在地区层面，地方的规划机构，如区议会，负责地方规划的编制；在教区层面，由邻里、社区组织等共同编制邻里规划。可见，英国从中央到地方在行使空间规划职能方面形成了一套完整的行政体系。

4.1.3 规划制度环境

1. 规划相关的权力安排

英国规划体系主要包括三个层次：地方层面、区域层面、国家层面。

地方层面主要由地方规划局（Local Planning Authority）代表地方政府权益，负责编制地方发展规划文件，指导地区发展。地方规划局通过任命规划官员，以提供专业意见，协助规划系统的运作。其中，对于大多数小规模且无争议的申请，规划官员拥有直接审批的权力；而对较大规模或有争议的申请，则需要依据规划官员的专业报告，由规划委员会进行最终裁定。

区域层面主要是区域规划指引（Regional Planning Guideline）和区域规划战略（Regional Spatial Strategy），以及区域住宅、交通、绿带等可持续发展指南，由区域规划机构负责编制。为了增强地方规划的自主权，区域层面的规划于 2011 年被废除。目前区域层面只保留了"伦敦规划（The London Plan）"。

国家层面主要是国家规划政策框架（National Planning Policy Framework），由住房、社区与地方政府部（Ministry of Housing, Communities and Local Government）负责编制，主要从国家整体规划愿景和目标的角度提出框架性指引并监督实施，为地方规划提供政策性引导，但对事务不作具体安排。国家规划政策框架是动态更新的文件，以适应不断变化的社会经济需求和环境目标。

另外，住房、社区与地方政府部国务大臣代表中央政府干预规划，直接负责统领和监督规划系统的运行，并通过申诉制度和接管制度直接审批一小部分规划申请和国家重要基础设施建设项目。规划督察署是社区与地方政府部署的一个提供公正、独立的专业服务的执行机构。

现行的规划督察制度（Planning Inspectorate）始于 1992 年 4 月，是对英国"指导式"规划方式[9]的补充，是对"自由裁量"规划权力的行政问责制度[10]，由中央政府负责。一旦开发商、公众等利益群体对地方政府的规划审批决议有质疑，有权向中央政府的有关规划复议委员会提出申请①，要求对地方当局的决定复议，国务大臣将派出监察员负责处理复议案件，依据"开发规划"和"国家规划政策指南"负责处理个人或各组织与地方政府在规划、住宅、环境、公路等发展上所产生的争执[11]。督察决议时间根据不同的审理形式②从几周到几年不等[12]。法律明确了规划督察的作用和权力③，中央政府明确了督察的工作目标和宗旨，确保了规划督察能够有效发

---

① 规划督察是最后的行政补救手段。开发商对地方政府的审批决议不满时，应首先和地方政府进行协商，讨论能否通过改动方案通过审批，如果协商不成功，可以提起复议[12]。

② 规划督察的审理形式主要有三种：书面报告（Written Reports）、听证会（Hearings）、质询（Inquiries）。

③ 1968 年的《城乡规划法》针对规划督察机构中规划督察的申诉决定权在法律上予以正式明确和授权；1990 年的《城乡规划法》及其修订案进一步扩大了规划督察决定仲裁的适用范围，除重大规划许可外，原先由国务大臣负责的裁决职责大多交由督察；2004 年的《规划与强制收购法》中，扩大了规划督察工作的职权范围，增加了地方规划审查内容[15]。

挥其监督管理的作用[13]。规划督察是一个衔接上下级部门的行政机构，最初隶属于英国环境部，如今是全权负责英格兰规划事务的副首相办公室（ODPM）下设的一个行政机构[14]，已经成为英国行政管理模式的一个重要方式。

2. 规划体系变迁的社会政治背景

1）新自由主义下的规划弱化

二战后，英国一直由工党和保守党轮流执政，由于发展理念的不同，战后经济的恢复和城市发展进程缓慢[8]。1947年英国实行土地开发权以及重大基础设施的国有化后，市场主体积极性不高，市场经济发展"滞涨"，加之石油危机，使英国经济停滞不前。1979年，撒切尔政府上台。为振兴英国经济，撒切尔夫人通过推进私有化、控制货币、削减福利开支等改革措施，削弱了地方政府在城市发展中的作用，甚至解散了大伦敦和6个都市郡的议会，转而强调自由市场的发展。撒切尔夫人的种种举措虽然在一定程度上拉动了英国经济增长，但由于区域规划的缺位和规划引导作用的弱化，造成了城市面貌的自由无序发展和碎片化开发格局，以及房地产市场供应严重过剩等系统性问题[16]，典型案例有金丝雀码头等大规模项目的失败。

2）可持续发展背景下的规划引导

1988年，英国政府颁布了第一部《规划政策指引》（*Planning Policy Guidance Notes*，PPGs），开启了国家层面的规划，该政策旨在从总体上为英格兰发展的规划政策制定提供更为明确的指引，涉及土地利用、经济发展和环境保护多方面问题[7]。1997年布莱尔赢得大选后，从政治、经济、文化价值等多领域着手，开始社会全面改造。随着产业全球化的发展，区域成为全球经济发展的重要单元。为解决区域格局碎片化问题，布莱尔开始推行自上而下的区域发展改革策略，同时强化了规划对发展的重要引导作用，加大了地方政府在地方规划中的指引作用，增强了国家规划的刚性和对区域、地方的控制权。

3）地方主义背景下的规划分权

2008年全球金融危机爆发，导致英国经济再次萧条。2010年卡梅伦政府上台后，为了减少公共开支和推动地方的经济增长和可持续发展，开启了新一轮的以地方主义为核心的规划改革。在这一阶段，区域规划被废除，中央政府对地方政府的干预减少，同时地方规划层级逐渐下移，邻里规划成为法定规划。2016年特蕾莎·梅上台后，为进一步加强分权，颁布了《城市和地方政府权力下放法》（*Cities and Local Government Devolution Act* 2016）。这一阶段，地方层面的规划决策权得到更进一步的强化，英国逐步形成了国家层面的规划政策框架与地方层面的地方规划和邻里规划的二级规划体系。

3. 规划体系和内容演变

基于英国特定法律背景，英国的规划法律体系随着政治和社会经济环境的发展变化不断演进，并呈现较强的时效性特征，具体表现为规划体系的变革日益注重高效与实用主义，规划权力不断下放到地方，逐步形成了多方合作的空间治理机制[8]。英国先后颁布了多部规划法律法规和政策，按照规划体系中政府及法律在城市规划中的作用进行划分，主要可以分为以下几个阶段：

1）政府开始参与并干预城市物质空间开发：1875—1946 年

随着工业革命的发展，城市人口迅速膨胀，引发了一系列环境卫生和住房等城市问题，恶劣和拥挤的城市环境带来了治理成本的增长。为了稳定社会环境和减少经济成本，英国政府颁布了一系列有关城市环境卫生和住房保障的法规。1875 年颁布的《公共卫生法》（*Public Health Act*）通过立法手段授权地方政府使其在城镇建设中控制街道宽度、规范街道旁建筑退界和通风等卫生标准。1890 年，在《工人阶级住房法》（*Housing of Working Classes Act*）中，政府被授权治理不卫生建筑，征购土地用于安置房建设，同时对土地的开发进行综合布局。尽管以上两部法律缓解了城市环境恶化和住房短缺问题，但城市整体的布局和用地较混杂，亟须在更大范围综合土地的开发利用。1909 年，英国通过了第一部城市规划法《住房与城市规划诸法》（*Housing，Town Planning，Etc. Act 1909*），标志着城市规划开始作为一项政府职能[18]。该法律授权地方政府对正在开发或将要开发的土地进行"规划方案"的编制，以控制新住宅区的开发和城镇的蔓延。而后，1919 年的《住宅与城市规划诸法》修订简化了城市规划方案的编制和审批程序，强化了（规划编制过程中）过渡时期的开发管制条款，使之更具操作性，并授权中央政府可以要求地方政府编制规划方案。1932 年，第一部《城乡规划法》（*Town and Country Planning Act*）作为核心法诞生，取代并废除了 1909 年后所有的规划法，将规划控制范围扩大，英国由此从单项城市用地管控转向城乡双向控制，并在 1943 年和 1944 年对规划范围进行了补充[19]。

在这一阶段，地方政府在城市规划方面始终以被动的开发管制为主，并未形成积极的开发引导。同时，在土地私有化的英国，土地用途的管制常常涉及业主的权益，但由于赔偿法律不完善，导致规划控制只能迁就现状，未能实现土地资源的优化配置[20]。

2）形成系统完善和层级明晰的规划指导体系：1947—1989 年

1947 年颁布的《城乡规划法》，是英国规划体系建立的重要转折点，标志着以"发展规划"为核心的规划体系正式建立，为构建国家空间秩序开发的规划体系奠定了基础。其中的重要规定主要体现在以下几个方面：第一，编制地方规划成为地方政府的法定义务，所有的开发活动都必须申请规划许可；第二，城市规划职能从消极的开发控制扩展到积极的发展规划[20]；第三，实行土地开发权的国有化，土地所有者虽仍然拥有土地的所有权，但其产权束中的开发权由国家所有[21]，并通过设立 3 亿英镑的补偿基金对现用途下的土地开发权进行一次性统一补偿[22]；第四，中央政府成立了规划主管部门统筹协调区域开发规划。

另外，在规划的层级体系中，1968 年的《城乡规划法》强调了规划的指导性作用，确立了发展规划的二级体系，即具有战略性的结构规划（Structural Plan）和实施性的地方规划（Local Plan）[20]；1972 年的《地方政府改革法》（*Local Government Act*）中确定结构规划由郡编制，地方规划由地方政府编制，郡与地方政府需协商确定两个层次规划的覆盖领域、特点、范围及相互关系，确保地方规划符合结构规划的政策[11]。自此，英国任何区域或地方规划须同时制订相应的开发计划并列出未来的发展项目，使规划成为统筹系统发展的重要政策工具，同时还体现出层级规划衔接上的对接与协同。

与此同时，英国政府还对规划体系和具体内容进一步修改和补充，体现在开发权的国有化虽然实现了政府有效的规划管控，但 100% 的土地开发税制约了土地开发积极性，导致之后的土地市场始终处于不活跃状态[22]。而且在该时期，除土地开发权的国有化之外，英国的煤炭、电力、天然气、铁路等行业在该时期都进行了国有化，一定程度上降低了企业的经营积极性，阻碍了市场经济的发展。伴随之后的石油危机冲击，更使英国陷入了经济停滞、财政赤字的困境。因此，20 世纪 70 年代中后期新自由主义思潮影响下的撒切尔政府一度认为低效和过度的规划干预制约了经济发展。于是，1986 年《住宅与规划法》引入简化规划区，简化了部分开发项目的申请程序，纳入了几类无需许可即可开发的用地类型，增强了开发的明确性，缩短了申请时间，也避开了"个案决策"以及相关的行政裁量[23]，加大了市场经济活动的灵活空间，刺激了地方的经济发展，尤其是以房地产开发为主导的城市更新行动；但申请程序的简化以及政府干预引导的弱化，同时也造成了政策分散、建设用地碎片化以及市场失灵导致房地产严重过剩的结果。

3）开启地方规划和适应市场的规划管控体系：1990—2010 年

1990 年的《城乡规划法》引入了规划得益（Planning Gain）制度，法律依据为第 106 条款（Section 106）。规划得益是指地方规划部门在授予规划许可的过程中，从规划申请人（通常是开发商）身上寻求的规划条款中规定义务以外的利益，根据具体开发项目的实际情况，可以是实物、现金（支付）或者某种权益[24]。实施规划得益是开发商获得政府规划许可的前提条件，该制度突破了规划许可的刚性约束，使土地开发许可更具灵活性[22]。由于一项新的土地开发意味着地方当局必须承担额外基础设施建设的成本，但英国税收权力高度集中于中央，项目开发后的商业税费通常会在全国范围内重新分配，地方政府不太可能从中获益[25]。因此，"规划得益"也是缓解地方政府财政资金紧缺的一种方式①。

1990 年《城乡规划法》中的"地方开发导则"（Local Development Guidance）延续了简化规划区的理念，对特定类型的开发给予明确的决策意见[23]，为加速规划体系运作提供了保障。在规划层级体系上，1991 年的《规划和补偿法》（*Planning and Compensation Act*）延续了 1968 年建立的"结构规划 - 地方规划"二级规划体系，但取消了中央政府对地方法定规划的审批，强化地方政府的开发规划作为开发控制的首要依据，并要求所有地区政府必须编制全地区范围内的地方规划，发挥"指导、鼓励和控制开发"三项功能[11]，强调以规划为指导的开发体系。

21 世纪以来，英国大部分城市的主体规划趋近完成，但一些原有的规划体系和政策要求已经不能满足后来城市居民生产、生活的需求。于是，2004 年出台的《规划和强制性购买法》（*Planning and Compulsory Purchase Act*）对原有的规划体系再次进行重构，形成了由"区域空间战略"（Regional Spatial Strategy）和"地方发展框架"（Local Development Framework）组成的新规划体系（均为法定规划）。一方面以"区域空间战略"代替"结构规划"；另一方面地方政府层面不再编制"地方规划"，而是建立"地方发展框架"，可根据需要编制新的发展规划文件。该法案深化了区域 / 地方规划的行动方向和依据，强化了市场对区域空间雕琢、细加工的决策权益，对引导市场主体的空间资源开发行为提供了决策依据[8]，也使得城市的区域发展更加贴近地方市场需求。

4）形成地方主导和多方合作的规划管理体系：2011 年至今

由于区域空间战略和地方发展框架具有复杂的多层级政府结构以及冗余烦琐的文件系统，且空间规划体系无法反映各地真实情况，暴露了其运行效率低下的弊端[25-27]。同时，2008 年全球金融危机爆发，英国经济再次萧条，经济复兴和可持续发展成为重要目标。2010 年卡梅伦政府上台，为减少公共开支，促进权力下放，推动地方的可持续发展和经济发展，卡梅伦开始推行地方主义的新一轮改革，并通过颁布《地方主义法案》（*Localism Act 2011*）和制定《国家规划政策框架》（*National Planning Policy Framework*，NPPF），开启中央向地方，政府向市场、社会的分权，

---

①　英国滕德灵区（Tendring District）议会在 2021—2022 财政年度，通过"规划义务"共收到 1,99 万英镑捐款，并以此来规划学区的增长和未来需求，并为更大规模或更昂贵的项目制定预算[26]。

为之后的一系列规划政策建立了新的制度体系。

2011年，英国住房、社区与地方政府部发布了《地方主义法案》，一方面废除了2004年建立的"区域空间战略"，将规划的决策权交还给地方政府，从法理上赋予了地方政府在规划事务中的绝对主导权[28]，给予地方政府在财政和设施建设等方面更高的自主权[29]；另一方面引入了社区规划的制度安排，规定每个社区拥有编制社区规划的法定权力，社区规划可用于批准规划许可，并且社区公民投票的同意率只要超过50%，社区规划即可获得通过，被纳入地方规划[27]；为了进一步加强当地社区的角色，该法案还要求开发商在提交开发项目的规划申请前，必须咨询当地社区的意见[29]。自此，英国形成了以国家规划政策框架为依据，地方发展文件和社区规划为法定规划的规划体系（图4-1）。

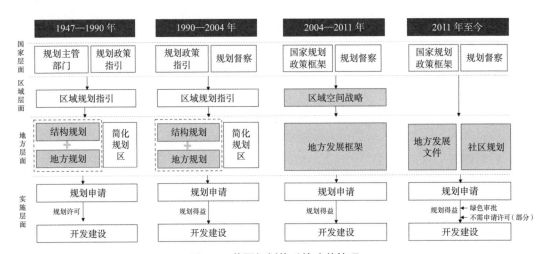

图 4-1 英国规划体系的改革梳理

图片来源：作者整理自参考文献 [22，27，30]
注：灰色为法定规划。

5）小结

综上可知，英国规划体系发展主要包括两条主线，一是围绕土地开发权以及开发过程中的开发规划管理，二是围绕规划层级以及规划程序的规划政策制定。从早期为了应对城市开发中的市场失灵，政府被动地限制私人土地开发权来干预土地市场；到实行土地开发权国有化后，政府在法律层面掌握土地开发的管控，进而引导城市按国家战略规划和发展方向发展；再到政府干预过度导致政府失灵，经济缩减；最后形成多方参与、重视基层社区的规划体系。与此同时，为了避免规划体系烦琐僵化、刚性以及规划文件复杂重叠[31]，英国不断采取简化规划区政策、简化审批流程、削弱区域规划、削减规划文件数量等措施，最终形成了精简的规划框架。规划框架的简化，致使上位规划文件中只能够提出指引性和战略性的目标和实施原则，在一定程度上削弱了规划对开发的控制作用，但增强了规划对开发的引导作用以及地方政府"自由裁量"的可发挥空间，使地方政府能够根据当下发展需求确定开发项目及具体开发指标。当然，这也需要行政督察制度给予保障。

4. 英国规划体系主要特征

1）以问题为导向

英国规划体系的演进始终坚持以问题为导向，带有明显的时代特征，主要体现在以下三个方面。一是规划重点清晰明确。英国规划体系形成之初，是为了解决战后的住房问题、经济发展和可持续发展等现实问题，然后是为了促进市场经济、改善区域协调发展和许可审批效率等。二是规划层级适时调整。英国规划体系由最初的国家、地方两级管理，发展为国家、区域、地方三级管理，再回归到国家、地方两级管理，经历了近70年的演变，体现了英国规划体系适应主体变更的特征[33]。三是地方政府根据实际编制规划。虽然中央政府不负责实际规划的编制，但要出台规划引导政策和规则，各郡、区政府则依据中央政府出台的政策，重点解决本地区的实际问题，如持续增加的住房或就业岗位需求等[33]。

2）高度自由裁量

英国采用高度的行政自由裁量权，其理念认为由于未来发展具有不确定性，如果规划确定的方案、政策、规定等缺乏灵活性，将很难适应不确定的未来[27, 34]。因此地方规划机构在谋划未来经济社会发展时，拥有对局部范畴空间进行合理优化与细化调整的自主决策权，通过在规划中"留出接口"保证资源配置调整的弹性，以提升对规划政策实施内容调整或修改的反应速度。其有效性在于，在这种不断反应、调整的驱动变化中，管控要素分工明确、边界清晰，上级规划为下级规划编制、实施提供参照依据，从宏观战略角度间接影响下级规划的制订，下级规划可以参考形势变化或基于实践中的反馈对现有规划进行适量的动态调整[35]。以"自由裁量"为特色的开发体系体现了土地开发利用的弹性管控措施，通过强制性规划管理中留有弹性平衡的余地，以增强规划实施与发展形势和实践要求的切合性及灵活度。

3）注重公众参与

公众参与作为一项法定制度，可以追溯到1968年的《城乡规划法》和1982年的《城乡规划（结构规划和地方规划）条例》。规划作为正式的法律性文件公布前，必须按照立法的要求完成全部法定程序，其中公众参与是最重要的一个环节，这种制度性安排一直延续至今[36]。2011年《地方主义法案》中对于邻里规划的确认，无疑也是对公众参与的延续和重视。

4.1.4　弹性机制的有效性

1. 弹性政策和工具

英国的规划体系与世界多数国家的控制性规划体系不同，它是一种指导性的规划体系 [9]。2011 年取消区域层级规划后，英国的规划体系主要包括国家和地方两个层面，国家级规划反映中央政府的总体规划战略，地方级规划则注重可实施性，指导具体项目（如一条街道、一栋楼、一个公共空间等）的实施 [37]。在英国开发项目规划申请的审批过程中，法定的发展规划不是开发控制管理决策唯一的依据，还需要考虑其他一些因素，包括其他的法律、中央政府的规划政策文件及本地区的发展特征等 [9, 13]。英国城市规划制度的灵活性主要体现在三个方面：一是权力下放，中央权力下放至地方和社区，地方规划机构拥有行政自由裁量权；二是规划管理，基于规划许可制度，地方政府使用"规划得益"工具灵活确定规划许可要求和公共贡献；三是开发审批，精简规划审批流程和减少审批环节。

在权力下放层面，英国在法律层面不断强化地方政府的主导权，使地方规划机构拥有较大的"自由裁量权"。1990 年的《城乡规划法》（*Town and Country Planning Act*）和 1991 年的《规划和补偿法》（*Planning and Compensation Act*）将权力由郡下放至地方，规定规划审批由地方政府负责，中央政府仅保留干预权。2004 年的《规划和强制性收购法》建立了更注重可持续发展的开放式政策引导框架《规划政策声明》（*Planning Policy Statement*）和更具弹性的"地方发展框架"（Local Development Framework），规定地方规划由地方规划当局①（Local Planning Authority）制定，用于指导本地区未来的空间发展 [39]。2011 年颁布的《地方主义法案》，取消了部分由中央政府制定的事务管理规则，并且将地方公共职能由中央政府转移至地方政府，同时确立了社区规划的法定地位，赋予了地方政府和社区更大的权力 [29]。2021 年更新的"国家规划政策框架 [40]"②提出要鼓励地方规划当局利用《地方发展令》（*Local Development Orders*），为特定地区或发展类别，特别是可促进该地区的经济、社会或环境收益的发展，制定规划框架。

由此可见，法律的修订和制定不断地将开发控制权力下放至地方政府，在法律

---

①　地方规划当局实质上就是通过选举产生的各级地方议会（Council）。在实际运作过程中，地方规划当局通过任命某些议员，组成规划部门或小组，具体负责规划的编制；而审批则由地方规划当局本身（即所有议会成员）负责。

②　《国家规划政策框架》虽然是非法定文件，但在地方规划制定中是重要的参考文件。

层面给予地方规划编制权和审批权，逐步明晰了地方政府在一定范围内具有的自由裁量的行政管理手段，即，关于开发的最终决定权不完全受先前规定的规划限制[10]，地方政府可根据具体情况做出符合当下的决策。因此，自由裁量规划体系为城市发展留出了很大的自由裁量空间，从而能够应对由于变化而产生的不确定性。这是其灵活性之一。

在规划管理层面，法律与政策的指引构成了地方规划编制和实施的基础，在刚性管控的基础上，增加了弹性协商的可能性。英国通过法律文件将土地开发权国有化，掌握了土地的开发权，实施"规划许可"制度，将所有的开发行为控制在政府手中。一方面，规划许可制度本身是刚性约束，没有任何讨价还价的余地，是项目开发或项目建设的主要依据和首要前提条件[17]，各类建筑物的新建、改建或扩建，只有在获得规划许可后方可进行；另一方面，获得规划许可的过程采用"自由裁量"的方式，规划规则并非一成不变，可根据项目实际情况和需求进行适当修改和补充，只要与上级规划不相悖，公众无异议，且有合理开发的理由，即可颁发规划许可。规划许可受规划督察制度的约束，以保证土地开发的公平和公开。

同时，通过引入"规划得益"制度，在刚性开发许可的基础上，增大市场和政府"讨价还价"的空间，使得政府能够在维持公共利益的同时，也充分考虑市场的需求。其中，"规划义务"是英国开发控制管理体系中所特有的，其重要性体现在它可以充分地表现英国规划体系的适应性和灵活性。"规划义务"的法律基础是 1990 年《城乡规划法》（*Town and Country Planning Act* 1990）中第 106 条，因此"规划义务"也被称为"106 协议条款"（Section 106 Agreement）[24]。当认为一项开发将对当地产生重大影响且无法通过规划许可附带的条件来缓和时，将起草"106 协议条款"[25]。"106 协议条款"主要是为了确保地方政府在经济发展和社会目标之间取得适当的平衡，确保开发项目在可能的情况下为当地和社区做出积极贡献而采取的一种激励手段。在"106 协议条款"中，开发商主要通过提供经济承诺（如用以支付基础设施建设的一次性资金等）、保障地方利益的实物（如保障性住房）等来换取开发许可。"106 协议条款"会根据开发的规模、影响和性质而有所不同，最常见的义务包括公共开放空间、保障性住房、教育设施、就业供应等。"规划义务"是附加于规划批准之上、必须强制执行的规定[38]。英国地方政府通过掌握土地开发权，用可协调的规划义务制度取代了固定的、全国性的土地开发，使规划体系适应了市场环境[22]。这是其灵活性之二。

在开发审批层面，英国规划体系的灵活性主要体现在精简规划审批和减少审批环节中。2013 年的《发展和基础设施法案》（*Growth and Infrastructure Act* 2013）提出，允许开发商不向地方政府，而是直接向英格兰郡提出开发申请，减少规划申请时须提交的资料，并设置了为大型商业开发项目提供绿色审批通道等规定，精简了审批程序，提高了审批效率，削弱了规划政策对发展的限制[41]。此外，根据英国规划法的规定，无论是大规模的土地开发项目，还是居民房屋的改造，开发者都需要向当地的规划管理部门递交规划申请，获得规划许可审批[38]。但是在实施过程中，该庞大的开发申请审核的工作量将耗费大量人力、物力、财力，这显然不具备可操作性。因此，为了提高效率，英国政府规定在一定尺度范围内的土地开发，可以不申请规划许可就实施，其具体内容由《一般性许可开发条例》①（*General Permitted Development Order* 2015）进行限定。这是其灵活性之三。

2. 主要目的和影响

在权力下放层面，一方面，英国认为发展规划策略不可能详细到规定开发过程的每一个细节，在涉及区域自身实际发展问题上，地方政府有权不遵循中央发展规划并对其作出调整；另一方面，如果国家政策指引发生了变化，地方政府必须考虑这种变化并修编地方发展规划，以顺应国家政策的变化[33]。即英国地方规划采用具有自由裁量权的指导性规划范式，使规划成为一种政策的框架[38]，仅明确发展的目标和政策，而具体的管理工作通过规划控制机制执行。

在规划管理层面，从政策制定和实践经验来看，英国将土地开发权国有化的主要目的如下：（1）进行底线管控。在市场机制下，保证政府在维护最基本的公共健康、卫生、安全和改善人居环境方面的话语权，实施底线控制。（2）引导城市发展。在理论和法律层面上全面掌握土地开发管控的主动权，建立起积极有效的规划管控体系，通过对土地开发权益的分配干预市场行为，达到引导城市按规划既定方向发展的目的，保证具体开发项目与当地环境和社会发展相协调。（3）实现有效规划。在开发中引入"规划义务"灵活机制，重视开发的协商过程，保证了规划在理论层面的战略性和实践层面的可实施性。

在开发审批层面，2013 年，英国住房、社区与地方政府部发布了一份题为《对简化规划应用程序要求的影响评估》（*Streamlining Information Requirements for Planning Applications：Impact Assessment*）的报告。这份报告选取了英格兰若干地区的规划部门进行案例实证分析和研究，评价规划程序简化的效果。约 10% ~ 15% 的地方小型开发项目（包括住宅和非住宅类型）和约 15% ~ 30% 的地方大型开发项目

---

① 《一般性许可开发条例》所允许的开发行为大多为小型的操作行为（Minor Operations），如阁楼窗户的安装、小型的房后拓建和房前设立门柱等，并不涉及较大规模的开发。

因规划程序改革而取得积极的效果。例如小型项目的开发平均每年节约近 88 万英镑行政审批经费，而大型开发项目年均节约 130 多万英镑行政审批经费[27]。至 2015 年，英国政府选取了几个地方规划部门作为案例，评价规划简化所取得的效果。结果显示，全国每年因申请流程简化，节约了 20% 的申请费用，总计 340 万英镑[39, 42]。

3. 机制的保障因素

一个国家或地区的规划体系会受到政治、历史、法律和人文等各种因素的影响，这些影响不断重塑规划体系的政策框架和灵活机制，并且在实践中成为灵活机制有效发挥作用的基础。

在权力下放和自由裁量层面，自由裁量权能够有效实施的原因如下：（1）对传统法律制度和文化的延续。英国的普通法（Common Low）塑造了英国特殊的行政管理方式。在普通法中，法官的判决依赖于判例法、先例和实践，并且鼓励发展形式适合当地和当时的决策[41]。显然，这一制度传统延续到了现行的自由裁量权中。（2）对市场发展需求的支持。1979 年上台的保守党决心将私营企业从官僚主义的桎梏中解放出来，让市场以最大效率发挥作用。政府主导的强制性规划被视为必须消除的桎梏之一，强调如果发展有助于经济增长和创造就业机会，则允许发展的酌情处置权。（3）对地方政府权力的法律认可。仅仅制定规则无法满足日益出现的复杂问题，从维多利亚时代开始，立法越来越多地"以最广泛的方式授予管理者权力"，能够"按照认为合适的"或"符合公共利益"行事[41]；并且在 2004 年的规划法中，强调坚持地方规划导向的制度体系，从法理上赋予了地方政府在规划中的绝对主导权[28]。（4）对地方政府的规划督察机制。英国规划督察制度的实施始于 20 世纪 90 年代，利益相关者可通过上诉的手段向中央政府申请对地方政府审批许可决议的复议，这项制度使"自由裁量权"的"权力"得以控制在合理范围内，起到规划监督的作用。（5）对自由裁量的社会理解和接受度。公众参与对于监督和制约开发行政自由裁量权的正确行使有非常重要的作用。在规划申请过程中，公众咨询是必需的法定程序[43]。公众参与不仅能够确保政府自由裁量做出的决定更具社会意义，还能在项目早期发现和解决问题，提高工作透明度。

在规划管理层面，土地开发权等灵活机制有效发挥作用的原因主要是政府强制干预与市场机制的配合。政府干预的权力离不开英国多年根据实际情况调整的法律的支撑，尤其是 1947 年《城乡规划法》和 1990 年《城乡规划法》，为了避免市场倾向于短期获利而做出对土地长期发展不利的选择以及地方对于区域协调发展的综合考虑，英国所有开发建设都需要得到地方政府的许可和审批，许可过程就是多方利益博弈的协调过程，正是这种协商过程增大了开发项目的灵活性。

4.1.5　弹性和机制的障碍和问题

1. 弹性机制产生的问题

在权力下放方面，虽然自由裁量具有较大的灵活性，能够对不同开发计划做出较为灵敏的反应，但自由裁量的负面影响也相当明显[10]。首先，对规划而言，英国采用的规划许可制度，是以项目为基础的管理体制，主要通过协商来完成规划许可过程，赋予了政府当局较大的自由裁量权[23]。该制度使规划与决策之间的关系被削弱，即使在没有规划的情况下也可以根据项目本身或过去的判例做出决策，因此规划存在的作用较不确定，或者说有较大的"一事一议"特点[41]，导致决策的合理性有赖于双方的专业性和谈判能力。一方面，这对规划师／规划咨询师的专业性提出更高的考验，另一方面谈判双方角色易受市场波动影响，在上升和下行期，博弈关系可能会改变。其次，对市场而言，由于先前的规划不能完全指导现行的开发，规划管理部门在很大程度上可以自行确定规划义务，色彩浓厚的政府干预导致了政治或行政上也存在较大的不确定性[33]，也就是说，没有一个开发商能够绝对保证能获得规划许可[10]。

在规划管理上，纠正市场失灵的政府干预在规划中十分必要，但不是万能的，因为政府难以时时刻刻代表公众的利益，也有受自身利益驱动而过度使用公权力的情况。英国城市更新协会（British Urban Regeneration Association，BURA）的调查报告也显示，虽然开发商和社会公众对于规划许可以及规划义务的必要性都给予了充分的肯定，但对其合理性与确定性仍然存疑[42]。主要问题有以下几点：（1）规划目的失效。由于开发商可通过协商承担规划义务获得许可，导致许多本不应该获批的开发项目得以实施，使得规划许可变得可买卖、可交易[22]。（2）规划要求不确定。开发规划除控制的意义外，更包含了为市场设立规则秩序、建立明确预期的作用，而规划义务的存在导致开发商不明确到底需要承担多少义务才能获得许可。据调查，大伦敦市区内，仍有约四分之一的区和市政府未能就规划许可中需与政府协定的优先内容制定相应的具体政策说明[44]。（3）开发许可周期漫长，交易成本增加。由于围绕规划义务的商定往往伴随漫长的谈判过程、公众参与过程以及申请人对规划决策提出异议后的规划督察过程，协商时间往往花费数月甚至更长。此外，地方政府会延长谈判时间迫使开发商妥协，这也意味着开发成本和市场风险的双重压力[44]。

2. 问题的应对解决

在权力下放方面，主要采取以下 3 种手段来约束政府的自由裁量权：（1）政策上。根据地方和国家经过反复比较确定的政策，在开发者申请许可后，将行使开发行政许可裁量权的依据、标准、条件、决策过程和选择结果于政府官网和规划办公室官网予以公开，并相应导入公众参与机制，通过完善程序立法，确保开发行政许可裁量有程序可循，避免或者减少行政裁量权的滥用[43]。在 2021 年更新的《国家规划政策框架》中明确了地方政府的职责和义务，例如，如果地方当局拒绝一项开发的申请，地方规划当局需要明确指出原因；同时，《国家规划政策框架》中也对自由裁量的可实施范围进行了补充说明：地方规划机构在一般情况下须遵守地方发展规划的政策和方案，对提出开发规划申请的项目进行严格审查，但是在产生重大影响的项目上，地方政府有权根据具体情况对规划控制进行调整[40]。（2）司法上。设立规划督察制度，代表国务大臣"干预"城市开发建设许可审批，即未通过地方政府许可的项目，可通过上诉，接受规划督察署的审查，若审查通过，也可进行开发建设。（3）公众参与上。各方意见的顺畅表达和公平协商成为规划许可颁发的前提条件，确保自由裁量的公正性[39]。

2020 年 8 月，英国住房、社区与地方政府部发布《规划未来白皮书》，提出将英格兰的规划系统从自由裁量的"一对一"转变为规定的监管分区计划管理的规划，并且在地方规划中提出了三大领域，即分为增长、更新和保护区：增长区延续当前的规划许可方式，而更新和保护区则会提供相对明确的开发权力[32]。白皮书提出的目的是为开发商和土地所有者提供更多的开发确定性，但实际的规划申请在多大程度上得以规则化，还有待观察。另外，地方规划通常会为增长区、更新区和保护区提供为期 15 年的战略指导，但是在明确的规则下直接授予规划许可的区域需要经常修改地方规划，这种频繁的变化可能会破坏地方规划的确定性[31]。

在规划管理上，为了解决以上提到的问题，英国主要从限定"规划义务"以及加强社区参与两个方面着手。首先，对"规划义务"的实施条件进行了明确的规定，以增加规划的确定性。根据英国规划法的规定，"规划义务"必须基于"合理、精确、有需要、可实施、与规划和发展相关"的原则[38]。2021 年更新的《国家规划政策框架》也指出，地方政府应尽量减少规划条件，并公布其规划许可申请的信息要求清单；地方当局应考虑是否可以通过规划条件或者规划义务使不可接受的开发变为可接受开发，只有在规划条件不能解决问题时，才应使用规划义务；且只有在必要、与规划和获准开发相关、可执行、精确且在所有其他方面合理的情况下，才可施加规划条件[40]。同时限定了"规划义务"的实施条件，即：（1）须使该发展在规划方面可获接纳；（2）与发展直接相关；（3）在规模和种类上公平合理。必须同时满足以上三条，才可确定"规划义务"。这些规定都在一定程度上减少了规划的不确定性。其次，通过修改规划框架，确定社区规划的权力，形成由社区内部社会团体决策的自下而上的规划模式[22]，以符合当地实际发展需求，解决公众参与的滞后性，缩短协商时间[37]，并将社区规划作为该社区的法定规划文件[29]；对于特定的小型开发项目，赋予邻里社区直接批准开发的权限，而无须向地方规划部门申请规划许可等，同时只要符合法律规定的最低标准并获得公民投票同意，就可直接实施[27]。社区发展权发挥了社区组织在地方规划事务中的自主性，增加了整个体系的透明度和灵活性，以更好地发挥政府效能并引入社会力量、市场力量的多方参与。

4.2 英国伦敦国王十字车站地区案例

4.2.1 项目背景

1. 区位条件

国王十字车站地区是伦敦规模最大的重建项目之一，占地约 27hm²，位于伦敦市中心北部，其中，项目更新的主场地位于英国伦敦市卡姆登区（Borough of Camden），三角地块位于伊斯灵顿区（Borough of Islington）。地块东西向有摄政运河（Regent's Canal）横穿，南北向被铁路纵割（图 4-2）。该地区有两个主要的铁路终点站，分别是圣潘克拉斯车站（St. Pancras Railway Station）和国王十字车站（King's Cross Railway Station）。国王十字车站是伦敦、英国甚至欧洲层面的重要换乘站，是伦敦最大的内城交通枢纽，连接了六条地铁线路。

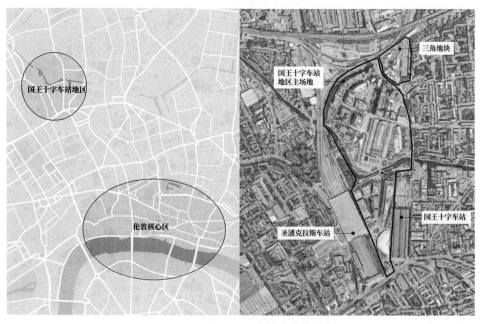

图 4-2 伦敦国王十字车站地区区位图

图片来源：作者自绘

2. 问题困境

19 世纪初摄政运河建成（1820 年）后，国王十字车站地区与北部的工业城市相连，为该地区商品和工业提供了发展条件。为解决主干线的交通问题，1852 年，大北方铁路（Great Northern Railway，GNR）购买国王十字车站地区土地进行开发，并建设国王十字车站作为一处大型铁路终点站。随后，圣潘克拉斯车站也在 1866—1868 年间得到开发建设。随着 19 世纪伦敦人口的增加和交通需求的增长，国王十字车站成为维多利亚时代至第二次世界大战期间重要的交通枢纽和工业配送区。

然而，英国在经历了第二次世界大战和 1948 年的大规模国有化之后，该地区从一个繁忙的工业区和运输交会区衰落为一个被部分废弃的工业区。同时，英国经济开始去工业化，制造业向服务业转型升级，公路运输逐步替代了铁路运输，英国开始出现大量的废弃工业用地。国王十字车站线路的取消，导致车站以及周边的区域逐渐破败。加之失业对当地社区的严重影响，20 世纪末，国王十字车站地区已经成为衰败的象征，充斥着空置和废弃的建筑、铁路侧线、仓库和受污染的土地，成为贫困人口和流动人口的聚集区，也成为伦敦市中心商业办公用房租金最低的地区之一和伦敦最贫困的地区之一 [45-46]。

3. 更新机遇

20 世纪 50—60 年代，英国实行了铁路公有化并归权于单一机构英国铁路公司（British Railways，简称 BR），然而 70 年代的石油危机直接削弱了政府对轨道交通的投资和运营能力，累积了大量赤字。基于此，英国政府在 20 世纪 90 年代将铁路私有化，以缓解经济压力。

1976 年,《大伦敦发展规划》(Greater London Development Plan)首次将国王十字车站地区定义为拥有公共交通枢纽的商务办公区，确定了地区的主要发展方向。在顶层设计出台之后，虽然也有与政府相关的合资企业及开发商提出关于国王十字车站地区的再生计划，但均受到资金、房地产市场动荡与社区团体反对的压力，致使计划取消或搁置。1993 年，英国政府宣布高铁 1 号 ①[High Speed 1，HS1，法律上称为英吉利海峡隧道铁路连接（Channel Tunnel Rail Link，CTRL）]的终点站将设在圣潘克拉斯车站，并在 1996 年的 CTRL 法案中得以授权。1996 年，英国政府成立国王十字伙伴关系（King's Cross Partnership，KCP）②，并从中央政府单一再生预算基金

---

① HS1 是一条连接伦敦和英吉利海峡隧道的高速铁路，长 67 英里（108km）。

② KCP 由英国政府组织成立管理，与伦敦政府办公室（Government Office for London，GOL）有密切联系，其主要作用是帮助地区主要组织和机构建立工作合作关系，为复兴国王十字地区利益相关者之间的对话提供工具。

（Cetral Government Single Regeneration Budget，SRB）获得了 3750 万英镑资金支持。KCP 的目标是提出投资计划，为当地复兴做出准备，将国王十字车站地区变为一个充满活力且成功的世界级城市的一部分。同年，在伦敦的战略规划指南（Strategic Planning Guidance for London）中，国王十字车站被确定为五个"中心城区边缘机遇区 ①"（Central Area Margin Key Opportunities）之一，提出该地区应容纳多种土地用途，如办公、零售、休闲和住房[46]。2004 年，凭借其公共交通的高可达性和区位优势，国王十字地区成为伦敦市中心次区域的机遇区之一，主要提供高密度商业发展和部分住房[47]。

2005 年 07 月，国际奥委会宣布英国伦敦成为第 30 届夏季奥运会的主办城市，国王十字车站作为联系伦敦东区奥林匹克公园和斯特拉特福德（Stratford）区域的重要中转地，其建设发展对加快构建城市交通体系和承载伦敦奥运会交通流量将起到关键作用，对国王十字车站的交通需求进一步凸显。2007 年，随着欧洲之星国际铁路伦敦终点站迁至圣潘克拉斯车站以及该车站的通车，国王十字车站地区的重建工作进一步加速。

4.2.2　项目实施

1. 实施过程与环节

根据项目参与者、开发计划制定、申请许可过程以及申请结果的不同，可将国王十字车站地区项目的实施过程分为前期筹备期、基础设施建设及项目总体规划协商与制定期和建设运营期（图 4-3）。

1）1976—2000 年，前期筹备期

1976 年，《大伦敦发展规划》（Greater London Development Plan）首次将国王十字车站地区定义为拥有公共交通枢纽的商务办公区，自此，国王十字车站地区开启了以商业开发为主导、通过土地换资本的传统更新模式的探索[48]。1987 年，英国铁路局（British Railways，BR）邀请四家房地产开发商参加投标，以商业办公开发为主的"伦敦都市更新联盟 ②"（London Regeneration Consortium，LRC）中标并制定更新计划，计划包括在国王十字车站地下开发航站楼以及 544858m² 开发量的写字楼和 50321m² 开发量的福利住房[49-50]，并于 1989 年 4 月向卡姆登区提交了规划大纲申

---

①　机遇区是伦敦棕地的主要来源，具有巨大的新住房、商业和其他开发能力，这些开发与现有或潜在的公共交通可达性改善相关。

②　LRC 是房地产开发商罗斯豪·斯坦霍普（Rosehaugh Stanhope）和国家货运公司（National Freight Corporation，NFC）组成的合作伙伴。

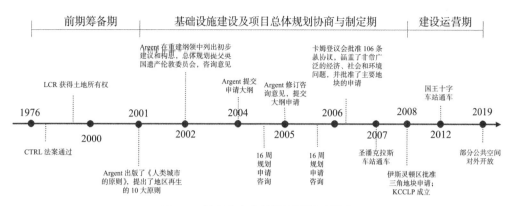

图 4-3　国王十字车站地区更新时间线

图片来源：作者自绘

请（Outline Planning Application，OPA），由于该计划与卡姆登社区规划纲要不符，国王十字车站地区公众意愿组织 [①]（King's Cross Railway Lands Group，KXRLG）也反对高开发容量，在针对商业办公楼和其他社会环境项目的建设规模进行了多次协商和谈判 [49] 后，政府对 LRC 的申请予以驳回，这意味着 LRC 必须回到设计阶段重新调整规划。然而，当时房地产市场由繁荣转为萧条的现实，打击了与 LRC 有关联的房地产开发商，也从根本上动摇了 LRC 的财务信誉 [47, 49]。1994 年 4 月，LRC 撤回了规划申请。

1995 年 9 月，邻近的卡姆登区和伊斯灵顿区连同当地社区、志愿部门和私营部门，向中央政府单一再生预算基金（SRB）提出拨款申请，投标包括铁路用地及其周边的更新项目，面积约为 780hm²（该项目的更新范围包括国王十字车站地区）。该申请获批，并获得了包括私人投资共 2.5 亿英镑的资金 [②]，预计在七年内投入使用。1996 年 3 月，政府发起了国王十字伙伴关系（KCP），以协调和提供七年重建倡议的战略框架。1996 年 12 月，国会通过了英吉利海峡隧道铁路连接线（CTRL）法案，该法案根据圣潘克拉斯车站的使用为 CTRL 制定了一条新的路线 [48]，包含在国王十字街设置新"欧洲之星"停靠站（圣潘克拉斯火车站）的计划，同时授权中标方伦敦欧陆铁路公司（London and Continental Railways，LCR）新铁路的建设和运营权，以及强制采购权和铁路及其结构建设的大纲规划许可，但并没有对国王十字车站的发展做出任何规定 [51]，土地开发只需获得当地议会批准。这一举措在一定程度上加大了国王十字车站地区土地使用的灵活性。

---

① 国王十字车站地区公众意愿组织汇集了租户协会、居民团体、中小企业、无家可归者团体和其他有关人员，以满足各方的需求。

② 政府计划拨款 3750 万英镑，地方公共基金出资 4360 万英镑（主要来自地方政府和住房协会）和 1.714 亿英镑的私人投资（总共 2.5 亿英镑）。

随后，英国交通部（Department of Transport，DfT）为缓解 LCR 铁路建设的资金压力，将国王十字车站地区的部分土地所有权移交给 LCR。拥有该地区部分土地所有权的 LCR 和其余土地所有者 DHL 公司共同成为该地区土地所有者。随后，LCR 与 DHL 组成开发公司，联合公共力量，如注重居住区开发的卡利铁路集团（Cally Rail Group，CRG）以及注重历史建筑保护的国王十字保护区顾问委员会（King's Cross Conservation Area Advisory Committee，KXCAAC）等共同编制更新计划[49]。该计划与当地社区在重建地区活力方面取得了利益上的一致，通过改善居民社区的生活环境来提升地区的活力。但到了 2000 年，由伊斯灵顿区政府提交的更新方案，由于还是以商业开发为主导而遭到当地居民团体的强烈反对，导致以政府和开发商主导的商业开发也落下帷幕。虽然该阶段的实施计划失败，但其过程中所制定的法案及产权的转让为项目的后续实施奠定了非常重要的基础。

2）2001—2007 年，项目总体规划协商与制定期

在该时期，英国政府、地方政府、地方社区和开发商之间的谈判耗费了大量时间。正如项目总规划师 Graham Morrison 所说，在总体开发规划中，使计划生效的最后 10% 工作占据了项目大部分时间[47]。2001 年，LCR 引入了以资产管理著称的开发商 Argent，与 LCR 共同规划开发国王十字车站地区，开始对区域进行深入研究。为了获得规划申请许可，Argent 主要负责与地方当局、社区和其他利益相关者进行协商。

首先，是针对开发申请许可的性质问题[47]的协商。详细申请需提供每个建筑物和公共空间的设计；大纲申请可简单说明土地用途的种类和数量，并提供规划对交通、环境和就业等方面影响的说明性总体规划。一方面，Argent 认为详细申请需要巨大的前期成本，且前期僵化的设计无法在项目长期开发周期内构建，一旦需要更改项目细节，都必须经过卡姆登议会审批，缺乏应对市场变化的灵活性；另一方面，卡姆登议会为了避免项目后期的司法审查，不允许 Argent 或任何后续所有者对已签订的协议进行重大修改，不通过过于灵活的申请许可。因此，双方采用了一种混合规划申请模式[47]，将 Argent 寻求的灵活性和卡姆登议会所需的确定性结合，即一份说明街道、建筑和公共空间的总体规划和一份建设容量计划表，体现每种用途面积的最大水平和最低环境规范（表 4-1）。

表 4-1 Argent 初始商业计划

地块混合用途类型		最低水平	目标	最高水平
办公用地		约 18 万 m²	约 33 万 m²	约 46 万 m²
住宅	总套数	2000 套	3000 套	4000 套
	私有住宅（占比）	50%	65%	75%

续表

地块混合用途类型		最低水平	目标	最高水平
住宅	可负担住房（占比）	25%	35%	50%
零售 / 餐厅 / 休闲		约 2.8 万 m²	约 4.6 万 m²	约 9.3 万 m²
酒店（房间数）		200 间	400 间	800 间
轻工业 / 工作室		约 0.9 万 m²	约 4.6 万 m²	约 9.3 万 m²
会议 / 展览 / 演出 / 体育		0.9 万 m²	—	4.6 万 m²
教育		0.9 万 m²	—	1.9 万 m²
其他社区用途		约 929 m²	约 929 m²	约 1858 m²
开放空间（占比）		12.5%	15%	20%

资料来源：作者整理自参考文献 [47]

其次，是针对开发计划和项目总体规划的协商，开发商 Argent 在 2001—2005 年分别向当地议会、相关委员会和社会公众提交和公布了不同的改造计划，主要针对建设容量、建筑用途、可负担住房、历史建筑保护与利用、空间形态，以及周边地区联系等问题不断沟通和交流，与地方当局和社区团体在开发理念上取得共识，并不断完善制定项目总体规划。其中，2002 年，已获得卡姆登议会认可的第一版总体规划提交至英国遗产伦敦咨询委员会（English Heritage's London Advisory Committee）进行审查，获得支持 [47]。然而，英国遗产协会（English Heritage）和建筑委员会（Commission for Architecture and the Built Environment，CABE）分别对历史建筑的拆除和较大的建筑用途弹性空间产生了质疑。最终，对方案中历史建筑拆除利用、开放空间设计、土地用途详细规划以及夜间经济等进行了可行性评估后，于 2006 年确定了最终版总体规划。

再次，是针对规划许可的谈判协商。规划许可通常是有条件的，它包括住房的数量、类型，以及公共领域建设和管理安排等。在"106 协议条款"的谈判中，住房的类型和占比是最难达成一致的领域 [47]。考虑到设置足够的商业空间才能使计划在财务上可行，但过高的建设密度最终会压低地区的整体价值，因此，Argent 和卡姆登议会就住房问题开始了较长时期的谈判。卡姆登议会的立场是在国王十字车站地区至少建设 2000 套住房，其中 50% 为可负担住房，如果 Argent 认可这一点，可在后续通过研究住房混合使用权的新模式、政府补助金等方式减少成本；但 Argent 在研究第三方评估意见以及住房混合使用的可行性 ① 后，并不认可议会提出的方案，谈

---

① 可负担住房一般只有收入最低并领取住房福利的人可入住，这将使地区社会结构两极分化，并会降低商品房 / 可负担住房的比例；且可负担住房相对较低的服务费用对地区整体经济负担能力会产生影响，加之考虑到居住区社会安全和整个项目环境以及吸引力，所以 Argent 认为很难在街区内混合使用住房。

判陷入僵局。最终，卡姆登议会通过调整住房出租政策、限制将可负担住房分配给弱势租户或有吸毒记录的人、限制租户租赁的基本要求，才与 Argent 达成一致。除住房谈判外，环境、运输、交通等方面也都进行了多次协商（表 4-2）。依托于规划许可的协商结果最后以"106 协议条款"的形式呈现（表 4-4）。

表 4-2　关于国王十字车站地区建设协议的谈判内容

谈判领域	协商后确定的解决方式
环境	Argent 投资节能建筑和区域供热，建造能源中心
运输	国王十字车站和圣潘克拉斯车站之间保留足够的公共空间，连接大北方酒店
交通	在国王十字车站容纳电车，建筑线路后移；建造临时巴士站、自行车枢纽
停车	拒绝卡姆登议会提出的无车住房计划，Argent 提出将停车场安置在场地边缘的多层建筑中
教育	Argent 建设学校和医疗机构，卡姆登议会负责装修
休闲	Argent 建设休闲中心、游泳池，卡姆登议会负责装修
就业	Argent 同意提供一系列适合初创的小型商业单位，解决当地就业

资料来源：作者整理自参考文献 [48]

最后，是国王十字车站地区开发与当地社区之间的广泛协商。卡姆登议会的协商策略主要包括：维护高质量公开信息；维护国王十字发展论坛，尽可能包容当地意见；就特定主题设立焦点小组或研讨会等。2003 年开始，卡姆登议会为规划草案组织了系列咨询活动，联系了 100 多个独立的社区团体以接触广泛受众，并于当地社区举行了 40 多场会议，超过 4000 人参与讨论 [46-47]。Argent 任命专业咨询公司 Fluid 开展咨询活动，2002 年，近 200 人参加了会议，收到 133 份对规划框架的书面答复 [47]。咨询意见主要聚焦于摄政运河南部开发的城镇景色与历史保护，主要公园、住宅单元的最低限度，社区卫生教育文化以及休闲用途等公共领域。通过公众咨询，卡姆登议会和 Argent 不仅了解了人们想要从该计划中得到什么，还了解了他们为什么想要它，极大提升了计划的包容性，反映地区多样性。2006 年 12 月，国王十字车站地区主场地的规划获得卡姆登议会批准，位于主场地东北角的"三角地块"也在 2008年获得了伊斯灵顿区议会的规划许可 ①。

2007 年，耗资 5 亿英镑的圣潘克拉斯国际和国内车站通车，CTRL 基础设施、场地修复和景观美化也建设完成。2008 年，LCR、Argent 和 DHL 公司共同成立了"国王十字中心区有限合作公司"（King's Cross Central Limited Partnership，KCCLP），负责对接"106 协议条款"中规定的资金投入和建设内容，同时积极开展与当地社区

---

① 由于在地理位置上，该"三角地块"处于伊斯灵顿区，因此其开发申请需伊斯灵顿议会批准方可生效。

的协调和沟通。2008 年 11 月，国王十字车站地区更新项目正式开启重建。2012 年 3 月，耗费 5.5 亿英镑的国王十字车站完工，并在伦敦 2012 年奥运会期间投入使用。国王十字车站与圣潘克拉斯车站接通后，加上原有的 6 条地铁线路，形成了英国最大、最重要的综合交通转运站，城内、国内、国际线路均在此交会。

3）2008 年至今，建设和运营期

伴随着车站的改造重建，车站周边的土地开发在 2006 年获得规划许可后，也如火如荼地进行着。该开发项目被称为"国王十字中心"（King's Cross Central），由 KCCLP 进行开发规划。其总体规划呈现了一个公共开放空间、街道、小巷、广场和公园的网络，渗透到城市街区，并致力于将场地以外的空间连接到更广阔的城市中 [46, 52]。约 27hm² 的土地计划中包含超过 1900 套住宅、50 座新建和翻新的办公楼、50 万平方英尺（约 47 万 m²）的商店和餐馆、20 条新街道，以及 10 个主要的新公共空间，预计可容纳 5 万人，超过 40% 的更新面积将用于公共目的。在整个重建区，20 座历史建筑将被修复以用于现代用途 [53]，历史结构将以一种复杂的方式嵌入到计划中，被赋予新的用途，并且与其周边的场所产生密切的联系 [45]。

国王十字车站地区土地开发主要为交通、商务办公、商业、居住、文化等用途服务（图 4-4），包括谷歌大厦、Meta 国王十字，以及由历史建筑改造的景观、步行街和

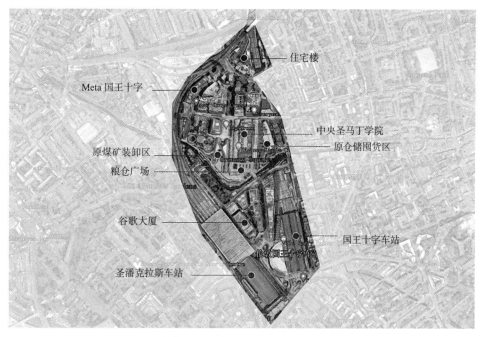

图 4-4　国王十字车站地区主要开发格局及标志建筑空间示意图

图片来源：作者自绘

商业区。例如，国王十字车站的圣潘克拉斯煤气厂（St. Pancras Gasworks）曾经是伦敦天际线的一部分，经过修复，其标志性"储气罐"（Gasholder Triplet）回到国王十字车站，坐落在摄政运河的对面，再次成为城市建筑景观的一部分；区域内还有原煤矿装卸区（Coal Drops Yard）改造的步行商业区，原仓储囤货区（Goods Sheds）改造的大型超市等[54]，粮仓广场（Granary）改造的伦敦中央圣马丁学院，以及更新后的街区等（图4-5）。国王十字车站地区已于2020年正式开放，但直至2021年底，1900户住宅单元以及位于约克路（York Way）三角地块的Build-to-Rent（BtR）开发项目仍在建设当中[55]。

（a）国王十字车站

（c）住宅

（d）原煤矿装卸区改造的步行商业区

（e）粮仓广场

（f）街区

图4-5　国王十字车站地区现状照片

图片来源：作者自摄

2. 主要参与者与其职责

前期筹备期的利益相关者主要包括中央政府、地方政府、土地所有者，以及居民团体。中央政府在向地方当局下放更新资金的同时，将国有化的铁路建设和运营，以及开发轨道沿线土地的开发权利赋予私有铁路开发公司（LCR），刺激了轨道沿线土地的开发，以期获得公共利益和商业利益。地方政府在这一阶段的主要职责是为国王十字车站地区的更新重建提供资金支持，用于铁路用地和周边公共环境的建设。在交通设施建设和城市发展政策的鼓舞下，土地所有者联合社会力量共同制定国王十字车站地区的发展计划，并交予地方政府审批。

项目总体规划协商与制定期的利益相关者主要包括土地所有者、开发商、地方政府以及居民组织。这一阶段，LCR 引入了开发商 Argent，主要负责地块开发的前期工作，包括制定开发计划和提交开发申请、获得当地社区支持，以及与地方政府协商确定开发方案。为了方便土地和物业管理公司以及房地产开发商、建筑师、规划师、公众等参与角色的沟通，还成立了国王十字区发展论坛（King's Cross Development Forum，KCDP），该论坛定期组织会议对项目的开发改造进行沟通和协商。通过开发商和当地居民组织之间的良性沟通，不仅在项目一开始避免了居民对项目开发的消极情绪，还在项目建设过程中给予了居民充分的参与权。

可以看出，在整个项目的实施过程中，拥有铁路建设所有权的中央政府一直采取比较积极的态度，不论是铁路建设运营权和周边土地开发权的转让还是给予资金上的支持。地方政府主要通过规划许可制度，向申请人规定开发要求，并与申请人签订规划许可协议，从而保证开发的方向与政府发展规划相一致。KCCLP 主要从利益角度出发，通过开发商与土地所有者长期合伙的方式，实现利益共享、风险共担。社区组织则主要考虑自身利益和生活环境是否在项目开发中得到改善。

3. 采用的弹性工具

1）土地所有权转让

国王十字车站地区的土地所有权一开始均由英国政府所有，经过一系列部门拆分、企业收购和转让后，土地所有权从政府控制转变为私有。1969 年，英国铁路（BR）负责管理其房地产资产的"Sundries"部门被拆分为一个独立的政府所有实体，即国家货运公司（National Freight Corporation，NFC），并将国王十字车站中心区域部分土地（粮仓广场周围）的所有权划分给 NFC，其余部分土地所有权仍由 BR 保留[47]。1982 年，NFC 被私人收购，其土地所有权从公共所有转为 Excel 物流公司（后更名为 DHL）私有。

20 世纪 90 年代，英国为缓解铁路财政压力，普遍采取政府与社会资本合作的模式进行融资和土地再开发。1996 年，英国交通部将 HS1 从滑铁卢车站转移到圣潘克拉斯车站，并将其所有权（包括建设和运营权）转交给中标的伦敦欧陆铁路公司（LCR），即铁路私有化，期限为 99 年，线路和海底隧道在 2086 年恢复为公共所有。同时，为缓解 LCR 的投资预算压力，政府为其提供 20 亿英镑的补贴，并统一承销 38 亿英镑的债券发行。作为回报，LCR 将 2020 年后铁路运营利润的 35% 交给政府[50]。根据英国最初的计划，HS1 将由私营部门筹资建设，由 LCR 私人所有和运营，但后来由于政府对项目的经济可行性存在顾虑，除资金拨款外，又将国王十字车站周边地区的土地所有权移交给 LCR，同样于 2086 年到期，届时资产重回政府手中。作为回报，LCR 将其净利润的 50%（扣除国王十字车站开发成本后的利润）返还给英国交通部[56]。

自此，国王十字车站地区土地的所有权由 DHL 公司和 LCR 公司共同私人持有。

2）规划许可制度

2000 年 3 月，单一发展计划（Unitary Development Plan，UDP）指出，作为伦敦市内少数、卡姆登区唯一的发展机遇区，国王十字车站地区将最大限度发挥对伦敦商业和旅游的潜在价值，并在住房和配套设施方面为社区提供福利，增加当地就业机会[57]。该计划在 2003 年完成修订，并提高了对保障性住房数量的要求。2001 年 10 月，卡姆登议会在"迈向综合城市"（Towards an Integrated City）文件中指出，国王十字车站将为伦敦作为世界城市作出贡献，具有住宅、商业、零售、文化、休闲、办公和开放空间的混合功能，同时应当与当地居民和商业社区建立牢固关系，尊重维多利亚时代的建筑和文化遗产，践行可持续发展原则[47]。

国王十字车站地区更新项目中，当地政府卡姆登议会所使用的规划许可协议来源于 1990 年的《城乡规划法》中"106 协议条款"（Section 106 Agreement）。该协议为地方当局、土地所有人或开发商协商、制定义务和授予规划许可提供了方法。协议规定土地所有人或开发商须作出某种经济承诺（一次性或经常性）或者提供保障地方利益的实物。一旦法案签署，开发商将获得规划许可，且有三年的时间来行使自己的物业开发权，否则许可即失效[58-59]。另外，一旦开发商违约，政府将保留对其追责的权利[52]。

作为开发商获取规划许可的前提，国王十字车站地区的"106 协议条款"中包含再开发方案相关的一系列原则，主要包括：土地所有者和开发商需要上缴政府 2100 万英镑用于基础设施建设；明确提出开发商和土地所有者需要履行的义务（表 4-3）；规定开发区的建筑面积总量（表 4-4），在这个总量中，每个主要用途类别都有最大的建筑面积。在满足规划义务的前提下，只要不超过地块某个类别土地用途的总建筑面积，申请人就可以在一定范围内改变土地用途。这种灵活性在规模较大且实施时间较长的国王十字车站地区更新项目中给予了开发商较大的开发灵活度，从而及时有效地根据市场情况进行开发调整。

表 4-3　"106 协议条款"中有关国王十字车站更新项目的规划义务

类型	具体义务
整体开发	高密度、综合开发； 约 50 幢新建建筑； 约 1900 套住宅和多达 650 个学生公寓
社区	城市接纳区（Home Zones）； 初级保健中心以及无障碍中心（Walk-in Centre）
创造就业	25000 个职位，以及技能和招聘计划
历史保护	对 20 幢历史建筑及构筑物进行翻新、投资及新用途使用； 保护并利用摄政运河，包括新建三座桥梁
公共空间	20 条新的公共街道和 10 个新的公共空间； 保证公共空间的用地面积占总用地面积的 40%； 零售及休闲设施； 公共卫生和健身设施； 连续公园（Flux Park）设施和开放空间； 公共自行车换乘设施
教育 / 体育	英国伦敦艺术大学； 儿童中心和小学； 室内体育馆
环境发展	能源基础设施包括 14 台风力涡轮机、地源热泵、光伏和太阳能水加热、区域供热 / 热电联产和生物质能供应； 种植本地物种，建设绿色 / 棕色屋顶和新的栖息地

资料来源：作者整理自参考文献 [51]

表 4-4　"106 协议条款"中有关国王十字车站更新项目的不同用途的最大建筑面积

用途	建筑面积上限（m^2）
混合用途开发的总量	739690
办公	455510
零售	45925
酒店 / 公寓	47225
D1（非住宅机构）	74830
D2（集会与休闲）	31730
住宅	194575

注：D1 用途包括社区、保健、教育和文化用途，如博物馆；D2 用途包括音乐厅、舞厅、赌场、体育馆及其他体育 / 康乐用途（包括电影院）。

资料来源：作者整理自参考文献 [48，52]

4.2.3　项目效果

1. 生态环境层面

得益于"106 协议条款"中对能源设施的条款要求，国王十字车站更新项目在 2021 年实现了碳中和[60]。该地区的社区供暖、制冷和供电的所有电力和天然气均来自可再生能源。通过改用 100% 的可再生天然气和电力，国王十字车站每年避免了 19729t 的二氧化碳排放，且排放到大气中的二氧化碳量与碳抵消项目去除的二氧化碳量相同。该地区正与绿色天然气生产商和太阳能农场开发商直接合作，以支持为英国创建新的可再生能源基础设施。除此之外，这里的每一栋建筑都通过了自然资本合作伙伴（Natural Capital Partners）的碳中和开发认证[55]，并签署了世界绿色建筑委员会的净零碳建筑承诺。

2. 社会经济层面

该项目中的经济效益主要体现在土地增值、物业开发以及对周边经济的带动，统计数据显示，2003—2023 年，国王十字车站区域各类房屋的房价共上涨了 255%[61-62]，开发商基于开发许可作出的经济贡献，为伦敦人民带来年度价值约 1 亿～2 亿英镑[56]。作为铁路一开始的土地所有者以及对土地开发权的绝对控制方，英国交通部在该项目中获得主要收益来自 LCR 扣除国王十字车站重建项目成本后净利润的 50%。对于 LCR 来说，随着国王十字车站更新项目的顺利进行，LCR 在 2015—2020 年间从国王十字车站和斯特拉特福车站所有的物业中将获得新的收益。不仅如此，LCR 公司还进行了重组，从之前单一的铁路建设公司转变为物业开发和资产管理机构[50]。LCR 最初在国王十字车站地区项目中投资了 3200 万英镑，2016 年 LCR 的利润为 4890 万英镑[45]，同年，LCR 以 3.7 亿英镑的价格正式出售了其在 KCCLP 的股份。

根据 LCR 在 2009 年的评估，HS1 的增量经济影响与国王十字街的复兴相结合，估计将在该地区带来约 22100 个永久性工作岗位和 2000 套住宅，预计将大大增加地方政府的营业税和市政税收入。国王十字车站中心商业空间蓬勃发展，入驻者包括谷歌、法国巴黎银行房地产公司和路易威登，这为该地区带来更多的商业利益和专业技术人员。从开发的初始阶段到 2014 年，房屋的平均价格从每平方英尺 700 英镑上升到 1400 英镑，商业空间的租金也超过了最初的预期[45]。目前，19 家新建和翻新的公司写字楼提供了约 27.9 万 m^2 的净商业办公空间，提供从 370m^2 到 5203m^2 不等的灵活空间。在过去的十年中，国王十字社区的就业增长超过了伦敦所有其他机会区，创意和数字部门占了该地区所有就业岗位的 55%[55]。当开发完成后，国王十字社区将拥有约 2.2 万名员工，其雇主包括谷歌、Meta、Universal Music、索尼、耐克和 Hava 等行业巨头，以及卡姆登议会和许多小型、微型企业。

谷歌已花费约 6.5 亿英镑从 KCCLP 购买并开发了一块面积为 1hm² 的土地。完成后的开发项目将有建筑面积 9.3 万 m²，价值高达 10 亿英镑，将成为谷歌在加州 Googleplex 总部之外最大的办公区。据估计，当这项重建计划完成时，将创造近 50 亿英镑的总价值 [45]。

HS1 在为国内交通带来便利的同时，还刺激了新的经济增长点。HS1 线路沿线将在斯特拉特福德市（Stratford City）和埃布斯弗利特（Ebsfleet）的泰晤士门户（Thames Gateway）开发区内建立新的车站 [48]，使这些地方可以通往伦敦市中心的同时增加了新的国际联系。便捷的交通促进人们就业机会范围的进一步扩大，从而提振区域的经济发展。

截至 2022 年，国王十字车站地区已有 1100 多套住宅和 600 多套在建住宅。从保障性住房到共享所有权住房，再到优质商品房 [55]，有多种住房选择以满足不同人群需求。Argent 基于 "106 协议条款" 资助建设了一个技能和招聘中心（King's Cross Recruit，KXR）[47]，于 2014 年 1 月开放。同时，该地区的发展创造了多个就业岗位，其中很大一部分就业机会由本地人获得，使得本地人的生活得到保障。由于其建设周期长，因此建筑行业也有可能为当地经济提供中长期稳定的就业机会。

3. 历史文化层面

国王十字车站更新项目旨在提供一个无障碍、高质量的混合使用环境，强烈关注艺术、文化和遗产。现代建筑与历史遗存的友好对话增强了人们对本地区的归属感与认同感。在谷仓建筑群改造利用的吸引下，2011 年，伦敦中央圣马丁学院的 4700 名学生及 1000 多名工作人员已进驻该区域；同时，该地区有部分开发项目首次向公众开放。中央圣马丁学院的进驻不仅创造了新的文化地标和艺术氛围，还吸引了众多艺术展览、画廊等艺术空间的入驻以及户外活动的开展，吸引了大量人群，为地区的创新奠定了基调，提升了地区整体活力。此外，国王十字车站地区始终将健康与幸福置于首位，户外跑步训练营和历史悠久的国王十字跑步俱乐部在 2020 年后期间人气直线上升。可见，该项目最终通过合作伙伴机制与激励管控举措，最终实现了生态、社会、经济、文化等多方面成效（图 4-6）。

4. 负面效果

尽管国王十字车站更新项目整体上在生态、社会经济和历史文化方面均起到了促进作用，但和欧洲其他很多城市更新项目相似，"绅士化" 也是更新改造后难以避免的现实问题 [63]。即使项目在前期协商阶段投入大量时间，以在可负担住房问题上取得共识，且开发团队也始终强调项目的异质性和社会包容性，但研究报告和实际情况表明，由于该项目提供的可负担住房有限，且实际居住人群多为在该地工作的较高收入群体，最终会导致当地社区的绅士化和部分人口的迁移；报告同时指出，该项目并未真正惠及到公众，认为其本质上仍是旨在实现增长和提升竞争力的商业活动[64]。加之由于经济和政治等因素，大伦敦市政府（Greater London Authority）大幅削减了对经济适用房的补贴，这让开发商陷入了经济适用房供应的经济困境[63]，这项举措一定程度上违背了建设具有包容性社区的初衷。

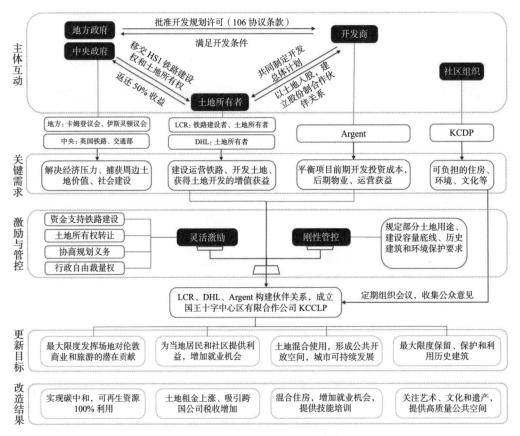

图 4-6 国王十字车站地区更新项目机制图

图片来源：作者自绘

4.2.4 项目机制

1. 弹性法律机制

在国王十字车站更新项目中，"106 协议条款"在公私筹资和物业开发活动中体现的预期规划原则发挥了关键作用。开发商需要保持同地方当局和居民之间的多渠道交流和磋商，以获取规划许可，但是这种地方干预不应当削弱开发商的市场竞争力和经济可行性。在这方面，"106 协议条款"为物业的建筑面积用途制定了非常灵活的安排，允许开发商对市场和其他条件积极做出回应，根据市场的不断变化，在一定范围内调整土地使用的开发强度，而不是将特定用途和特定指标划分给特定区域[46]。另外，自 2006 年获得规划许可以来，卡姆登议会已同意以变更契约的形式对许可进行一系列修正，以维持项目的连续性[47]。

这种具有弹性的规划许可机制，均衡了资本投资的盈利需求和社会的公益需求，使规划不会向单一方向发展，避免一味追求商业盈利而忽略公益性以及社会中低收入人群的需求。政府财政资源与私有资本的混合使用使得双方可根据不同目标各取所需，通过在不同时点上的利益获得，取得各方的平衡。英国在 20 世纪 70 年代中期提出城市复兴的概念后，以公平为基本准则，平衡动态化的资本主义经济和社区人民利益成为国家和政府的主要议题[66]。

2. 动态协商机制

在国王十字车站更新项目中，协商主要存在于开发商与政府机构之间，以及开发商、政府与当地社区团体组织之间。国王十字车站地区的重建主要涉及与三个地方机构的漫长的咨询、研究、规划和设计工作[48]，分别是卡姆登议会（Camden Council），毗邻的伊斯灵顿议会（Islington Council），以及 2000 年成立的大伦敦政府（Greater London Authority，GLA）。通过国王十字发展论坛，开发商 Argent 还与法定机构（如英国遗产委员会）和当地社区团体进行了密切磋商，例如在上文提到的已经被重新利用的历史建筑，就是回应相关机构意见的结果。多渠道的交流和磋商促进了该项目的持续推动，实现了经济、社会和文化等多重价值。

3. 土地开发机制

英国 1947 年颁布的《城乡规划法》从权力束中将开发权剥离，试图在保持土地私有的前提下，将开发权收归国有，实现绝大多数开发建设都必须向政府申请规划许可的目的。这一制度的核心在于，政府试图通过占有土地开发权，并以其在土地开发市场中的垄断性话语权为规划的实施背书，从而建立起积极有效的规划管控体系，对土地开发进行干预、引导和控制[22]。在国王十字车站更新项目中，虽然土地所有权分属不同主体，但开发权仍由政府控制，如果未得到土地开发权的许可，土地就无法进行建设实施。因此，其产权归属问题较为简单，减少了项目由于产权纠纷导致的时间成本和协商成本，促进了项目的顺利进行。

4. 公私合作伙伴互动机制

从与中央政府的伙伴关系上来说，国王十字车站地区初期的开发规划很大程度上得益于政府与企业的良性互动，主要包括政府在资金上的补贴和所有权的转让，以及 LCR 在一定年限后将部分运营利润分享给政府。可见，当政府与社会资本合作方式被用于大型铁路项目时，欧洲政府开始寻求更加创新和有竞争力的方式，来确保与私人合作伙伴之间的合作能创造充足的收益[56]。

从与私营开发商的伙伴关系上来说，在项目建立之初（KCCLP 成立之前），LCR 采用提供股权份额，而不是支付预付款的方式寻找合资企业，这让双方都有义务进入一个长期价值最大化的过程[47]。因此，Argent 与 LCR 和 DHL 两家土地所有者在一开始就达成了集体产权购买和开发协议。协议规定，将在开发计划得到政府规划许可后，再对这块土地根据其公开市场价进行估值。评估后 Argent 公司既可以选择从土地所有者那里购买土地，也可以形成与土地所有者双方各占 50% 股份的合伙企业，各方最后选择了建立一个长期五五分成的合伙公司，即：合伙成立 KCCLP。其中，Argent 公司拥有 50% 的股份[45]，LCR 拥有公司股份的 36.5% 以及 27hm² 地块产权的 73%[56]，DHL 持有 13.5% 的股份①。

LCR 在该项目中的发展战略主要是利用其主要地块作为股权参与合资开发公司，通过 HS1 车站附近的城市更新（主要是国王十字车站和斯特拉特福德车站）获得长期利润。LCR 发挥了 Argent 的专业力量，弥补了地产开发方面精力不足和能力有限的问题，并通过合作，实现了 TOD 中 T（Transit）和 D（Development）的一体化发展，产生了地产价值提升以外的经济发展动力。DHL 在该项目中主要将其土地作为股权参与到开发建设中，通过土地价值增长来获益。DHL 和 LCR 的合作将不同产权的土地整合起来，扩大了项目整体的可开发土地规模，降低了土地开发成本，提升了土地综合效益。Argent 通过投资和制定发展计划，为地块找寻最大开发利益点，在开发中获得利益，并利用自身专业力量，在项目获得规划许可的过程中与政府和公众等谈判协商，推进了项目的审批和建设。这种合作关系的设计目的是在各方都实现确定性的情况下，发挥各方力量，并为各方提供经济回报[45]。

4.2.5 项目复制

1. 项目特殊性、意义与可复制条件

1）项目特殊性

项目特殊性之一在于，国王十字车站更新项目经过 6 年的设计和协商，经过 4

---

① LCR 随后陷入财务困境，自 2009 年起被交通部（DfT）拥有。在 HS1 交付后，2010 年 11 月，LCR 以 21 亿英镑的价格将其拥有 30 年轨道和车站特许权的 HS1 出售给了一个财团。2016 年 1 月，LCR 将其在 KCCLP 的 36.5% 的股份以 3.7 亿英镑出售给澳大利亚超级公司（Australian Super）[67]。

轮 3 万多人参与的公众咨询，最终得出了适合城市更新的方案。这很大程度上依赖于地方政府、开发商以及公众之间的博弈过程，受特定项目、特定区位和特定利益相关者的影响。特殊性之二在于，在英国的规划体系中，英国政府决定是否同意一项发展建议的标准相当明确：第一，发展建议是否符合已批准的本地规划中的政策框架？第二，它是否会损害邻近地区或更大范围地区的城市特色[47]？在这两个基本问题的约束下，《城市规划法》指出，除非有明确的反对理由，否则应给予发展规划同意，这与世界上许多规划体系是不同的。在英国的规划制度体系下，在法定规划之外的发展计划都可以通过协商的方式加以考虑，并且公众咨询已成为主流规划中的法定要求，这些都是 KCCLP 在 2006 年能够获得规划许可的重要基础。

2）项目意义和可复制条件

国王十字车站更新项目是一个定制的发展计划，是伦敦特定时期发展的产物，虽然无法完全复制其复兴过程和设计指导过程，但仍然可以从中找到值得借鉴的经验。（1）灵活的自由裁量权。英国的行政自由裁量权在审批规划申请时具有灵活性和适应性的特点，可根据项目实际情况需要制定开发计划，使规划管理在经济发展和城市改善过程中能够更有效地适应城市和市场的变化。尤其是在一个开发周期较长的更新项目中，设立不同类型土地用途建设指标的合理范围，使规划建设根据不同时期的开发需求进行灵活调整，避免空间闲置等现象，能够使项目在不断建设的过程中始终保持活力。（2）基于公共交通开发为导向开发的土地价值捕获。在国王十字车站更新项目中，站点所在位置的可达性和发展潜力较高，伴随着公共交通站点重建以及周边开发权的转让，实现土地综合开发利用和土地房产价值的提升。这种强化交通枢纽的中心作用，有效提高交通站点与城市互动的效率，同时通过"规划义务"机制提升城市品质，为城市更新提供了集约化的有效策略[67]。（3）基础设施投资和房地产开发的联合开发模式。该项目中，政府给予铁路建设资金和土地所有权的支持，土地所有者和开发商以土地入股和资金、技术入股的方式进行合作，这样的合作模式将有助于项目发挥政府和社会资本合作的优势，最大化发挥专业能力，并平衡社会和经济双重效益，推动各方为长期利益努力。（4）公众参与平台的建立，解决更新项目投入巨大的负担。从国王十字项目的实施过程可以看出，促使开发计划成功通过审批且符合当地发展需要的重要因素在于地方当局和开发商积极组织与社区的交流，并允许所有人提出自身需求和建设期望。尽管公众参与过程可能会导致项目谈判时间拉长，但从项目开发和后期运营的总体实施效果来看，前期广泛的公众参与为项目的长期成功奠定了重要基础。

2. 借鉴策略与未来思路

国王十字车站更新项目重建计划展示了铁路公司（LCR）及其合作伙伴正在形成的一个增加地块价值的发展模式[56]，即，在一个重要的铁路枢纽附近，利用高连通性和高质量的公共空间，基于广泛的公众咨询，建立基础设施和房地产开发的政府与社会资本合作伙伴，来创造土地市场价值的高增长。该项目为涉及铁路等重大交通基础设施的城市更新行动提供了一定的借鉴意义。同时，联合开发与政企合作在突破土地收储开发困境和资金压力方面，为高效盘活土地现有资产提供了思路。

第一，在铁路站场周边地区的开发中，可采用一体化开发的模式，利用地区可达性高和土地开发潜力大的优势，提高交通基础设施和土地开发互动配合的效率，高效集约利用土地，提升街区活力。在满足人们日常工作生活丰富需求的同时，提高公共交通设施的使用率，实现城市品质提升和高质量发展。理论上，企业利润会吸引其他的跨国总部和商业服务机构来到这些地区，带来新的人口流动，增加公共交通服务的需求[56]。不过，土地一体化开发模式也面临多个利益相关者之间的利益博弈过程，这一点可进而借鉴该案例土地所有者合作成立伙伴公司这一举措。

第二，在土地所有权（我国的土地制度背景下，应称为"使用权"）较分散的地区进行城市更新时，可采取资本合伙或政企联动的方式创新合作机制。当然，值得注意的是，国王十字车站更新项目中的地权并不分散，开发商 Argent 承担了前期的开发成本，土地所有者 LCR 与 DHL 以土地入股，在合作中通过成立公司建立了职责权力、利益捆绑、分担风险、共享收益的合理机制。根据合作协议，开发商和土地所有者以各占 50% 股份的方式形成股份制伙伴关系，成为国王十字车站地区的唯一土地所有人，进行场地开发和更新，并共享土地增值收益。相比之下，我国土地收储制度自 2007 年以来，以规范土地市场运行和促进土地集约利用为目的，通过对土地征收、收购和到期回收等方式，从分散的土地使用者手中把土地集中起来，进行前期拆除平整后，有计划地投入市场[68]。然而，随着土地价格升高和产权归属层级不同、产权关系复杂（尤其在旧城区）、利益诉求不统一等现实问题的出现，土地收储往往面临成本高、流程复杂、谈判周期长等困境。因此，相关利益者可思考通过建立伙伴合作关系，以资金或土地入股，形成股权分配机制，可为项目开发前期降低政府土地收储资金压力，并为土地整合方式提供一定的思路。当然，由于不同地区相关城市、国家铁路集团有限公司及城市轨道交通公司的职能以及当地土地管理规范和规划框架的不同，在实施过程中还需结合当地实际情况和需求做出相应调整。

第三，国王十字车站更新项目的顺利实施以及经济社会环境多方面的协同发展，离不开英国以行政自由裁量权为核心的规划制度基础，使开发项目在国家战略框架和地区发展方向的基础上，能够根据市场需求变化和具体实际情况在一定的弹性范围内，与地方政府协商谈判确定最终开发方案。因此，在城市更新项目面临实施困难时，可利用好行政自由裁量权，在合理合法的前提下，充分理解和平衡城市的多方面需求，结合具体情况制定差异化方案。行政裁量权的有效实施依托于对裁量权的规范，以保障法律法规的有效实施和维护社会公平正义。英国采用公开透明、社会参与的方式，并以规划督察制度为辅助，对裁量权实施监督和制约。相比，我国也在规章制度建设和更新中不断完善对裁量权的界定和规范，国务院在 2022 年颁布的《国务院办公厅关于进一步规范行政裁量权基准制定和管理工作的意见》对裁量幅度和程序等进行了说明，以保护市场和人民的合法权益。

4.3　美国：分区规划体系下的激励机制

4.3.1　社会环境背景

美国社会的价值观是复杂且多元的，自由主义、个人主义以及平等与公正的观念都是美国文化的重要特征之一，尤其是生命、健康和财富（尤其是产权）的私有和不容侵犯，成为法律、政策制定和公共管理的核心思想[69]。法治是民主的基石，美国的宪法和法律体系也为公民个人权利提供了强有力的保护。当出现利益矛盾与冲突时，个人或社区团体可以向司法机构提出诉讼，以协调解决矛盾争端。

4.3.2　法律法规政策背景

1. 行政体系中的政府角色与职能

美国的政府行政体系分为三级：联邦政府、州政府和地方政府。作为联邦制国家，美国在建国之前先有了 13 个州，然后通过州之间的协议，在 13 个州之上成立了联邦政府。联邦政府由美国宪法设立，主要负责全国性的事务，拥有宪法所赋予的国防、军事、外交、货币等方面的权力。值得注意的是，联邦政府并不具有城市和住宅等领域的管理权限。因此也不直接干预城市规划，而是通过一些间接性的财政方式参与规划活动，如联邦补助金等[70]。州政府在不与联邦法律冲突的前提下，在教育、交通、公共安全等领域拥有广泛的自治权，负责本州范围内的事务，有权制定本州的宪法和法律。相比于其他民主国家，美国州政府对地方的影响力比联邦政府更强[71]。地方政府的权力和责任通常由州政府决定，负责当地的公共服务与基础设施建设，可以制定和执行地方性的政策和法律，满足本地需求、促进地方发展。虽然州政府和地方政府在各自的权限范围内拥有较大的自主权，但也同时受到上级政府的约束与制衡，在政策实施、法律制定和财政支持等方面存在密切的关联与互动。

2. 三权分立体系下的城市规划体系

美国从联邦到地方政府，均践行着立法、行政、司法"三权分立"的模式，这种模式将法规制定、行政管理和执法监督三个环节紧密地联系起来，不仅防止权力过度集中，而且使各级政府在本级范围内可进行有效的自我动态调整，避免了自上而下的烦琐审批[72]。就城市规划而言，其编制、审批与实施主要由地方政府负责，联邦政府和州政府则主要是从法规和政策层面给予规范和引导。城市和区域规划一般由地方政府决定，无需上级的州和国家机构进行复审[73]。

立法层面，地方政府的立法机构（如市议会或县议会）负责制定规划法规和政策，但必须符合联邦和州法律中的相关规定。比如许多州立法要求地方编制总体规划（又称"综合规划"）并进行定期审查。地方政府若想获得联邦政府资助，也必须先编制总体规划，并证明该资助有助于实现规划目标[74]。美国的分区规划属于法律，其制定由立法机构负责，立法机构可指定一个区划委员会（Zoning Commission）（如果该城市有规划委员会，可替代区划委员会），组织编制区划条例，并进行初审（立法机构复审）。区划立法程序需经过两次公众听证会，以保障公民的知情权[75]。

行政层面，地方政府的行政机构（如市长或县行政官）负责执行规划法规和政策，包括规划许可、土地使用审批等。行政机构可设立规划委员会等规划机构，提供专业建议和监督，提高规划决策的质量和效率，但需要在法律框架内行使权力，确保规划决策的公正性和合理性[76]。以纽约市为例，纽约城市规划委员会的成员由纽约市市长、下属5个行政区的长官以及市议会公共议政员指派，负责对区划变更申请以及大型市政公用设施、交通设施的特别许可申请的审批[77]。城市规划委员会是很多城市的法定机构，可以就法定规划（比如总体规划、区划法）的修正提案向立法机构提出建议，影响立法决策。

司法层面，地方政府的司法机构（如地方法院）负责解决规划过程中出现的争议和纠纷。部分规定会支持出于公共目的限制一些人的土地使用，但地方政府在行使规划权力时，受到联邦宪法和州宪法所保障的个人权利的制约[78]。判例法是美国司法体系中的重要组成部分，当个人权利与政府权力发生冲突时，可以提出上诉，法院往往按照历史判例的处理方式决策，这种诉讼制度可以为规划管理增加一定的弹性，提升规划的民主性[75]。

立法、行政和司法机构各司其职，同时也互相制衡。行政机构在执行法规政策时，如果发现有缺陷问题或不适用于实践，可向立法机构提出修改建议，同时行政行为也受立法机构的监督、审查，以确保其符合法规。司法机构可对立法和行政决策进行审查，如果出现争议，法院将介入审理，纠正违法或不当的行为；行政机构可改变其行政决策来回应司法裁决，而立法机构可以通过修改调整法规政策来回应司法裁决。总之，三权分立和相互制衡的体系旨在保护公民权利、平衡不同群体诉求，确保城市规划决策的合法性、透明性和公正性。

4.3.3　规划的制度环境

1. 联邦规划法规

美国城市规划最初主要由州和地方政府负责，联邦政府开始干预的时间较晚，直到 20 世纪 30 年代大萧条时期，联邦政府才开始介入，其干预手段也比较有限，主要手段包括：设立联邦专项基金资助州和地方政府的规划建设活动、以法规政策指导规划工作。比如，住宅层面，联邦政府发布《1949 年住房法案》（*Housing Act of* 1949），并发起了"都市更新计划"，城市更新被视为公共利益，州政府授予地方政府土地强征权，地方政府可在市区中心规模性地购买和整理土地，向开发商低价出售，吸引开发商回中心区投资再开发。但大拆大建的方式破坏了城市肌理，遭到公众强烈反对，因此国会于 1973 年终止了该计划。1974 年，美国出台了《1974 年住房与社区建设法案》（*The Housing and Community Development Act of* 1974），旨在加强对城市肌理的保护，强调地方民主、中低收入居民的公众参与[79]。环境层面，1969 年《国家环境政策法案》（*National Environmental Policy Act*，NEPA）发布，不仅成立了总统直接领导的环境质量委员会，而且要求州政府制定环境控制法案，并在联邦基金支持下开展环境研究和立法[80]。同时规定所有申请联邦基金的项目必须进行环境影响评估，提交环境影响报告，以联邦法规的形式将环境评估纳入城市规划过程[81]。

2. 州规划

早期州政府的规划注重自然资源管理，1968 年联邦政府出台《政府间合作法案》（*The Intergovernmental Cooperation Act*），规定申请联邦基金需要经过州和区域规划部分的审核与推荐。这强化了州规划部门的权力，但也给州的规划管理带来较大压力。到了 20 世纪 90 年代，州总体规划开始侧重政策分析、预算研究和立法议程制定，从资源、环境管理转向远期战略型规划[81]。大多数州政府将用地规划权交由地方政府，由地方政府根据地域环境、特点、发展状况制定具体的用地规划与配套政策。

同时，州政府也通过规划授权法案授权并约束地方政府的规划活动。根据州规划授权法案，地方政府可编制综合规划，经市长签署和市议会批准后，可作为法律生效。州政府会对地方综合规划进行审批，若地方规划被州政府否决，地方政府也可向州总体规划上诉委员会申诉[81]。

此外，州政府还制定专项法规，从环境与历史保护、区域协调等层面加强对地方政府用地的管控，各州政府的管控方式不一，大致可分为五种：（1）制定全州的用地和分区规划，由州政府直接颁发建设许可；（2）制定专项法规，控制特殊地区（比如生态敏感区、发展控制区、历史风景区）的建设；（3）制定建设指南，激励和引导地方规划；（4）针对部分建设项目，要求地方政府提交环境影响报告；（5）在特定地区，由州政府直接颁发建设许可，地方政府不得擅自开发建设。除此之外，还有一些间接管控方式，比如要求环境影响重大的项目提交研究报告、增加公开听证环节。若违反州政府规定的审批程序，地方政府可能面临来自任何个人或环保组织的诉讼，州最高法庭将给予判决。州政府出台新法案时常伴随成立新委员会，负责规划实施、审批、协调和监督[81]。

但是，州的规划法案与地方规划的关系也并不完全是自上而下的强制要求，而是互补关系。州规划法规旨在制止或修正地方政府建设，并给予一定的弹性调控余地，而非强制建设。大多州的规划法案是针对特殊地区的专项规划，与地方法规不重叠，具有独立的法律效力。地方的特殊项目需遵守州法案，州下属机构项目也受地方法规约束。

3. 地方规划

在地方城市规划体系中，城市总体规划、分区规划和土地细分管制三者相互关联，共同构成了城市规划和管理的基础框架。

城市总体规划（Comprehensive Plan）是由地方政府发起和批准的长期规划，有效期通常为10年。总体规划涵盖了土地使用、交通、住房、环境保护、经济等广泛领域，为城市未来发展提供了一个基本框架和发展方向。

分区规划（Zoning Ordinance）（简称"区划"）通常是由州政府授权地方政府执行，在总体规划前提下，将城市或区域分为不同的功能的土地使用区，比如工业区、商业区、住宅区，并通过制定详细的土地使用规则，对土地用途和开发强度进行管控。1922年，联邦商务部颁布了《州分区规划授权法案标准》（A Standard State Zoning Enabling Act），肯定了分区规划的合法地位[82]。区划法一旦通过，所有建设必须遵循其规定。区划的行政体系主要包含四个部分：政府的立法机构（如市议会）、规划委员会、区划执行部门、区划上诉委员会等[83]。如需申请区划变更，必须依法定程序；如申请人对区划条款有争议时，可向区划上诉委员会提出上诉。总之，分区规划是美国土地开发控制的核心法律依据，也对城市更新活动具有重要指导意义。

土地细分管制（Subdivision Regulations）旨在将大块土地细分为适合开发或产

权转让的小块土地，以便建设、管理与销售，通常被应用于居住区。土地细分应与分区规划、总体规划保持一致，并且须经规划委员会的审查[84]。土地细分不控制土地用途，而是对街区和地块设计、公共设施配套、防洪措施等具体设计标准进行控制，并要求开发商捐赠部分土地、缴纳替代费（In-lieu Fee）或影响费（Impact Fee），以补偿政府或相关机构所提供的公共空间或基础设施（如公共道路、上下水设施等）[85]。通过土地细分，可以保障地块尺度的合理性，便于进行区划许可的开发[86]。

总之，城市总体规划、分区规划和土地细分管制构成了一个完整的城市规划与土地利用管理体系。城市总体规划提供了宏观指导和政策框架；分区规划在总体规划的基础上制定了详细的土地使用规则；而土地细分管制则进一步细化了地块的划分和配套设施的建设要求。这三者共同作用，确保了美国城市的有序发展和土地的合理利用。

4.3.4　弹性机制的有效性

1. 弹性机制的特征和体现

美国城市规划体系的弹性可体现在三个方面：（1）政府职能层面，联邦政府不做全国性的城市规划，城市规划基本上是由州和自治市政府负责，因此地方政府在规划方面具有较大的自主权。（2）规划制定层面，也没有全国统一的规划体系，各个州、区域和地方的规划体系也均有不同。尽管地方政府的建设计划与开发控制须以综合规划作为依据，但综合规划的主要作用是在政策和技术层面的宏观调控，仍为地方的自主规划留有较大弹性空间。（3）规划管控层面，区划是开发控制的最主要方式，且具有确定性和公开透明的特点，适用于通则式开发控制。但整体规划控制中也存在特殊性与灵活性，比如纽约市就针对城市中具有特殊重要意义的地区，设定了各类特别意图区（Special Purpose Districts）[73]。而容积率作为规划控制的核心指标，在美国区划中发挥重要作用，因此容积率激励也成为落实规划弹性管控的关键机制。

2. 容积率激励机制的灵活运用

容积率激励是美国在传统分区规划管控的基础上，为提高规划的灵活性而发展出的一种技术调控手段，旨在以容积率作为诱因吸引开发商参与，借助市场力量建设公共空间、保护空间特色、提高土地利用效率等，被广泛应用于城市更新活动中。容积率激励的运作包括两个过程（图 4-7）：一是通过政策制定将激励手段规范化，明确容积率激励工具的使用规则；二是根据政府所设定的规划目标，选择合适的工具，激励开发商实现目标。在此过程中，容积率激励工具起到至关重要作用，其主要包含四种类型：容积率红利、容积率转移、容积率转让、容积率储存[87]。

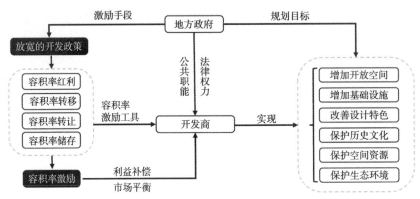

图 4-7　美国容积率激励制度运作示意图

图片来源：作者自绘

（1）容积率红利（Floor Area Ratio Bonus），与相关研究所提及的"容积率奖励"的概念基本一致，是指政府为了吸引开发商提供特定的城市公共空间或设施，放宽容积率上限，允许适度增加局部地段的开发强度。（2）容积率转移（Floor Area Ratio Flow），是指在开发地块内总开发量保持不变，开发商可根据需求灵活设计局部地块的容积，该过程中容积率仅在地块内部转移，不涉及产权交易。（3）容积率转让（Floor Area Ratio Transfer），又称开发权转移（Transfer of Development Right），是指将某些因环境保护、历史保护而限制开发的资源用地上的容积率转移到可开发地区，该过程中涉及产权交易。（4）容积率储存（Floor Area Ratio Storage）则将容积率作为一种特殊的可交易资产，以虚拟货币的方式由政府进行储存，再视开发需求进行分配或转让。

总之，容积率激励机制在城市更新中具有广泛的应用前景，它不仅可以鼓励开发商参与，为各方利益平衡提供解决思路，同时增加公共空间和设施，而且能够促进历史文化特色与环境保护，还有助于城市空间资源的整体布局优化。但要想充分借鉴美国的容积率激励经验，还需重视相关制度配套设计，避免因制度不完善导致实施出现问题[88]。美国的容积率激励管理通过"规划＋法律"的双重体系来实现。规划层面，地方政府根据地区需求的科学评估结果，拟定容积率激励政策。法律层面，规划内容将被转化为标准化的条例，提供执行依据。在地方政府和"公民复决"没有异议的前提下，容积率激励计划通过立法后，便成为具有法律效力的行动纲领。对比来看，我国的容积率激励实践还缺乏统一的立法保障，未来还需加强相关法治化建设，完善制度框架与实施程序，为容积率激励机制的推广应用构建良好的制度条件[89]。

4.3.5　弹性机制的障碍和问题

1. 弹性机制的难点

1）容积率激励的内生问题

容积率作为激励机制的核心工具，旨在激发市场需求，促进公共空间的建筑优化。然而，在实施过程中，确定奖励或补偿的适当量是一个挑战。容积率转移允许在固定的开发地块容积率下创造多样化的空间形态，但若不涉及产权变动，则其应用范围受限。容积率转让通过开发权的交易在不同地段之间实现利益平衡，但这种市场交易方式可能导致市场开发需求的预测和控制变得复杂[90]。

2）传统区划的负外部性

美国于 1916 年开始实施传统区划条例，对土地使用性质、开发密度、用地大小等方面加以规定，以规范土地利用和发展。然而，僵化的管理规定不仅导致城市物理空间的单调和重复，还导致社会隔离、排他等一系列社会问题。

另外，区划对土地的控制直接关联到土地所有者的经济利益，这在很多情况下与宪法对私有财产的保护原则存在冲突。政府为了维护公共利益，有权力限制个人行为，这体现在地方政府对土地用途的强制性控制上，也是区划作为法律存在的基础。然而，分区规划法一直通过长期的立法、诉讼和法庭判决过程不断演变，试图在不同时期找到个人权益与政府控制之间的平衡点。在某些时期，法庭可能更倾向于保护个人权益，而在其他时期，则可能更倾向于支持政府的控制权。这导致政府与个体若想在公共与私人空间的划分上达成共识，往往依赖于法庭的判决[71]，增加了不确定性，进而也增加了行政成本。

3）州与地方规划权力的垂直冲突

由于州与地方政府间的管辖权在地域、事项上的部分重叠，对于同一区域的建设、更新或改造事项，如果州规划与地方规划持不同意见，就可能因此产生不同规划层级间的垂直冲突。美国的地方自治主要分为"Home Rule"和"Dillon Rule"。在前者的模式下，地方政府可以行使任何权力和履行任何职能，除非州法律明确禁止；而在后者的模式下，地方政府只拥有州明确授予的权力。然而，由于美国大多数州都以某种方式共同实行两种模式，所以在地方事务的决策上会产生冲突。不过相对来说，相较于州政府，地方政府不仅对地方实际情况有更深入的了解，而且与地方公民的联系更为紧密，地方政府也承担着规划编修和执行的主要责任。因此，州的规划权力在行使时，始终受到地方自治权的限制[91]。

2. 弹性机制的改进思路

1）激励机制的综合化手段

为缓解容积率激励的量难以确定、产权变动和市场供需不匹配等问题，美国各地方政府采取了各自不同的、适宜地方发展的容积率激励举措，不同州不同郡县的实施机制几乎都各不相同，机制的选取往往取决于该地区的地理环境、历史文化差异、人口数量、建筑密度、基础设施条件等因素。主要体现在：一方面可以对容积率激励的四种方式综合选择，实现容积率在空间层面的自由流通，提高资源配置效率 [92]；另一方面根据土地使用性质确定不同的基本密度、容积率红利和转让密度等，适配不同类型的用地，发挥最优效率。例如在美国马里兰州的 Charles 郡制定的容积率激励计划中，在区划法的用地分区基础上，对不同性质的用地分别设置了不同类型的容积率激励制度（表 4-5）。

表 4-5　马里兰州 Charles 郡区划中实施的容积率激励制度

用地类型	基本用地分区	基本密度	红利	转让	红利＋转让
农田保护	传统区划	0.33	0.40	—	—
	集束分区	0.20	0.27	—	—
乡村保护	传统区划	0.33	0.40	—	—
	集束分区	0.33	0.40	—	—
乡村居住	传统区划	1.00	1.22	—	—
	集束分区	1.00	1.22	—	—
村镇居住	传统区划	1.80	2.20	—	—
	集束分区	1.80	2.20	—	—
	中心区区划	3.00	3.40		
低密度郊区居住	传统区划	1.00	1.22	—	—
	集束分区	1.00	1.22	3.00	3.22
低密度郊区居住	TOD 区域	1.75	1.97	3.50	3.72
中密度郊区居住	传统区划	3.00	3.66	—	—
	集束分区	3.00	3.66	4.00	4.66
	PRD 区域	3.00	3.66	6.00	6.66
	MX PMH 区域	3.00	3.66	10.00	10.66
高密度居住	传统区划	5.00	6.10	—	—
	集束分区	5.00	6.10	6.00	7.10
	PRD 区域区划	5.00	6.10	12.00	13.10

续表

用地类型	基本用地分区	基本密度	红利	转让	红利＋转让
高密度居住	MX PMH 区域	5.00	6.10	19.00	20.10
	PMH 区域	5.00	6.10	10.00	11.10
	TOD 区域	5.00	16.10	27.50	28.60

资料来源：参考文献 [92]

2）分区规划的灵活性调整

20 世纪 50 年代后，为了缓解传统分区对城市空间和社会发展造成的不利影响，大量的新区划工具得以使用，以突破传统分区的僵化制度，为实际规划增加灵活性和弹性。第一种工具，是分区规划的修改，在性质上属于立法行为。市议会或者其他地方政府部门可以修改分区规划条例，一种方式是将不符合所在片区土地用途的用地移出至与其使用功能相同的片区，另一种方式是直接改变所在片区的土地用途。

第二种工具，是设立特别目的区（Special Purpose Districts）和激励性分区（Incentive Zoning），主要是为了实现特定的城市发展目标而设立特别管制区域，以及通过容积率奖励等方式在提高开发商效益的同时，增加城市已建设区域的公共空间。

第三种工具，是额外的叠加工具，主要包括叠加分区和浮动分区，主要通过对传统区划进行"补丁"式补充和调整，如自然保护区划、历史街区区划、混合用途区划、包容性区划等[85]。

3）解决垂直冲突的有力机制

规划垂直冲突的调整依赖于"整合原则"和"逆流原则"，前者强调赋予上位规划制定者监督的权限，后者强调下位规划参与制定上位规划的权利。也就是说，在建立防止垂直冲突的事前制度的同时，保障地方的自主性，使地方能够根据发展及时调整规划策略[94]。

整体来说，美国在解决垂直冲突时采取的州与地方政府之间平衡的制度设计，其本质也围绕这两个原则展开。一方面，为了维护州的整体利益，州对于特定规划问题具有优占权、强制权和参与权[91]，即州法具有优先于地方规定的效力，州可以通过立法强制要求地方规划的内容，也可以参与到地方规划的决策过程中。另一方面，地方政府在政策制定[95]、上诉申辩[96]等方面有一定的发言权。例如美国的"双重否决机制"允许州与地方政府共同决策来决定最终的规划安排，这一举措增加了地方政府对规划的决策影响力，并适当降低了州政府对于地方事务的绝对控制。

4.4 美国纽约高线公园案例

4.4.1 项目背景

1. 区位条件

美国高线公园位于纽约市曼哈顿区西部，由废弃高架货运铁路（也就是"高线"）改造而成。公园沿着哈德逊河纵向展开，分为三个部分，从哈德逊城市广场（Hudson Yards）到切尔西街（Chelsea Street）的惠特妮博物馆（Whitney Museum），总长2.3km，距离地面高度约9m，沿途穿过22个街区（图4-8）[97]。在铁路废弃之前，其功能是连接哈德逊港口和切尔西区的肉类加工厂及仓库，主要负责运送奶制品、水果和其他农产品，是纽约工业区的交通生命线[98]。

图4-8 纽约高线公园区位示意图

图片来源：作者改绘自高线公园官网（https://www.thehighline.org/visit/）

2. 问题困境

20世纪50年代开始，因城市规划与其他交通线路的开通，纽约高线铁路逐步退出历史舞台。一方面，州际公路体系的建设促进了卡车和公路运输的迅猛发展，火车和铁路运输不再扮演以往的重要角色。另一方面，随着战后经济复苏，纽约市开始以金融产业为重点，逐渐疏散工业制造业，高线的使用率大幅减少。1960年前后，位于高线最南端的Spring街枢纽站至Bank街的14个街区的铁路率先被拆除以建设住房；至 1980 年，高线铁路彻底停运 [99]。高线铁路的废弃给周边社区、城市面貌带来了许多问题，既是对城市景观与社会资源的浪费，也造成整个区域的破败与犯罪率上升。在高线荒废之初，周边的社区成为社会最底层居民的生活场所，各种刑事案件接连发生，高线铁路沦为城市中藏污纳垢的一角 [100]（图 4-9）。

图 4-9　荒废的高线

图片来源：参考文献 [101]

因此，20 世纪 80 年代开始，社会多方倡议拆除高线铁路（图 4-10）。这样的声音主要源于周边土地所有者组成的民间组织切尔西业主联合会（Chelsea Property Owners Association）。货运火车停用以后，高线成为阻碍周边土地升值的绊脚石，业主们每年还被迫支出约 1000 万美元以防安全隐患。另外，由于不远处的哈德逊河公园同期筹备建设，时任市长 Rudy Giuliani 及其办公室也因不愿重复投资而力主拆除 [102]。这一方案如若实施，一方面将削减政府维护城市公共安全的开支，另一方面也将释放周边土地的潜在价值进而增加财政税收。然而，高线体量庞大，持有方 Conrail 铁路公司不愿支付约 500 万美元的拆除费用，甚至曾在 1984 年试图以 10 美元的价格转让给当地的一位社会活动家 Peter Obletz，却被州际商务委员会①（Interstate Commerce Commission）叫停 [103]。尽管如此，1991 年，Bank 街至 Gansevoort 街 5 个街区的高架铁路也难逃被清理的命运 [104]，但剩余主体部分因为各方无法明确具体

①　州际商务委员会（ICC）是美国 1887 年根据《州际商务法》设立的一个监管机构。该机构最初的目的是监管铁路（及后期的卡车运输），以确保公平的费率，消除费率歧视，并监管州际公共汽车线路和电话公司等公共运营商。从 1906 年开始，国会扩大了该机构对其他商业模式的监管权限，并逐步将这一机构的权力转移到其他联邦机构。州际商务委员会于 1995 年被废除，其剩余职能转交至地面运输委员会。

的拆除方案和开支分配而被搁置[105]，在接下来的二十年间接受着自然的洗礼，人迹罕至的铁路逐渐萌发了生机，为日后的华丽转身埋下了伏笔[99]。

（a）"交通生命线"时期（1934—1980年）　　　　（b）"拆与不拆争议"时期（1980—1999年）

图4-10　高线历史照片

图片来源：参考文献[111]

3. 更新目标

公路运输的兴起并不能代表铁路货运的终结，高线铁路的存在能够为切尔西区谋求更长远的发展。为了拯救即将被拆除的高线铁路，1999年由约书亚·大卫（Joshua David）和罗伯特·哈蒙德（Robert Hammond）发起、联合附近居民共同组成的"高线之友①"正式成立。在前任市长已签署了拆除高线命令的情况下，"高线之友"紧急协调政府、开发商和片区居民，成功说服政府将铁轨下的土地空间转化为公园[107]，让高线得到了新的发展契机。2005年，市议会通过了由城市规划部门主导的西切尔西特区的区域规划调整，这一调整具有非常明晰的目标定位——向每一位公众敞开公共活动空间，并且强调空间对"时间"的诠释，注重城市本身和生态进程的自然演替过程。因此，高线得以保留并体现其作为"生命运输线"角色的铁轨骨架和部分连接高线的老旧厂房，以延续高线的历史文脉。同时，高线公园的设计团队对高线沿线的废弃厂房和仓库进行更新改造，置入公共艺术等多元功能，通过新旧建筑

---

① 高线之友（FHL）是纽约市公园与娱乐管理局的非营利性合作伙伴，致力于确保高线公园持续为所有纽约人和游客提供公共场所。FHL于1999年由西村和切尔西的居民组成，目的是通过联邦铁路银行计划，保护历史悠久的高线结构，将其重新用作高架公共开放空间。

的融合以及公共艺术与公共空间的相互促进，记录高线的过去、现在与未来[108]。

西切尔西特区区域规划调整的具体目标包括[109]：（1）鼓励和引导西切尔西地区发展成为一个充满活力的混合用途社区；（2）鼓励沿街道和大道适度发展住宅用地；（3）鼓励和支持与艺术相关的用地增长；（4）促进高架铁路线路的恢复和再利用，使其成为一个无障碍的公共开放空间；（5）确保新增加建筑的样式与地区和高线开放空间相关；（6）创建一个从东部低密度的切尔西历史区到北部高密度的哈德逊广场的过渡区。

4.4.2 项目实施

1. 实施过程和主要环节

高线公园的转型历程起于 1999 年"高线之友"的成立，经历了前任市长和高线铁轨下土地所有者的反对、新任纽约市长的支持，在 2002—2003 年获得了市议会、联邦地面交通部门等政府机构的政策支持，在 2003—2004 年组织国际竞赛方案征集，并在 2004—2005 年为建设做好准备，包括通过重新区划的决议并获得铁轨所有权，而后于 2006 年开启第一期建设（图 4-11）。

整个高线公园的建设一共分为三期：一期从甘瑟弗尔街（Gansevoort）到 20 街，长约 0.5 英里（约 805m），宽为 30 ~ 60 英尺（约 9 ~ 18m），大部分位于原来的肉类加工街区，小部分位于西切尔西区；二期从 20 街到 30 街，主要位于西切尔西街区的艺术展览区；三期从 30 街到哈德逊河以及 34 街的铁路站场，与规划中的新中城商业发展区河滨开放空间相结合。三期工程分别于 2009 年、2011 年、2014 完成并向公众开放（图 4-12）。

2. 主要参与者与其职责

1）争议期

争议期的利益相关者包括"高线之友"、纽约市政府、居民与开发商，而"高线之友"和市政府是核心力量。1980 年铁路运输停止后，高线一直处于"拆与不拆"的争论之中。拥有高线下方产权的人和很多开发商都希望拆除它来建造商业房产，纽约市政府也认为拆除高线能够带来更多发展机会并着手签署拆除令，而一些社区团体却希望把它保留下来。1999 年，"高线之友"成立，他们反对纽约市政府对高线的拆除方案，积极倡导保护高线并将其重新开发为向公众开放的公园，这一绿色转型思路成为留住高线的关键。一方面，他们取得高线铁轨组织的许可，带领对高线感兴趣的群体到铁轨参观，并向周边土地所有者阐释高线的现状与未来机遇，让人们意识到高线提供了难得一遇的公园开发机会，可以创造出不同于世界任何地方

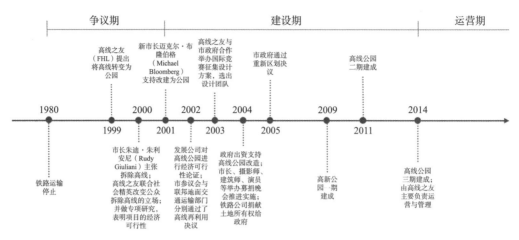

图4-11 高线公园更新历程概况

图片来源：作者自绘

（a）2001年   （b）2022年

图4-12 高线公园卫星图变迁

图片来源：作者自绘

的公共空间，从而积极改变公众坚持拆除高线的立场。另一方面，他们不断扩大"高线之友"、壮大志愿者队伍，吸引了大批建筑师、设计师、摄影师，其中不乏像阿曼达·伯顿（Amanda Burden）这样的城市规划专家，不断扩大高线公园理念的影响力[110]。此外，"高线之友"甚至还作了专项研究，证明高线再开发产生的税收将高于开发所需的费用。在"高线之友"的努力下，社会各界对高线的讨论从拆除转向再利用，也得到了新任市长迈克尔·布隆伯格（Michael Bloomberg）的认可。

这一时期，非营利组织"高线之友"的积极斡旋是高线公园更新理念得以传播和高线得以保留的关键。而产权人、开发商和居民作为利益相关者经历了理念的改变，社会整体舆论从拆除转向正面积极的绿色转型。纽约市政府作为政策制定者及决策者，其理念也发生了改变，对高线潜在经济价值的判断使其认可并推动高线的保留。这一时期，以"高线之友"和纽约市政府为核心的公非增长绿色联盟[①]雏形初现，高线公园开始向城市公园转型。

2）建设期

建设期的参与者众多，包括"高线之友"、纽约市政府、相关政府机构、设计师，以及作家、演员、摄影师等社会精英。2002 年，城市经济发展机构对高线公园进行了经济可行性论证，显示高线公园可能带来的房产税、销售税和所得税收入可产生远超建设成本三四倍的经济效益[111]。在可观的经济预期下，市参议会（City Council）与联邦地面交通运输部门（Federal Surface Transportation Board）分别通过了高线再利用决议，高线更新提上日程[110]。2003 年，"高线之友"与市政府合作举办国际竞赛征集设计方案，并全程参与了高线公园的设计和开发过程，评选并决定了最终的设计开发团队。高线公园的景观设计是高线得以成功营销的重要保障，设计师们秉持可持续增长理念，充分考虑居民需求，对相邻区域工业遗产表现出高度重视，甚至对周边区划给出调整建议，使公园景观与周边区域、历史风貌更加协调。以"高线之友"和纽约市政府为核心的公非增长绿色联盟成为高线公园建设的融资主体，并通过绿色公园理念营销筹措社会资金。2004 年，纽约市长迈克尔·布隆伯格在确信将高线开发为公园能够实现公众和投资者共同获益的双赢局面后，决定从纽约市预算中拿出 4300 多万美元，以支持这一改造项目。为了推动项目的启动，纽约有影响力的名人，如市长迈克尔·布隆伯格、议员，以及著名的摄影师、建筑师、作家、时装设计师、演员，通过现场宣传、募捐晚会、展览，推进了高线再开发的快速实施。与此同时，高线所有权者切尔西 - 海岸铁路公司（CSX Transportation）将高线铁路 30 街以南地带捐献给纽约市政府，解决更新的所有权问题。高线公园总体设计和建设投资为 15300 万美元，开放的公园部分投资为 6680 万美元，总投资中有 11220 万美元由纽约市拨款，2070 万美元由联邦政府拨款，70 万美元由州政府拨款。除政府投资，高线公园的资金主要通过"高线之友"募集或由相邻地块的地产

---

① "高线之友"组织和纽约市政府，在全社会的高线绿色转型的舆论氛围下，以保留和开发高线经济价值为目的，所合作成立的以推动高线向绿色公园转型为目的的绿色增长联盟。

开发商提供。而"高线之友"的募资多来自城市精英的慷慨捐赠，如拥有大量地产和金融资产的黛安·冯·弗斯滕伯格（Diane Von Fürstenberg）和巴里·迪勒（Barry Diller）团队[110]。2005年，市政府通过重新区划决议，为公园的实施提供制度保障。区划议案中，政府充分尊重私有财产，并制定相关经济激励政策来予以支持[112]。

这一时期，政府相关机构推动高线公园的保护与再利用成为纽约市的开发政策，促成了高线公园的落地。设计方案为高线公园的营销和建设提供保障，市政府通过政策制定提供激励政策支持地区开发，并且与城市精英、"高线之友"一起形成募资团体，为理念营销和落地筹措资金，地产开发商则提供雄厚的资金支持。众多参与者中，"高线之友"和政府形成的公非绿色增长联盟是推动高线公园顺利实施的关键力量。

3）运营期

运营期的主要参与者包括"高线之友"、公众和纽约市公园与娱乐管理局。纽约市政府部门主要起监督作用[114]，高线公园的实施管理仍主要由"高线之友"负责，包括公共活动的组织、公园维护资金的筹集等。该时期"高线之友"的发展经营也逐渐完善，高线公园的运营改革与发展战略等重要事务由一个固定的、由38人组成的理事会进行公开投票决定，这些理事大多由政客与规划建筑师组成（例如纽约市公园与娱乐管理局局长 Mitchell J. Silver 与城市规划家 Catie Marron）。此外，为了维护高线公园的正常运营，"高线之友"不仅会定期向社会招募志愿者，从事导游解说、园林修剪、设施维修与更新、展览准备等工作，还会招聘固定的约110名员工，主要从事常规的公园服务、园艺、行政等工作[100]。在高线公园后期的活动组织方面，"高线之友"通过与企业、学校、社会组织合作，定期组织公共艺术、展览演出以及科普教育等活动，来吸引不同类型的人群，提升公众参与公园管理维护的积极性，进而增强高线公园的活力与影响力[114]。资金方面，除了政府予以资助之外，"高线之友"还通过与企业开展相关合作，获取公共活动的赞助费。一些非营利性组织也会定期为高线公园筹集资金，用于公园的日常维护及活动组织[106]。同时，高线公园也通过向居民出售不同金额的公园会员资格来获取运营资金。

这一时期，政府相关部门提供管理和运营监督，公众通过成为高线公园会员加入高线组织，共同参与公园的维护与管理。而"高线之友"仍作为参与主体，既负责公园的日常维护与管理，也负责保障公园长期运营的资金募集，以及在民众与政府之间搭建沟通的桥梁。这种形式提高了公园管理的效率，缩短了政府内部的行政流程，在应对紧急事情时尤为有效。实际上，"高线之友"与高线公园非常巧妙地融为一体[100]。

3. 采用的灵活工具

1）历史风貌保护

高线公园的历史性保护与更新不局限于公园本身，在高线更新实施之前就已扩展到周边街区。政府通过划定切尔西（Chelsea）、西切尔西（West Chelsea）与甘瑟弗尔特市场历史街区（Gansevoort Historic District）（图 4-13），对周边街区和建筑进行先期的控制，鼓励将原有的工业空间置换为艺术展览空间，为高线的更新提供了良好的区域氛围和环境，使其成为紧密联系周边历史街区环境的公共开放空间。1970 年，纽约市地标保护委员会划定了切尔西历史街区，保护其中的工业建筑原有风貌，并于 1977 年将其加入到美国《国家历史名胜名录》中。1982 年，历史街区范围得到扩展，纳入了包含重要历史建筑的相邻街区[115]。切尔西历史街区保留了大量老牌工业建筑，颇具传统街区风格，为日后画廊和艺术家的入驻提供了契机。20 世纪 90 年代，随着纽约 SOHO 画廊区租金高涨，许多画廊转移到地价相对较低的西切

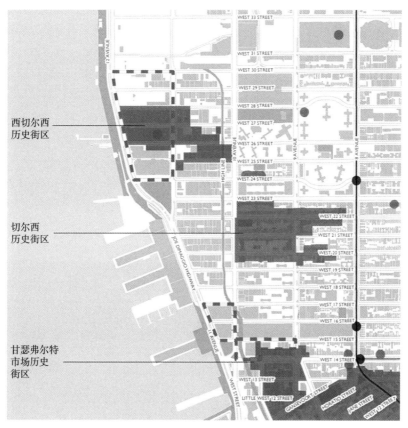

图 4-13　切尔西、西切尔西与甘瑟弗尔特市场历史街区范围

图片来源：参考文献 [109]

尔西区，带动西切尔西区发生了彻底转变，大量厂房、仓库、车库等转变为画廊及其他展示空间；到 1997 年，将近 40 个画廊已经开业或搬迁至西切尔西区，并且预计一年内将继续增加 50 多个画廊。正如 1997 年《纽约时报》所描述，"肮脏的工业街区"开始吸引美术馆和相关产业。2002 年，位于西 25 街一处工厂大楼容纳了各种租户，其中 50% 是画廊，30% 为艺术家和摄影师工作室，20% 为与艺术相关的办公场所 [116]。随后，甘瑟弗尔特市场历史街区以及西切尔西一处以厂房和仓库为主的历史街区得以确立。在邻近高线处，一些装饰着涂鸦艺术的厂房、仓库被原样保留。同时，周边地区的更新不断进行，为地区注入了活力 [114]（表 4-6）。

表 4-6　切尔西历史街区保护历程时间表

时间	保护内容	主管部门
1970 年	确立以传统特色排屋为主的切尔西历史街区	纽约市地标保护委员会
1982 年	延伸西切尔西历史街区范围	纽约市规划主管部门
2003 年	确立了甘瑟弗尔特市场历史街区	纽约市地标保护委员会
2005 年	对西切尔西大部分区域的重新规划，鼓励将原有的工业空间置换为艺术展览空间	纽约市规划主管部门
2008 年	西切尔西确定一处以厂房和仓库为主的历史街区，以保留工业街区的历史特色	纽约市规划主管部门

资料来源：参考文献 [117]

2）区域区划调整

为了说服业主建设高线公园比拆除铁路更加有利，2005 年，"高线之友"与纽约市城市规划委员会合作，进行了西切尔西区的区划调整 [118]，创建了西切尔西特别区（The Special West Chelsea District）。特区位于第十大道和第十一大道间，南起第 16 街，北至第 30 街，包含了大部分的高线（第 30 街北侧的高线铁路位于西城调车厂内未划入特区范围）。

区划调整提案中明确了将高线改造为城市带状公园，并以此带动周边区域的城市更新 [119]。首先，在西切尔西区的特殊区划中，政府首次在法律上允许将纯工业用地转变为住宅与商业用地 [120]。1999 年，西切尔西区大部分区域为轻工业、制造业、仓储业、运输业等，分区名称为 M1-5。西 23 街从 M1-5 改划为 M1-5/R9A 和 M1-5/R8A，为制造业和住宅混合用地。到 2013 年，大部分 M 类用地已转化为住宅与商业用地 [109][图 4-14（a）]。其次，新的区划在土地用途分区之上，建立了一个编号为 A～J 的 10 个分区组成的叠加分区 [图 4-14（b）]，并制定了各分区内的特殊管控要求和分区奖励措施（图 4-16），以补充、修改重新区划用途分区要求的方式进行空间管控，完善了新的区划对公共空间的管控要求与手段[121]。特区的设立发挥了私人权利主体改善高线公园空间品质的能动性，也促进了高线和西切尔西附近新住宅和商业建筑的发展，推动了高线的再利用，为可负担住房提供了支持，并保护和改善了该地区的公共艺术街区[117]。

（a）1999 年西切尔西区原区划图　　　　　　（b）2005 年西切尔西区重新区划图

图 4-14　西切尔西重新区划图

图片来源：参考文献 [122]

3）开发权转移

新区划决议中，除制定特别分区的空间管控要求外，也划定了高线开发权转移走廊（High Line Transfer Corridor，HLTC）和高线公园改善奖励区域（High Line Improvement Bonus Areas，HLIBA）等特定区域（图 4-15），对毗邻高线的第十大道（Tenth Avenue）新开发项目实行批量控制，以及引导市场私有产权主体在更新过程中积极推进其与高线公园之间的联系，实现改善高线公园品质营造目的。HLTC通常为 30.48m（100 英尺）宽，将包含整个高线结构以及西 18 街至西 30 街之间的相邻地块的一部分，转移走廊内的地块不能按照土地用途区划准许的容积率进行开发，必须按照叠加区划的强制性要求进行规划管控。但基于纽约"土地财产权（Land Property Rights）"的相关规定，区划管控实质上造成了相关地块的土地开发权被剥夺。因此，在保证土地开发权的前提下，区划条文允许以容积率转移方式来保障走廊内的土地产权主体的开发权益，即允许 HLTC 内的业主将其土地空间权转移到除了 F、

H、J 分区以外的子分区地块内，接收地块可接收的转移建筑面积核算不得超过规定可接收的最大容积率，并且受到地块本身的最大容积率要求限定，接收的建筑面积可在原有区划规定的用途要求下自由使用[121]。

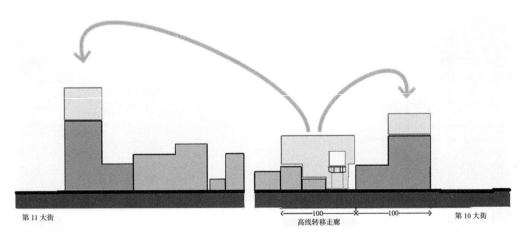

图 4-15　HLTC 土地开发权转移示意图（单位：英尺）

图片来源：作者改绘自参考文献 [122]

开发权转移的条件是建造通往高线的楼梯通道。通过系列措施，保障高线周围的光照和空气条件，实现新开发项目与高线的连接，促进高线改造后作为公共开放空间的再利用。此外，HLTC 不仅保障了土地所有者的开发权益，也一定程度上增加了其利益。重新区划允许廊道内的土地所有者将这一部分土地的空间权出售给开发商，转出到片区内指定的接收地块上。在建筑面积转让之前，要求出让方和接收方以书面形式通知城市规划部门转让建筑面积的意图，并且在开发权转移的成交价格中，提供一定比例的资金用于公园的维护。如开发商要保证每获得 $1m^2$ 额外奖励建筑面积，就要有 50 美元用于高线公园的发展资金[109]。据统计，自 2005 年具有特殊意图的叠加分区区划建立后，10 年内土地开发权转移交易达到 26 项，涉及建筑面积超过 $37000m^2$。

4）容积率奖励

为了兼顾私有产权权利、市场力量投资回报和社会公共利益，区划在空间形态管理和高线转移走廊的基础上采取了激励性措施作为利益协调的政策手段，通过 HLTC 容积率转移奖励和 HLIBA 奖励共同引导市场主体参与城市更新过程。区划规定，在 D、E、G、H、I 子分区内的建设项目中如果满足了高线公园周边地块开发的三维形态管控要求，提供了方便行人进入高线公园的楼梯、天桥等设施（西 17

街至西 18 街之间分区地块），或完成了向"高线改善基金"（High Line Improvement Fund）提供用于高线公园公共空间改善的捐款等条件之后，可获得各分区地块的高线改善奖励容积率，并可以将地块最终的容积率调整至区划决议所允许的最大容积率的上限（图 4-16）。此外，针对高线转移走廊内分区地块，如果该分区地块内所准许的建筑面积均已通过容积率转移方式转移至受让地块，转移后的地块空置，并且将转移后贡献的改善资金转入"高线改善基金"之内，则可以在高线公园高架线下方进行容积率为 1.0 的特定商业开发，以提升高线公园更加复合多元的功能活力 [123]。

获得容积率许可的方式	基准容积率	基础用途分区	获得高线转移走廊容积率上限	获得高线改善奖励的容积率上限	包容性住房区承接高线转移走廊转移的最小容积率①	最大容积率
A	6.5	C6-4	2.65	——②	2.65	12.0
B	5.0	C6-3	2.5	——②	1.25	7.5
C	5.0	C6-3	2.5	——	1.25	7.5
D	5.0	C6-3	2.5	2.5	1.25	7.5
E	5.0	C6-2	1.0	1.0②	——	6.0
F	5.0	C6-2	——	——	——	5.0
G	5.0	C6-2	1.0	1.0	——	6.0
H	7.5	C6-4	——	2.5	——	10.0
I*	5.0	C6-3	——	2.5	——	7.5
I	5.0	C6-3	2.5	——	1.25	7.5

*：高线公园穿过的区划地块，需要从高线转移走廊转移最低建筑面积；
①：在使用包容性住房奖励之前，需要从高线转移走廊转移最低建筑面积；
②：根据高线换乘走廊奖励的规定，在子分区 A、B 和 E 内位于高线转移走廊内地块的基准容积率，通过认证最多可增加 1.0，并在规划委员会认定后，可用作商业用途。

图 4-16 西切尔西区叠加分区区划子分区容积率管控要求

图片来源：参考文献 [123]

区划重新划分了高线所在片区的土地，开发商可以通过 3 种途径，即接收土地所有者高线铁轨下土地空间权的转让、提供高线公园发展资金、建设保障性住房，将地块最大容积率从原先的 5.0 ~ 7.5 提高到 6.0 ~ 12.0[109]。如 C6-4 地块的基准容积率是 6.5，通过转移 HLTC 的开发权，可将容积率提高到 9.15；再通过包容性住房承接 HLTC 转移，可将容积率提高到 12.0。在整个重新分区过程中，居民曾要求城市规划委员会和理事会重新分区，同时在切尔西地区提供 30% 的强制性和永久性保障性住房，并降低整体密度。城市规划委员会的代表在 2005 年 6 月 15 日理事会分区和特许经营小组委员会的听证会上解释说，重新分区已经过修改，以允许在中等密度地段，而不是仅在高密度地段上提供经济适用房密度红利，并计划建设 900 套经济适用房；重新分区的主要目标是"创建一个以高线发展为中心组织原则的多功能住宅社区"。

5）建筑体量调控

区划决议除了对各分区内土地用途和容积率进行规定外，还制定了针对公共空间的三维形态管控的设计要求，主要考虑与高线公园公共空间的联系度以及面向第十大道的景观形象和视野塑造；针对位于紧邻高线公园的东西两侧地块的建筑形态，制定了特殊的形态管控条例，提出了包括高线水平高度公共空间的最小面积、水平高度、宽度、建筑物退距及其与高线公园临界面长度等形态要求。以上要求是基于城市空间精细化营造目标，使土地开发权益在地块内的"微观分配"，也间接体现了区划对土地开发权空间分配与精细化管制的思路[121]。

重新区划的过程关注塑造建筑体量的方式，从而保护社区特色、保证高线公园的开放视野。以 G 区块为例（图 4-17），建筑高度与体量控制指标分为"基本高度"和"塔楼控制"两项。塔楼控制规定：除了东西塔楼以外的任何塔楼不得高于 25.9m（85 英尺）。在该地块中，所有建筑物或构筑物都必须建在高线公园以西的区域，东边角落则作为开放空间和入口[109]。

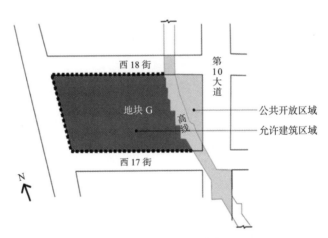

图 4-17 高线公园周边地块高度控制

图片来源：参考文献 [129]

高线公园西侧 4.57m（15 英尺）和东侧 7.62m（25 英尺）以内是沿公园的建筑控制范围。毗邻公园的建筑中，25% 的建筑高度控制在 10.67～13.72m（35～45 英尺）之间，剩下的 75% 遵循区划中一般建筑体的量控制规定[109]（图 4-18）。

西切尔西区的重新区划创造的最大价值，是在各方利益均获满足的前提下，让公众能够体验纽约新的地标和风景，这种风景将城市和自然融为一体，在转变中既保护了高线铁轨，又创造了独特的线性公园[106]。

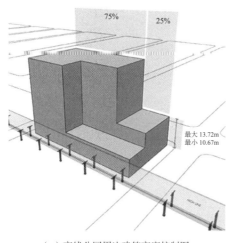
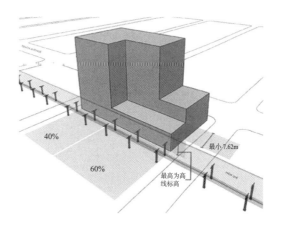

（a）高线公园周边建筑高度控制图　　　　　　　（b）高线公园周边建筑退后控制

图 4-18　高线公园周边建筑控制

图片来源：参考文献 [122]

4.4.3　项目效果

1. 环境影响：新的公共活动空间

高线公园的建成，在建筑拥挤、绿地紧缺的曼哈顿西区辟出了一条优美的空中景观道，改善了生态环境，为市民提供了一处独特的休憩、散步场所（图 4-19）。历史保护与新旧融合的设计让新城与旧城并没有被刻意分割，而是自然地融合在公园之内。高线公园已成为纽约市景点中单位面积游人最多的地方，是国际上城市废旧

图 4-19　高线公园改造后的现状

图片来源：作者自摄

基础设施改造更新的典范之一，也是生态步道与立体绿化完美结合的范本，广泛引发各大城市效仿。

此外，高线公园自 2009 年开放以来，其犯罪率一直远低于其他城市公园，被《纽约时报》称为纽约最安全的公园。归因于三个方面：（1）高线公园地势狭长，紧邻两侧建筑，致使公园的大部分区域处于周边居民的视线范围内；（2）高线公园建造在高架铁轨上，与地面有 9.14m（30 英尺）的高差，在高线公园实施犯罪后需要使用电梯或者楼梯才能逃离；（3）高线公园禁止遛狗、骑自行车，并规定饮酒后不得入内，警察也在公园内不间断巡逻以确保安全。

2. 经济效益：地产增值连锁效应

高线公园的落成为切尔西区乃至纽约市带来丰厚的经济收益，其品牌效应促进了地方旅游业并吸引了全球资本投资和消费，使得周边地产开发大获成功，并创造了新的就业岗位[106]。纽约市城市规划委员会报告称，自 2006 年至 2011 年高线公园第二期开放后，高线公园周边已启动了 30 余处大型工程项目，其中包括 2558 个住宅项目，1000 间酒店客房，约 39298m²（423000 平方英尺）的办公室和艺术画廊空间，新增 12000 多个工作岗位，包括 8000 个新的建筑工作岗位[124]。房地产开发商纷纷收购周边地块，打造顶级办公楼和公寓。其中，最为著名的当属美国历史上投资额最大的单一开发项目哈德逊广场（Hudson Yards）。该项目将 146hm² 的铁路堆场改造成大约 20000 个住宅单元、242 万 m² 的办公空间、18 万 m² 的零售空间和 28 万 m² 的酒店空间，聚集了大量奢侈品品牌，每年为纽约市贡献超过 190 亿美元 GDP，产生超过 5 亿美元的城市税收。高线公园沿线房产开发使切尔西工业区摇身变为曼哈顿高收入人群争相前往的地区。公园建成后带动了切尔西地区地产增值连锁效应[110]（图 4-20）。

3. 社会问题：加速地区绅士化

高线开发带来富裕居民的涌入和急速上涨的地价与物价，加速了西切尔西地区的绅士化进程。早在 20 世纪 60 年代初，纽约市住房管理局便在切尔西开发了富尔顿（Fulton Houses）和切尔西 - 埃利奥特联合体（Chelsea Houses & Elliott Houses）2 个公共住房项目，可容纳超过 4000 名居民，在当时这些居民以低收入黑人和西班牙裔家庭为主。20 世纪 90 年代以来，西切尔西的文化艺术转型使得豪华住宅、美术馆和公司总部数量持续增长，逐渐向高收入社区发展，开启了最初的绅士化进程。2013 年《纽约时报》的一项调查显示，切尔西的家庭平均年收入约 14 万美元，几乎是该地区公共住房家庭平均收入的 5 倍，收入超过 25 万美元的家庭比例不断增长，切尔西成为纽约市家庭收入不平等最严重的社区。

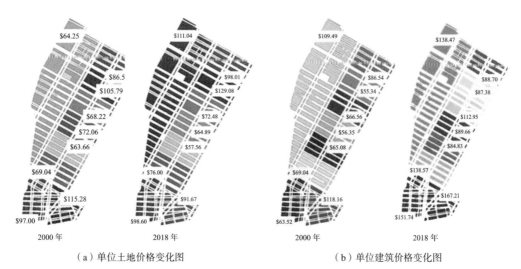

图 4-20　高线公园沿线地产价格变化情况（单位：美元 / 平方英尺）

图片来源：参考文献 [125]

　　高线改造并没有开发任何新的平价房扭转这一趋势，相反，因高线刺激的地产增值吸引了地产开发商对周边地块的收购，大量资金投入高档公寓及商业办公楼建设。2017 年，哈德逊广场 15 号的奢华住宅已销售八成以上，入住的多为年收入 100 万美元以上的超级富豪，带动了周边消费上涨。尽管原社区的居民没有面临立即流离失所的危险，但日益攀升的物价已悄然增加了他们的生活成本，当地居民无不透露对未来生活的隐忧。此外，高线公园走红带来的噪声和拥挤也对当地居民的生活质量也造成影响。简而言之，高线公园本身并非绅士化项目，但却加速了西切尔西正在发生的绅士化进程，其间接带给地方原住民的流离失所感体现了"绿色绅士化"效应，加剧了经济和社会不平等 [110]。从这个角度出发，高线公园的改造模式并没有真正地解决生活成本上涨和居民收入不足之间的矛盾。

　　针对绅士化问题，"高线之友"在 2011 年与公共住房租户发起过一系列"聆听会议"。居民们认为，人们真正需要的是工作，以及更实惠的生活成本。居民们表示，他们远离高线公园主要有三个原因：他们不觉得高线公园是为他们建造的；他们没有看到与他们一样的普通居民在使用它；他们不喜欢公园越来越复杂的设计 [126]。针对居民的反映，几项新的举措被提出。2012 年，"高线之友"推出了一套针对当地青少年的有偿工作培训计划，重点关注环境管理、艺术节目和年幼孩子的教育。"高线之友"还开始与两个公共住房项目 Elliot-Chelsea 和 Fulton Houses 合作开展培训项目。此外，"高线之友"也开始在公共住房区域内举办不定期活动，以避开高线公园周边成群的游客 [127]。

可以看出，高线公园通过多元主体互动解决不同现实需求，利用相关激励与管控举措，对环境、经济和社会产生了多方面影响（图4-21）。

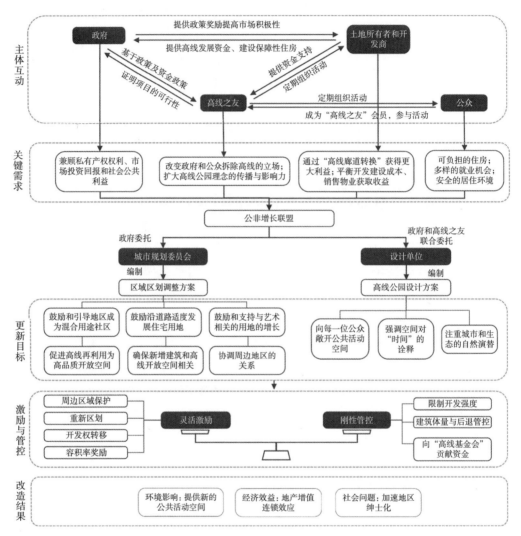

图 4-21　高线公园城市更新模式图

图片来源：作者自绘

4.4.4　项目机制

1. 历史保护法律机制：划定历史保护街区引领功能转变

1970年，纽约市地标保护委员会划定切尔西历史街区划，对高线公园周边的历史街区进行保护和更新，鼓励将原有的工业空间置换为艺术展览空间，为高线的更新提供了良好的区域氛围和环境。这一规划充分体现历史保护规划作为公共政策的前瞻性和更主动的引领性，为后期高线重新区划中的用地性质调整奠定基础。

2. 主体互动机制：公众组织自下而上的保护与开发

与传统的政府、开发商主导的公众参与的模式不同，高线的再开发动力主要源自 1999 年自发成立的一个以社区为基础的非营利性组织——"高线之友"，它在高线的保护、再开发及后期管理过程中发挥着积极的作用，甚至占据主导地位[114]。正是"高线之友"的自主自发性，有力地影响并说服地方政府，进而自下而上地推动了高线公园的保护与开发。这方面一定程度反映出当地社会组织的成熟度和较强的参与社区自治的能力。

3. 区划调整机制：弹性机制激励多方参与共建

在高线公园的保护利用与再开发过程中，相关部门制定的一系列政策法规和规划条例对建设先行控制，确保了高线成功转型为市民共享的公共空间。2005 年，"高线之友"与城市规划委员会合作共同编制了《重新区划区域》，对西切尔西地区范围内的区划进行调整，并设置周边建筑的建设控制以及土地权转让激励政策等，保留了周围的艺术画廊区，并为所有收入群体提供了新的住房，将曾经荒凉的地区变成了一个繁荣的全天候社区。建筑面积转让机制让高线的业主可以将其开发权转让给指定区域内的地块，从而激发区域内未实现的增长潜力，并保留了高线开放空间周围的景观与文化。

政府发布的一系列灵活机制，包括重新调整区划、允许开发权转移、提供激励奖励等，有意识地激发市场参与更新的积极性，同时还有意识地引导各界开发、运营和使用的行为。这些灵活政策对激发和规范公众参与城市的公共空间建设有着极其重要的意义。

4.4.5　项目复制

1. 新问题与改进

高线公园作为民间发起的公园项目，初心是为社区提供绿色开放空间，却最终引发了绅士化的现象，其结果颇具讽刺性[128]。尽管至今高线公园依旧提供大量免费的公众参与活动，但社区的整体绅士化已不可扭转地"驱逐"了当年的社区居民和产业。由此可见，在高线公园项目中，"绅士化"和城市低收入群体权益无法保障等问题有悖于其最初的美好愿景，因此需要引起包括政治家、参与城市决策与建设的专业人士以及参与其中的市民等各方的关注，日后在类似项目中警惕"前车之鉴"[120]。

2. 项目特殊性、意义与可复制条件

1）项目特殊性

高线公园所在的纽约曼哈顿，是世界经济和文化中心，也是世界上摩天大楼最集中的地区，汇集了世界 500 强中绝大部分公司的总部，也是联合国总部的所在地。高线公园的地理位置具有特殊性和不可复制性。高线公园作为景观项目激活了周边的产业发展和城市更新，其发展更多是根植于对原有高架铁路历史功能的挖掘与创造性拓展，而非简单地创造全新的功能。在西切尔西区特殊的文化艺术产业背景下，高线公园虽然"迎合"地将公园定位致力于多媒体和当代艺术空间，但"高线之友"巧妙地结合了其作为普通步道和公园的基本功能，举办了各种有别于周围博物馆和画廊举办的社区活动、艺术活动及慈善活动等。高线公园可以承担这些艺术文化活动的重要前提就是与高架"中轴"空间相结合形成所带来的"新颖性"。虽然这种新颖性无法完全复制到其他公共空间当中，但是在充分利用自身特色，吸引尽可能多样的活动以增添公共空间活力，却可以作为公共空间振兴的原则应用于其他项目。

2）项目意义

我国城市空间与社会的矛盾在快速城市化的进程中不断积累，以既有空间功能品质与当代居民生活诉求不匹配的矛盾最为显著。对于城市中的建成遗产，需要以"传承文脉、联动周边、以人为本"的态度去探索符合未来中国城市特色的存量空间既有设施再利用策略[129]。研究高线公园项目的意义不仅在于学习其法律政策制定、公众群体参与、景观空间营造等经验，重点在于如何为国内类似项目提供核心经验借鉴，包括如何活化建成遗产，如何将诸如老旧小区内部不规则地块或道路交叉口三角地块等鸡肋型用地以及难以市场化的用地改造成符合社会功能的设施，如何在改善现有环境的同时赋予其新的功能和价值。

3）项目可复制条件

高线公园之所以能带动世界范围内的废弃铁路改造浪潮，是因为同时满足了现代城市更新的两个基本需求：复兴工业遗产和满足城市经济发展的需要。总结其经验包括：（1）项目内存在工业遗产需要复兴，特别是基础设施类改造项目时，可学习高线的保护与发展相融合的经验；（2）类似模式可应用于老城区中已经衰败，但形状和大小都很难被商业再开发的地块，以补足社会服务设施和绿地的不足，促进社区营造；（3）当项目需要促进城市或区域经济发展，即需要带动周边人居环境的提升，吸引大量资金注入，进而带动整体旅游、商业和房地产开发繁荣时，可学习其与周边联动发展的经验；（4）相关经验可应用于缺乏资金支持，需要面向社会筹资的项目，可参考"高线之友"的组成与运作方式。

3. 借鉴策略与未来思路

1）关键经验和思路

虽然高线公园的区位很难复制，但其在更新过程中实施的政策和机制为其他废弃铁路的改造，以及旧改中斑块性用地的处理提供了宝贵的经验。首先，高线更新采用公众参与为主导的公私合作模式，通过利用媒体力量，鼓励社区参与以及通过举行活动、聚会、筹款和创意竞赛来吸引公众对于高线更新的关注[130]。这一以公众参与为主导的方式，在帮助政府转换职能、减轻财政负担的同时，也实现了政府与社会私人组织双方的互相监督与制衡，降低了资金断链风险[125]。同时，更好地促进了项目对使用者需求与合法权益的满足，实现多方共治，平衡多方利益。其次，高线改造模式展示了一种有别于传统的保护方式，它让各个历史时期的特征同处于一个空间内，让它们展现原本的一面，表现出对历史的尊重。并且，它没有将旧设施像古董一样保留下来供人们膜拜，而是赋予其新的功能，巧妙地融入现代环境中；新建设施设计也从传统环境中汲取元素，成为传统特征与现代构架的结合体。高线公园的成功启发设计师们，新与旧在同一空间内相互依存，可以展现出更强的生命力[114]。此外，高线的更新实现了与周边区域联动发展。如果针对历史遗产的单体保护或更新很成功，但却与周边环境不匹配，项目也不能算是成功。因此，要有长远的目标和眼光，不仅关注核心区域的开发，还要重视同周边区域的联动发展，在核心项目开发之前，就对区域进行相应的建设控制，使单体和区域发展获得双赢[114]。最后，高线公园运用景观化的手段，将由于历史原因形成的不成规模地块进行巧妙改造，并赋予其新的功能，不仅提升了高强度开发地区的开放空间品质，也借由这个多方参与共建的过程强化了公众参与。但正如前文所述，由更新引起的"绅士化"问题与其初心相悖，类似项目可在项目运营的初期便着眼于维护原有居民的权益[104]。比如华盛顿第 11 街大桥公园（11th Street Bridge Park），就在策划初期成立了为当地低收入居民的儿童教育准备的专项基金，以缓解将来可能面临的经济压力[131]。

2）类似基础设施改造类项目

高线公园作为将废弃铁路线改造为城市公园的成功案例，为城市更新、工业遗产保护提供了新的范本。据不完全统计，全球共有 18 座类似的公园，如近年建成的澳大利亚新南威尔士"高线公园"（The Goods Line，ASPECT Studios 设计，2015 年开放）、韩国首尔"高线公园"（Seoul Sky garden，MVRDV 设计，2017 年开放）、中国西安"高线公园"（曲江创意谷，张唐景观设计，2018 年开放）以及规划建设中的新加坡"高线公园"、迪拜"高线公园"等[120]。

从全球范围来看，这些项目大多沿袭了高架上线性公园的形式，而非高线公园的开发模式和合作机制[126]。例如，澳大利亚新南威尔士"高线公园"虽然表面上和高线公园极为相似，但却是新南威尔士州政府主导的一项计划，并非由多元主体联合开发。不过，高线公园的开发模式在北美洲却有着广泛的利用和应用。比如"高线之友"发起了"高线网络"的非营利项目，用于支持北美洲废弃基础设施再利用的公园项目，愿景是重新定义一种新的城市景观，通过不同项目间的交流学习，像高线公园一样激发这些项目的无限潜力[132]。如正在建设中的纽约下东区的低线公园，从命名到选址，再到前期社区介入的形式等，很大程度上模仿了高线公园，未来也可能继续沿用高线公园的管理模式[119]。

3）类似社会服务设施及绿地类项目

高线公园充分利用废弃闲置用地提供城市新绿地及社区服务的做法，对国内类似的小规模地块具有借鉴意义，国内在这方面也开展了具体实践。例如，2018年北京市充分利用城市拆迁腾退地和边角地、废弃地、闲置地，建成多处口袋公园及小微绿地。这些口袋公园具有选址灵活、面积小、分布离散的特点，常呈斑块状散落或隐藏在城市结构中，能够在很大程度上优化城市环境，同时解决高密度城市中心区人们对公园的需求。再如，上海提倡"社区花园"空间微更新，在不改变现有绿地空间属性的前提下，提升社区公众的参与性，进而促进社区营造与自治。截至2018年下半年，上海同济大学景观学系师生团队在上海开展了约40个"社区花园"更新实践，针对住区型、街区型、校园型等不同类型的小规模绿地，采取差异化的微更新策略及"参与型"园艺建设与空间改造的方法，向上善用政府政策与改造资金来源，向下以使用者的关切作为设计出发点，形成多元化的改造模式。社区花园建设强调不同年龄、行为习惯、职业群体的全天候共同使用，并以"事件"和"活动"策划为导向，深入考虑建设全过程的运营维护[133]。这种模式与高线公园的理念、运营维护模式较为一致，将无人问津甚至遭闲置废弃的空间再次激活，并提升其社会服务功能。

4.5 加拿大：混合规划体系下的激励机制

4.5.1 社会环境背景

1. 地理概况

加拿大国土面积有998.467km²，居世界第二，官方语言为英语和法语，首都位于渥太华。加拿大全国分为十个省和三个地区，其地理位置位于北美洲北部，东、北、西南部分别面向大西洋、北冰洋和太平洋，是世界上海岸线最长的国家；南部与美国相连，拥有世界上最长的国境线。

庞大的国土面积伴随着地理样貌的多样性。加拿大总体地势西高东低，山脉呈现南北走向。境内河流湖泊众多，淡水水域面积占世界的15%，居各国之首。根据地形和水域等地理条件的影响，加拿大被分为6个生态地形区。其中，本书讨论的安大略省多伦多市位于圣劳伦斯河谷地区。该地区是加拿大重要的近代历史发祥地之一，历来是加拿大的政治和经济中心，工业产值约占全国的四分之三，居住着全国半数以上的人口[134]。

安大略省是加拿大最初组建联邦的四省之一，也是人口最多的省，省面积约 107 万 km²，占全国总面积的 10.8%。其经济在全国占有重要地位，是最大的制造业省，多伦多的制造业产值又占全省的一半。

多伦多市是加拿大第一大城市，也是加拿大的经济中心，汇集世界 160 多个国家和地区的移民，约占全国人口的一半，汇聚了国内外各大银行总部和分支机构[132]。多伦多不仅制造业产值高，高科技产品产值也占到全国的 60%。

2. 社会文化

加拿大文化的主要特点是多个文化相互关联并存。加拿大文化包括四个主要的文化群体，分别是第一批殖民者带来的盎格鲁 - 撒克逊文化和法国文化、来自英法文化群体以外的其他文化复合体，以及原住民文化群体[135]。加拿大现代的文化格局经历了取代其他文化时期到相互同化时期，再到今天的追求共存和多元时期。

从 17 世纪到 20 世纪，英法两国文化群体间的冲突从军事上转移到政治上。这一时期，英国殖民者不断将本国政治、法律和宗教信仰制度强加给法国殖民者。1763 年，七年战争结束后，法国人经营的加拿大殖民地完全划给英国。同年，英国政府颁布同化魁北克的皇室公告，规定魁北克地区实行代议制，以英国法律取代法国法律，鼓励英国及英属殖民地居民移民，促进英国国教传播，引起了法裔居民不满[136]。1775 年，英国议会通过《魁北克法案》，意图稳定英国在魁北克的统治。然而，美国独立战争后，4 万英裔居民涌入魁北克和新斯科舍，为了防止民族纷争，1791 年宪法法案采取分而治之、各自为政的政策，导致了二元割裂结果。往后的时间里，魁北克地区陆续发生了法裔居民起义。

20 世纪 60 年代以后，多元文化政策被自由党政府采纳，旨在缓解国内尖锐的民族矛盾，同时以开放、包容的方式，更好地管理全国各地日益增长的文化多样性[137]。在多元文化政策影响下，以曾经在加拿大饱受欺凌、艰难创业的华人为例，1980 年，加拿大联邦议会通过了《纠正过去对华人不公平待遇的决定》。次年，国会通过决议，承认人头税和排华法案的不公正性和歧视性。此后，加拿大政府采取了多项措施支持中华文化，例如赞助中文教学、资助出版中文杂志、发行中国生肖纪念邮票等[134]。1988 年，《加拿大多元文化主义法》通过，确认了联邦一级的官方多元文化主义政策，法案要求省、市政府建立支持该法案的计划和政策[138]。多元文化主义逐渐由"基本国策"上升为"国家法律"[139]。

加拿大各文化群体之间经历了从流血冲突到民族同化，再到短暂的政治和解，最终在"多元共荣"原则上达成共识。多元文化主义要求不同文化群体遵循"协商""妥协"和"相互适应"原则，实现"共荣"。该文化价值下形成了"平等""自由""共存""公正"等核心价值理念。这些核心价值观已经融入了加拿大规划文化中，加拿大的各规划主体始终关注对穷人等资源匮乏群体的帮助，并且坚持探索平衡不同生活背景群体的多样性需求的办法。这些内容将在后文得到进一步讨论。

4.5.2　法律法规政策背景

1. 加拿大政府架构及权力分配

英国议会通过的 1867 年《不列颠北美法案》仿照英国宪政制度确立了加拿大的基本宪政制度，实行议会制与君主立宪制相结合的政治制度，该法案也明确加拿大是联邦制国家[140]。地区内部同时并存联邦与地区性质政府两套行政机构，联邦法律由联邦政府自身执行，地区性法律则由地区性政府执行。加拿大宪法将土地使用和城市政府管理划定在省级政府权限范围内，包括城市规划在内的行政事务权限一般由省政府的法律来划定。

加拿大有行政、立法和司法三种权力机构。政府的行政机构由总理和内阁组成，负责制定和执行所有的行政政策并负责管理所有的政府部门；政府的立法机构由参议院和众议院组成；司法机构则完全独立于其他两个机构的司法部门[140]。不同于美国的三权分立，加拿大政府的行政和立法机构之间的权力不分开，设总督职位总领行政与司法机构，总理与内阁决议的行政指令以及众、参两院通过的法案均须经总督签署后才生效，这体现了公民对政府的信任。联邦法院是加拿大最终上诉法院，作为全国最高级的法院，加拿大最高法院审理来自对省上诉法院和其他特种法院裁决的上诉案件。其判决为最终判决并对所有下级法院有效，它可以宣布不同级别政府的立法或行政行为违宪，使立法、行政行动无效，为未来的立法和决定创造先例。

加拿大行政区划制度包括"省—区 / 地区—市 / 镇 / 乡 / 村"三级制和"省—自治体"二级制两种。除了省政府制定规划法律，部分城市和地区也享有一定的立法权，例如，市政府负责制定土地管控相关的法律文件——区划法。区划法对土地使用性质、建筑密度、场地控制和建筑形式、土地使用方式和土地细分要求等都做出了明确规定。不同法律规定之间相互衔接，官方规划生效后即修改与之不一致的地方性法规。在城市土地使用决策上，省政府规划法给予了地方政府相当程度的自由裁量权，保证市政府仍是规划实施主体。尽管省之间的法律内容不同，但在针对土地使用方面，各省都规定了 5 项基本内容，市政府需要制定总体规划、针对特殊地区制定详细规划、对土地细分控制、制定区划法和开发许可审批[141]。在实践中，地方政府能够以区划法为抓手，引入具体的开发控制指标，确保开发项目内容在规划要求范围之内，满足城市发展需求。

2. 普通法与民法并存

加拿大的法律体系以普通法和民法并存为特点。普通法和民法的并存源于加拿大的历史和殖民背景。英国殖民者将英国的普通法传统带入加拿大，而法国殖民者则带来了法国的民法传统。这两种法律体系在加拿大的不同地区发展，并最终成为其法律制度的核心。到今天，加拿大的大部分省份都采用了普通法制度，其中包括不列颠哥伦比亚省、安大略省和阿尔伯塔省等，而魁北克省则是唯一采用民法制度的省份，其法律体系以法典为基础，受到法国民法传统的影响。普通法和民法之间的差异体现在法律原则、法律规则和法律体系等方面。普通法注重先例法和判例法的运用，依赖于先前法院的裁决和判例，通过判决案件来发展和解释法律；民法则侧重于法典和法规的解释和适用，倾向于通过立法和法典来规范和确立法律。

普通法与民法并存体现了加拿大作为一个多元文化国家的法律多样性。首先，不同省份可能会采取不同的法律和法规框架，继而会对跨省份的规划和协调带来挑战。其次，法律多样性也要求规划师尊重和考虑原住民的法律权益和传统知识，与原住民合作，并尊重其法律和文化背景，以确保规划过程的包容性和可持续性。

本书研究以普通法系统的省份为重点，后文有关规划制度及其实践的叙述均以普通法系为前提。

4.5.3　规划制度环境

1. 加拿大城市规划体系

加拿大城市规划主要对物质环境建设活动进行科学合理的控制和规划，并创造宜居的建筑环境，保护人们免受不利自然环境的影响。在城市和城镇，规划关注两个类型的问题：一是需要提前考虑如何管理土地开发及其用途以适应城市的发展；二是需要考虑如何保持建筑环境的现有质量和改善环境较差区域[141]。

在加拿大宪法中，土地使用规划被指定为省级政府的责任。城市规划的法律框架主要是由省的规划法案（Planning Act）来确定的。尽管每个省有不同的规划制度，但是它们的主要特征是相似的。以安大略省为例，城市规划体系包括省级政策声明（Provincial Policy Statement）、区域规划（Regional Plan）、官方规划（Official Plan）、区划条例（Zoning By-law）和分块开发规划（Plans of Subdivision），形成"规划法—省级政策声明—总体规划（包括区域规划、官方规划等一系列规划文件）—土地利用管控工具"的"单线式"规划体系[145]（图 4-22）。

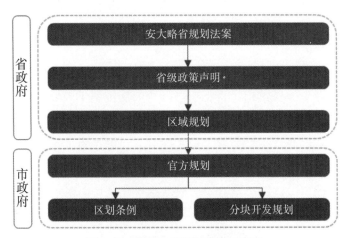

图 4-22 安大略省规划体系示意图

图片来源：作者改绘自参考文献 [145]

省级政策声明是省政府为指导全省范围土地利用规划而制定的政策性文件，为与土地利用规划和开发相关的利益问题提供了政策指导。省级政策声明规定了省政府关于土地开发利用要达到的政策目标，并通过地方政府编制的官方规划和区划条例等市级规划文件得到贯彻落实。

区域规划是指覆盖了几个地方政府行政区的区域性规划，主要解决跨城市或社区的发展和协调问题，通常由省政府负责制定。这些规划属于政策性规划，由省制定的专项法律来指引其编制和实施。常见的区域规划有地区增长规划（Growth Plan）、绿带规划（Greenbelt Plan）等。

官方规划是由地方政府根据本地实际制定、指导城市发展的总体政策性文件，有效期限一般为 20 年。尽管官方规划不是法律条文，但其具有法律约束性。地方政府制定的如环境规划、交通规划等与土地相关的规划均要与官方规划相衔接，此外，下一级的区划条例、补充规划等也要与官方规划保持一致。

区划条例规定了土地开发利用的具体要求，由市政府或县级政府制定，是落实官方规划的重要保障，也是管制体系中的重要工具。

分块开发规划涉及将土地分割为多个地块，形成多个产权进行出售的情况；该规划还考虑基础设施的部署，包括路网的设计、给水排水和其他管道的部署（图 4-22）。

从规划体系架构方面来看，加拿大城市规划偏向对土地用途及集约度进行严格管制，主要表现在区划条例和分块开发规划，为土地开发和利用提供了充分的政策指导和信息，建立了明确预期。倘若开发商项目遵守相关开发标准和规定，将很容易获得开发许可。同时，在开发和审批方面，加拿大城市规划也给予了地方政府一定的自由裁量权，允许其根据地区情况为项目增设临时条例，同时呈现出自由裁量规划体系的特征。

2. 加拿大土地使用与管制体系

区划条例是加拿大土地管理的核心文件。区划条例将省政策声明、官方规划等上级规划中的目标和内容分解成具体的土地利用指标并落实到具体的地块，对土地开发利用做出了具体要求。其主要目的是避免不兼容的土地用途聚集在同一个区域（例如保护农业用地不受城市或工业发展影响）和控制土地使用强度（例如控制开发密度），并对所有类型的土地生效。各个地区的土地开发利用都要受到区划条例的严格限制。

加拿大土地分为公有土地和私有土地，公有土地为各级政府机构所有，由省政府及市政府通过土地利用规划进行管理。规划是加拿大在土地使用上平衡个人利益与公共利益的重要工具。加拿大官方认为，规划的目的是合理使用和管理社区资源，特别是土地资源。针对土地既是私人所有又是社区资源的争议，加拿大法律规定，政府许可的土地开发都应符合社区合法利益[141]。在加拿大的政治制度下，市政府的规划权力来自省政府的授权，以安大略省为例，为了引导市政府决策符合省政府的指导原则，安大略省政府设立了安大略省市政委员会（the Ontario Municipal Board，OMB）作为第三方仲裁机构，旨在解决法院以外的城市土地使用纠纷。市政委员会可直接命令规划部门执行其决策，但该机构后来被地方规划上诉审裁处（the Local Panning Appeals Tribunal，LPAT）取代，后者不再能做出推翻或取代市政府决策的决定[142]，加强了地方政府规划决策的影响力。

除了魁北克省以外，加拿大的大多数省份采用的法律均属于英美法系。该法律体系下，土地发展权作为一项单独的财产权，可以其从土地的"权利束"中分离，单独进行让渡和流转并获得经济收益[143]。因此，在处理私有土地开发利用问题时，经常面临公共利益与私人利益的取舍和平衡，英国将土地开发权收归国有，一切土地开发利用必须获得规划许可；美国则利用分区规划对土地利用进行管制，但常常面临"充作公用"的法律诉讼。与英美不同，加拿大在土地管制与土地产权方面形成了公共利益高于个人利益的特征。首先，加拿大明确区分发展权和产权的界限，当地方政府能够证明某块私人土地能创造直接的公共利益时，则可以强制征用该私人土地为公共使用[142]，以此限制产权权利人行使权利。同时，加拿大法律还明确规定地方规划或区划法生效对财产拥有人可能造成的损失可不作补偿[143]。而这些制度之所以能够得以实施，是因为在价值观念方面，加拿大的自由主义和保守主义不存在根本的对立，二者都同意公共利益与个体利益之间并不必然产生冲突，既要尊重个体的权利，也要维护共同体的利益 [139]。加拿大宪法体现了个体的"自由"和"权利"的限度、个体和集体应相互平衡和协调的意志，即加拿大《自由与权利宪章》（1982年加拿大法案）第 1 条："加拿大权利与自由宪章，依照一个有明法规定、在自由民主社会内能辩解的合理限定的范围内，保障其列明的权利和自由 ①"。

在土地使用和管制体系中，主要工具包括分区规划制度、社区规划许可系统、保留性条例、暂时管制性条例、临时使用条例、社区福利收费、包容性分区和场地规划控制条例等工具。

1）分区规划制度

分区规划制度（Zoning）始于 19 世纪晚期的欧洲，作为应对快速城市化和工业用地扩展导致的环境污染等危害的重要手段 [142]，并在 20 世纪初得到进一步发展，并迅速演变成城市范围的分区条例。纽约市于 1916 年通过了第一个全面的分区条例，此后美国其他大多数大城市也纷纷效仿。这些条例不仅规定了规定区域内一般土地使用的固定规则，还规定了建筑物的高度和体量。

加拿大的分区规划制度涉及土地用途、土地开发和环境保护等方面，区划条例是其分区规划制度的具体文件，具有法律效力。区划条例规定包括土地使用方式、建筑物和其他结构的位置、允许的建筑物类型及其使用方式、地块大小和尺寸、停车要求、建筑物高度和密度（人数、工作岗位和每公顷建筑面积）。

区划条例是政府对土地用途及集约度的刚性管控，但加拿大地方政府几乎完全掌握着开发许可权，且能够以区划条例、政府主导的现状调研报告等依据，为土地开发增加强制性临时条例。这一点与英国自由裁量规划体系类似但也有区别，英国主要是通过协商的方式增加规划条件，而加拿大是以明确的依据作为前提，以降低决策不确定性。同时，加拿大地方政府通过密度奖励工具允许开发商突破区划条例限制，增加一定的开发密度。在具体实施层面，为保障较大范围的公共利益和推动重大建设项目的开发进程，加拿大也赋予了较高层级的行政权力。以安大略省为例，其规划法赋予了省政府部门官员——市政事务与住房部部长（The Minister of Municipal Affairs and Housing the Authority）控制省内所有土地使用的权力，即"分区令"（Zoning Orders）。分区令常用于保护省级政府利益或保障重大项目尽快落地实施的情境，分区令的等级始终高于市政府区划条例的等级。

---

① 加拿大《自由与权利宪章》第一条原文："The Canadian Charter of Rights and Freedoms guarantees the rights and freedoms set out in it subject only to such reasonable limits prescribed by law as can be demonstrably justified in a free and democratic society."

任何土地权属主体或公共机构可以向市议会提出对部分区域进行重新分区。重新分区申请存在明确的限制条件。首先，在官方规划中存在允许土地新用途的情况下，市议会才能考虑重新分区。其次，新综合区划条例通过后的两年内不允许提出重新分区申请。再者，社区规划许可条例颁布的 5 年内也不允许提出重新分区申请。通常，当分区申请提出后，市议会有 90 天的时间来决定分区修改申请。修改程序涉及 8 项流程，如图 4-23 所示。当分区申请被拒绝或未在规定时间内得到答复时，土地权属主体可通过安大略省市政委员会进行上诉。

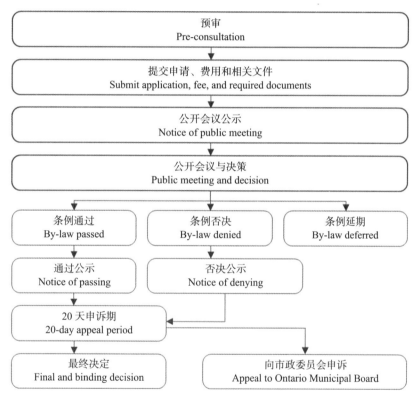

图 4-23　安大略省分区规划变更流程图
资料来源：作者改绘自参考文献 [147]

2）社区规划许可系统

社区规划许可系统（Community Planning Permit System）是加拿大安大略省土地利用体系下的一种具有自由裁量特点的土地使用规划工具，它将分区规划、场地规划等流程结合到一个申请和批准流程中，其权力主体和受益主体都是地方政府。社区规划许可系统包含三个组成部分：官方规划（作为核心政策指导）、社区规划许可条例、规划许可证。其中，社区规划许可条例负责明确和定义允许用途的清单。根据社区规划许可条例中的特定条件和标准，允许授予地方政府某些特定用途的权力，地方政府可根据特定情况和具体因素来判断是否批准或允许该用途。在安大略省，社区规划许可系统常被地方政府用于遗产保护、环境保护、公共设施建设等公益项目。

3）保留性条例

保留性条例（Holding By-law）可以在特定区域内施加限制，例如暂停新建筑物的建设直到道路等公共设施建设完成、变更土地用途、拆除或改建现有建筑物等。只有在当地官方规划中提及时，市政府才可以行使这些条例进行土地管理。

4）暂时管制性条例

暂时管制性条例（Interim Control By-law）用于暂时限制、控制或规范特定地区的土地开发和用途。这些条例通常在制定、修订城市规划政策或区域规划方案时使用，以便在进一步研究、评估、规划过程中保持土地的现状或避免潜在的不良影响。该条例下，市政府可冻结土地发展一年，并可最多延长一年。其中，土地权属人无法对首次通过的暂时管制性条例向 LPAT 提出上诉。

5）临时使用条例

临时使用条例（Temporary Use By-law）用于允许特定地区或建筑物在一段有限的时间内进行临时性的用途变更或活动。这些条例通常用于允许非常规或临时性的用途，例如季节性市集、展览、文化活动、临时商业活动等。在安大略省，一些城市和自治体可能采用临时使用条例以允许特定地区或建筑物进行临时性的用途变更或活动。这些条例为临时性活动提供了法律依据和规范。

6）社区福利费

社区福利费（Community Benefits Charge）允许地方政府从新开发项目或再开发项目中筹集资金，以支付社区发展所需的社区服务的资金成本。这些费用通常用于建设图书馆、开发公园绿地（如游乐场）、建造公共卫生和娱乐中心、提供经济适用房或提供其他社区福利。社区福利费条例仅适用于五层及以上且拥有 10 个或更多住宅单元的建筑物，同时，最高费用不得超过正在开发的土地价值的百分之四。

社区福利收费提高了透明度，并设制了问责制度，使安大略省建造住房的成本更加可预测。社区福利收费取代了加拿大《规划法》中第 37 条的密度奖励条款。

7）包容性分区

包容性分区（Inclusionary Zoning）是地方政府可以用来解决社区经济适用房需求的一种土地使用工具，它要求建设 10 个或更多单元的新住房开发项目，提供经济适用房单元。该工具只能用于受保护的主要交通站点区域（受官方规划政策保护的铁路、地铁和某些其他形式的交通站点周围的土地）、需要社区规划许可系统或市政事务与住房部部长指定的区域。当官方规划内容包括包容性分区和区划条例时，市政府可以要求将经济适用房单元纳入住宅开发项目，这些单元需要在市政府指定的一段时间内维持在当地可负担的水平。

8）场地规划控制条例

场地规划控制条例（Site Plan Control By-law）是指一种用于控制土地使用和开发的规划条例，它要求开发商在进行新建或改建项目时提交详细的场地规划，并遵守规定的设计和建设要求。这些条例通常用于确保土地开发项目与周围环境协调一致，保护社区利益，促进可持续发展和良好的城市规划。该条例仅在官方规划中有相关描述的区域生效。

3. 加拿大规划体系主要特征

1）自由裁量与分区管制的混合规划体系

加拿大规划体系深受英国、美国影响，经过百年发展，规划体系立足于自由裁量和分区管制的中间位置。作为一种混合体系，一方面，加拿大城市规划体系非常接近英国的自由裁量方法，遵循地方部门无法先验地了解土地未来使用情况的理念，因而赋予地方政府可根据实际情况对规划项目设置临时条例的自由裁量权力[142]。另一方面，加拿大城市可根据规划政策制定围绕土地开发的区划条例和社区规划许可条例，这些条例列出了满足条件就可向市政府申请建筑许可的区域。例如，加拿大多个地方区划法规定"R-1"区内只允许作为独立式住宅用途使用，建筑商只需要申请建筑许可证即可，如果项目符合规划和分区条例内容，那么审批程序就会相对简单[144]。

2）垂直制衡决策

以安大略省为例，安大略省的规划体系具有显著的垂直制衡决策特征[151]。垂直制衡指的是省政府对地方政府的规划决策进行监督和约束，以确保统一的政策执行和保护公共利益。首先，安大略省市政委员会（Ontario Municipal Board，OMB）是安大略省的一个独立行政委员会，作为一个强有力的上诉机构，不仅对多伦多市内具有监督职能，对地方政府的规划决策也具有广泛的审查权。几乎所有地方政府的规划决策都可以被上诉至安大略省市政委员会进行审议。作为一个独立的机构，安大略省市政委员会有权对政府决策进行重新评估，并根据规划政策和公共利益做出最终决定。这种垂直制衡机制确保了地方决策的合法性和合理性，同时平衡了地方利益和更广泛的公共利益。其次，安大略省的约束性省级规划文件起到了重要的制衡作用，对土地利用、发展方向和保护区域等方面提供了具体的政策指导。地方政府的规划决策必须与这些规划文件保持一致，以确保规划的一致性和协调性。这种垂直制衡机制有助于平衡省政府与地方之间的权力关系，促进规划决策的合理性和可持续性发展。

　　3）社会公平和可持续发展

　　加拿大土地利用体系的一个显著特点是其强调社会公平和可持续发展。首先，加拿大采取了包容性规划政策，旨在促进社会经济多样性和提供经济适用房。例如，通过包容性分区规划要求在市场房地产项目中提供一定比例的可负担房屋，确保住房资源的公平分配，提供适宜的住房选择，促进社会平等。这种政策措施有助于解决住房不平等问题，确保人们能够获得适宜的住房条件。其次，通过分区规划和保留性条例，以确保土地开发与周围环境协调一致，保护自然资源，提高城市的质量和可持续发展。这些土地使用工具限制或阻止对重要的自然环境、生态系统或文化遗产的过度开发，以保护这些宝贵的资源。此外，暂时管制性条例、保留性条例等工具可用于暂时限制土地开发活动，以便进行进一步的研究、规划或政策制定，以确保对于可持续性的考虑得到充分的关注。第三，加拿大的土地利用体系通过社区福利费机制强调社会公平和可持续发展。社区福利费要求开发商为其土地开发项目所带来的社区影响负责，并为社区提供相应的补偿或公共设施，以提高居民的生活质量。这种机制确保了土地开发不仅满足市场需求，还要回馈社区，推动社会公平和可持续发展的实现。这些综合性的考虑使得加拿大的土地管理体系成为一个积极推动社会公平和可持续发展的范例。

4.5.4　弹性机制的有效性

　　前文主要讲述了加拿大法律制度环境背景下城市规划体系对土地利用的刚性管控现状，也正如本书一直强调的，加拿大既有管制制度中也存在自由裁量的特点。通过引入一系列灵活工具，规划制度能够对现有刚性管控体系进行一定的修正，确保规划决策的公平性和高效性。基于这一目标，加拿大各省形成了具有"基于规则的开放式"特征的灵活机制。

1. 密度奖励

　　密度奖励工具是为了在适应城市增长需求的同时确保社会生活的健康运转和居民基本需求得到满足而采用的规划工具[149]。1983年的安大略省《规划法》第36条首次引入了高度和密度奖励，主要以开发商和当地审批机构协商的形式进行，提倡建设公共设施换取更多的建筑高度和密度。1990年的安大略省《规划法》将密度奖励政策从第36条移到了第37条（以下将相关条文简称为"第37条"），更加明确了密度奖励的法律框架。条例规定，当项目内容超出分区条例规定范围时，地方政府可以授权开发商通过提供社区设施或其他社区事项换取放宽建筑高度或密度奖励。法律描述明确了生效的重要条件是现有官方规划必须包含允许增加密度或高度的相关规定。如果土地所有人决定使用第 37 条，则要与市政府签订一项或多项有关设施、服务或事项的协议，这项协议对土地后续所有人依旧生效[142]。

第 37 条的生效过程可被分为 10 个阶段（图 4-24）[148]。首先，由开发商提交申请，要求项目突破现有高度和密度的限制，规划工作人员会启动审查流程；审查流程包括两个部分，一是工作人员向居民和区议员咨询意见，讨论社区意向的拟开发收益和社区目前的需求，二是审查增加高度和密度是否符合官方规划和区划条例的规定。通过审查后，密度奖励条件将由城市规划师、区议员、社区机构和相关部门人员根据具体情况与开发人员进行协商确定。协商阶段中，相关部门会将同开发商达成共识的密度奖励各项内容拟定为一份协议，作为批准开发申请的最终条件。随后，申请进入评估阶段，当地社区委员会先对开发申请内容及密度奖励条件进行评估，获得其推荐后，再递交市议会进行审批。审批通过后，市议会和开发商将签订一份协议，保障商议结果的合法性，明确开发商必须遵守拟定内容，直到开发商向城市支付现金代缴款项或交付议定的公共设施，协议才算完成。总的来看，密度奖励工具下的主要参与主体有市和区政府人员、开发商、社区机构以及居民。其中，政府部门负责了密度奖励工具的启动及最终审批，开发商、社区机构及居民在协商环节中向政府提出意见，奖励内容和条件的确定采用"一事一议"的方法。

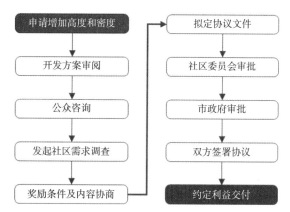

图 4-24　安大略省《规划法》第 37 条密度奖励实施流程

资料来源：作者改绘自参考文献 [148]

2. 社区规划许可系统

社区规划许可系统旨在促进开发审批流程更加精简和高效、更快地将住房推向市场以及支持当地的优先事项（例如社区建设、公共交通开发和绿地保护），为社区、土地所有者和开发商提供确定性和透明度。以安大略省为例，该系统的权力主体是安大略省的地方政府，包括城市、县和镇级政府。这些地方政府负责制定和执行社区规划许可政策和规定，以确保土地开发符合相关法律、规章和市政计划。地方政府可以将社区规划许可系统应用于行政区域下所有的社区或地区。只要满足立法和监管要求，地方政府也可以制定社区规划许可系统以满足当地社区需求。

地方政府使用社区规划许可系统的步骤包括三个部分。首先是需要申请官方规划修正案（Official Plan Amendment），以允许社区规划许可系统可以在制定区域生效。其次，制定和通过社区规划许可条例。与传统的区划条例一样，社区规划许可条例将明确规定允许使用和开发标准的清单，例如建筑高度和密度标准（例如建筑物可以有多高或可以有多少个单元）。社区规划许可条例可以包含传统分区法中没有的其他元素，例如：车库、小屋、游泳池等。最后，一旦社区规划许可条例生效，地方政府可以根据社区规划许可条例中规定的标准发放许可证，允许符合申请标准的开发活动进行。

3. 发展费和社区福利费

发展费（Development Charge）是一种由地方政府收取的费用，旨在为新的开发项目提供基础设施和公共服务的资金支持。这些费用通常由开发商支付，并用于改善社区的交通、水利、污水处理、公园和其他基础设施。安大略省的发展费用根据安大略省《发展费法案》（*Development Charges Act*）进行收取和管理，该法案规定了收费的范围、计算方法和使用限制。地方政府根据该法案制定并实施发展费用的政策，并在制定政策时必须遵守相关的法律规定和程序。发展费用的收取是根据开发项目的性质和规模来计算的，通常根据单位用地面积或单位建筑面积进行计算。收取这些费用的目的是确保开发商承担新建项目所需基础设施和服务的成本，并避免将这些成本转嫁给现有社区居民。发展费用的收入用于建设和维护道路、桥梁、排水系统、公园、图书馆、学校等公共设施，以满足新的开发项目带来的需求增加，确保社区在人口增长和新的开发项目出现时能够继续提供高质量的基础设施和服务。发展费用在安大略省是一个重要的资金来源，它可以确保新的开发项目为社区的整体增长作出贡献，并促进经济的繁荣和社会的福祉。

社区福利收费（Community Benefits Charge）是规划法下的一项灵活的新工具，可帮助地方政府解决新开发高密度项目所产生的成本。自2022年8月开始，该工具取代了之前第37条的密度奖励工具，其中，更高的密度不再是政策重点，所有建筑层数达到5层及以上时，都要求上缴社区福利收费。地方政府可以向开发主体收取社区福利费,用于市内所有土地的开发和再开发所需的公共设施、服务等事项,减轻地方政府提供公共服务的资金负担。为了实施社区福利费,地方政府需要制定社区福利费策略,并审核通过社区福利费策略相关的条例,明确收费标准。

4. 目的、结果和影响

密度奖励工具与区划条例组合,形成了安大略省的灵活规划机制。该机制的主要目的包括:(1)确保项目开发既能回报开发商,又能满足社区需求,缓解更高强度开发伴随的公共设施压力;(2)引导城市可持续增长,确保如公园空间、公共艺术空间、公共设施和经济适用房等有关公共利益的建设资金;(3)提升城市密度,实现土地资源高效利用。进入 21 世纪后,安大略省政府提出了新一轮的增长规划,呼吁各地增加城市密度,而多伦多大部分区划条例制定于 20 世纪 70 年代,部分内容不再符合城市密度增长的需求,密度奖励工具将改善这一状况。

到 2014 年,密度奖励工具为多伦多市政府创造了超过 3.5 亿加元的收入和数百项社区利益相关项目[146]。据统计,2016—2018 年间,多伦多市政府通过密度奖励工具批准了 146 项开发许可和 388 项公共设施建设项目,创造了大约 1.85 亿加元的价值[149]。密度奖励工具增加了城市建设区的密度,同时保障新的基础设施供给并改善现有的基础设施,减轻了城市财政的压力,大幅提高了城市建成密度。

2019 年《更多住房、更多选择法案》和 2020 年《COVID-19 经济复苏法案》对《规划法》进行了修订。两项法案的目的在于让建造成本更可预测,更快地完成新住房供应,为安大略人提供更多住房选择。新的法律背景下,地方政府通过发展费、社区福利费等收入替代密度奖励工具,帮助社区支付所需的公共基础设施、服务和公园用地的成本。

社区规划许可体系的目的是实现有效的土地使用和城市发展管理。通过该体系,地方政府可以控制和指导新的开发项目,确保其符合社区的规划目标,通过规范和指导开发项目,确保城市的发展可持续、空间布局合理、交通便利、环境友好和社区一体化;满足环境保护要求,确保新的开发项目符合环境保护要求,减少对自然资源和生态系统的负面影响;保障公众利益,为社区居民提供必要的基础设施和公共服务,并尊重公众的权利和需求;促进经济发展,通过规范的城市发展管理,吸引投资、创造就业机会,并提升城市的竞争力和经济活力。在结果上,它为开发项目提供必要的基础设施和公共服务,如道路、水电供应、排水系统等,以满足新居民和企业的需求,改善被开发社区的物质环境条件。

4.5.5 弹性机制的障碍和问题

1. 省政府与市政府之间的协调矛盾

多伦多区划条例普遍制定于 20 世纪 70 年代，对建筑密度和高度的限制相对较低，新项目开发的提升空间很大。多伦多市将开发量提升控制在高于基准密度 10%～20% 之间；但在省级增长规划战略要求下，多伦多城市建筑高度和密度应该进一步提升。因此，当开发商向安大略省市政委员会提出申诉时，省政府便可通过安大略省市政委员会直接干预并要求提高现有区域规定的密度和高度限制[146]。这一举措增加了开发容量的不确定性且一定程度上降低了市级规划控制的权威性。到 2019 年，安大略省市政委员会已改名重组为地方规划上诉审裁处，省政府通过明确不可上诉的多个情形，削弱了该机构对市政府部分规划决策的干预能力，使其不能直接干预和取代市政府的规划决策[142]。

2. 密度奖励协商结果差异化

区议员的协商能力也会影响到密度奖励最终条件内容。有研究指出，区议员个人的谈判技能和谈判方式可能为社区带来比预期值高出 10%～20% 的公共利益[146]。以多伦多市的 27 号选区为例，曾经从事房地产销售的区议员 Wong-Tam 为 Yonge 街 460 号的 60 层公寓大楼项目争取到了 550 万加元的社区福利费；而同在 27 号选区，规模是该项目两倍的四季酒店项目仅争取到相同数目的社区利益收款[156]。总而言之，开发商可能会因为负责的区议员不同而增加或减少外部性成本。

多伦多市政府针对结果差异化问题采取了一系列行动。2007 年，多伦多颁布了有关《规划法》第 37 条的实施细则和协商协议书，作为密度奖励措施的指导文件。两份文件旨在标准化社区利益相关内容和协商流程，以实施细则第五节为例，该节明确开发商和政府可选择的社区利益形式包括但不限于建设可负担的社会租赁住房、对历史保护区域的拨款、提供社区服务和设施空间、设置非营利性儿童保健设施和艺术空间等不同形式的公共设施[150]。谈判协定书明确了提交密度奖励申请后应遵循的步骤，例如要求增加社区利益需求评估，确保谈判开始时市政府可根据事先准备的评估结果进行谈判。

3. 社会包容性挑战

从内容来看，加拿大安大略省的规划体系重视社会包容性，致力于提供多样化的住房选择和社会服务。政府和规划机构通过采取多种规划工具和政策来推动社会包容性，例如包容性规划、分区规划、保留性条例和社区福利收费等。这些工具旨在确保低收入人群能够获得负担得起的住房，改善社区设施和公共服务，并为弱势群体提供更多发展机会。

　　然而，低收入人群仍然面临住房不平等和可负担性问题。特别是在温哥华、多伦多等热门城市，尽管有政策支持，但在高房价和租金上涨的压力下，低收入人群仍面临着住房困难的窘境，进一步导致了住房不平等的加剧。加拿大需要进一步加大投资和政策支持，以增加可负担住房的供应，缓解住房压力。

4.6　加拿大多伦多摄政公园案例

4.6.1　项目背景

1. 区位条件

　　摄政公园社区位于多伦多市中心，北临爵禄街（Gerrard Street），东靠河街（River Street），南至树德街（Shuter Street），西接议会街（Parliament Street），占地约 42.5 英亩（约 171991m²），是加拿大历史最久远、规模最大的公共住房开发项目之一（图 4-25）。在实施更新以前，摄政公园社区内部的建成环境是由低层和多层公寓楼及大约 34 英亩（约 137593m²）的开放空间构成，为多伦多市内低收入人群提供可负担的、适宜的居所[152]。摄政公园于 2006 年成立了合作伙伴组织来推进更新，对社区全域进行拆除重建（图 4-26）。

2. 更新背景

　　1）1947—1959 年，住房短缺背景下的全国第一个公共住房项目

　　二战后，为了消除城市贫民窟和保障住房供应，多伦多市议会于 1947 年成立多伦多住房局，负责统筹摄政公园社区公共住房开发项目，项目团队由住房局和当地规划协会专家组成，开发的主要资金来自联邦、省、市政府[152]。摄政公园项目获得的投资超过 600 万美元，拆除了椰菜镇（Cabbagetown），建设了大量住宅设施和绿色开放空间，于 1959 年竣工。新社区地域面貌焕然一新，为工人阶级提供了舒适的住所，收获了来自当时社会各界的好评。

　　2）1960—1999 年，内外部经济环境变化导致社区持续衰败

　　该时期的全球产业再分配使加拿大产生了许多社会和经济双重衰落的社区，并聚集了大量贫困人群。摄政公园社区周边地区面临产业流失和贫困人口流入，使该片区成为新的贫困聚集地，整个社区陷入恶性循环和长期贫困[153]。同时，石油危机和经济持续衰退影响下，相关部门对公共住房预算持续缩减[154]。到 2000 年前后，社区的社会结构和建成环境不复当初。

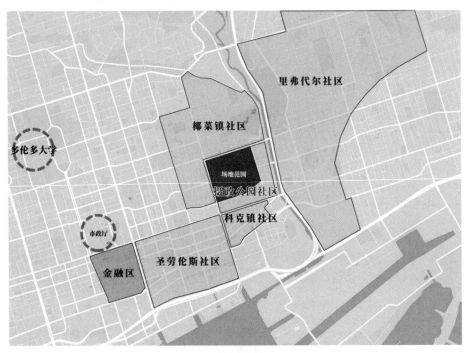

图 4-25　多伦多摄政公园社区区位图

图片来源：作者自绘

图 4-26　多伦多摄政公园社区卫星图

图片来源：作者自绘

3）2000—2003 年，摄政公园更新项目提上日程

2000 年施行的《社会住房改革法案》将社会公共住房责任向下转移至市政府[154]。2002 年，在多伦多市议会的主导下，多伦多社区住房公司（Toronto Community Housing Corporation，TCHC）成立。2003 年，TCHC 向其董事会提交拆除重建摄政公园社区的提案，报告确定社区存在两个主要问题：（1）房屋设施老旧，亟需大量资金修缮和升级；（2）内部建筑与周围开放空间连接性较差，不再满足住户需求[155]。同年，多伦多市政府通过了摄政公园更新计划，摄政公园混合收入公共住房更新项目正式启动。

3. 更新目标

TCHC 提出用 15 ~ 20 年的时间，将摄政公园社区打造成一个不同收入人群居住、土地功能混合使用的宜居社区。该社区将与周边地区融为一体，为不同社会经济背景的人群提供一个健康和可持续的建成环境。更新项目将被分为 5 个阶段，计划拆除所有既有建筑，修建约 7500 套社会性住房和市场住房，预计容纳人口约为 1.7 万人[156]。2013 年，通过多方协商，多伦多市政府颁布了新的分区条例修正案，对新建住房指标作出了调整，最新指标如下[157]：（1）建成 3147 套社会性住房；（2）建成 7914 套商品公寓。

4.6.2 项目实施

1. 实施过程和主要环节

1）2003—2005 年，市政府主导制定更新计划

2003 年，多伦多市政府通过了摄政公园社区更新提议，以社会混合方式实现人和社区的振兴。同年，TCHC 在市政府的协助下，着手制定《社会发展规划》（Social Development Plan），以指导社区人文环境建设，为促进社会包容性、社区协会及治理、地方服务机构、公共设施、建设与运营资金、学校、就业和经济发展以及灵活性管理方面的工作提供指导意见[158]。该文件初版颁布于 2007 年（图 4-27），2018 年更新第二版。2005 年，市政府通过摄政公园社区设施战略，明确项目需要建设的公共基础设施。同年，市政府出台分区条例修正案，对更新区域内的土地功能用途和开发强度做出规定，并要求 TCHC 保障原租户回迁社区的权利。条例修正案具体规定如下[159]：

（1）摄政公园城市更新项目为低层住宅开发项目，第一阶段开发总面积应为场地面积的一倍，建筑高度限制为 10m；

（2）85% 的替代社会住房单元需要在被拆除单元的场地上建造；

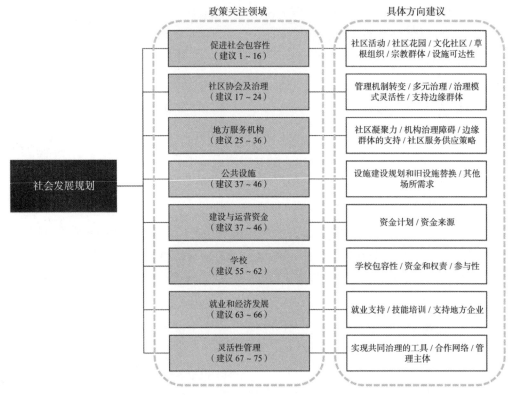

图 4-27　摄政公园社区更新项目《社会发展规划（2007）》的结构框架

图片来源：参考文献 [158]

（3）项目为租户保留离开社区但仍然居住在公共住房的选择；

（4）替代的社会住房必须与被拆除社会住房在面积和房型上保持相似；

（5）20% 的商品房必须以可负担的水平定价；

（6）所有租户在临时搬迁期间遇到的困难都会获得来自 TCHC 的协助；

（7）TCHC 在社区内设置拆迁安置办公室，为原居民提供问题反映渠道；

（8）TCHC 为原住户承担部分因为搬迁活动产生的费用；

（9）新的临时住所是 TCHC 名下的其他公共住房。

2）2006—2018 年，丹尼尔斯公司和 TCHC 成立合作伙伴关系

2006 年，TCHC 与丹尼尔斯公司共同负责摄政公园社区更新项目，私营部门加入摄政公园更新项目参与建设。第一阶段建设期间，TCHC 通过组织咨询会持续收集和协调来自开发商、居民和社区第三方组织的意见，并分别在 2009 年和 2013 年向市政府提交了分区条例修改申请。TCHC 基于上一阶段经验，向市政府提出建设新的公共设施的提议，并于 2009 年获得分区条例修正案的批准，建设了包括摄政公

园、摄政公园水上中心、艺术和文化中心等设施。此外，现有的一些高层建筑的高度从 75m 微增到 77m；一些低层和多层建筑也被批准提高高度，从 10 ~ 22m 增加到 20 ~ 40m[160]。

　　TCHC 根据社区意愿，提出新增运动场地，因而向市政府提出修改官方规划和分区条例的申请。在对新的条例修改内容的讨论过程中，市政府工作人员建议 TCHC 重新考虑剩余阶段的需求。条例修正案最终于 2013 年颁布，该修正案提议增加建筑密度，将项目计划阶段数目由 6 个阶段减少为 5 个阶段，新建一个 2.8 英亩（约 11331m²）的摄政公园运动场，最终的场地建筑密度预计为场地面积的 4.3 倍，高于原规划框架中的 2.8 倍；住房总数量由 5400 套增加至 7500 套；预计容纳人口由 1.25 万人增加至 1.7 万人[156]（图 4-28）。

图 4-28　摄政公园社区现状

图片来源：作者自摄

　　2011 年，TCHC 更换了董事会成员，新董事会决定取消原定丹尼尔斯开发所有剩余阶段的合同，该决策在 2013 年生效。根据新闻报道，TCHC 在 2018 年才公布更新开发商的消息，引起了居民的不满，公众对新开发商的入驻产生担忧。最后，丹尼尔斯公司将不会参与最后两个阶段的建设。

　　3）2018 年至今，TCHC 寻找第四、五阶段合作伙伴

　　2018 年，TCHC 向社会公布正在寻找第四、五阶段的新合作伙伴的消息（图 4-29）。同年，新的社区发展规划颁布，提出以社会包容和社会凝聚力为核心，让社区中的每个人都被接受和尊重，并在安全、就业、社区建设、交流四个方面明确应该采取的具体行动[161]。

　　2023 年，TCHC 再次提出针对项目最后两个阶段修改分区条例的申请。修改后

的分区条例将允许建设从 6 层到 39 层不等的 12 栋建筑；提出新建 3246 个住宅单元，其中 1270 套为社会性住房；申请还提出增加更多的商业和办公空间以及社区公共空间 [157]。

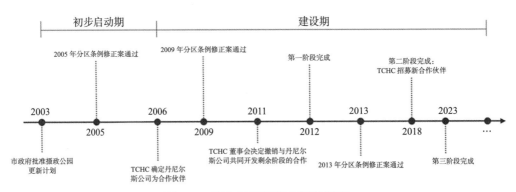

图 4-29 摄政公园社区更新历程概况

图片来源：作者自绘

2. 主要参与者与其职责

1）地方政府

在项目评估阶段，政府部门首先制定了摄政公园社区二级规划，提出摄政公园社区的未来愿景，明确摄政公园项目的关键性原则。随后，相关部门发起社区服务和设施现状调研，摸清现有人口情况和社区服务需求。基于调研结果，相关部门制定了摄政公园社区设施战略，明确指出需要重新修建或新建的社区公共基础设施。

在项目实施阶段，市政府负责审批 TCHC 发起的修改分区条例申请，通过审批后出台分区条例修正案，实现对项目的开发强度、土地功能的把控；市政府也支持 TCHC 对社会发展规划的制定工作。

2）地方政府企业

在项目评估阶段，TCHC 负责寻找开发商合作伙伴，寻求项目公共设施投资组合办法，制定协助原租户搬迁策略，组织公众咨询会调查民意，对接各级政府的资助项目（联邦、省、市政府）并制定摄政公园社区社会发展规划，同时根据居民意见和调研结果提出修改分区条例申请（即 2005 年分区条例修正案）。

在项目实施阶段，TCHC 一方面监督保障性住房建设，另一方面协调开发商丹尼尔斯公司与居民、社区内第三方组织之间的沟通交流。随着项目时间推移，TCHC 还需要及时制定新的社会发展规划，根据项目推进情况，提出新的修改分区条例申请。同时，TCHC 也要负责运营已交付的社会住房。

3）开发商

开发商丹尼尔斯公司的主要职责包括调研市场需求，商品住房设计、建设、融资、营销和物业管理等方面工作。丹尼尔斯公司创立于 1984 年，在社区转型建设领域有丰富经验，曾多次获得相关奖项，拥有超过 40000 套住宅和公寓产权。其代表作还有位于多伦多的丹尼尔斯滨水区艺术之城、密西沙加市中心的混合收入社区等。

4）居民和社区

居民和社区第三方组织通过公众咨询会为社会发展规划和更新计划提供建议（图 4-30）。

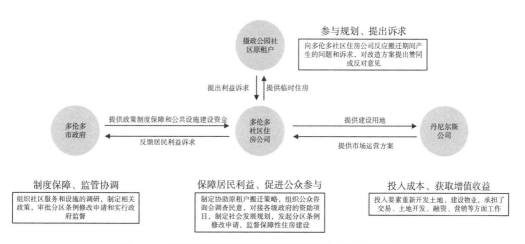

图 4-30　摄政公园社区更新项目利益相关者关系示意图
图片来源：作者自绘

3. 采用的弹性工具

摄政公园社区的更新涉及土地功能的灵活改变、土地细分控制的灵活性以及高度或密度奖励的灵活性。这种灵活性变革的背后反映了多伦多城市人口的增长和需求的多样化，需要更灵活的土地规划以满足不同居民的住房、商业和公共服务需求。社会包容性是另一个驱动因素，通过土地细分和高度/密度奖励促使各类住房和社会设施的建设，以满足不同社会经济层次和文化背景居民的需求。经济激励方面，提供奖励可能吸引开发商投资，促进城市经济的增长和增加就业机会。

1）灵活的土地功能改变

（1）2005 年条例修正案明确了促进土地混合利用的相关规定：G 类土地用途包括社区地下停车库、雨水储存的地下设施，还有汽车租赁经营、区域能源加热或冷却装置、回收仓库、临时集市及其附属设施；R4A 类土地用途包括住宅建筑、停车场、用于工作目的的居住单元。其中,该居住单元可分为设计师工作室、回收站及其附属用途。

(2)2009年条例修正案对用于工作目的的居住单元进行了补充,其用途包括办公室、工作室、车间、美容机构、裁缝店、非营利机构、零售店;另外,规定车间指进行窗帘、百叶窗、手工皮具、女帽、编织、金银雕刻等产品生产的建筑物[160]。

(3)2013年条例修正案允许修建学生公寓作为居住单元或住宅建筑,并对用于工作目的的居住单元定义做出修改,用途包括办公室、工作室、车间、美容机构、裁缝店、设计师的工作室、回收站及其附属设施[156]。

2)分区条例适时修改

安大略省《规划法》规定,开发公司可以向地方政府提出分区条例修改申请。TCHC总结了第一阶段的经验和结果,在第二阶段开始前,向市政府提交分区条例修改申请。2005年条例修正案为摄政公园特别分出了4类特别片区,即高层过渡区(此区域的建筑物可以超过限定高度,但不能超过相邻片区的最高高度,也不能低于相邻片区的最低高度),以及每个片区允许修建一栋高层建筑的 A 类高层建筑区(此高层建筑的建筑高度不超过 60m)、B 类高层建筑区(不超过 75m)、C 类高层建筑区(不超过 88m)[159]。2009年修正案将 B 类高层建筑区的建筑高度从 75m 提升至 77m;与之对应,第二阶段工程额外交付了摄政公园水上中心、艺术和文化中心项目[160]。

3)灵活的土地细分控制

安大略省《规划法》第50条允许土地权属人在一些情况下将土地财产细分为多个小块进行出售或作其他用途①。其中明确规定两种情况:土地由政府所有或土地建设目的涉及经济适用住房时,可直接申请细分土地。在项目开始前,TCHC 申请对土地进行细分控制,细分规划草案规定了每个阶段中地块的公共街道、公园以及街区的位置,同时规定了下一个阶段开始前项目必须满足的建设条件,确保开发不会对社区现有公共设施和服务造成不良影响[159]。

4)灵活的高度或密度奖励

安大略省《规划法》第37条"密度奖励"(Density Bonus)规定:当项目内容超出了分区条例规定范围时,地方政府可以授权开发商通过提供社区设施或其他社区

---

① 允许土地细分的情况包括:(1)土地与地方细分规划内容相符,且整块土地由一个主体所有;(2)土地的租用期限不少于 21 年,不超过 99 年,细分目的是建造包含经济适用住房的项目;(3)土地由国家、省政府或地方政府所有;(4)土地内容服务于防洪、海岸线管理等环境保护工程;(5)同意转让、抵押或质押该土地,或授予、转让、行使有关该土地的任命权,或签订了有关该土地的协议;(6)该土地是在 1990 年《保护土地法》的影响下产生的。

事项换取增加建筑高度或密度的奖励。为了顺利实施摄政公园更新项目，适应城市增长需求，TCHC 分别在 2005 年、2009 年和 2013 年向市政府提出修改官方规划文件申请，增加摄政公园社区的建筑面积和建筑高度。以 2005 年分区条例修正案为例，《规划法》第 37 条的相关协议要求 TCHC 在满足提供 2083 套保障性住房单元、实施原租户搬迁和援助计划、采用与租户保持持续不断沟通的策略等条件后，方可获得额外建筑高度的奖励[170]。

4.6.3　项目效果

1. 环境影响：设施更完善，功能更复合

从交付情况（截至 2023 年 6 月）来看，虽然项目尚未完工，但目前，地区公共基础设施和商业空间得到极大提升。在原定公共设施的基础上，项目新建成了其他公共服务设施，包括药店、牙科诊所等医疗设施，以及艺术文化中心、摄政公园水上中心、摄政公园和体育馆等体育文化设施[157]。

在社会发展规划的指引下，摄政公园社区内修建了一系列面向公众开放的活动场所和设施，弥补了过去公共空间缺少明确功能用途的问题（图 4-31）。新的场所包括社区花园、中央公园、烘焙屋、温室、农贸市场、遛狗场所、健身步道和座椅。同时，项目还引入了品牌连锁商店、集市、餐馆。这些变化改善了摄政公园社区过去缺少商业空间的状况。

2. 社会影响：社会问题缓解、社会经济复苏，人口呈现"绅士化"特征

2013 年条例修正案对整个项目最终预交付房屋数量进行了调整，整个项目预交付房屋数目最终将比预期更多。在原计划交付 2083 套社会性住房的基础上，修正法案允许新增 1064 套社会性住房[157]。

社会混合策略也取得一定成效。不同背景、收入、职业的人陆续入住摄政公园社区。从事管理行业的居民增长速度最快，从 2006 年的 175 名增长到了 2016 年的 605 名；社会科学行业、教育行业以及为政府工作的居民数量逐渐增长；中产阶级家庭住户增长了 88%[161]。

总的来看，目前政府、开发商、原住居民从改造项目均有获益。对政府而言，社区贫困人口集中、设施老旧以及犯罪活动滋生等问题在很大程度上得到解决。对 TCHC 而言，运营更多的社会住房和商业空间，有助于提高收入并用以支持更多的服务项目内容。对开发商而言，2009 年和 2013 年的条例修正案将会直接提高未来商品房销售收入。对租户而言，社区空间品质有了立竿见影的提升，社区能够为他们提供更具多样性的服务和就业资源（图 4-32）。

（a）新建社区健身设施

（b）新建游泳馆　　　　　　　　　　　　（c）新建公园

图 4-31　摄政公园社区改造后的公共基础设施

图片来源：作者自摄

图 4-32　摄政公园社区改造后的住宅建筑

图片来源：作者自摄

　　此外，2020 年，联合国人居署、加拿大抵押和住房公司、多伦多市政府、城市经济论坛协会和丹尼尔斯公司联合发起了摄政公园世界城市管理项目，旨在打造一个全球知识交流中心，专注于包容性城市发展的实践，分享研究和创新成果，支持世界各地的城市和国家到 2030 年实现联合国可持续发展目标。

　　尽管该项目改善了环境，综合提升了社会和经济效益，但 TCHC 在社会发展规划中承诺改善的原有社区就业和培训机构的建立之间协同性较差、信息资源获取能力落后等问题仍然存在，目前缺少相关具有针对性的研究资料，无法考证原租户核心资源（教育、医疗等集体消费）需求的改善情况与个人发展机会的提升程度，因此，就业和发展方面的效益还有待商榷。同时，相关访谈结果显示，社会混合策略期望的跨阶级互动尚未有效实现。一方面，新旧居民都缺少彼此建立社会关系的主观意愿；另一方面，新的商业设施被多数居民视为迎合中产阶级居民的场所，其社交空间的功能被进一步弱化[162]（图 4-33）。

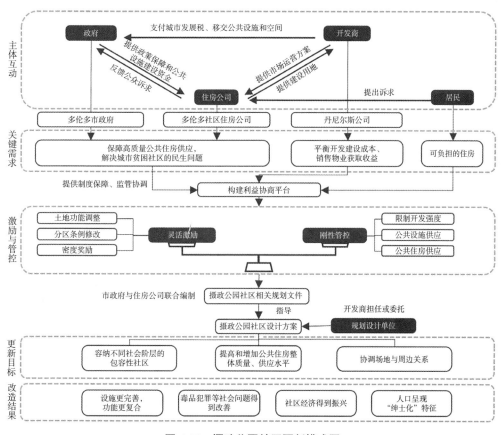

图 4-33　摄政公园社区更新模式图

图片来源：作者自绘

4.6.4　项目机制

1. 社会混合的开发机制

近几十年来，社会混合举措在发达国家越来越受欢迎。从理论上讲，社会混合通过将不同收入的人群聚集在一个社区，鼓励贫困社区的居民与代表高收入群体的个人和机构建立社会联系，并通过持续的跨阶级互动，实现信息资源、就业机会流向弱势群体，达到消除贫困、创新健康社区和降低犯罪率的目的。摄政公园社区更新项目的社会混合开发机制中，代表政府方的住房公司 TCHC 和开发商丹尼尔斯公司是该机制中的关键主体，TCHC 在基于社区现状调研结果、上级规划内容和公众咨询结果的框架下做出决策，明确了新增公共住房、商品住房和公共设施等关键要素的数量及内容，而丹尼尔斯公司负责推进商品住房的设计、建设、融资、营销等方面的工作。

2. "建筑环境+社会发展"的双规划机制

摄政公园社区更新计划的规划框架为 TCHC 提供了一定程度的灵活性，帮助其在更新项目过程中既能应对不断变化的市场条件，同时确保公共住房和公共设施等建设目标能按期交付。首先，在纲领性文件方面，多伦多官方规划文件内容修订确定了摄政公园更新项目发起的基本许可条件；摄政公园社区二级规划为社区的增长和管理提供了指导，提出了社区的愿景。在具体土地管控措施方面，针对摄政公园区域的分区条例修正案规定了摄政公园社区的建筑形式、建筑密度；细分规划草案规定了每个阶段中地块的公共街道、公园以及街区的位置应满足发展需求，确保开发不会对社区现有公共设施和服务造成不良影响；城市设计指南为街道和公共空间的设计和开发提供明确的原则和指导方针。

市政府在摄政公园更新项目的规划编制过程中开创性地提出编制针对社会问题的"社会发展规划"（Social Development Plan），以减少由于拆除现有设施和人口结构变化导致的社区服务供应主体和服务主体改变，从而持续满足社区及其周边的需求[163]。该规划以摄政公园社区服务和设施研究、摄政公园社区二级规划和摄政公园社区设施战略为依据。TCHC 既是社会发展规划的主要制定者，也是主要推动者。TCHC 在多伦多市社会发展和行政部门的支持下，在 2003 年 7 月开始制定社会发展规划。在社会发展规划的要求下，TCHC 采用了一种参与式的方法，将关键利益相关者聚集在一起，为该计划提供投入和指导。社会发展规划分别在促进社会包容性、社区协会及治理、地方服务机构、公共设施、建设与资金运营、学校、就业和经济发展、灵活性管理八个方面的发展和建设上，向 TCHC、市政府、第三方组织等关键利益相关者提出治理建议和公共设施建设指引，并在 2007 年得以颁布。

3. 以住房公司为核心的主体互动机制

TCHC 构成了项目全周期中决策互动的核心角色。在项目评估阶段，政府委任 TCHC 与社区租户进行更新调查意向，讨论临时搬迁补偿策略。在规划编制审批阶段，TCHC 代表政府拟定搬迁协议书，收集居民诉求并编制社会发展规划内容，同时将政府更新规划传达给社区租户。开发商角色入场后，TCHC 收集来自居民、开发商和第三方组织的诉求。在政府层面，TCHC 承担了规划编制和文件申报的职责；对以开发商为代表的市场，TCHC 要求建设方案必须控制在政策管控范围之内，并且积极协助开发商向不同层级政府申请公共建设基金；对原居民和第三方组织，TCHC 广泛听取民众诉求，积极构建公众参与机制和社会混合社区管理模式，保障公共利益。最终，在政策文件指引下，TCHC 将相关规划和互动过程整理成最终报告，向市政府提出分区条例修改申请，从而实现对项目建设内容的持续动态优化。

4.6.5 项目复制

1. 新问题与改进

1）公众意见不被重视

项目开启初期成功确立了以住户需求为导向的共识。安大略省《规划法》规定了公众咨询的必要性，但由于在具体形式上并未提出明确要求，TCHC 在公众咨询环节上拆分公众为多个小组进行交流，避免反对意见汇聚形成能够影响决策的力量。一些研究者在对住户进行采访的过程中发现，随着项目推进到中期，相关部门通过修改公众会议形式、雇佣居民等措施抑制了自下而上的反对意见，本地反馈得不到项目高层的重视[162]。因此应该尽可能支持独立的住户代表组织，重视住户的声音，彻底开放公众咨询流程，让公众意见能够影响决策制定，尽可能地降低搬迁和社区绅士化对住户的影响。

2）新老居民群体之间缺少互动

TCHC 通过社会发展规划，以自上而下的方式尝试创建包容性社区，但新老居民之间仍存在隔阂，阻碍社会融合的进程。造成这一问题的关键因素是两个群体生活方式的不同，归根到底而言是群体间的阶级差异，而这种差异在未来仍难以克服[164]。虽然少量新居民有融入社区的愿望，但是他们并没有为此投入太多时间和精力。此外，有研究者发现，截至 2017 年，在原居民的视角下，部分新居民被视为社区的"入侵者"，甚至有口头恐吓、刮伤车辆等不友好的对抗行为[164]。因此，未来社区建设需要考虑建设对两个群体都有吸引力的第三空间，同时，针对社区结构性贫困问题提出具体解决办法，并引入教育等核心资源打破贫困困境。

2. 项目特殊性、意义与可复制条件

1）项目特殊性

摄政公园社区更新项目本身具有其特殊性。首先，改造前，TCHC 已拥有了社区的几乎所有土地和房屋的产权。从摄政公园社区初建伊始，这片土地始终承担着公共住房功能，并为市政府所有。因而在项目筹备阶段，TCHC 无须面对复杂的土地权属问题。其次，摄政公园社区地理位置优越，具有较大发展潜力。摄政公园社区位于多伦多市中心东部位置，其中央的登打士东街连接了社区与多伦多最繁华的贝街走廊，公交出行仅需 20 分钟即可到达繁华的商业区。第三，项目得以实施更离不开 TCHC 强大的公共住房供应能力。作为多伦多最大的公共住房运营市政公司，TCHC 能够为所有需要临时搬迁租户提供临时住址，并负担搬迁成本，最大限度地保障了受影响租户的生活问题，使项目能够稳步推进。

2）项目意义

摄政公园社区更新项目是对以公共住房为代表的低收入社区运营维护模式的重要探索。由于公共住房责任逐步下放至财政紧张的市政府，加拿大公共住房项目既要面临开发资金缺口困境，也要面对后续运营维护的收支问题。我国现有许多老旧社区同样面临着维护和运营资金的问题，普遍存在失养失修失管、市政配套设施不完善、社区服务设施不健全的现象，例如，在一些老龄化社区中，物业难以筹集到足够资金安装电梯等便利设施，更节能先进的给水排水系统和燃气系统等设施的安装工作也难以推进。城镇老旧小区改造是重大民生工程和发展工程，对满足人民群众美好生活需要，推动惠民生、扩内需，促进经济高质量发展具有十分重要的意义。对于推动低收入社区改善，需要更多地思考引入多元主体共同治理的运营模式。

3）可复制条件

针对上述问题，TCHC 在规划设计、物业运营等方面制定了一系列创新举措和策略，以保障项目得以实施推动。基于摄政公园社区更新项目的经验，总结了该项目的可复制条件：

（1）涉及公共住房和商品住房混合开发的项目，可学习摄政公园社区更新项目主体之间合作交流的经验；

（2）当项目需要重建已衰败的老旧社区，补足周围配套基础设施时，可学习摄政公园社区更新项目的政府与市场博弈机制；

（3）当项目聚焦微更新，强调居民生活环境、经济条件提升时，可借鉴摄政公园社区更新项目社会发展规划的制定和实施。

3. 借鉴策略与未来思路

加拿大的城市规划体系展现了一种省级 - 地方的合作模式，这与英美等国的一些规划实践有所不同。在这一模式中，省级和地方政府共同参与规划决策，以确保更好地协调国家、省份和城市层面的规划目标。这种多级政府的协同合作有助于适应不同地区的需求，能够适应加拿大地域广阔和文化多样的特点。这一体系可能为其他国家提供有关不同层级政府协作的有益经验，尤其是在处理城市和地方层面的规划挑战时。

此外，加拿大城市规划体系还在面对国家和地区特点时进行了反思和调整。考虑到加拿大地域广阔、人口分散和文化多样，规划体系采用了更具灵活性的方法，以适应不同城市的需求。这种调整经验可能会为其他国家在处理类似挑战时的规划决策提供借鉴价值。总体而言，加拿大的混合规划体系为适应不同地域和文化条件的城市规划方案提供了一种有益的参考。

摄政公园社区更新项目的关键借鉴点在于如何实现从单一人口经济结构走向多元文化混合、土地利用功能混合的社会住宅社区的城市更新模式。该模式的核心问题包括两个方面：一是如何保障和改善原居民的资源获取权利，促进教育、就业等资源流动，解决结构性发展问题，提升经济，改善居民生活；二是如何有效维持公共住房项目后期的运营和维护，即在部门投入公共住房预算日益削减的背景下，如何形成有效的资金模式产生经济收益，以维持项目后期自平衡发展。目前我国老旧住宅改造项目的实践主要聚焦于空间改造和环境品质提升，对于社区生态建设的关注仍有所不足。在其他项目的应用中，应避免蓝图式的物质规划，转向综合性的社会构建，考虑建立更具包容性的公共开放空间。

4.7　日本：自由分区规划体系下的激励机制

4.7.1　社会环境背景

日本地处环太平洋地震带，火山地震多发，是一个自然灾害频发的岛国，加之四面环海，岛内资源相对匮乏，因而日本人有强烈的危机意识[165]，形成对自然的敬畏。战后的日本，经济快速恢复并高速发展的一个重要原因是积极且广泛地学习吸收西方国家经济发展的经验。而 20 世纪 80 年代末到 90 年代初，日本经历了"泡沫经济"，经济发展由盛至衰，全国盛行的股票和土地等投机买卖在一夜之间化为泡影，大量日本企业倒闭，员工失业，对民众的生活观念及消费模式产生极大冲击[166]。地震频发的地理环境加之泡沫经济的历史原因导致日本房屋转售价值很小，据估计，日本的房屋平均在22年后就会完全贬值[167]。日本人认为住房是一种消费品,投资价值在于土地而不是房屋本身,在这种观念下,普通的日本家庭不需要利用住房稀缺性来获得收益,但在保持土地使用监管方面有既得利益。因此,日本作为土地私有制国家,城市规划强度分区以保护私人财产和保证各地块公平性为主要原则,不会轻易因为整个城市的利益而牺牲局部地块的利益[168]。

日本的文化中有着强烈的集体和国家归属情愫,奉行集体利益至上的集体主义,具体表现为严格遵循等级秩序,反对个体凌驾于集体之上。这种等级秩序根植于日常的语言和社交礼仪,在无形中展示着严格的等级观念。日本的地缘凝聚力主导社会组织构建,具体表现为对所在利益集团(如地方权力长官)的效忠[169]。日本的集体主义价值观强调个人要以集体的利益为重,避免因为个人的喜好而伤害到整体的利益,如果个人的言行与集体定下的规范不符,就可能成为集体指责和孤立的对象,面临巨大的社会压力。因而,日本人更喜欢遵从大众的意见而不是固执己见、突出自己。在日本城市更新项目中大多数重建项目会在有效的谈判和沟通之后获得通过。

4.7.2　法律法规政策背景

1. 日本的行政结构

日本的政府架构奠基于《日本国宪法》,实施的是议会内阁制的代议民主制,实行立法、行政、司法的三权分立原则,由国会、内阁、法院(裁判所)行使相应权力,国家主权属于国民,天皇作为国家象征被保留。日本的行政事务由中央省厅(1府12省厅)和作为地方政府的都道府县、区市町村三层结构来分担,都道府县与区市町村是对等的地方行政机构,相互分担、相互合作,办理地方行政事务,决定本地区的重大事项和制定本地区条例。

中央层面,2001年,日本将原有的1府22省厅改组成了1府12省厅①,经过一系列的重组改革后形成今天的行政分工。中央省厅的1府12省厅中的府是内阁府,省厅分别指总务省、法务省、外务省、财务省、文部科学省、厚生劳动省、农林水产省、经济产业省、国土交通省、环境省、防卫省和警察厅。内阁府由以前的6个行政单位合并而来,总管所有12省厅,负责日本的经济财政、科学技术、安全公共事务和政府政策制定等事务。其中负责城市规划相关事务的部门是国土交通省,由原先的运输省、建设省、国土厅和北海道开发厅合并而来,主要工作是制定与城市规

---

①　2001年1月6日,日本为了强化内阁各机关之间的横向沟通以使整个内阁的政策得以统一,将经济企划厅、冲绳开发厅、总务厅、科学技术厅、国土厅并入总理府,改组为今日的内阁府。

划相关的政策、组织相关法规的修订等，并采用中央政府预算中的补助金等引导和推动各地方的规划与建设活动 [170]。

地方上，日本采取地方自治形式，都道府县是包括区市町村的广域地方行政机构，负责广域行政事务，包括 1 都（东京都）、1 道（北海道）、2 府（大阪府、京都府）、43 县；区市町村是与居民直接相关的基础地方行政机构，负责与居民生活密切相关的事务，此外，还有为特定目的设置的特别地方行政机构，如特别区，组合、广域组合等 [171]。其中，东京都是包括 23 个特别区、26 个市、5 个町、8 个村的广域地方行政机构，其中特别区是为确保人口密度高度集中的大都市行政的一体化和统一性而设置的行政等级，适用有关"市"的各项规定。

日本是单一制国家，即各地方行使的权力来源于中央授权。在 1999 年日本地方分权改革之前，日本的央地关系有两个特征，强有力的中央集权以及国家利益与地方直接相关 [172]。首先，国家的多数行政事务，包括城市规划相关事务，是以大臣—知事（由机关委任事务）—区市町村（由团体委任事务）的形式委任地方。在县级和自治体实行的城市规划的有关行政事务，从表面上看是地方的行政事务，实际上是作为国家的行政事务来执行的。其次，日本行政体系中上下级之间存在直接关系，这种关系对落实城市规划的地方政府来说尤为重要，因为他们的工作结果是为了确保城市规划的综合性。在这一过程中能够实行中央集权的原因，是国家在给予地方大量许可权和审批权的同时，还提供巨额的国库补助金。在人口增长停滞和老龄化日益严重，中央集权的行政管理体制无法满足市民多样化需求社会背景下，1999 年7 月，日本国会通过了名为《关于为推进地方分权构建相关法律体系》的法律，自此，城市规划被作为地方政府的工作，在事务性层面上基本脱离了中央政府主导的管理路线 [173]。

2. 日本的土地管理体系

在日本，土地权属以私有制为主，土地所有者拥有土地财产和处置土地的充分权利，且建筑物和土地的租赁权与土地所有权可以分别独立所有和转让 [174]，土地开发许可主要根据法律和规划颁发，相关政策无法定效力，不容易影响许可结果。日本的土地管理制度有一系列的主干法和配套法来支撑，包括《土地基本法》《国土利用规划法》《国土形成规划法》（原《国土综合开发法》）①《城市规划法》等。

《土地基本法（1989 年）》的颁布背景是城市中心地价高涨，导致住房购买负担重，形成了诸如贫富差距大等社会问题，因而该法律颁布具有"宣言法"特征，旨

---

① 　1950 年颁布的《国土综合开发法》，于 2005 年修订为《国土形成规划法》。

在在保护土地所有权的前提下，强调土地作为社会性、公共性财产，土地所有权应受到更多制约，明确政府对土地进行规划和管控的必要性[175-176]。

《国土利用规划法（1974年）》将国土分为五类，即城市用地、农业用地、森林用地、自然公园用地、自然保护用地，在制度上将土地利用规划作为上位规划[175]。土地利用规划是从土地资源开发、利用、保护的角度，确定国土利用的基本方针、用地数量、布局方向和实施措施的纲要性规划。国家、都道府县和区市町村各层级在土地利用规划制定中各司其职，负责编制各级土地利用规划和颁布土地交易管控措施。国家负责制定全国国土空间使用基本事项的计划；以此为基础，都道府县负责制定区域内计划，并向国土交通大臣报告，得到审批后，向社会公布；区市町村层面，负责制定市辖区内国土空间开发利用的计划，市政部门通过举行听证会等形式，充分征求社会公众的意见，经市议会审议通过后向社会公布[177]。

《国土综合开发法（1950年）》是全国综合开发计划的依据法，其目标在于在结合日本自然条件和经济社会等综合政策的基础上，实现综合开发利用，保护国土资源，优化产业布局，提高社会福利。依据该法可编制国土综合开发规划体系，分为全国国土综合开发规划、大都市圈整治建设规划、地方开发促进规划和特定地域发展规划[178]。日本先后共制定了六次全国国土综合开发规划，分别为日本所面临的东京"一极集中"、区域差距扩大、环境污染严重、经济萧条、国际竞争激烈等问题提出应对策略[179]。日本在21世纪初进入经济增长平缓、少子化和老龄化的社会发展阶段，2005年《国土综合开发法》修订并更名为《国土形成规划法》，将原有的以行政单位为主的规划调整为跨行政边界的广域规划[180]，促进国土规划制定过程中多种主体的参与，设立地方政府规划提案制度及反映国民意见的机制[175]。

4.7.3 规划制度环境

1. 日本规划法规体系

日本现代城市规划体系的基础是《城市规划法》①（1968年），与其他诸如《森林法》《自然公园法》等非城市土地利用相关法规横向协调，共同搭建了土地利用基本法规体系。此外，《城市规划法》与《建筑基准法》相互配合，共同控制城市形态[180]。

20世纪60年代的日本面临着快速城市化和工业化带来的诸多城市问题，如城市基础设施建设滞后于城市发展速度，工业与居住区混杂导致环境问题日益突出，交通拥堵问题严重影响城市运作效能[181]。1968年颁布的《城市规划法》一方面宣布

---

① 也译为"都市计画法"。

实行开发许可制度，规定城市化促进和控制地区，以阻止城市无序蔓延，同时将土地使用分类增加到八种，以提高城市居住环境质量[180]；另一方面，城市规划程序更加地方化和民主化，具体表现为土地使用区划审批权从中央下放到地方政府[173]，且公众参与纳入城市规划法定环节[181]，而这种建立在以原产权人等多方相关主体满意为前提的规划方式，制定的周期相对较长[182]。权力下放的主要原因可以归结于经济社会进入相对稳定时期，社会民主意识的增强，以及城市规划技术的积累和普及[184]。

随后在 1980 年和 1990 年初，日本《城市规划法》进行过两次增订。1980 年，新增了"地区规划"①，对土地之上的建筑设施等制定详细规划层面的内容[183]，弥补了先前法规中缺少详细规划的缺漏。1990 年和 1992 年的修订中，为缓解第三产业发展商业和办公建筑开发引起地价上涨给居住区带来的开发压力，用地分区进一步细化（表 4-7），由 8 种增加到 12 种，并新设 3 种特别用地分区[185]。

表 4-7　日本土地使用分区制度演变

1919 年	1950 年	1968 年	1992 年	说明
居住区	居住区	I 类居住专用区	I 类低层居住专用区	保护低层住宅的居住环境，最大高度为 10m，商业和办公建筑的最大面积为 50m²
			II 类低层居住专用区	保护低层住宅的居住环境，最大高度为 10m，商业和办公建筑的最大面积为 150m²
		II 类居住专用区	I 类中 / 高层居住专用区	保护中 / 高层公寓的居住环境，商业和办公建筑的最大面积为 500m²
			II 类中 / 高层居住专用区	保护中 / 高层公寓的居住环境，商业和办公建筑的最大面积为 1500m²
		普通居住区	I 类普通居住区	保护居住环境，商业和办公建筑的最大面积为 3000m²
			II 类普通居住区	保护以居住为主的环境
			准居住区	确保住宅和交通设施之间的协调
商业区	商业区	邻里商业区	邻里商业区	设置为邻里居民服务的商店
		商业区	商业区	设置商业和其他商务设施
工业区	准工业区	准工业区	准工业区	在与住宅相邻的建筑中允许设置没有严重危害的小型工厂
	工业区	工业区	工业区	设置工业设施
		专用工业区	专用工业区	大规模工业区，禁止设置住宅

资料来源：作者整理自参考文献 [181, 185]

纵向上，围绕城市规划主干法，众多专项法规对城市规划内容进行延伸和细化。

---

① 　日文为"地区计画"，也译为地区计画。

《都市再开发法（1969年）》①是日本城市更新的核心法规，标志着由城市建设为主转向土地利用规划为主的城市规划。此外，《土地区划整理法》《都市再生特别措施法》（2002年）也是城市更新的重要法律，对应不同的更新方式和更新政策工具，内容上详细界定了相应更新方式的目标、基本流程、运作主体等。其中，颁布《都市再生特别措施法》是为了缩短城市更新项目的谈判时间（最好是7～8年）以提高效率，先前的更新项目的谈判时间过长，可能需要15～20年。日本城市更新法律展示出从中央到地方各级法规逐级细化的分工思路（图4-34）。具体来说，中央议会颁布核心法规，道府一级议会制定本辖区的细化法规（配套法令），地方一级会出台更为详尽的政策工具和更新实施办法 [188]。

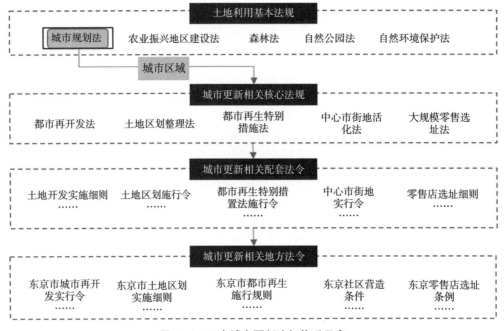

图4-34　日本城市更新法规体系示意

图片来源：作者改绘自参考文献 [188]

2. 日本城市更新机构体系

日本中央政府中的规划主管部门（国土交通省②）主要管理中央更新专项资金的

---

① 也译为"城市再开发法"。

② 国土交通省（Ministry of Land, Infrastructure, Transport and Tourism）是日本的中央省厅之一，在2001年的中央省厅再编中由运输省、建设省、北海道开发厅和国土厅等机合并而成，其业务范围包括国土规划、河川、都市、住宅、道路、港湾、铁路、航空、政府厅舍的建设与运营管理等。

分配和城市规划相关政策与法规的制定修订。2001 年小泉纯一郎政府设立都市再生本部（Urban Renaissance Headquarters），独立于政府主管部门，统筹全国范围内城市更新相关管理和促进工作，推动都市再生紧急整备区域^① 相关立法立案，期望吸引私营机构参与城市更新项目从而刺激国家经济复兴[189]。2004 年，日本成立独立行政法人"都市再生机构"（Urban Renaissance Agency，以下简称"UR 都市机构"），负责统理、协调都市更新事务。UR 都市机构的设立主要是为了解决城市更新过程中不断激化的公私利益矛盾、资金不足、缺少沟通协调等问题[190]。

都道府县政府部门主要负责本行政区内的城市总体规划，划分城市化促进区（Urbanization Promotion Area）和控制地区（Urbanization Control Area），以及审议规划提案。区市町村政府负责与本级政府直接相关的规划事务，制定分区规划（Districts and Zones），其中城市更新委员会负责管理城市更新的各项具体事务，组织成立城市更新促进公司，推进城市更新运营（图 4-35）。

图 4-35 日本城市更新管理体系

图片来源：作者改绘自参考文献 [180, 188]

3. 日本城市更新实施方式

日本政府推进城市更新的初衷首先是完善城市基础设施和公共设施，其次是推动城市的经济发展，实现提升城市竞争力的目标。通常针对建成区的现存问题采取相应的城市更新推进模式，其中"土地区划整理事业"（土地区画整理事業^②）和"市街地再开发事业"（市街地再開発事業）是城市区域更新的两种最典型的模式[191]。

---

① 日文原文为"都市再生紧急整備地域"，也译为"城市更新紧急建设区域"。

② 楷体字为日文原文，后同。

土地区划整理事业主要针对公共设施不足且由于历史原因土地划分零碎、不规整的地区，通过改善道路、公园和河道等公共设施，划定土地，推动住宅项目实施。其发展背景是日本在 20 世纪初经历了城市快速扩张期，土地区划整理的模式成为将农村土地整合为城市用地的主要途径；1919 年颁布的《城市规划法》中规定了土地区划整理的法律程序，随后 1954 年正式出台的《土地区划整理法》为其专门立法[192]。

市街地再开发事业最早出现在 1969 年颁布的《城市再开发法》中，主要通过整合或重新规划城市中老旧木结构建筑集中区域，提升区域建筑耐火等级，改善城市公共设施（街道、公园和广场等），以达到土地利用高效和城市功能升级的目标[191]。《城市再开发法》中还规定了市街地再开发事业必须针对都市计划核定的高度利用地区[193]。

根据项目的公共性和紧急程度，市街地再开发事业[194]被细化为第一种市街地再开发事业和第二种市街地再开发事业（以下简称第一种事业、第二种事业，见表 4-8）。其中，第二种事业针对具有重大公共和应急性质的地区，通常是对城市基础设施（如城市防灾和公共交通）等规划要求非常严格的区域。该类项目由政府部门或公共机构作为更新主体，以征地的方式取得有关地区的土地、建筑物等，并给予被收购方金钱补偿；但如果被收购方愿意，则给予其新的建筑楼层补偿。而第一种事业是基于权利转换的方式，由土地所有者（各个利益相关方）和政府合作推动，其本质是资产等价交换的过程。更新前后，项目主体会对土地所有者的资产进行价值评估，原权利人的权利依据权利转换方法的交换前后等价值原则，换取新建筑的楼层（权利楼层）或同等价值的金钱。该类型再开发中，城市公共设施用地增加，开发建筑项目用地减少，但通过激励机制，建筑项目的容积率上限通常会大大提高，确保原土地所有人获得各自的楼板面积所有权后，仍有额外的楼板面积，被称为"保留楼板"，通常将这部分面积转让给第三方获得资金。通过提前使用创造的新楼层（保留楼层）或将其出售用于支付项目成本。在许多情况下，公共设施的改善，如道路和车站广场都被整合到项目中。

表 4-8　日本城市更新模式

实施机制		第一种市街地再开发事业	第二种市街地再开发事业
		权利转换（権利変换方式）	征地（用地买收方式）
执行主体	个人	○	×
	再开发项目组合	○	×
	再开发公司	○	○
	地方公共团体	○	○
	都市再生机构	○	○

资料来源：作者整理自参考文献 [174]

注："○"代表该类主体可执行更新活动，"×"代表不可执行。

本书后文选取的日本大手町更新案例属于第一种市街地再开发事业。从地方政府提出基本更新理念，在居民中形成更新动力开始，到新楼房建成等流程结束，要经过以下程序：城市规划决策—项目规划决策—权利转换计划决策。依据第一种事业执行流程，主要分为准备与计划阶段，权利转换实施阶段，施工与后期运营（图 4-36）。

1 启动阶段
由原业主组成团体与地方政府研究提出都市更新计划，以确定都市更新方针及基本构想

2 都市计划拟定
政府在共同拟定的方针和构想的基础上，综合考虑地区的整体发展需要，拟定都市计划

3 政府认可都市更新事业计划
实施者依据都市计划拟定事业计划，并须获得政府认可

4 拟定权利变换计划
通过权利变换的方式，将预定完成的建筑物进行依原权利价值比例分配，以确保权利人公平承担和分配权益

5 工程开发
建筑物拆除，开发建设，建筑物按预定协议分配

图 4-36　日本城市更新实施阶段
图片来源：作者改绘自参考文献 [195]

4. 日本自由分区制度

日本的规划采用许可制度与区划制度相结合的方式，同时设立特殊区域的容积率奖励体系。日本对开发行为的界定集中在对土地形态和性质的改变上，建筑物的建造则由《建筑基准法》控制。《城市规划法》中所界定的开发行为主要指"为提供建设建筑物或建设特定工程所需的土地，而改变原来的土地区划和用途（如农用地转化为建设用地）的行为"[196]。日本很多项目不需要开发许可，主要包括：

（1）城市化促进地区内小于 1000m² 的开发，在三大城市圈建成区内小于 500m² 的开发；

（2）城市化控制地区内农林牧副渔设施用住宅开发；

（3）以国、都、道、府为开发主体的开发；

（4）基础设施和公共设施等公益性目的的开发，如铁路、医疗设施的建设等。对于小规模的开发以及建筑物的用途变更等行为，只要符合地域用途等有关规定，提出建筑物确认申请即可。在开发许可程序上，规划法规是开发许可的依据，包括具体的容积率、建筑密度等指标，只要开发活动符合这些法规即可获得许可，城市

规划行政主管部门在审理申请时几乎不享有自主裁量权[197]。

日本规划体系中，地域地区制度（类似于 Zoning）处于规范性层面的核心位置，是城市总体规划的落实手段，规定的用地分类包括用途地域、特别用途地区、特例容积率适用地区、特定用途限制地区、高层住居诱导地区等 21 种地区。各级行政区将城市建成区内的土地依据当地区域发展等因素进行分区，实行"用途地域制"①，规定了 12 种土地利用类型，明确了土地使用性质、用途、建筑密度和限高、容积率等规划要求，且容积率指标不得突破[199-200]，不遵循土地利用规划限制的土地所有人将被课以重税[200]。但用途地域制仅针对某一地块，缺乏对区域整体的规划约束，同时也欠缺与地块周边公共设施（道路、公园等）的有效衔接，开发规制单一、僵硬而缺乏弹性[182]。

值得注意的是，虽然日本与美国都采用分区制规划，但由于两个国家的文化和制度不同，造成分区制存在差异。美国的城市分区相对严格，主要根据地价、经济发展水平和居民收入等因素划分，面积相对较大。美国的分区制出现在工业革命后，新兴中产阶级希望通过有计划的土地利用规定建立和维护自己独享的舒适郊区住宅地，带有保护不动产价值的动机[184]。而日本的城市分区则是以居住环境、社会经济等综合因素为依据，并且面积相对较小，平衡了不同社区之间的人口和社会资源。与美国分区制相比，日本的分区是相对自由的。日本将分区制度与适当的自由裁量权相结合，这意味着如果一个项目符合分区规定，它就不需要通过酌情审查程序。在这种意义上，日本的分区接近于适当的规划：政策制定者预先考虑希望允许哪种类型的开发，而当开发商提出符合要求的建议时即可获得所需的许可证[185]。

20 世纪 60 年代，日本为改善公共空间，先后出台了"特定街区制"（1961 年）及"容积地区制"（1963 年），作为容积率放宽特别区域，容积率上限由特定程序另行制定[200]。1970 年修订的《建筑基准法》②，废除建筑 31m 限高，且规定公共开放空间面积比例不低于建筑本体面积的 20%，如果高于 20% 可依据一定的计算公式获得额外的容积率奖励[203]。进入 21 世纪，日本经济增长放缓，加之面临全球化、少子化和老龄化等社会变局，出现郊区化和内城衰退等城市问题，城市更新需求增长。日本政府一方面鼓励自下而上的城市更新，赋予市民参与权，使其参与地方规划，将土地所有者、社区与市场力量纳入更新机制[195]。具体表现在 2002 年的《城市规划法》增设"城市规划提案制度"，准许土地所有者、非营利机构及私人开发商在经三分之

---

① 用途地域制是对城市规划区域内用地做出基础指标控制的用地分类制度，控制内容包括建筑用途、容积率、建筑面积、建筑高度等方面（《城市规划法》8 条 1 项 1 号）[193]。

② 《建筑基准法》是针对宗地的最基本的法规，城市规划区内各宗地的开发建设行为都须满足该法。

二土地所有者同意后，提出或修订市镇规划，由地方政府组织城市规划审议会进行审议与采纳表决[195]。该制度打破了由政府主导编制城市规划的传统，促使公众参与程度进一步提升。另一方面，从政府角度推进重点区域城市更新。虽然法律条例中规定须取得三分之二受影响业主的同意，才有权实施工程项目，但在实践中，政府部门很少强迫其他土地持有者参与。因此，在项目实施者和所有土地所有者之间需要进行长时间的谈判，导致项目实施阶段的长期拖延[187]。这可能是由于日本的文化和社会规范强调"和"，导致了相对平和但漫长的再开发过程。

同年，日本中央层面成立都市再生本部，由当时的首相担任本部长，并推动出台《都市再生特别措施法》，在日本全国设立 63 处"都市再生紧急整备区域"，覆盖面积超过八千公顷[195]。都市再生紧急整备区域的设立有如下程序：首先，地方行政机关向都市再生本部提出行政命令和整备方针草案申请。都市再生本部制定草案并征求专家意见后，与地方行政机关联合举行听证会。内阁会议最终决策并发布行政命令，都市再生本部据此公布整备方针，完成区域设立。选定的都市再生紧急整备区域不受既有规划的限制，并且可以获得相应政府补助①，聚焦城市重点区域的大规模再开发，从而推动城市更新，提升城市品质，刺激经济复苏，激发城市活力[202]。

在地方层面，以东京为例，《东京都高度利用地区指定基准》规定了东京都市圈容积率补贴标准[204]，容积率奖励措施根据地区和建设内容分门别类。基准将东京都划分为核心地区、重点更新与防灾地区和非核心地区，其中核心地区又分为市中心、副市中心、一般地区、办公区周边区域等；同时为对规划目标分级管理，奖励内容细分为公共空地、公共室内空间、绿化设施、育儿设施、老年福利设施等[205]。具体实施程序方面，东京都地方政府鼓励开发主体根据现有公共空间奖励容积率机制自主进行地区发展目标、发展计划的制定，并依据实际情况给予一定技术或组织上的协助[200]。在规划提案阶段，利益相关者协商一致后可签订协议，并将协议与包含容积率奖励内容的规划书一同提交东京都政府进行审核，获取实施许可。规划提案者或建筑所有者有义务选任管理负责人来管理和维护公共空间，并需要向东京都提交年报。

4.7.4　弹性机制的有效性

1. 规划思路转向追求"长期效益"

20 世纪 80 年代后期的日本政府通过容积率奖励等方式鼓励民营资本参与大规模

---

① 补助费用包括调查规划、设计、既有建筑物拆除、临时安置的费用，以及广场、开放空间、停车场等公共设施兴建费用；以补助项目所需费用的 2/3 为原则，1/3 来自于中央政府，1/3 来自于地方政府[221]。

的城市开发，这一举措在推动城市建设和经济发展的同时也造成了土地投机交易过度，成为诱发日本经济泡沫的重要原因之一[202]。二战后，日本经济迅速发展，人口增长，1960—1980 年间，城市扩张采纳卫星城、郊区化等发展理念。国家主张多中心发展以缓解东京由于单中心发展造成的通勤过度集中和交通拥堵问题，同时鼓励多方参与到新城区的建设中。

20 世纪 80 年代末到 90 年代初，东京的房地产市场过热，房价达到高峰。对可开发土地的膨胀需求以及对东京郊区和市区外的投机性投资，最终导致了"泡沫经济"。价格的快速上涨是原土地所有人以高价交易土地的原因，也是公共部门和私人开发商整合小地块创造资本收益的推动力，最终导致旧建筑被拆除，地块发展零碎化。随着资金供应的加快和信贷评估的不合理，土地价格泡沫于 1991 年破裂，导致了日本长达十几年的经济停滞[187, 206]。随后，东京的城市建设由大规模开发转向注重城市发展实际需求，一次性土地财政转向"优质社会资本的积累"和追求"长期效益"的模式[182]。模式的转变为后续制度改革奠定基础，随后日本建立了相对完善的具有弹性特征的更新制度，避免了规划编制和管控手段的单一性。

2. 构建多元主体参与机制

日本城市更新中重视公众参与，鼓励自下而上的更新项目推进，在实践中逐步形成政府、民间团体、第三方机构全流程多元协作框架。

政府一方面负责城市更新中的制度供给工作，通过出台相关政策赋权于民，鼓励并引导公众参与，利用财政支持、容积率奖励等方式撬动民间资本的投入；另一方面，政府注重多元主体参与平台的搭建，主导区域更新总体目标制定，并在具体项目落实过程中承担监督协助的角色[207]。城市更新项目中的利益相关者及项目的投资者合作形成民间主体力量，通过成立协议会、更新联盟等形式的协商平台，召开交流会，就各方利益诉求进行商定，推进更新项目的协商与决策，从而达成开发共识。此外，第三方机构承担更新项目中的部分沟通、协调和监督工作，独立于政府和民间力量的身份使其具有相对中立的特点，因而有助于促成各主体良性关系和沟通渠道的建立，在提高决策效率的同时保障了公平性。

3. 规划制度安排的弹性

从中央与地方事权角度来看，日本中央政府通过财政手段和统一的技术标准对地方规划保留干预权，城市规划的决定权交由地方政府，权力的下放让城市规划更加因地制宜，贴合市民需求[173]。地方可以结合自身城市发展特征，制定各类细分条例，使规划在编制层面具有弹性。城市更新体系中的特殊区域指标赋予地区规划指标弹性，对各类促进区域和紧急更新区域进行宽松的政策引导，吸引民营资本的参与。

城市更新相关制度在程序法定化的前提下保留自由裁量权。日本对城市更新项目的执行流程有明确规定，保证流程中公众的参与权以及提出反对的权利；并从程序上将规划程序法定化，抑制个人和公共部门主观行为的随意性，一定程度上避免了自由裁量带来的负面影响[208]。城市更新的制度以法律为基础，避免出现更新权责划分不明确、项目执行无依据的困境。

东京土地私有，城市的强度分区以保护私人财产和保证各地块公平性为主要原则，同时以法规控制为主，政府对于开发权的调配受到限制，引导多于管控，强度管控灵活性主要通过特别意图区以及容积率转移与奖励来体现[179]。由于日本原先的城市居住区域密度相对较低（出于防震考量等原因），因此有大量空间可供执行容积率奖励制度。在一些项目中，奖励的容积率也可以抵消发展所需要的费用。

4. 容积率的弹性控制

日本城市更新容积率弹性控制的本质是空间利益的再分配。在法律制度框架的约束下，容积率相关制度在保障公共利益和推进城市整体发展目标的同时激励民间资本和市场主体加入到城市更新项目中[201]。日本的《城市规划法》和《建筑基本法》对容积率作出限制，从法律和制度层面对土地所有者自由处置土地的权利进行一定制约，保障城市有序且稳定地发展。城市是一个复杂系统，静态的容积率管控难以持续维持最优资源分配，需要采取容积率弹性控制的方式，以应对变化的发展目标，从而促进土地集约发展并实现城市更新诉求和公共利益的平衡。在日本的城市规划体系中，容积率的弹性控制得以巧妙实现，这主要归功于其在地区规划基本框架内所引入的一系列精细化制度。具体而言，这些制度涵盖了建筑用途的容积转换机制、容积率控制边界的适应性调整，以及地区内部容积率的动态转移规则。通过这些制度创新，日本成功地在刚性与弹性管控之间找到了平衡点，使规划体系既能维持必要的秩序，又能灵活应对地区发展中的多样化需求。值得一提的是，这些细分化制度并非孤立存在，而是可以根据地区发展的实际情况进行有机组合与叠加。这种制度叠加的策略进一步增强了规划体系的适应性和灵活性，为地区的再开发提供了更为广阔的操作空间。同时，这种制度设计也确保了规划方案的可实施性，使城市规划不再仅仅是理论上的构想，而是能够切实落地、指导实践的有力工具。

以东京为例，容积率弹性控制主要带来了三方面的效益。首先，通过容积率的灵活调整，东京成功创造了更多的空间价值。这种空间价值的增加为城市更新提供了有力的经济支撑，确保了更新项目的财务平衡。实际上，容积率的优化使有限的城市土地资源得以被更高效、更合理地利用，从而释放出更多的发展空间和潜力。其次，东京实施的容积率奖励政策有效地激励了民间资本的积极参与。这一政策通过给予开发者一定的容积率增加作为奖励，鼓励其投入到公共空间的建设中。这种公私合作的模式不仅减轻了政府的财政压力，还促进了民间资本与公共利益的有机结合，为城市的可持续发展注入了新的活力。最后，在应对日本特有的土地零碎、产权人复杂的问题时，容积率的弹性控制发挥了化零为整的关键作用。通过整合细碎的土地资源并统一推进城市更新项目，东京成功地解决了这一长期困扰城市发展的难题。这种做法不仅提高了土地的利用效率，还促进了城市整体功能和形象的提升。

4.7.5　弹性机制的障碍和问题

从以上内容可以看出，日本城市更新相关制度存在两方面的问题：第一，理想的公众主导、自下而上的城市更新难以实现。尽管日本的《城市规划法》在制度层面上保障了居民的规划参与权，但在实际操作中，由于各利益主体的诉求多样且复杂，往往难以达成意见一致。此外，地区规划一旦制定，其实施和管控主要由各级政府负责，市民的参与权在实施阶段受到限制[182]。这种制定阶段与实施阶段利益主体的变化，使公众主导的城市更新在实际操作中面临诸多困难。第二，现有制度的整体系统性不强，导致规划方法繁杂[195]。虽然日本针对城市更新设置了较完善的制度体系，但这些制度之间缺乏有效的整合和协调。例如，《都市再生特别措施法》作为城市更新的核心法律，与其他相关法律如《土地区划整理法》《大规模零售店铺选址法》《中心市街地污化法》等存在交叉和重叠的情况。这种制度上的冗余和冲突不仅降低了工作效率，还增加了工作流程的复杂性。因此，日本在城市更新制度的整合和提效方面仍有待加强。

4.8　日本东京大手町案例

4.8.1　项目背景

1. 区位条件

大手町地区属于日本东京千代田区，临近江户城，区位优势明显，是日本重要的经济中心，占地约 40hm²，容积率达 7.0 左右[209]。与邻近的丸之内、有乐町，三个区域因紧邻东京站而合称为"大丸有"（Otemachi–Marunouchi–Yurakucho District，OMY District，图 4-37）。历史上的大丸有地区是名门居住的地区，如今是汇集金融、通信和传媒三大日本主导产业，聚集众多海内外知名企业的重要商务区。2018 年的统计结果显示该地区承载了 4 千多家公司和将近 28 万就业人员[209]。

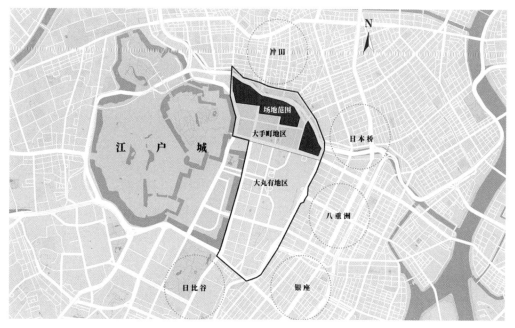

图 4-37　东京大手町区位图

图片来源：作者自绘

2. 问题困境

由于日本经济泡沫破裂造成经济衰退，大手町区域的活力急剧下降，区域内有七成以上的大楼屋龄超过 40 年，不仅外观陈旧，建筑的防灾抗震等功能也与现今的标准不符，亟待新一轮的城市更新。大手町周边地区的发展提供了更多兼顾便利与功能的办公地点选择，导致大手町区域内的企业和租户迁出。国际上，亚洲主要城市上海、新加坡等国际化大都市迅速成长，与这些城市相比，东京作为"国际城市"的综合评价下降，这也对大手町产生了巨大影响。此外，大手町区域内建筑使用紧张，且聚集了国际金融、信息通信、传媒等领域的大型企业总部、需要 24 小时运转的大型企业多，就地更新和拆迁工作难度大[201-202]。

3. 更新机遇

20 世纪 80 年代，东京都政府制定《东京大都市圈长期规划（1982 年）》，城市发展目标是疏解市中心职能并促进城市次中心区发展，以形成多中心城市形态。20 世纪 90 年代后，泡沫经济破裂导致东京城市竞争力下降。为了缓解危机，东京都发布了一系列激励政策实施城市更新，改善建成环境，以此提高城市吸引力促进城市经济发展[190]。

其中,《地区中心建设指导方针（1997年）》,《危机突破战略计划（1999年）》,以及《东京新都市改造愿景（2001年）》为大丸有地区的发展指明新方向,引导该地区由单一办公区域的传统CBD转型为顺应经济全球化大趋势的国际商务中心[191]。《东京城市发展新愿景（2001）》提出东京城市再开发目标是重塑原有城市和街区的吸引力和活力,进一步增强区域商务功能,引入多元化设施,创造集聚集、交流、休闲于一体的多样化形象。

2002年,日本颁布了《都市再生特别措施法》,将大丸有地区设置为城市更新紧急建设区域（都市再生紧急整备地域）,放宽开发建设的限制条件,鼓励民营资本的积极参与。这些自上而下的支持政策为推进大丸有地区的城市更新创造了有利的条件（图4-38）。

(a) 1997年   (b) 2022年

图4-38 大手町卫星图变迁

图片来源: 作者自绘

4.8.2 项目实施

1. 实施过程与环节

本节的大手町更新案例属于第一种市街地再开发事业。从地方政府提出基本的更新理念,在居民中形成更新的动力开始,到新楼房建成等流程结束,要经过以下程序:城市规划决策—项目规划决策—权利转换计划决策。本小节将依据第一类事业执行流程展开叙述,分成初步启动期,更新计划拟定与模拟阶段,建设期（图4-39）。

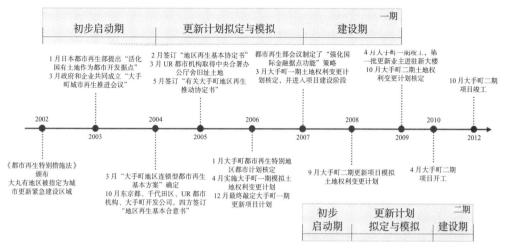

图 4-39　大手町更新时间线

图片来源：作者自绘

1）初步启动期

2002 年《都市再生特别措施法》将大丸有地区指定为城市更新紧急建设区域。2003 年 1 月，日本都市再生本部提出了"活化国有土地作为都市开发据点"的政策，明确指定大手町中央合署办公厅办公地点搬迁到埼玉县，腾出了面积为 1.3hm² 的土地，为大手町地区城市更新带来契机[208]。同年 3 月，东京都政府、千代田区政府和当地企业等方面共同成立"大手町城市再生推进会议"（大手町地区再生推進會議）（多方力量的协调对话机制），着手研讨大手町区域再开发方式和策略[208]。

大手町地区作为日本繁荣的商务区，众多企业需要保持正常运营，常规拆除重建的更新模式不适用于该区域。为此，大手町城市再生推进会议通过制定大手町地区再生规划（大手町地区再生主要計畫）及大手町地区再生景观设计准则（大手町地區再生景觀設計準則），提出"连锁型都市更新计划"，以实现利用"种子基地"撬动连锁接力的更新模式。同时，通过公开招募投资者的方式，成立了大手町地区再生公司（大手町地區再生公司），负责推动相关企划及研讨工作。在连锁型城市更新项目中，启动环节由政府推进，一方面提供法规支持，另一方面提供启动项目的种子基地。种子基地有两个作用，一个是为土地所有者提供一个搬迁和重建的地方（空地），另一个是使搬迁和重建的土地所有者能够继续使用他们以前的土地（从而实现直接搬迁）[210]。

2）更新计划拟定与模拟期

2005 年，种子基地由 UR 都市机构获得，将土地 2/3 股权以信托方式转让给民营资本，并设立"大手町开发公司"。该公司由公开招募的大手町地区土地所有权人参与，与 UR 都市机构共同持有，并负责担任实施者，形成国有力量和民营企业共同承担风险、共同实施连锁型城市更新项目的基本格局。2005 年 5 月，土地权利人、UR 都市机构、大手町地区再生公司和大手町开发公司共同签订《有关大手町地区再生推动协定书》。

在实际的更新过程中，原大手町中央合署办公厅（即种子基地）周边共有 17 栋大楼有意愿参与更新。第一批参与更新的业主包括日经 Building（日本经济新闻）、JA Building（日本农业合作组合），以及经联团会馆（日本经济团体联合会），由上述土地所有权人委托大手町开发公司为实施者。此外，三菱地所等公司参与取得保留楼板面积。

2006 年 1 月，大手町都市再生特别地区都市计划核定，并在 4 月实施模拟土地权利变更计划。同年年底，大手町一期更新项目计划最终敲定。次年 3 月土地权利变更计划核定。确定了权利变更计划项目就将进入施工阶段。通常，日本城市更新项目的前期计划核定阶段时间长而施工阶段时间较短，因为一旦后续相关利益者有新的利益诉求就可能会导致方案作废，从头再来。

3）建设运营期

施工期间，因第一批更新业主已交换取得地权，但仍借用原建筑继续营运，故须支付租金给种子基地所有权人。2009 年 4 月，种子基地（中央合署办公厅舍旧址）上的新建筑完工，第一批申请更新业主共同进驻新大楼。搬迁后的土地成为了第一次更新完成后所产生的"新种子基地"，隶属于原种子基地所有权人。更新后的建筑物包括底层部分的大手町会议中心和高层部分的 3 栋楼，容积率达到 16.31。

2007 年，都市再生本部会议制定了"强化国际金融据点功能"策略，在 2009 年启动第二批更新工程，命名为大手町金融城（Otemachi Financial City），以期更新后的建筑扮演国际金融角色[214]。同样以换地的手法与拥有"新种子基地"的所有权人进行第二次换地，先建后拆。第二批更新土地由公库①、投资银行、三菱综合研究所等所有权人与东京地铁公司共同参与，由 UR 都市机构、三菱地所共同实施；其中都市计划、更新事业计划、权利变换计划拟定及法定程序等均由 UR 都市机构与三菱地所分工执行。第二批更新中业主可继续使用原有大楼维持其业务营运，同时支付租金给原种子基地所有权人。第二期城市更新项目于 2010 年 4 月，即第一期更新项目权利人进驻、既有建地腾空后，开始展开重建工作；经过 3 年 6 个月，在 2013 年 9 月顺利将房地腾空，移交给参与第三期更新项目的权利人（图 4-40、图 4-41）。

---

①　即日本金融公司（Japan Finance Corporation，JFC），是一家由日本政府全资拥有的综合性政府附属金融机构。

图 4-40　大手町的连锁城市更新换地示意图

图片来源: 参考文献 [214]

图 4-41　大手町的连锁城市更新项目阶段示意图

图片来源: 作者改绘自参考文献 [215]

大手町人行道，即大手町川端绿道，于 2014 年 4 月投入使用，沿日本桥河修建，宽 12m，长 780m，是东京市中心的一处豪华绿地。在项目开始之前，大手町川端绿道在城市规划中被规划为道路，但在项目开始时被改为行人专用道路，构成市中心水和绿色网络的一部分。大手町地区第二期更新项目的产权主体通过规划建设国际会议中心、贡献滨河步道空间等方式，将几个地块的容积率最终调整为 12 ～ 15.9[219]。

至 2016 年 4 月，大手町地区第三次城市再开发项目结束，最初划定的占地约 13.1hm² 的项目区向周边地区扩散。最新的常盘桥地区再开发项目预计 2027 年竣工；类似地，该地区的污水泵站和其他设施将采用上述连锁更新的方式，污水泵站可以在不停止运作的情况下进行搬迁，而整个地区老化的建筑也可以进行升级改造；预计 2027 年建成的 Torch Tower 将是日本第一高楼（约 390m，图 4-42、图 4-43）。

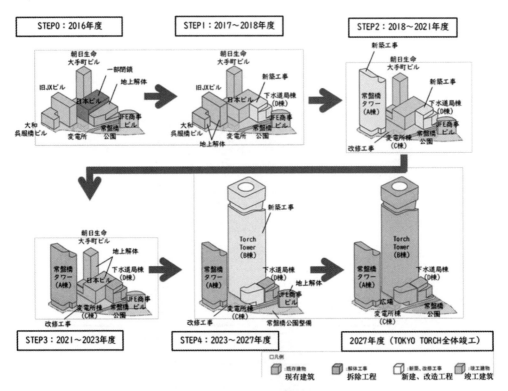

图 4-42　常盘桥地区更新项目步骤

图片来源：参考文献 [209]

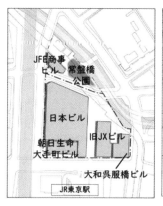 

△ 重建前的布局图　　　　　△ 再开发后的布局图

图 4-43　常盘桥地区再开发项目前后对比

图片来源：参考文献 [209]

2. 主要参与者与职责

21 世纪初，日本为应对经济增长缓慢带来的大城市郊区化和中心城区衰退问题，采取两项措施：鼓励多元主体参与城市更新，并将城市更新作为刺激经济复苏的手段。在此背景下，日本通过公私合作模式，促进城市发展，政府发挥监督作用并提供补贴或财政激励[221]。

大丸有地区发展咨询委员会负责编写制定实现愿景的方法和准则，并多次修订《区域更新导则》以适应环境变化。2003 年成立的大手町城市再生推进会议负责整合不同业主意见，与政府沟通，最终达成共识，将大手町地区打造成为东京地标性场所空间。早期的大手町都市再生方案中，业主们倾向于将大手町打造成为东京的华尔街[217]，以获得更大的商业利益，而政府部门则更多地考虑如何创造更多的公共空间提升基础设施水平。通过再开发推进会议的平台，各方在深入讨论之后决定调整方向，并制定共同协议，最终达成共识——将大手町地区打造成为结合历史记忆、融合新旧景观、重塑地区整体风貌的东京地标性场所空间。大手町都市再生的实际方案也由单纯地创造更多的商业空间转为为行人提供充满绿意的宽敞公共空间，营造富有文化氛围的体验场所。2004 年成立的"UR 都市机构"主导都市更新项目，负责构建推动框架、支援工作，与协议会沟通整合业主意见，实施土地重新规划和建筑更新，改善公共设施，持续推动都市再生。通过取得土地所有权，以种子基地为起点，持续推动都市再生进程（图 4-44）。

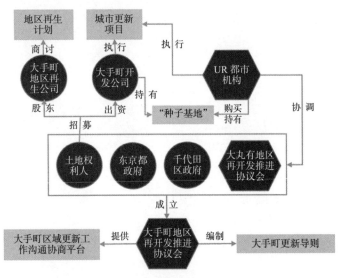

图 4-44 大手町项目主要利益相关者互动关系

图片来源：作者自绘

3. 采用的灵活工具

1）规划方法的转变

2001 年《东京城市发展新愿景》的制定标志着东京城市开发方式的转变[191]，"多功能紧凑型城市"取代了先前的"多中心城市"发展方案。这一时期，东京都政府的发展政策由原先注重东京整体的竞争力转向优先考虑存在潜力的地区。同时，规划方式由传统的基于规划的开发权利体系转向基于项目的灵活管制方式。原先的规划方式基于开发商提供公共开放空间的大小，根据政府预设的公式自动计算额外容积率奖励；次中心区和中心区容积率上限一致，均为 10。东京都将市中心商业用地容积率由 10 提高至 13[195]，并在 2003 年新的东京规划方针中扩大了容积率奖励范围，除了公共空间外，也适用于文化设施、商业设施等。这一系列的举措使得容积率管制更灵活，在特定的区域内，容积率奖励可以由私人开发商与东京都政府磋商达成。

2）区域区划调整

2002 年颁布的《城市再生特别措施法》中将东京都大片区域（2500hm²）划定为城市更新紧急建设区域，即需要紧急、重点推进城市更新建设并享有特殊政策支持的区域。作为城市更新项目中的特例，其享有的优惠政策包括[202]：（1）放宽土地利用限制，支持促进制定高自由度的更新计划，并大大缩短项目审批环节时间；（2）对民营资本主导的再开发项目（民间都市再生事业计画）给予由日本国土交通大臣批准的特殊金融支持和税收优惠[212]；（3）对进一步指定的"特定城市更新紧急建设区域"，作为特例中的特例，享有更大力度的支持政策，限制进一步被放宽，包括用途规制、容积率上下限等。大丸有地区属于特定城市更新紧急建设区域，可获得容积率、审批手续、税收和城市配套基础设施等方面的强有力支持，没有这种自上而下的政策推动，类似大丸有地区这样高度成熟的城市区域，很难实现再开发[191]。

3）容积率奖励体系

东京都实施的容积率奖励体系，根据地区和建设内容分类设定补贴标准，从而促进城市更新。通过细分奖励内容，以差异化方式达成规划目标。为了将规划目标分级管理，奖励内容细分为公共空地、公共室内空间、绿化设施、育儿设施、老年福利设施等[220]，差异化的容积率奖励措施，相比"一刀切"的做法更容易达成规划目标。实践表明，通过实施容积率奖励机制，日本的室外公共开放空间数量和质量得到有效提升[213]。地方政府鼓励开发主体自主制定发展计划，并在规划提案阶段需协商签订协议，提交规划书获取许可，同时负责公共空间的管理和维护。

4.8.3　项目效果

目前，大手町地区的连锁型更新已经发展到第四轮（图4-45）。在整合了多元土地利益主体的城市街区实施城市重建项目时，采用连锁型更新方式和设立"容积率特别适用地区"，不仅可以有效地重建建筑物，也使土地得到了更有效的利用，扩大了广场等公共空间，并在地上和地下的行人网络和基础设施建设方面取得进展。在大手町地区，道路和其他城市基础设施一般都很发达，不能通过发展道路和其他公共设施以期提高土地价值。因而，在大手町土地调整的过程中，设立城市更新紧急建设区域，放宽容积率限制，可以改善区域的公共设施，如修建新的人行道。在后续实际使用中，该街道形成了一个绿色和友好的临水空间，不仅为周边的办公人员提供了一个休憩场所，也为社区交流活动提供了场地，举办多种多样的活动，激发空间的活力。

后期常盘桥地区的开发也重视城市绿地公共空间的营造，包括扩大常盘桥公园的面积和建设空中花园（图4-46）。建筑更新引入最新技术，采取节能对策，以减轻环境负荷，增加绿化面积。为满足该区域国际商务中心的定位以及周边企业的需求，开发新建国际会议设施，包括会议室、多功能展览厅和接待大厅，同时作为公共空间，开发商可以获得容积率奖励回报。更新提升了该区域的配套设施，包括配置金融教育、交流中心，为培育金融人才、举办多元活动提供场地；同时还设置了国际医疗中心，充实生活基本设施，提供医疗服务，发展高品质初期医疗[208]。

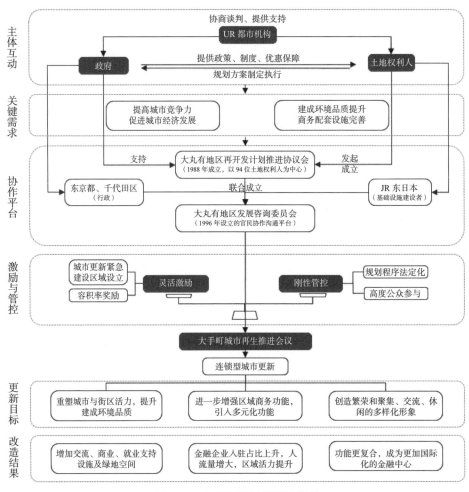

图 4-45 大手町更新项目模式图

图片来源：作者自绘

图 4-46 大手町川端绿道

图片来源：参考文献 [218-219]

4.8.4　项目机制

1. 多层次法律法规引导机制

首先，日本政府在城市建设与更新中，建立了完善的城市规划体制和法定框架，确保土地使用、建筑安全等方面的合规性，从而保障城市基础设施、建筑安全和环境质量。这一框架为城市的可持续发展奠定了坚实基础。其次，得益于其健全的法律和行政制度，以及国民对合作和社会和谐的普遍追求，日本在各利益相关方之间，即使经过长时间的谈判，也能达成共识，推动开发项目的启动。对土地权的重视和尊重在日本社会中占有核心地位，得到社会文化和法律制度的双重保障。这一特点在权利转换或土地重新调整的重建模式中尤为明显，原业主可参与开发项目，并在重建后获得相应土地权益，有效避免了绅士化问题。在大丸有案例中，日本政府采用谈判和劝说策略，争取各方支持，既体现了其治理传统，也凸显了共识的重要性。再者，为推动原土地所有者或企业经营者的积极参与，日本政府在重建项目中提供过渡性经营的实际支持。这减少了利益相关者的抵触情绪，避免了因搬迁和错位而产生的经济和社会问题。最后，重建过程中的透明度也极高。利益相关者组成的协会／理事会促进了信息的公开和交流，政府提供了详细的补偿和财政补贴守则，使各方在整个过程中了解自身权益。协会／理事会还积极组织公众听证会，与利益相关者深入沟通，争取他们的接受和参与。这种高度透明的做法增强了各方之间的信任和信心，为项目的顺利实施创造了有利条件。

2. 设立城市更新紧急建设区域

城市更新紧急建设区域是指需要紧急、重点推进城市更新建设的区域，是通过《城市更新特别措施法》确定的、有特殊政策支持的城市更新重点区域。大丸有地区属于特定城市更新紧急建设区域，能获得容积率、审批手续、税收和城市配套基础设施等方面的强有力支持,对推进该区域城市再开发发挥了重大作用。在政策激励下，民营资本的积极性和智慧得以充分发挥，取得了一些单纯从政府部门角度无法设想的、具有创造性的再开发成绩[191]。

3. 政府与民营资本合作推动城市建设

政府与民营资本合作的机制在利益相关方面众多、权利关系复杂的大型项目的推动中不可或缺，特别是在大手町这类高度发展的城市中心区域，撬动民营资本参与尤其重要。大手町项目成功推进的关键点之一在于协调不同主体的观点，整合优势,发挥其共同力量。为了提振大丸有地区的竞争力,由 94 名土地权利人组成的"大丸有地区再开发计划推进协议会"于 1988 年成立。1996 年，该协议会与东日本铁路公司、东京都政府、千代田区政府共同设立"大丸有地区城市建设恳谈会"（多方对话协商机制），通过恳谈会于1998年制定了针对大丸有地区再开发的初步导则，并进而于2000年推出《大丸有地区城市建设导则》（后多次修订），为这一重要地区的再开发项目确立统一指导文件。大手町连锁型城市更新项目以建立"大手町城市再生推进会议"机制（始于2003年）作为项目开端。依托推进会议整合大手町地区更新中不同业主的意见，并搭建起与政府沟通的互动平台。

4. 使用容积率奖励方式激励城市更新

为了激励城市更新，日本城市规划管理体系中的土地区划整理事业、市街地再开发事业、地区规划、特定街区和城市更新紧急建设区域等制度均包含明确的容积率奖励措施。容积率奖励是政府推动城市更新建设所采用的最重要的激励手段之一。容积率奖励程度根据特定城市更新实施范围内的具体规划设计确定。具体而言，城市更新特定范围内的建筑布局（建筑高度、密度和退界等）、城市道路和广场、与建筑相关的开放式绿地和步道等公共性要素，以及与城市基础设施建立衔接等方面的规划设计会被客观地量化评估，根据对城市公共环境和基础设施方面的贡献程度确定容积率奖励的量。奖励评估环节会考虑可行性，确保容积率奖励能够兑现为城市公共利益。城市再开发区域和项目的容积率奖励通过城市规划审议会的形式公开进行，并以"城市规划决定告示"的形式给予最终认可和授权。

日本容积制度伴随着《建筑基准法》与《城市规划法》的不断修改逐步系统化、完善化。两部法律针对不同发展时期、不同土地问题而适时制定相关容积移转制度。《建筑基准法》的"综合设计制度"对在建设地块设置公共开放空间的项目设定了容积率奖励，规定建筑区内有效公共空间面积比例不低于20%，如果高于20%，可依据一定的计算公式获得额外的容积率奖励，且根据规划容积率不同，提供相同空地面积所增加的容积率也不同。在东京，根据东京都政府制定的城市设计导则等相关法规，公共空间、开放性的绿地、步行平台、下沉广场，以及退界形成人行道等城市规划倡导的做法，均能根据政府制定的容积率奖励认定标准和计算公式推算出可获得的容积率奖励。这种容积率奖励已经实现制度化，在刺激民营资本积极参与城市建设、大幅减少政府在城市环境方面的投入发挥重要作用。开发商在研究项目可行性时能够一定程度上预测到可能获得的容积率奖励，从而做出更有可行性的开发项目计划。

5. 持续丰富城市更新内涵

再开发过程中，《大手町、丸之内和有乐町区域开发导则》随着社会和时间的变化不断演变。在实际操作中涉及的内容在大手町、丸之内和有乐町区域再开发协议会中进行了讨论，迄今已进行了五次修订。再开发想要打造的"未来愿景"（Future Version）不是一成不变的，是一个不断发展的概念。随着时代变迁，发展需求的变化，更新目标也随之调整，体现了长期项目的灵活性。

日本城市更新的法律体系不断完善，城市更新要求由单一的城市功能改造向城市综合功能提升、历史文化保存、生态低碳化转变。为了应对越来越严重的社会老龄化、少子化的局面，以及人口向大城市集聚的趋势，2014 年后日本政府修正《都市再生特别措施法》，先后提出了《立地适正化计划》和《立地适正化操作指南》，允许地方政府根据区域人口状况、经济发展要求，合理配置公共服务设施，优化城市建设强度，赋予地方政府更高的自治权利。2019 年《都市开发诸制度运用方针》①修订，目的是使地方政府制定的城市更新计划更符合当地社会经济发展需求。

4.8.5　项目复制

1. 项目特殊性、意义与可复制条件

本节对日本城市更新相关制度和政策的梳理与总结，可以为我国城市更新发展提供参考和借鉴。首先，日本的城市更新项目大多有民间资本参与，而目前我国城市更新以政府为主体，不仅财政负担较重，同时也不利于城市更新多元主体的培育与发展。我国可借鉴其发展经验，鼓励更多的民间资本进入城市更新领域。日本政府在城市更新中扮演的角色是更新项目的倡导者和组织者，引导和鼓励民间力量投资完善基础设施及营造公共空间，给予投资者与经营者在用地、税收、容积率等方面的政策优惠。比如，实施容积率补偿机制，对于提供公共空间、休憩设施、街道绿化的投资经营商，给予相应的容积率回报或容积置换等优惠条件。

其次，由于日本实行土地私有制，更新项目中涉及的土地所有者通常众多，日本非常重视和尊重土地权利，因此在城市更新过程中公众的参与也被开发商和政府当局所重视。政府提供法定和制度框架，创造让土地权益相关者进行合作和谈判的渠道，并将公众参与纳入规划和实施过程的审议流程中。政府保留了框架制定、审批和监督的基本职能，规定和约束公众参与的流程机制，引导实质性的公众参与，同时监督更新和开发的实施过程，从而推动实现公共利益与社会价值[223]。政府从制度上保证公众参与权益，有助于促进建立和谐社会关系，保证政府的公信力，进而促进良好治理格局的建立[220]。

---

①　日文原文为"都市開發諸制度運用之基本方針"。

2. 借鉴策略与未来思路

大手町地区作为东京重要的经济中心之一，聚集多家大型国际企业，拥有得天独厚的地理优势，该区域也因此被划定为"城市更新紧急建设区域"，获得特殊更新政策支持。本案例的经验可以在城市中心繁华高密度区域中运用。这些区域通常面临搬迁困难和整片更新成本高、难度大等问题。此外，其渐进式更新思路对城市中心区商业街的改造更新有借鉴意义。

近年来，伴随着城市商业空间结构的不断调整，我国传统商业街在市场竞争日益加剧和居民消费结构不断升级的双重压力下，面临街区活力下降、功能与业态结构重组的挑战[223]。上海虹口区四川北路商业街的兴衰历程是众多传统商业街在消费升级、业态转型、品牌竞争的商业转型的时代缩影。具有悠久商业和人文历史的四川北路曾与南京路、淮海路齐名，在 20 世纪 90 年代繁荣达到顶峰。1994 年，四川北路区属商业网点年营业额 30 亿元，营业面积达到 5.12 万 m²，占全市商业的19%[221]。然而，四川北路商业街受制于虹口区历史遗留因素和区域宏观因素的约束，在 90 年代末逐步走向衰落。尽管政府部门在 2001 年之后陆续出台相关改造规划文件，但由于四川北路商业街自身定位模糊，加之周边商圈的崛起，客源在改造过程中逐渐萎缩和流失。

大手町连锁型城市更新策略可以为类似四川北路商业街更新改造的项目提供以下借鉴（表 4-9）：

（1）最小化更新单元逐步活化整体商业区。2000 年前后，四川北路的更新改造并没有实质性成果，反而因为改造周期长和定位不清晰等原因造成商业活力下降，大型百货商场和老牌店铺陆续闭店。2020 年，四川北路仅存的一家百货商店巴黎春天宣布结束十七年的运营[222]。大手町地区采用连锁型更新方式，破解了高密度城市经济中心区在保障众多企业正常运营的同时实现城市更新的难题，从小片区更新开始逐步置换待更新区域，最终实现整个片区的活力提升。类似地，新一轮的四川北路商业街更新也可以从制定渐进式小片区连锁更新方案开始，逐步延伸至整个片区，以避免整体改造带来的商户和客源流失问题。

（2）提升空间环境，重塑商圈形象。大手町更新案例中，政府通过容积率奖励的方式鼓励更新参与者投入建造公共空间和商务设施，增强区域多元功能，营造舒适的聚集、交流和休闲氛围，最终实现原有街区吸引力和活力的提升。四川北路商业街区可以通过提升公共空间品质，激发片区在商业休闲、生产生活方面的活力，挖掘内在潜力，重拾商业动力与竞争力。

（3）搭建多元主体协商平台，发挥共同力量，制定高标准政策引导推动高质量更新。高度发展的城市中心区域更新离不开市场主体的参与,大手町项目成功推进的关键要点之一在于搭建多元主体协商平台,协调不同主体的观点,整合优势,发挥其共同力量。再开发过程中,与时俱进的《大手町、丸之内和有乐町区域开发导则》随着发展需求变化不断修订,更新目标保持了时效性和灵活性。类似地,四川北路商业街更新可以统筹构筑多方合作平台,发挥政府、市场和业主的力量,以高标准的规划政策和实施导则为高质量更新提供保障。这一点在上海最新的规划中已有体现。《上海市商业空间布局专项规划(2022—2035 年)》对四川北路商业街区的更新计划包括更新商业业态、发挥纽带作用、转型为综合商圈,从而实现将其打造为历史传统悠久、人文底蕴深厚、商业环境优越的市级商业中心的目标。除了上层规划方针,四川北路更新具体实施规划的制定需要保留一定的灵活性,以应对社会和发展需求的变迁。

表 4-9　大手町与四川北路更新对比

	大手町(东京)	四川北路(上海)
区位	隶属于日本东京千代田区,毗邻江户城	隶属于中国上海虹口区,位于主城区内
功能	日本重要的经济中心,聚集众多海内外知名企业的重要商务区	上海市级商业街,上海建设全球城市核心功能的重要承载区 [224]
更新前的困境	建筑外观陈旧,防灾抗震、配套功能落后,区域活力下降;受到国内外新经济中心和商务区崛起的冲击,企业和租户外迁;众多大型企业需要保持不间断运营,且搬迁困难	受城市商业结构调整、其他商业街区发展的影响,竞争力和影响力逐步减弱;历次更新改造中(2000 年前后),业态落后、定位不清、客流量萎缩、忽视建成环境和配套设施等原因,导致更新效果甚微 [221]
更新目标	由单一办公区域的传统 CBD 转型成为顺应经济全球化大趋势的国际商务中心重塑原有城市和街区的吸引力和活力,进一步增强区域商务功能,引入多元化设施,创造集聚集、交流、休闲于一体的多样化形象	由单一商业街向都市综合商圈转型,成为历史传统悠久、人文底蕴深厚、商业环境优越的市级商业中心(2022 年)
更新行动	采用连锁型更新方式;政府通过容积率奖励的方式鼓励更新参与者对绿化和休憩空间及商务配套设施的投入与建造	虹口区政府制定《创新引领四川北路提升发展三年行动计划(2023—2025)》,推动商旅文体融合发展,从业态提升、城市更新和文化赋能三个方面对四川北路区域进行综合提升

资料来源:作者自绘

参考文献

[1]　吴新颖,龙献忠.英国传统文化对现代化进程的影响 [J].江淮论坛,2004(5):141-144.

[2]　王莉.英国政治文化对其政治体系的影响 [J].边疆经济与文化,2005(11):93-94.

[3] 吴园林.英国不成文宪法的反思与重构——评波格丹诺著《新英国宪法》[J].河北大学学报（哲学社会科学版），2018，43（5）：153-160.

[4] 麦基文.宪政古今[M].翟小波，译.贵阳：贵州人民出版社，2004.

[5] 徐国栋.西方立法思想与立法史略（上）——以自由裁量与严格规则的消长为线索[J].比较法研究，1992（1）：1-39.

[6] 张飞.论宪法惯例的确立与遵守[D].重庆：西南政法大学，2017.

[7] 罗超，王国恩，孙靓雯.从土地利用规划到空间规划：英国规划体系的演进[J].国际城市规划，2017，32（4）：90-97.

[8] 李经纬，田莉.价值取向与制度变迁下英国规划法律体系的演进、特征和启示[J].国际城市规划，2022，37（2）：97-103.

[9] 于立.控制型规划和指导型规划及未来规划体系的发展趋势——以荷兰与英国为例[J].国际城市规划，2011，26（5）：56-65.

[10] BOOTH P.Zoning or Discretionary Action：Certainty and Responsiveness in Implementing Planning Policy[J].Journal of Planning Education and Research，1995，14（2）：103-112.

[11] 于立.英国发展规划体系及其特点[J].国外城市规划，1995（1）：27-33.

[12] Department for Levelling Up，Housing and Conmunities.Planning Inspectorate[EB/OL].（2022-12-20）[2023-05-13].https：//www.gov.uk/government/organisations/planning-inspectorate.

[13] 于立.规划督察：英国制度的借鉴[J].国际城市规划，2007（2）：72-77.

[14] 张险峰.英国城乡规划督察制度的新发展[J].国外城市规划，2006（3）：25-27.

[15] 冯晓星，赵民.英国的城市规划复议制度[J].国外城市规划，2001（5）：34-37+0.

[16] THORNLEY A.Urban planning under Thatcherism：the challenge of the market[M].Taylor & Francis，1991.

[17] 张兴.英国规划管理体系特征及启示——基于规划许可制度视角[J].中国国土资源经济，2021，34（2）：56-63.

[18] 唐子来.英国的城市规划体系[J].城市规划，1999（8）：37-41+63.

[19] HEAP D.An Outline of Planning Law[M].London：Sweet & Maxwell，1996.

[20] 唐子来.英国城市规划核心法的历史演进过程[J].国外城市规划，2000（1）：10-12+43.

[21] 郝娟.英国土地规划法规体系中的民主监督制度[J].国外城市规划，1996.

[22] 汪越，谭纵波.英国近现代规划体系发展历程回顾及启示——基于土地开发权视角

[J]. 国际城市规划，2019，34（2）：94-100+135.

[23] 杨建军，童心，陈巍 . 协调规划与市场的课题：英国简化规划区实践深析 [J]. 国际城市规划，2016，31（4）：97-104.

[24] 张俊 . 英国的规划得益制度及其借鉴 [J]. 城市规划，2005（3）：49-54.

[25] BARKER K.Barker review of land use planning：final report recommendations[R]. HM Treasury，London，2006.

[26] Tendring District Council.Planning applications[EB/OL].（2022-11-09）[2022-12-26]. https：//www.tendringdc.gov.uk/content/what-is-a-section-106-legal-agreement.

[27] 姚瑞，于立，陈春 . 简化规划程序，启动"邻里规划"——英格兰空间规划体系改革的经验与教训 [J]. 国际城市规划，2020，35（5）：106-113.

[28] 杨东峰 . 重构可持续的空间规划体系——2010 年以来英国规划创新与争议 [J]. 城市规划，2016，40（8）：91-99.

[29] Department for Communities and Local Government.A plain English guide to the Localism Act[EB/OL]. 2011.[2022-11-20].http：//www.nationalarchives.gov.uk/doc/ open-government-licence/.

[30] 孙施文 . 英国城市规划近年来的发展动态 [J]. 国外城市规划，2005（6）：11-15.

[31] Royal Town Planning Institute.Planning Through Zoning[EB/OL].（2020-09-10）[2023-02-01].https：//www.rtpi.org.uk/research/2020/september/planning-through-zoning/.

[32] Ministry of Housing Communities & Local Government.White Paper：Planning for the Future[EB/OL].（2023-01-05）[2023-02-03]. https：//www.gov.uk/government/ consultations/planning-for-the-future.

[33] 邓丽君，栾立欣，刘延松 . 英国规划体系特征分析与经验启示 [J]. 国土资源情报，2020，234（6）：35-38.

[34] 田莉 . 论开发控制体系中的规划自由裁量权 [J]. 城市规划，2007（12）：78-83.

[35] Michael Johnson，刘渊 . 美国人眼中的英国人 [J]. 新东方英语，2005（6）：114-117.

[36] 孙书妍 . 英国城市规划中的公众参与 [D]. 北京：中国政法大学，2009.

[37] 田颖，耿慧志 . 英国空间规划体系各层级衔接问题探讨——以大伦敦地区规划实践为例 [J]. 国际城市规划，2019，34（2）：86-93.

[38] 于立，杨睿 . 英国规划控制管理制度与规划咨询业的作用分析 [J]. 规划师，2011，27（6）：20-24.

[39] 徐瑾，顾朝林 . 英格兰城市规划体系改革新动态 [J]. 国际城市规划，2015，30（3）：78-83.

[40] Ministry of Housing，Communities and Local Government.National planning policy framework[Z].London：Department for Communities and Local Government，2021.

[41] Growth and Infrastructure Act 2013[EB/OL].（2013-04-25）[2022-11-09].https：//www.legislation.gov.uk/ukpga/2013/27/contents/enacted.

[42] Department for Communities and Local Government.Streamlining information requirements for planning applications：impact assessment[EB/OL].（2013-06）[2022-10-26].https：//assets.publishing.service.gov.uk/government/uploads/system/uploads/attachment_data/file/207449/Streamlining_information_requirements_for_planning_applications_-_impact_assessment.pdf.

[43] 顾翠红，魏清泉.英国城市开发规划管理的行政自由裁量模式研究 [J].世界地理研究，2006（4）：68-73+53.

[44] 王郁.英国开发规制的现状问题与发展趋势 [J].地域研究与开发，2009，28（5）：16-20.

[45] World Bank.Railway Reform：Toolkit for Improving Rail Sector Performance[R].Washington，DC.2017.https：//openknowledge.worldbank.org/handle/10986/30734.

[46] Urban Land Institute.Case Studies：King's Cross[R].2014.

[47] BISHOP P，WILLIAMS L.Planning，Politics and City-making：A Case Study of King's Cross[M].Routledge，2016：68.

[48] GOSSOP C.London's Railway Land – Strategic Visions for the King's Cross Opportunity Area[R/OL].43rd ISOCARP Congress 2007.https：//www.isocarp.net/Data/case_studies/940.pdf.

[49] 邓艳，常嘉欣，赵蕊.基于可持续更新视角下的"轨道微中心"再开发——以伦敦国王十字车站地区为例 [J].城乡规划，2021（3）：101-110.

[50] PERKINS S.The Role of Government in European Railway Investment and Funding[R/OL].European Conference of Ministers of Transport，2005.（2005-09-20）[2022-10-27].https：//citeseerx.ist.psu.edu/document?repid=rep1&type=pdf&doi=5472903b5c2c97cf9d4ee4d4de30f7ce34226a33.

[51] BERTOLINI L，SPIT T.Cities on Rails：The Redevelopment of Railway Station Areas[M].Routledge.2005.

[52] Section 106 agreement[Z].（2006）[2022-10-27]. https：//kxdf.files.wordpress.com/2014/01/the-section-106-agreement-for-kings-cross-central.pdf.

[53] RODOPOULOU T C.Heritage-led regeneration in the UK.Preserving historic values

or masking commodification? A reflection on the case of King's Cross，London[C]// International Planning History Society Proceedings，2016.

[54] 韩宜洲 . 城市更新中历史街区公共空间再生策略探究——以英国国王十字街区为例 [J]. 城市建筑，2022，19（9）：18-24.

[55] King's Cross Central Limited Partnership.Kings Cross overview[EB/OL].（2021） [2022-10-27].https：//www.kingscross.co.uk/media/KX-Overview-2022.pdf.

[56] 铃木博明，村上迅，康宇雄 . 土地价值支持以公共交通为导向的开发：在发展中国家应用土地价值捕获 [M]. 孙明正，周凌，鹿璐译 . 北京：中国建筑工业出版社，2016.

[57] London Borough of Camden.Unitary Development Plan[R/OL].（2000）[2022-10-27]. https：//www3.camden.gov.uk/planning/plan/udp/Text.pdf.

[58] 卢培骏 . 基于开发利益的视角分析大型交通枢纽再开发 [C]// 活力城乡 美好人居— 2019 中国城市规划年会论文集 . 重庆，2019.

[59] 世界银行 . 英国伦敦国王十字站重建改造项目对中国铁路部门的借鉴 [EB/OL]. [2022-10-27].https：//www.transformcn.com/Topics_En/2016-12/29/002481eb98b219 cebae929.pdf.

[60] King's Cross. King's Cross is Carbon Neutral[EB/OL].[2022-10-27].https：//www. kingscross.co.uk/kings-cross-is-carbon-neutral.

[61] Kinleigh Folkard，Hayward.Kings Cross house prices and property data[EB/OL].https： //www.kfh.co.uk/west-central-london/kings-cross/sold-data/.

[62] FOXTONS.How is the King's Cross property market performing?[EB/OL].https：//www. foxtons.co.uk/living-in/kings-cross.

[63] HOLGERSEN S，HAARSTAD H.Class，Community and Communicative Planning： Urban Redevelopment at King's Cross，London[J].Antipode，2009，41（2）：348-370.

[64] EDWARDS，M.King's Cross：renaissance for whom? In Urban design and the British urban renaissance（pp.209-225）[Z].2009.

[65] Financial Times.Regeneration gap：would King's Cross be possible today?[EB/OL]. https：//www.ft.com/content/4ce9e0b4-f43f-4e60-ad46-d51481e09301.

[66] WU C，DING N.Patterns of Urban Renaissance：London King's Cross Central Development[J].Urban Planning International，2017，32（4）：118-126.

[67] 邹兵 . 增量规划、存量规划与政策规划 [J]. 城市规划，2013（2）：35-37.

[68] 林坚，宋丽青，马晨越 . 旧城区轨道交通站点周边土地利用调控及动因——以北京

市中心城储备用地的规划调整为例 [J]. 城市规划，2011，35（8）：14-19.

[69] 魏伟，谢波. 文化基因背景下的西方规划师价值观——兼论"城市人"理论 [J]. 规划师，2014，30（9）：21-25.

[70] 范润生. 美国的城市开发控制体系以及对于中国的借鉴之处 [D]. 上海：同济大学，2001.

[71] 孙晖，梁江. 美国的城市规划法规体系 [J]. 国外城市规划，2000，（1）：19-25.

[72] 陈超，汪静如. 美国城市规划管理的特点及启示 [J]. 中国党政干部论坛，2016，（4）：30-33.

[73] 杨俊宴，谭瑛. 他山之石 可以攻玉——论美国城市规划体系给我们的启示 [C]// 城市文化国际研讨会暨第二届城市规划国际论坛论文集，2007：282-293.

[74] 赵力. 论城市总体规划的兴起及启示——以美国法为中心的考察 [J]. 北京城市学院学报，2022，（2）：17-22.

[75] 徐旭. 美国区划的制度设计 [D]. 北京：清华大学，2009.

[76] 胡若函. 探索美国地方规划制度设计的价值体系——以美国 4 个城市为例 [C]// 中国城市规划学会，成都市人民政府. 面向高质量发展的空间治理——2020 中国城市规划年会论文集（11 城乡治理与政策研究）. 自然资源部城乡规划管理中心，2021：10.

[77] 张钰. 城市规划委员会决策机制研究 [D]. 广州：华南理工大学，2020.

[78] 何明俊. 城市规划中的公共利益：美国司法案例解释中的逻辑与含义 [J]. 国际城市规划，2017，32（1）：47-54.

[79] 刘琳. 美国城市更新发展历程及启示 [J]. 宏观经济管理，2022，（9）：83-90.

[80] 潘起胜. 中美"多规合一"比较研究 [J]. 公共管理与政策评论，2018，7（6）：52-67.

[81] 孙施文. 美国的城市规划体系 [J]. 城市规划，1999（7）.

[82] 陈婉玲，杨柳. 美国土地管理中的分区制：源流、争论与价值 [J]. 中南大学学报（社会科学版），2021，27（5）：79-91.

[83] 邢铭. 从区划法看城市规划控制方法的改进 [J]. 规划师，2002，（10）：53-57.

[84] 李强，赵琳. 美国土地细分管制对我国地块控规实施的启示 [C]// 中国城市规划学会，杭州市人民政府. 共享与品质——2018 中国城市规划年会论文集（12 城乡治理与政策研究）. 北京工业大学，2018：12.

[85] 卢超. 法院如何审查土地开发者负担政策——基于美国法的判例梳理 [J]. 行政法学研究，2015，（4）：114-124.

[86] 周明祥，田莉. 英美开发控制体系比较及对中国的启示 [J]. 上海城市规划，2008（6）：18-22.

[87]　戴铜，金广君 . 美国容积率激励技术的发展分析及启示 [J]. 哈尔滨工业大学学报（社会科学版），2010，12（4）：76-82.

[88]　于涛，朱雨萱，付光辉 . 市地整理的经济激励：以容积管理推动城市更新 [J]. 中国外资，2022，（22）：28-30.

[89]　聂帅钧 . 我国容积率转移的法律属性与制度完善 [J]. 中国不动产法研究，2023，（1）：204-222.

[90]　AMATO L，et al. Incentive Zoning in Seattle：Enhancing Livability and Housing Affordability[R]. Seattle：Seattle Planning Comm ission，2007.

[91]　赵力 . 美国的规划垂直冲突及其解决机制 [J]. 行政法学研究，2017（4）：136-144.

[92]　戴铜 . 美国容积率调控技术的体系化演变及应用研究 [D]. 哈尔滨：哈尔滨工业大学，2010.

[93]　章征涛，宋彦 . 美国区划演变经验及对我国控制性详细规划的启示 [J]. 城市发展研究，2014，21（9）：39-46.

[94]　王贵松 . 调整规划冲突的行政法理 [J]. 清华法学，2012，6（05）：41-49.

[95]　FISCHEL W A. Zoning and land use regulation[J]. Encyclopedia of Law and Economics，2000.

[96]　BOBROWSKI M. Affordable Housing v. Open Space：A Proposal for Reconciliation[J]. Boston College Environmental Affairs Law Review，2003，30（3）：487-487.

[97]　简圣贤 . 都市新景观 纽约高线公园 [J]. 风景园林，2011（4）：97-102.

[98]　STERNFELD J.Walking the High Line[M].Steidl Verlag，2020.

[99]　徐搏谦 . 博弈与制衡：高线公园的多方参与 [C]// 中国城市规划学会，成都市人民政府 . 面向高质量发展的空间治理——2020 中国城市规划年会论文集（02 城市更新），宾夕法尼亚大学，2021：9.

[100]　金珊，李云，伍惠婷 . 纽约高线公园作品解读——略论城市公共空间的复兴与转型 [J]. 建筑师，2018，（4）：69-75.

[101]　新浪 . 曼哈顿高线公园，建在废弃高架铁路上的公园，纽约的八大美景之一 [Z/OL].（2020-05-13）[2022-07-27].https：//k.sina.cn/article_6569830190_18797a72e00100rvwf.html.

[102]　DUNLAP D W.Which Track for the High Line[N].The New York Times，2000，31.

[103]　GILL J F.The Charming Gadfly Who Saved the High Line[N].The New York Times，2007，513.

[104]　Friends of the High Line.The High Line[M].Phaidon，2020.

[105] GRAY C.Streetscapes：The West Side Improvement；on the lower west side，fate of old rail line is undecided[N].The New York Times，1988，0103.

[106] 甘欣悦.公共空间复兴背后的故事——记纽约高线公园转型始末 [J].上海城市规划，2015（1）：43-48.

[107] 朴永春，赵雁.对"人情"主导下的城市公共空间设计的思考解读"高线公园"的设计 [J].艺术教育，2016（2）：220.

[108] 周贤荣.公众主导下的城市公共空间复兴——以纽约高线公园的蜕变为例 [J].城市住宅，2019（1）：163-164.

[109] Study for the Potential Expansion of The Special West Chelsea District[R].New York City Department of City Planning，2013.

[110] 李凌月，李雯，王兰.都市企业主义视角下工业遗产绿色更新路径及其影响——废弃铁路蜕变高线公园 [J].风景园林，2021，28（1）：87-92.

[111] HALLE D，TISO E.New York's New Edge：Contemporary Art，the High Line，and Urban Megaprojects on the Far West Side[M].Chicago：University of Chicago Press，2014.

[112] ROTHENBERG J，LANG S.Repurposing the High Line：aesthetic experience and contradiction in West Chelsea[J].City，culture and society，2017，9：1-12.

[113] High Line.The history of the high line[DB/OL].[2022-07-27].https：//www.thehighline.org/history/.

[114] Friends of the High Line.A day in the life[EB/OL].[2022-07-27].https：//urbandesignprize.gsd.harvard.edu/high-line/.

[115] Urbanareas.net.Chelsea，Manhattan（History）[EB/OL].[2022-07-27].https：//urbanareas.net/info/resources/neighborhoods-manhattan/chelsea-manhattanhistory/.

[116] New York City Landmarks Preservation Commission. West Chelsea District Designation Report[R].2013.

[117] 王琰，张华.城市废弃工业高架铁路桥的更新改造——以纽约高线公园为例 [J].西安建筑科技大学学报（自然科学版），2015，47（6）：894-898.

[118] MILLINGTON N.From urban scar to "park in the sky"：terrain vague，urban design，and the remaking of New York City's High Line Park[J].Environment and Planning A，2015，47（11）：2324-2338.

[119] 丁碧莹.城市更新项目解析——纽约高线公园成功改造及影响 [J].智能城市，2019，5（15）：34-35.

[120]　雷巍，何捷 ."高线效应"与"毕尔巴鄂效应"——城市明星项目激活效应的差异化解读 [J]. 景观设计，2019，（4）：14-21.

[121]　吴军，孟谦 . 土地发展权视角下纽约公共空间规划管控研究 [J]. 南方建筑，2022（6）：72-78.

[122]　Nycplanning.Special West Chelsea District Rezoning and High Line Open Space Eis[R].2004.

[123]　Modified West Chelsea Special District Zoing Text Amendment[EB/OL].[2022-08-23]. https：//www1.nyc.gov/assets/planning/download/pdf/plans/west-chelsea/west_chelsea_final.pdf.

[124]　KATE A，SABINA U.The High Line Effect[D].CTBUH Research Paper，2015.

[125]　Appleseed. The Economic and Fiscal Impact of the Development of Hudson Yards[DB/OL]. [2022-08-23]. https：//www.economicpolicyresearch.org/images/docs/research/political_economy/Cost_of_Hudson_Yards_WP_11.5.18.pdf.

[126]　HAMMOND R.The High Line[M]//FOUNDATION M P.The Next Generation of Parks. Minneapolis Parks Foundation.2019.

[127]　LAURA B.The High Line's Next Balancing Act[EB/OL].（2017-02-07）[2022-07-27]. https：//www.bloomberg.com/news/articles/2017-02-07/the-high-line-and-equity-in-adaptive-reuse.

[128]　ALVAREZ A B，SCHOLAR M N，WRIGHT M W.New York City's High Line：participatory planning or gentrification?[J].The Penn State McNair Journal，2012，19：1-14.

[129]　李昊，卢宇飞，王皓筠，等 . 既有设施活化再利用对城市更新的启示——基于纽约高线公园的实证分析 [J]. 中国名城，2020（2）：62-67.

[130]　杨贵庆 . 试析当今美国城市规划的公众参与 [J]. 国外城市规划，2002（2）：2-5+33.

[131]　EVA.11th Street Bridge Park[EB/OL].（2023-02-25）[2023-02-28].https：//www.ideabooom.com/7790.

[132]　LITTKE H，LOCKE R，HAAS T.Taking the High Line：elevated parks，transforming neighbourhoods，and the ever-changing relationship between the urban and nature[J].Journal of Urbanism：International Research on Placemaking and Urban Sustainability，2016，9（4）：353-371.

[133]　唐燕，杨东 . 城市更新制度建设：广州、深圳、上海三地比较 [J]. 城乡规划，2017（3）：22-32.

[134] 中国社会科学院《列国志》委员会, 刘军. 列国志: 加拿大 [M]. 社会科学文献出版社, 2005.

[135] ROCHER G.Culture.[EB/OL].（2015-05-26）[2022-08-10].https：//www. thecanadianencyclopedia.ca/en/article/culture.

[136] 戴维才. 浅析加拿大民族矛盾的历史发展 [D]. 石家庄: 河北师范大学, 2007.

[137] JEDWAB J. Multiculturalism.[EB/OL].（2020-03-20）[2022-08-10].https：//www. thecanadianencyclopedia.ca/en/article/multiculturalism.

[138] Queen's University.Canada.[EB/OL].[2022-09-13].https：//www.queensu.ca/mcp/ immigrant-minorities/resultsbycountry-im/canada-im.

[139] 刘晨. 加拿大核心价值观教育研究 [D]. 沈阳: 东北师范大学, 2018.

[140] 中国法官培训网. 加拿大法律制度概况 [EB/OL].[2022-12-19].http：//peixun.court. gov.cn/index.php?m=content&c=index&a=show&catid=23&id=4.

[141] SIMMINS J.Urban and Regional Planning.[EB/OL].（2017-02-10）[2022-06-16]. https：//www.thecanadianencyclopedia.ca/en/article/urban-and-regional-planning.

[142] BIGGAR J, SIEMIATYCKI M.Tracing discretion in planning and land-use outcomes： perspectives from Toronto, Canada[J].Journal of Planning Education and Research, 2023, 43（3）: 508-524.

[143] 王海燕. 土地发展权转移机制设计的原理与技术方法 [M]. 北京: 中国经济出版社, 2022.

[144] 赵民, 韦湘民. 加拿大的城市规划体系 [J]. 城市规划, 1999（11）: 26-28.

[145] 袁文清. 加拿大安大略省规划体系研究 [D]. 广州: 华南理工大学, 2019

[146] PANTALONE P.Density Bonusing and Development in Toronto[J].Major Paper, Master of Environmental Studies, Faculty of Environmental Studies, York University.2014.

[147] 印晓晴. 加拿大地方政府的行政架构与规划体系——以安大略省为例 [J]. 上海城市规划, 2018（1）: 109-114.

[148] City of Toronto.Former Section 37 Density Bonusing – A Tool utilized for Building Healthier Neighbourhoods[EB/OL].[2023-12-14].https：//www.toronto.ca/city-government/planning-development/official-plan-guidelines/section-37-benefits/.

[149] World Bank Group.Toronto：Density Bonuses in Exchange for Community Benefits – Case Study[R].

[150] City of Toronto.Implementation Guidelines for Section 37 of the Planning Act[R].2007.

[151]　RAZIN E.Checks and Balances in Centralized and Decentralized Planning Systems：Ontario，British Columbia and Israel[J].Planning Theory & Practice，2020，21（2）：254-271.

[152]　SCHIPPLING R M.Public Housing Redevelopment：Residents' Experiences with Relocation from Phase 1 of Toronto's Regent Park Revitalization[D].Waterloo，Canada：University of Waterloo，2007.

[153]　ROBINSON T.Public project，private developer：Understanding the impact of local policy frameworks on the public-private housing redevelopment of Regent Park in Toronto，Ontario[D].Kingston：Queen's University，2017.

[154]　GREAVES A.Urban regeneration in Toronto：Rebuilding the Social in Regent Park[D].Kingston：Queen's University 2011.

[155]　City of Toronto.Regent Park Revitalization -City Actions（Ward 28 -Toronto Centre-Rosedale）[R].City of Toronto，2003.

[156]　City of Toronto.325 Gerrard Street East – Official Plan Amendment & Zoning Amendment，Residential Demolition Control Applications（Phases 3-5）– Final Report.[R].City of Toronto，2014.

[157]　City of Toronto.325 Gerrard Street East（Regent Park Phases 4 and 5）- Zoning By-law Amendment and Rental Housing Demolition Applications – Decision Report.[R].City of Toronto.2023.

[158]　Toronto Community Housing.Regent Park Social Development Plan[R].2007.

[159]　City of Toronto.Final Report -Application to Amend the Official Plan and Zoning By-law -Regent Park Revitalization -Toronto Community Housing Corporation（Toronto Centre-Rosedale，Ward 28）[R].City of Toronto，2005.

[160]　City of Toronto.591 Dundas Street East – Regent Park – Rezoning Application-Final Report[R].City of Toronto，2009.

[161]　Toronto Community Housing.Refreshed Regent Park Social Development Plan.[R].2018.

[162]　AUGUST M.“It's all about power and you have none”：The marginalization of tenant resistance to mixed-income social housing redevelopment in Toronto，Canada[J].Cities，2016（57）：25-32.

[163]　City of Toronto.Regent Park Revitalization Strategy for the Provision of Community Facilities[R].City of Toronto，2005.

[164] BUCERIUS S M，THOMPSON S K，BERARDI L."They're colonizing my neighborhood"：（Perceptions of）social mix in Canada[J].City & Community，2017，16（4）：486-505.

[165] 孔健.日本人的危机感 [J].IT 时代周刊，2010（Z1）：98.

[166] 纪廷许.泡沫经济时期的日本民众心态变化 [J].日本学刊，2007，06（13）：33-45+157-158.

[167] NDLAN G.Why Is Japanese Zoning More Liberal Than US Zoning?[EB/OL].[2022-12-16].https：//marketurbanism.com/2019/03/19/why-is-japanese-zoning-more-liberal-than-us-zoning/.

[168] 薄力之.城市建设强度分区管控的国际经验及启示 [J].国际城市规划，2019，34（1）：89-98.

[169] 老枪.拐点——近代中日博弈的关键时刻 [M].北京：中国友谊出版公司，2006：200-208.

[170] 田莉，姚之浩，梁印龙.城市更新与空间治理 [M].北京：清华大学出版社，2021：70.

[171] 东京都.东京都的行政结构.[EB/OL].[2022-12-19].https：//www.metro.tokyo.lg.jp/CHINESE/ABOUT/STRUCTURE/index.htm.

[172] 林镐根.日本和美国的土地利用规制——从比较城市规划的观点上论述 [J].国外城市规划，1994（2）：2-18.

[173] 谭纵波.从中央集权走向地方分权——日本城市规划事权的演变与启示 [J].国际城市规划，2008（2）：26-31.

[174] 刘雯.城市房屋拆迁补偿法律问题研究 [D].沈阳：东北财经大学，2007.

[175] 谭纵波，高浩歌.日本国土规划法规体系研究 [J].规划师，2021，37（4）：71-80.

[176] 土地基本法は関する懇談会.土地基本法の考え方について [EB/OL].[2022-07-27].https：//www.jstage.jst.go.jp/article/jares1985/4/4/4_4_83/_pdf/-char/en.

[177] 王静.日本、韩国土地规划制度比较与借鉴 [J].中国土地科学，2001（3）：45-48.

[178] 胡安俊，肖龙.日本国土综合开发规划的历程、特征与启示 [J].城市与环境研究，2017（4）：47-60.

[179] 朱红，李涛.日本国土空间用途管制经验及对我国的启示 [J].中国国土资源经济，2020，33（12）：51-58.

[180] 谭纵波.日本的城市规划法规体系 [J].国际城市规划，2000（1）：13-18.

[181] 唐子来，李京生.日本的城市规划体系 [J].城市规划，1999（10）：50-54+64.

[182] 赵城琦，王书评.日本地区规划制度的弹性特征研究 [J].城市与区域规划研究，

2019，11（2）：16.

[183] 东京都都市整備局．地区計画とは [EB/OL].[2022-07-27].https：//www.toshiseibi.
metro.tokyo.lg.jp/kenchiku/chiku/chiku_1.htm.

[184] 邵挺．美国土地使用管制是不是走得太远了 ?[J]. 中国发展观察，2015（11）：60-62.

[185] 陈亚斌．高密度城市容积率奖励机制对公共空间形成作用的研究：纽约和东京的
比较 [J]. 景观设计，2019（4）：22-29.

[186] NOLAN G.Why Is Japanese Zoning More Liberal Than US Zoning?[EB/OL].[2019-
03-19].https：//marketurbanism.com/2019/03/19/why-is-japanese-zoning-more-liberal-
than-us-zoning/.

[187] CHAN，JOSEPH C W.Urban Renewal Policiesin Asian Cities for the Urban Renewal
Strategy Review[EB/R].2009.https：//www.ursreview.gov.hk/eng/doc/Policy%20
Study%20Report%20in%20Asian%20Cities%20050509.pdf.

[188] 刘迪，唐婧娴，赵宪峰，等．发达国家城市更新体系的比较研究及对我国的启示——
以法德日英美五国为例 [J]. 国际城市规划，2021，36（3）：50-58.

[189] 唐燕，杨东，祝贺．城市更新制度建设：广州、深圳、上海的比较 [M].北京：清
华大学出版社，2019：23-27.

[190] 施媛．"连锁型"都市再生策略研究——以日本东京大手町开发案为例 [J]. 国际城
市规划，2018，33（4）：132-138.

[191] 同济大学建筑与城市空间研究所，株式会社日本设计．东京城市更新经验——城
市再开发重大案例研究 [M].上海：同济大学出版社，2019：64-75.

[192] 高舒琦．日本土地区划整理对我国城市更新的启示 [C]// 中国城市规划学会，沈阳
市人民政府．规划 60 年：成就与挑战——2016 中国城市规划年会论文集（03 城
市规划历史与理论）.规划 60 年：成就与挑战——2016 中国城市规划年会论文集（03
城市规划历史与理论），2016：247-255.

[193] 国土交通省都市局．土地区画整理事業 .[EB/OL].[2022-07-27].https：//www.mlit.
go.jp/crd/city/sigaiti/shuhou/kukakuseiri/kukakuseiri01.htm.

[194] 国土交通省都市局．市街地再開発事業 .[EB/OL].[2022-07-27]. https：//www.mlit.
go.jp/crd/city/sigaiti/shuhou/saikaihatsu/saikaihatsu.htm.

[195] 周显坤．城市更新区规划制度之研究 [D]. 北京：清华大学 .2017

[196] 周芳珍．城市土地使用控制的比较研究 [D]. 上海：同济大学，2000.

[197] 李名扬，孙翔．城市土地利用控制开发许可制度比较研究——以英国、日本、中
国为例 [J]. 中国建设信息，2005（09S）：3.

[198] 高浩歌，谭纵波 . 日本国土空间规划体系纵览 [J]. 城市与区域规划研究，2019，11（2）：22.

[199] Ministry of Land，Infrastructure and Transport（Japan）.Introduction of Urban Land Use Planning System in Japan[EB/OL].（2003-01）[2022-07-27].https：//www.mlit. go.jp/common/001050453.pdf.

[200] 陈亚斌 . 高密度城市容积率奖励机制对公共空间形成作用的研究：纽约和东京的比较 [J]. 景观设计，2019（4）：8.

[201] 卓健，周广坤 . 东京城市更新容积率弹性控制技术方法研究与启示 [J]. 国际城市规划，2023，38（5）：123-125.

[202] 同济大学建筑与城市空间研究所，株式会社日本设计 . 东京城市更新经验：城市再开发重大案例研究 [M]. 上海：同济大学出版社，2019：64-75.

[203] 建築基準法：昭和二十五年法律第二百一号 [S/OL].[2022-07-27].https：//elaws.e-gov. go.jp/document?lawid=325AC0000000201.

[204] 東京都都市整備局 . 東京都高度利用地区指定方針及び指定基準 [EB/OL].[2022-07-27].https：//www.toshiseibi.metro.tokyo.lg.jp/seisaku/new_ctiy/katsuyo_hoshin/ koudo_riyuu_1904.html.

[205] 唐凌超 . 轨道交通枢纽周边地区容积率奖励政策研究——以东京云雀丘地区为例 [C]// 中国城市规划协会，东莞市人民政府 . 持续发展 理性规划——2017 中国城市规划年会论文集（14 规划实施与管理）.2017.

[206] 铃木博明，村上迅，康宇佳 . 土地价值支持以公共交通为导向的开发—— 在发展中国家应用土地价值捕获 [M]. 孙明正，周凌，鹿璐，译 . 北京：中国建筑工业出版社，2016：97-127.

[207] 温丽，魏立华 . 日本都市再生的多元主体参与研究 [J]. 城市建筑，2020，17（15）：16-19.

[208] 田莉 . 论开发控制体系中的规划自由裁量权 [J]. 城市规划，2007，31（12）：78-83.

[209] 大手町 - 丸之内 - 有乐町地区协议会 . 地区介绍 [EB/OL].（2017-01）[2022-07-27]. https：//www.tokyo-omy-council.jp/en/area/.

[210] 大手町 - 丸之内 - 有乐町地区协议会 .Area Management Report of Otemachi, Marunouchi，and Yurakucho[EB/OL].（2019-03）[2022-07-27].https：//www.tokyo-omy-council.jp/pdf/amr2019.pdf.

[211] SAITO A，THORNLEY A.Shifts in Tokyo's World City Status and the Urban Planning Response[J]. Urban Studies，2003，40（4）：665-685.

[212]　张朝辉 . 日本都市再生的发展沿革、主体制度与实践模式研究 [J]. 国际城市规划，
　　　　2022，37（4）：51-62.

[213]　吕斌 . 日本实施城市更新的制度构建与施策体系 .[EB/OL].[2022-09-01]. http：//
　　　　m.planning.org.cn/zx_news/11265.htm.

[214]　都市更新研究發展基金會 . 大手町連鎖型再開發的第一炮 – 大手町一丁目地區第
　　　　一種再開發事業 [EB/OL].[2022-07-27]. https：//www.ur.org.tw/classroom/view/146.

[215]　都市更新研究發展基金會 . 東京大手町一丁目第二號連鎖型再開發事業 [EB/OL].
　　　　[2022-07-27].https：//www.ur.org.tw/classroom/view/80 .

[216]　三菱地所 .「常盤橋街区再開発プロジェクト」計画概要について [EB/OL].（2015-
　　　　08-31）[2022-09-06].https：//www.mec.co.jp/news/archives/mec150831_tb_390.pdf.

[217]　大手町 - 丸之内 - 有乐町地区协议会 .Public-Private-Partnership and area management
　　　　[2022-07-27].https：//www.tokyo-omy-council.jp/en/ppp/.

[218]　大手町 - 丸之内 - 有乐町地区协议会 . 地区历史时间轴 [EB/OL].[2022-07-27].https：//
　　　　www.tokyo-omy-council.jp/sc/about/history/.

[219]　UR 都市機構 . 大手町川端緑道でマーケットイベントを開催 [EB/OL].（2017-01）
　　　　[2022-07-27].https：//www.tokyo-omy-council.jp/en/about/history/.

[220]　千代田遺産 . 大手町川端緑道 [EB/OL].（2014-04）[2022-07-27].http：//chiyoda.
　　　　main.jp/seisiga/kobetsu/otemkbrd.html.

[221]　欧阳鹏 . 城市商业街改造定位与绩效评价研究——以 1990 年代以来四川北路商业
　　　　街改造为例 [J]. 城市规划，2010，34（1）：40-47.

[222]　魅力上海 . 凤凰新闻 . 四川北路，快醒醒！ [EB/OL].（2019-05-13）[2022-11-08].
　　　　https：//ishare.ifeng.com/c/s/7mdswXsG6qW.

[223]　新浪财经 . 上海又一家巴黎春天宣布闭店！自此四川北路商圈再无百货！ [EB/
　　　　OL].（2020-04-29）[2022-11-08].https：//baijiahao.baidu.com/s?id=16652888300207
　　　　51210&wfr=spider&for=pc.

[224]　李潇 . 精细化治理视角下超大城市社区规划探索——以上海四川北路街道社区规
　　　　划为例 [C]// 中国城市规划学会，成都市人民政府 . 面向高质量发展的空间治理——
　　　　2021 中国城市规划年会论文集（19 住房与社区规划）.

[225]　上海市商务委员会，上海市规划和自然资源局 . 上海市商务委员会 上海市规划和
　　　　自然资源局关于印发《上海市商业空间布局专项规划（2022—2035 年）》的通知
　　　　[EB/OL].（2022-12）[2023-05-23].https：//www.shanghai.gov.cn/gwk/search/content/
　　　　29c11c419fbc40dc9f10213a37dea7d4.

第 5 章
高品质更新下，弹性激励的规律探析和适用展望

5.1 制度环境与文化基因

制度环境是一系列与政治、经济和文化有关的法律、法规和习俗，泛指在长期交往中自发形成并被人们无意识接受的体制规范，是一系列用来建立生产、交换与分配基础的基本的政治、社会和法律基础规则[1]。文化基因在广义上囊括语言文字、宗教信仰、生活习惯等因素，是一种社会现象，同时又是一种历史现象，是社会历史的积淀物。确切地说，文化基因是凝结在物质之中又游离于物质之外的，能够被传承的国家或民族的历史、地理、风土人情、传统习俗、生活方式、文学艺术、行为规范、思维方式、价值观念等，是可以在人类之间进行交流的、被普遍认可的一种能够传承的意识形态。在狭义上，文化基因主要指先天遗传和后天习得的，主动或被动，自觉与不自觉而置入人体内的最小信息单元和最小信息链路，主要表现为信念、习惯、价值观等[2]。

在城市更新过程中，制度环境与文化基因相互交织、相互作用。文化、价值观的形成时间较长，对人们的思想产生持续稳定的影响，形成后难以改变。制度规范则可以在较短期内约束、改变人们的行为。当制度设计与地方文化基因相匹配时，社会效率会比较高，产生的效果也更长久。因此城市更新不仅要有意识地理解、保护和传承文化基因，而且在制定、修改和完善相关制度规范时要因地制宜，挖掘本地文化特征，重视居民长期生活方式和价值观念，才能塑造出适应本地居民、有利于本地长期发展的制度环境，助力城市更新的可持续发展。

5.1.1 城市更新的制度环境

1. 城市更新的弹性制度

更新的技术工具是支撑制度环境的基础。美国的区划被习惯性地称为欧几里得

式分区（Euclidean Zoning），基于互斥原则，制定清晰的、具有排他性的用地功能分区，对可开发用途做出明确规定；日本的自由分区制度，出于公共空间与公共安全维护、相邻地块形态协调等考虑，采用许可制度与区划制度相结合的方式，同时设立特殊区域的容积率奖励体系；英国地方规划采用特殊政策区域的划定，着重对建设机会较多或者城市发展的战略性区域划定明确边界、提供特殊政策或者制定详细方案；加拿大则是基于城市美学、城市设计、地区形象塑造和城市肌理等因素作详细更新规划。

　　而随着时代的发展，城市更新所面对的具体问题复杂多变，各国在既有的制度环境下又孕育出一些新的灵活制度工具。首先，基于平等发展权的开发权转移制度（TDR），最早应用在曼哈顿区和纽约等城市的区划中，对因历史保护而发展受限的业主，允许其向市场转让无法使用的分区容积率。例如美国高线公园更新案例中，为了弥补区划管控实质上造成的相关地块的土地开发权被剥夺或受损，在保证土地开发权的前提下，地方的区划条文允许以容积率转移方式来保障规划区域内土地产权主体的开发权益。其次，从互斥的用地分区转向更为包容的、允许混合使用和兼容的用地管制，甚至放弃用途管控，转化为基于形态或者绩效的管控原则。这种制度环境很难在美国区划法的大环境下落地生根，但在欧洲国家获得了比较普遍的应用。例如在英国国王十字地区更新案例中，规划许可制在此规模较大且实施时间较长的项目中给予开发商较大的开发自由，从而可以及时有效地根据市场情况对项目范围内不同地块的更新进行开发调整统筹。

2. 城市更新的决策流程

　　城市更新的决策流程是制度环境运作的关键架构，可按照审议方式和审批流程来分类：

　　（1）按审议方式，可划分为自由裁量和精细化规则。自由裁量式以英国为代表。英国的地方规划类似于结构规划，仅提出发展原则、划定特殊政策区域。而规划许可过程是进行详细管控的关键环节，规划许可条件在很大程度上可以商议和谈判。高度自由裁量的规划许可审议为城市开发提供了更多的弹性空间，同时许可流程较长，涉及政府、专业机构、市场、社区等多方参与辩证。这一审议模式对地方规划部门的技术管理水平，许可程序的正当性、合理性，以及救济与监督机制提出了更高的要求。而精细化规则以美国和加拿大等为代表，对土地使用类型和边界、开发强度、建筑形态等做出详尽的规定，其规划许可部门着重于行政执行而非技术裁量。相比于加拿大，美国的市场参与主体在项目中决策的权重更高，其公众参与度虽然也更高，但更新方案的提出和变更需经过法律裁决。

　　（2）按申请程序，可分为事先约定和依申请协商。事先约定意指在特定区域对可开发使用的土地用途、强度、形态制订明晰、稳定的规则，提供可预期的申请结果。比如在广州、深圳和加拿大的一些城市，政府会根据事先约定的条件与开发商进行协同合作，促使大多数的开发在符合规划预先约定条件的情况下自动获得许可，不需要特殊审批。而依申请协商，则是在事先约定的条件之外，给予特定情况下依申请协商的机会；英国的规划许可制可以视为是依申请协商的典型模式，大多规划许可都要经过量身裁衣，因而这类高度许可弹性的另一面是具有更高的不确定性。

5.1.2　更新制度的文化基因

城市更新是调动公共、私有部门和社区基层的干预主义集体行动，以协商、制度设计和具体的政策与行动为手段，目的是解决衰败地区的广泛性问题，包括经济衰退、物质空间凋敝、社会失调、教育与培训缺乏以及住房短缺等。自二战以来，英、美、加、日等发达国家的城市更新实践已有 70 余年，更新制度的探索时间长，实践积累丰富，均经历了政府主导的拆除重建、自下而上的邻里更新、可持续性城市综合复兴、竞争力导向的地区更新以及城市更新多元化等阶段，认识不断递进。历经执政党及其执政理念的更迭，不同国家和城市的文化基因在时代变迁与不断实践的过程中，塑造了各具特色、体系完整的更新制度环境。

1. 我国的更新制度文化

我国城市更新规划制度的设计难点较大，这也与我国的文化特征密切相关。具体表现在四个方面：

（1）中国文化具有多变、灵活、追求动态平衡的特点，且由于我国地域辽阔、各地环境差异显著，因此制度设计往往难以满足多样的灵活需求和因地制宜的挑战。

（2）我国文化传统中强调集体主义价值观，并高度重视稳定性。在城市更新过程中个人利益和集体利益之间常存在冲突，政府为了维护整体利益、维持社会稳定，倾向于尽可能地规避风险、谨慎行事，也因此可能导致对市场过度干预，从而导致"一管就死"的现象。而如果放任市场自由发展，又可能出现无序竞争和资源浪费，陷入"一放就乱"的困境。

（3）我国文化中，社会关系网络和权力观念深入人心，条块关系、权力架构层次复杂，因此保障行政决策的效率和公正挑战巨大，易产生官僚主义和"权力寻租"问题，导致城市更新中政府和开发商之间建立利益联盟，对社会公平造成负面影响。

（4）我国历史悠久，许多地方都有着深厚的历史文化特色，而作为发展中国家又有许多地区面临着经济发展水平不高的问题，因此在城市更新中常面临历史保护与城市经济发展之间的矛盾。且我国更新制度整体上更强调横纵向治理和刚性约束体系，不同地区制度环境差异很大、文化丰富多元，尽管中央适度放权给各地方政府，但同时又使用宏观调控进行干预，导致相关政策法规仍存在"一刀切"现象，缺乏因地制宜的灵活性，难以适应城市更新的实际需求，影响更新效率。但在此背景下，市场和民众对改善环境的诉求仍然促使各地方政府在刚性管控体系下探索了多项灵活的政策工具和实践方法。

深圳是一个较为多元的城市，人口来源于四面八方。相比我国大多数城市，深圳作为改革开放的先行区，更加提倡自由和创新，且市场经济体系相对完善，城市更新政策制度以政府引导和市场化运作为主要特征。其典型举措是创新性地建设了城市更新单元规划体系，增强了规划调整和开发强度控制的灵活性，使城市更新的过程更为顺畅。

广州具有开放包容的特质，但其更新制度环境存在勇于创新和因循守旧的两面性，这是由于广州地缘政治开放但传统文化根深蒂固的共同作用[3]。其各阶段政策变化呈现出跨越式发展特征，制度导向差异较大，在一定程度上影响了市场参与的积极性。

上海在改革开放后，城市功能定位由生产中心转向复合的经济中心，产业结构由工业向服务业转化，城市更新类型多涉及"旧区改造""工业用地转型"。上海以"海派文化"为主导，包罗万象的文化基底衍生出"有机更新"的开放理念，在更新主体认定、土地政策支撑、开发容量奖励等多方面都展现出较强的包容性和创新性。不过，由于上海予以建筑容量奖励的公共要素类型较少，且政府对容量调整也进行严格的把关和控制，导致弹性激励政策的实施难度大、利益空间小、对更新主体缺乏实质性吸引力[4]。

2. 国际的更新制度文化

"不成文宪法"是英国制度文化的一大特色，有渐进性和连续性的特点，主要通过实践经验处理法律案件，基于经验主义具有高度效力和影响力[5]。在此基础上，英国形成了以"自由裁量规划"为特色的行政体系，在行政权力逐步下放至地方和社区的过程中发挥了重要作用，即在确保社会、经济和环境发展等重要方面符合国家、地区整体战略部署的前提下，主要通过协商的方式，确定开发项目的具体建设指标和要求，在实施层面增强了灵活度，也能够顺应市场不断变化的需求。英国在20世纪80年代经历了大规模私有化的过程，从强调国家干预转变为重视市场作用。因此英国在"中央集权"的背景下也同时强调市场化、"合作治理"方式，重视市场力量、注重社会组织等多方参与、鼓励公众参与，以避免部门主义问题，在提升政府效能的同时满足社会公众需求[6]。

美国建立在以私有制为基础的市场经济上，相比于其他国家，美国将个人主义和私有产权置于更高的位置。美国宪法通过第五修正案（*the Fifth Amendment*）和第十四修正案（*the Fourteenth Amendment*）对于公民的合法产权进行保护[7]。而在城市更新工作中，为实现资源合理利用，如保留历史建筑、保护自然资源等，往往存在限制某块区域开发的情况，而这一点常常划入"充作公用"的法律雷区，增加诉讼风险。因此，在确保项目经济利益、保护产权人利益、权衡多方面开发影响的基础上，美国通过多种更新工具的探索，调动各方力量参与城市更新。美国对土地使用进行干预的前提是必须体现宪法中"平等保护"（Equal Protection）的原则，即不能针对个人或特定地块制定针对性的政策，而是采用普适性的"分区规划"，即在同一分区下的产权人拥有同等的发展权利。同时，美国各州政府对地方的影响比联邦政府相对更强。各州有自己的宪法、法律和税收体系，在政治、经济和法律等方面相对自治，地方政府是各州自己通过立法产生的，其规划权力也是由州立法赋予的；地方政府也必须履行州立法所规定的责任和义务。因此，城市的更新规划法规基本建立在州立法的框架之内。美国的更新制度不仅把城市规划中的法规制定、行政管理和执法监督三个相互制约的因素紧密地联系起来，从而有效保障了管理效率，而且使规划活动在联邦、州和地方的各个层面内都能进行有效的自我修正和调整，在一定程度上维护了决策的公平性，并形成良好的内部运行循环。

相比于欧美的个人主义社会，日本则属于集体主义社会，注重个体与集体社会的共同发展。中央政府通过财政手段和统一的技术标准对地方规划保留干预权，地方可以结合自身城市发展特征编制规划，因地制宜并贴合公众需求。城市更新体系中，特殊区域的指标特殊化赋予地方一定弹性，并给予宽松的政策引导，吸引民营资本的参与。这种对中央集权和规划分权并重的举措也反映了其注重集体协商和公众参与、追求公平协作的特点。与美国相似的是，日本的城市更新制度有一系列的主干法和配套法来支撑，强调依法进行规划管理，强调公平性，并在此基础上同时具备一定的自由度。一方面，中央集权保障了城市更新政策的一致性和执行力度，有效减弱了地方政府间的无序竞争；另一方面，权力的下放又赋予地方一定的自主性和灵活性，有助于提升地方政府的积极性，推动城市更新更好地满足地方公众需求。两者结合可以提高城市更新的效率，有助于更新过程中资源的优化配置和合理利用，促进项目公平高效实施。

加拿大经历了多元文化间的冲突和同化，在"多元共荣"的原则上达成共识，多元主义形成了不同文化群体遵循协商和相互适应的局面，实现包容和平。因此，加拿大的制度文化相对介于刚性管制与自由裁量之间，兼具包容灵活和政府管制[8]。作为一种混合体系，一方面，加拿大城市规划体系与英国的自由裁量方法有相同之处，赋予地方政府可根据实际情况对规划项目临时制定更新规划条例的权力。例如，当上位规划文件（省级政策、区域规划等文件）被制定后，地方政府可根据自身需要和情况调整区划条例以突破现有密度限制；另一方面，加拿大各城市可根据规划政策，制定围绕土地开发的区划条例和社区规划许可条例，其显著特点是其强调多方参与的社会公平，以满足多社群间的包容和适应。

5.1.3　制度与文化的相互作用

城市更新的制度设计与文化基因密切相关。不同国家和地区的城市规划制度往往反映了其特定的历史和文化传统。不同的文化背景塑造了不同社会的价值观和信仰，并对城市更新治理的权力构架和分配方式产生深远影响。在前文所研究的案例中，可以看到不同文化和城市特质背景下政府与市场的角色分配、对更新本质问题的识别和解决思路，以及更新方法方面的差异（表 5-1）。一些国家或地区可能更偏好自上而下的决策方式，强调政府的治理权威和刚性的管控约束，而另一些国家或地区可能更重视自下而上的社区诉求，重视市场主体、公众参与和灵活创新的举措。但总体上，城市更新需要做好权力下放、鼓励多元参与、探索创新弹性激励政策，同时实施约束管控等举措，并建立健全相关法律保障，这已成为多个国家和地区制度设计的共识。而具体采用何种更新工具和方法则与城市文化基因密切相关。

表 5-1　各国家 / 地区不同文化背景下的更新策略比较

国家 / 地区（案例）	制度文化	国家 / 城市特质	政府角色	市场角色	更新本质问题	解决思路	更新方法
深圳（大冲村）	敢闯敢试	敢于尝试推陈出新	谋划者（相对弱势）	执行者（相对强势）	历史遗留的城中村问题	政府引导、市场参与	协议出让、拆除重建
广州（永庆坊）	开放包容	产城融合循序渐进	主导者（相对强势）	参与者（相对弱势）	历史街区发展与保护的矛盾	自上而下的渐进更新	BOT 模式、"微改造"
上海（田子坊）	海派文化	自由开放包罗万象	参与者（相对弱势）	实施者（相对强势）	历史街区功能更新	自下而上的功能灵活转变	"居改非"创新
英国（国王十字车站）	绅士主义	传统与变革并举	策划者（相对弱势）	执行者（相对强势）	工业腾退品质升级	公私合作、自由裁量	TOD、规划义务
美国（高线公园）	自由主义	法治自由公平民主	策划者（相对弱势）	实施者（相对强势）	工业遗产活化改造	自下而上的公众组织、公私合作	开发权转移、功能转变
加拿大（摄政公园）	多元文化	包容公正和谐邻里	决策者（相对强势）	执行者（相对弱势）	阶层交错贫富差距	政府型企业主导、多元参与	社会混合的住房开发
日本（大手町）	集体主义	集体荣誉追求实质	维护者（相对弱势）	谋划者（相对强势）	经济衰退空间失活	集体协商、渐进式更新	容积率奖励、连锁式更新

资料来源：作者自绘

1. 权力下放 + 公众参与，保障更新效率与公平

综合国内外案例，不难发现城市更新大多属于地方事务，更新工具或手段间不遵循严格的上下传导关系，并普遍存在进一步向下放松管制的趋势 [9]。例如英国在 2011 年《地方主义法案》颁布后，法定规划权力下沉到地方和邻里两个级别，取消了区域规划，解决灵活性措施面临的效率问题，并确保公众意见的顺畅表达和公平协商，以确保自由裁量的公正性 [10]。日本的中央 - 地方规划权限中，规划主体内容保留在市町村一级。《地方自治法》授予地方政府自治权，使其自主发展能力显著提升，并明确了国家和地方之间的事权分工，并对下放的具体事项和下放时间有"定制化"的规定，以应对不同地区的差异情况 [11]。这里提到的地方不仅包括地方政府，还涵盖了特别区、产业区和地方公众团体组合的联合体。日本的权力下放制度安排不仅体现了因地制宜的思想与对地方发展权的重视和信任，也体现了对公众参与和监督的重视。从这些经验来看，我国城市更新应该在权力下放方面完善相关法律，明确中央和地方政府的事权分工，根据地方具体情况制定差异化的事权下放规定，并进行监督、约束、管控，确保公众广泛参与、表达意见，以保障制度的程序正义、产权的平等和社会的稳定。

除了政府间权力分配外，为保障社区居民和社会公共利益，公众参与也是城市更新决策的关键环节。但相比于国际城市更新，目前我国社区居民和公众往往缺乏关键性的权力和资源，对更新项目的影响力通常有限。英国作为现代民主的发源地，十分重视公众参与，居民也形成了积极参与、表达诉求的价值观念，且英国的 1990 年《城乡规划法》(*Town and Country Planning Act* 1990) 中就对包括社区在内的利益相关者参与规划编制与实施的方式有详细规定，后续又不断修订完善，充分保障了公众参与的权利。而我国的公众参与缺乏表达诉求的途径，公众参与更新的意识也不强，从 2008 年起开始施行的《中华人民共和国城乡规划法》中虽然也明确了公众参与规划的权利和义务，但是缺乏对参与主体、过程、方式、反馈等细节的规范，导致公众参与往往停留在公示层面而"有名无实"。未来还需借鉴国际经验，完善公众参与流程和反馈机制，提高公众参与能力，保障参与有效性和城市更新的公平性。

2. 刚性标准化 + 弹性市场化，调动市场参与积极性

无论是君主立宪、民主共和，还是中央集权制或是其他政治体制下的国家或城市，其城市更新的制度环境都是权力与开放文化氛围下相互交错的产物。无论是自由裁量的地方规划还是条文高度精细化的区划条例，都保障更新制度的灵活性，只是所用方式不同：一种是参与协商式，灵活度和公平性较高但效率较低；另一种是行政审批式，在强有力的法治保障下使决策更加理性、效率更高，但公平性可能有所欠缺。二者各有优缺点，但刚弹结合应是未来更新的趋势。这种结合可以是用地类型的混合，亦可以是不同专项管控在同一空间区域的叠加[9]，也可以是多种更新手段的复合方式，其组合方式取决于地方制度条件和对具体更新问题的客观理解。比如加拿大制度对于形态控制的刚性和用途混合的弹性，或者社会住宅供应的刚性和市场经营的弹性；又比如美国区划用地分类一方面为用地兼容与使用弹性提供了较大的空间，但另一方面对物质空间形态规定十分详尽，体现了刚性。

这种刚弹结合的模式也有利于市场主体的参与。美国、英国、加拿大、日本等国家大多制定弹性激励措施，提高市场参与的积极性。由于城市更新往往面临较大的拆赔成本，为了满足资金平衡和地方增长的需求，地方政府和市场开发主体往往依赖于控规指标的弹性调整，倾向于通过增加容积率、改变用地性质（如将其他用地类型调整为居住用地）等方式增加开发收益。但是高强度开发和过度房地产化模式会导致公共服务压力大、产业用地不足等社会问题。因此，为了防止行政裁量权的滥用，需要制定标准化的管控，对弹性调整实施监督审查，以保证规划的严肃性。总的来说，刚弹结合、市场化手段与标准化约束的软硬兼施才是解决其中各类问题的关键。这方面我们可以借鉴国际经验，比如英国将政策分为战略性和非战略性两个层级，战略性政策下级服从上级；而非战略性政策则可以由基层团体和社区的公众程序调整，反推到上级规划进行修订。这些刚性与弹性方式的组合还需要结合地方文化特质来制定，在契合制度条件的前提下，寻找适用于我国和其他地区的城市更新问题的方式。

3. 法律制度保障 + 文化基因挖掘，平衡多元利益目标

国际城市更新中普遍重视法治化保障，这也给我国城市更新带来新的借鉴思考。比如日本，不仅对城市更新的管理有明确的法律规定和程序，还设立了专门的机构（都市再生本部）来管理和监督，而我国目前在国家层面还缺乏独立成文的法规和专设部门来指导全国城市更新的分类推进。另外由于文化差异，各国的更新侧重点也有所不同。例如日本受集体主义文化的影响，在更新中关注营造公共空间和保障公共利益；美国受个人主义和法制文化的影响在更新中则更加重视物权收益问题，例如高线公园中对于土地增值连锁效应的考量和开发权转移奖励的重视；英国受民主思想和地缘文化的影响，则更加关注城市更新的社会发展与社区利益。因此，在借鉴国际经验时要充分考虑文化环境差异，评估经验的可复制性。且由于我国各城市所处的文化环境也有较大差异，因此在更新实践中要充分挖掘本地文化内涵、共识和习惯，从而深刻理解城市更新中政府及不同利益相关者的行为逻辑。

伴随着城市经济发展和规划制度变迁，不同国家或城市的更新目标也会发生变化，这导致了各国各地对更新制度中应当覆盖的维度有不同认识，进而反映在其控制和平衡各方利益的手段既有雷同亦有差异。例如，美国的城市更新制度以"法治、人权、自由"为文化宗旨，设立区划法规将城市的用地进行分类，规定用地性质、开发强度、公共服务设施和市政公用设施的要求，在鼓励商业竞争和法治的基础上充分尊重了民主主权和私有财产，可作为城市更新中平衡各方利益需求的有效工具。我国城市规划体系中的控制性详细规划在一定程度上与美国的区划制度类似，将不同区域的用地类型、开发强度限制编入控规，城市更新须在控规的前提下实施调整、改造。而常规的调整程序烦琐、限制条件较多，获益空间有限，社会资本参与积极性低。因此，深圳、广州、上海等城市也积极引入容积率奖励、异地平衡等政策工具，活化土地管控机制，为市场主体创造利益空间。

总的来说，无论国际还是国内，制度环境与文化基因之间的联系都是密不可分的：市场经济条件、经济发展周期，以及历史和政治文化背景、群体的社会共识和行为习惯等文化基因，会对城市更新项目中政府和市场的角色认知、上下级政府间的权力责任分配等造成影响，从而系统性地影响城市更新的制度环境。为兼顾管制与效率，良好的更新制度环境也需保持合理的动态调整，立足于本地的文化背景与发展诉求，借鉴先进经验和创新的弹性激励举措，因地制宜地推动城市更新项目顺利高效实施。

5.2　协同规划与决策理性

5.2.1　协同规划

1. 协同规划含义及重要性

城市更新参与主体的多元化带来复杂的利益分配和关系处理问题[12]。参与主体基于自身利益权衡，在城市更新实施过程中博弈，争取利益最大化。弗里曼（Edward Freeman）将"利益相关者"定义为"能影响组织目标的实现或受到组织实现目标过程影响的个人或群体"[13]。博弈主体多元化的实质是城市更新的"民主化"过程，空间话语权分散到更多利益相关方[14]，意味着规划决策参与者不断增多，关系更加错综复杂[15]。为确保各主体利益平衡，解决复杂社会问题，需要多主体协同参与，不断调整利益诉求，推进城市更新实施机制的完善优化。

2. 协同规划影响要素

规划的实施意味着需要探索在项目开发和实施过程的多重互动中如何采纳和使用各种原则和规范。为了表达规划政策的实际作用，规划实施被认为是一个协商的过程，涉及相关者之间的交流和谈判 [16]。协同规划是利益相关者建立和实施共识的互动博弈过程，是一种参与式的规划设计方法，主要有问题设定（Problem Setting）、确定方向（Direction Setting）和联合行动（Joint Actions）三个阶段。前两个阶段是建立共识的过程 [17]，旨在平衡利益相关者之间的权力，提高公众参与度，促进规划实施。

城市更新实践中，多主体是否建立共识，达成合作意愿，是促进协同的关键所在。"博弈论"是研究主体相互依存情况下的理性行为及其结果的主要理论方法，其认为决策主体在作决策时不仅依赖于自身选择，更受到其他主体的影响 [12]。城市更新本质上是利益再分配的过程 [18-19]，而各方利益冲突是导致合作意愿下降的主要原因。基于不同类型和模式城市更新的利益主体构成的分析（表 5-2），城市更新中的冲突主要是"交易性冲突"，即该冲突可以通过按照市场规则进行谈判来消弭，主要体现在政府对市场辅以激励措施。比如通过开发权转移和容积率奖励等方式在提高经济收益的同时改善环境品质，进而在满足各方主体利益诉求的前提下提升合作意愿，最终达成交易 [20]。

表 5-2　城市更新各利益主体的利益诉求

利益主体	利益诉求
政府	促进发展、增加税收、改善环境、稳定就业等社会、经济、环境的全局发展
开发商	获得经济收益、增加企业价值等
业主	改善公共环境、获得拆迁补偿、房屋增值等
租户	低成本居住生活条件、居住环境区位条件、社会网络、工作机会等

资料来源：作者自绘

协同意愿在一定程度上影响着主体协同的方式和更新的结果。为提高参与主体的协同意愿，规划主导者主要通过信息公开、建立协商平台和协调机制、赋予权力等方式让利益相关者表达诉求，并共同制定实施方案。从国际视角来看，英国国王十字车站案例中以颁发规划许可作为核心的开发控制手段，一定程度上增强了开发商、政府、历史保护组织和公众之间的互动，使规划方案满足多方利益诉求。加拿大摄政公园更新项目通过建立多种参与平台，采用透明公开的方式，减少信息不对称和猜测，来提高各主体的协同意愿。这一点不仅是摄政公园更新项目作为公共住房项目的内在要求，也是加拿大多元文化主义价值观核心理念的体现。日本通过出台《城市规划法》增设"城市规划提案制度"，准许土地所有者、非营利机构及私人开发商在经三分之二土地所有者同意后，提出或修订市镇规划，由地方政府组织城市规划审议会进行审议，打破了由政府主导编制城市规划的传统，促使公众参与程度进一步提升。

我国正处于由经济高速增长转向高质量发展的战略转型期，随着人民群众对美好生活的需要日益增长，公众对城市发展的需求发生了变化，由注重"硬需求"向"软需求"，由注重"生存"向"发展"转变[21]，利益诉求趋向多元化和个性化。然而，近年来，在城市更新项目实施的过程中，由于利益分配问题引发的社会矛盾时有发生，表明协同规划的顺利实施依赖于协同意愿的建立，而协同意愿的建立则与更新项目公众参与机制的有效性和利益再分配模式息息相关，且协同意愿可能会在不同阶段发生动态变化，需要适当的引导和协调机制，处理矛盾和建立共识。在广州，共同缔造与社区参与式更新已成为共识，但政府在各类公众参与模式中仍占据主导地位。在规划公示、座谈会等平台中，居民和其他主体仍处于"象征性参与"阶段，协同有效性不佳，协同意愿不强，没能形成有效的沟通网络。在上海田子坊的里弄工厂和住宅自发改造阶段，各利益主体为实现各自的利益诉求，且出于保护田子坊的历史风貌特色和文化资源的共识，产生了协同的意识和意愿。随着住宅自发改造的深入推进和政府逐步介入，由于利益分配方式复杂，相关利益方数量增加，出现了居民与居民之间、居民与商户之间、商户与艺术产业之间的社会矛盾，导致协同意愿有所改变。为缓解各方利益主体矛盾，政府通过成立田子坊管委会对产业加强管理，如采取限制餐饮店数量等措施，但收效甚微，并未从根本上解决商业对文化的侵蚀及创意产业的退出。

还需注意的是，在城市更新实践中，尽管多元主体的更新模式已普遍被接受，但由于城市更新项目主要集中在老旧城区[22]，其中涉及的利益相关者除了政府、市场和业主外，还有比较欠缺市场博弈能力的居住主体和流动人口也同样需要关注，即尽可能扩大利益相关者的范围，促进包容性更新。例如在深圳大冲村更新项目中，大冲村作为流动人口"根据地"，为大量务工人员提供了较低成本的生活和交往场景；但在城市更新过程中，大量流动人口由于缺少谈判筹码而被隔绝在博弈主体外，并未形成协同力量参与城市更新，面对租金和生活成本上涨等现实压力，只能被迫寻找新住所。因此，城市更新应建立合理的利益分配机制和矛盾解决长效机制，引导各利益主体在各自站位上发挥作用，通过平衡各方利益诉求，提高协同意愿，合力推动城市更新有序进行。

3. 协同主体互动决策关系

在我国，不同城市更新阶段的更新组织方式是不同的（表5-3）。从政府角度来说，政府主导可以较好地实现整体发展意图，但也面临过重的经济压力和社会风险。于是，政府开始向市场力量分权，市场力量代替政府成为投资建设的主体 [18]，同时与政府形成公私合作模式，撬动市场力量；但由于权利主体难以真正参与到更新决策制定中，导致其在安置补偿时与市场进行利益博弈，不断推高拆迁成本。市场为了加快更新进程，实现资金回笼并减少时间成本，在前期投入了大量人力财力，于是只能将成本转嫁至后续开发和运营中，最终由公众承担。因此，为缓解城市更新实施过程中政府、市场主体和权利主体的矛盾，使各方达成合作，将多方意见纳入决策考量，建立协同规划保障机制不仅是实现更新目标的重要前提条件，也是城市更新治理模式创新的重要趋势。

表 5-3　我国城市更新不同阶段主导力量和组织方式比较

主导力量	组织方式	优势	存在的问题
政府主导	政府对权利主体进行拆迁安置，并对其土地进行整理后，将净地通过土地招拍挂方式向市场出让，后续由市场进行开发建设和实施	能够整体实现发展意图，推动城市快速发展	政府投入成本压力较大，权利主体被动、无话语权
市场主导	政府将毛地出让给市场主体，由市场主体负责对权利主体进行拆迁安置以及土地后续的开发建设	撬动市场动力，市场主体积极性高	市场主体资金和时间成本较大，社会矛盾加剧
政府 - 市场合作	一种是政府购买服务，政府委托市场垫资进行土地整理，招拍挂后支付市场主体成本；一种是政府与市场合作成立公司，股权合作，进行盈利分成	缓解更新项目资金压力	忽视社会需求，仍未将权利主体纳入更新体系，拆迁成本持续推高
协同合作	协同合作形成申报主体，由权利主体提出更新诉求，市场主体与之谈判和协商，并且由政府主导协调矛盾，签订拆迁和安置协议后，最终进行土地协商出让	提升权利主体话语权，直面利益平衡症结，缓解社会矛盾	需求更加多元，对规划决策理性的要求更高

资料来源：作者整理自参考文献 [19]

4. 协同规划保障机制

从国外案例来看，协同规划在城市更新推进过程中占据重要地位，主要通过政府把控、明确规则、建立协商平台等手段保障多主体参与。英国将规划权力下放，赋予了社区和第三方组织一定的自主决策权，确立了协同规划的法定地位。在美国高线公园案例争议期，"高线之友"通过邀请公众及社会精英人士到铁轨上参观并作宣讲，逐步将高线公园的绿色发展理念传递给公众，改变拆除高线的立场；同时通过高线公园的经济可行性专项研究，得到了纽约市市长对再利用提议的认可，高线公园得以保存和再开发。在加拿大摄政公园案例中，多伦多社区住房公司、社区租户、开发商以及其他服务机构共同建立网站（Regent Park Social）来实现利益相关者之间的信息共享和合作，共同制定并实施可行性规划方案。然而，随着项目的不断推进，各利益相关者之间的利益差异和权力分配不均问题凸显，也出现了开发商采取一定措施抑制反对意见的情况。日本在官方给定的更新方式（市街地再开发事业）中内化了权利主体的参与、协商与合作。第三方机构可参与土地权利人意向把握、地价评估、辅助协议会召开等不同阶段的协助工作，政府则主要承担必要的监管职能，以项目认定、开发许可等方式实施管控。明确的流程和技术规定使开发建设更具规范性及可操作性。

与此同时，我国很多城市开始创新城市更新协同形式，探索自下而上多主体共同参与、协商、决策的协同局面。例如深圳城市更新制度打破了开发权被政府垄断的传统模式，以土地协议出让方式向市场主体和原权利人赋予开发权，并允许更新规划计划自下而上地申报，形成了以城市更新单元规划为主要协商平台的多元主体协同模式。广州恩宁路改造规划后期，协同规划途径逐步开放。居民、媒体、公众、民间组织、专家学者的逐步介入，以及规划公示，设立"居民顾问小组""媒体通报会"和"专家顾问团"等多元协商平台，形成城市更新局负责技术协调和组织统筹、区政府负责实施运营、社区居民联合推动保护更新的局面，打破了单一主体决策的状态，助力形成低容积率、有效保护旧城肌理的规划方案。上海田子坊更新案例的多利益相关者协同主要体现在里弄住宅自发改造的阶段。该时期政府与开发商联合计划对田子坊进行拆除重建，而居民、艺术家们、街道办事处、专家学者们则坚持保留，并建立"艺委会"和"业委会"，通过建立协商平台共同支持该地区的保留与发展。这种方式既促进了空间环境的改善，保护了既得利益者的经济收益，也加速了人文资源的积累，塑造了一个居住与产业混合多元的社区（表 5-4）。

综上所述，协同规划的关键在于提高和保持各利益主体的协同意愿，而协同意愿受各方利益站位不同、权力分配不同（规划权、参与权、决策权等）、制度体系和文化价值差异等多方面因素影响，且会随利益分配和外部因素等的变化发生动态变化，因此需要考虑协同意愿的长期保障问题。从实施的最终效果上，可以从本书的案例分析章节得出，尽管在项目前期建立了较完善的主体互动机制，保障了不同利益相关者的权益，但随着项目的运营和市场变化，各案例均出现了不同程度的社会空间分异、生活成本提高、对居民意见的重视程度降低等负面情况。因此，协同规划不仅需要在前期建立有效机制，确立共识并保障各方权力、利益的合理分配，以推动项目顺利实施，在项目中后期运营阶段，也需要根据实施情况对机制不断动态调整，并吸纳各利益主体的意见，通过在法律、机制和平台等方面的共同建设，促进全过程协同。

表 5-4　城市更新协同规划方式

	提升协同意愿方式	协同规划方式	实施保障机制
英国国王十字车站	规划方案在相关利益者无异议后，才能获得规划许可	满足政府社会发展需求、相关部门历史建筑保护要求、公众生活生产需求	自上而下，政府通过行政手段控制
美国高线公园	通过宣讲、媒体等社会渠道向公众传递理念，提供经济可行性报告	社会组织发出倡议，并直接参与项目规划设计方案和运营	自下而上，"高线之友"宣讲号召多主体积极参与
加拿大摄政公园	建立公开透明参与平台，提升信任，减少猜测，包容多元文化	初期共同制定实施方案（后期协同作用减弱）	自上而下，由多伦多社区住房公司代表政府收集居民诉求
日本大手町	设置开发门槛，需要三分之二的土地所有者同意，增加公众参与	政府制定规划，内化各主体的参与权利	自上而下，将协同参与内化至规划流程和规则中
深圳大冲村	允许自下而上申报，适当放权市场	通过城市更新单元制度将权力赋予市场，同时由市场与居民商议拆迁谈判，增加公众参与	市场主导，协商解决土地出让和拆赔比
广州永庆坊	公众、社会组织和学者等在避免推倒重建工作中发挥了重要作用，但公众参与力度到后期较为不足，基本为象征性参与	建立协商平台和组织	自上而下，建立共同缔造委员会
上海田子坊	地价提升和对文化资源保护的共识	建立协商平台和组织	自下而上 + 自上而下，成立"艺委会"和"业委会"

资料来源：作者自绘

5.2.2　决策理性

协同规划在解决复杂利益分配和社会问题的基础上，由于需要平衡多方利益，对决策理性制定的要求更高。城市规划的"理性"可追溯到德国社会学家马克斯·韦伯提出的"合理性"概念[23]，分为技术理性和价值理性。技术理性反映为通过"方法—结果"的基本路径实现预定目标，其决策标准为追求功效价值最大化，决策结果通常是经过精确计算的[24]，主要关注目标是否实现、效率是否提升，而不关注目标是否合理和公正，核心是"价值中立"；而价值理性则注重基于特定价值观判断行为的合理性，如是否实现公平和正义，不只看重结果。在城市更新中，技术理性主要体现在是否改善物质空间、是否达到收益预期、是否有精细化利益分配规则、项目运行程序是否清晰透明。但技术理性导向的城市规划在面临主体间价值的冲突和多重价值目标的冲突时经常遇到实施困境。价值理性则反映了规划的本质不是僵硬的技术过程理性，而是通过交流沟通获得共识的过程[23]，能够考虑经济、社会和环境多重因素。因此在城市更新决策中须兼顾"技术理性"和"价值理性"，在明确运行规则的同时考虑利益相关者之间的关系，注重社会共同利益。

1. 技术理性

国际案例均反映出对技术理性的重视，主要集中在权利界定、颁布政策文件和确定开发流程三个方面。在英国国王十字车站更新案例中，英国的技术理性主要体现在对规划义务的界定，通过项目开发对于基础设施、保障性住房的需求以及开发对环境影响的程度等进行可行性评估，来决定项目是否允许开发，本质是对项目"如何开发"进行评判，保持"价值中立"。在美国高线公园更新案例中，政府通过制定详细的政策文件指导项目及周边的开发建设，邀请国际设计团队制定高水平的设计方案，并积极筹措资金为项目的建设运营提供保障，清晰的方法思路及逐条落实的结果均体现出该案例中的技术理性。从加拿大摄政公园更新案例也可看出，层层递进、条例清晰的规划文件为项目实施构建了科学合理的政策框架。日本的城市更新土地权利调整以私有产权为前提，并以"公平等价的土地发展权"作为开发利益再分配的基础，在实施流程上遵循事前沟通、确定规定与事业计划、审议会审议、换地指定或权利变换认可、施工、清算等基本流程。

国内案例也主要通过制定实施规则、技术标准、建设导则等加强城市更新项目的技术理性。深圳遵循"政府引导、市场运作"的实施机制，使其城市更新工作在技术理性方面相对完善。一是根据业主自行实施、委托开发商实施、合作实施或交由政府实施等不同实施主体，以及拆除重建、综合整治、功能改变等不同更新模式制定规则，明确收益预期。二是注重利益共享和责任共担的基本原则，对公益用地、配建设施比例、地价测算等方面制定技术标准，形成明晰的利益测算规则。另外，深圳将城市更新项目管理划分为更新单元计划管理、更新单元规划管理、更新用地出让管理三个阶段，明确管理要求、时限和流程。广州永庆坊案例中展现的技术理性内容较少，尽管市政府制定了《广州市城市更新办法》，但"微改造"的相关细则措施仍未形成，荔枝湾区政府也制定《永庆坊片区微改造建设导则》和《永庆片区微改造社区业态控制导则》，为规划建设与产业引入提供指引，但仍缺乏明确的法律法规支持和有效的导控监督，导致各方主体在执行过程中缺乏理性决策的约束，改造方案大多按照开发商和设计单位的意愿确定。总体来说，我国城市更新的实施已经在顶层设计层面有所突破，通过建立完备的规则和技术标准，确保更新实施过程的可操作可落地；但与此同时伴随的影响城市高品质可持续发展的现象，以及对于社会公平的重视和讨论，表明在更新过程中，还需要持续发挥价值理性的作用。

2. 价值理性

国际案例的价值理性主要体现在社会保障、建立共识等方面。英国非常重视"公平"，自由裁量规划体系要求每一个规划许可决策都必须进行公众咨询，并在项目开发阶段公示以征求当地居民的意见，甚至开发计划可能由于公众的反对而搁置。同时，英国在规划许可条件中，将一定的保障性住房比例以及根据开发计划所需要的城市配套服务设施（如就业保障、公共服务设施等）作为条件，保护了社会弱势群体在城市更新项目中的利益。在美国高线公园更新案例中，居住在高线周边的两位居民基于对高线历史价值的认可、对保留地方文脉的希冀等多重因素促成其历史保护共识的形成，进而采取行动，联合各方力量推动高线的保护与再利用。加拿大摄政公园更新案例中，明确的政策环境使多伦多社区住房公司设立了"社会混合"的总体目标，引入市场力量为建设运营提供保障，并建立多方协同合作模式保障原租户利益。在建设过程中，多方协同合作模式限制了项目经济价值的最大化，保障了基本的社会效益，也反映了价值理性决策过程。在日本，其文化和社会规范强调"和"，法律规定须取得三分之二受影响业主的同意，才有权进行工程项目；但在实践中，政府部门很少强制其他土地持有者参与，而是由项目当局和土地所有者之间进行交流和谈判来达成共识，从这一层面体现了价值理性。

我国在价值理性的探索实践中，也取得了部分进展。深圳城市更新在制度中设计了精细的利益分配规则，以保障各方主体受益。在大冲村更新案例中，政府获得土地出让金，开发商通过商品房销售获得利益，居民通过资金和物业补偿获益。补偿标准和协商过程满足了三方利益诉求，形成更新共识，促进了更新的进程。但从社会整体的公平正义角度来看，城市更新决策中价值理性的实现还有待提升。例如，一方面，高额的拆迁赔偿使得社会公平正义遭受挑战。另一方面，流动人口作为城中村的长期居住者和使用者，他们的利益诉求没有得到重视，也缺乏表达的机会；"廉租房"的消失对中低收入群体形成驱逐效应，社会分异格局加剧。这表明，即使项目本身达成了合作共识，实现了价值理性，但从整个社会的角度来看，其负外部性仍较明显。同样，在广州永庆坊更新案例中，虽体现了历史文化保护方面的价值理性，但其仍存在局限性。项目遵循"修旧如旧，建新如故"的原则，使街区肌理得以保留；但原居民的大量迁出、社会网络的破坏和过度商业化的业态引入，对其居住价值和文化价值的破坏又展现出其决策过程仍欠缺对价值理性的更深度考量，未能达成价值理性和技术理性的平衡。这一点在上海田子坊案例中也有所显现。上海田子坊案例成功的关键是利益相关者共同的价值观影响了地方政府的决策行为，最终为项目正名，这场博弈中的价值理性高于技术理性。但成功保留历史文脉的背后也有重重矛盾，例如居住生态恶化、过度商业化、社会空间日益萎缩、部分仍留在田子坊的居民利益受损等问题。

城市规划是一种主观行为，与作为客体的城市之间具有复杂的作用与反作用关系。城市发展过程中的每一对关系，如建设与发展、整体与局部、时间与空间等，都很难处理；如果叠加，其复杂程度更甚。因此在这些复杂关系中，城市规划和管理并非平等地看待和处理每一对关系，而是抓住城市规划的关键要素——空间（即"八"）进行塑造，将具体影响城市发展但作用机制复杂的社会行为（即"二"）相对弱化，该选择符合"二八定律"[27]。实践表明，抓住城市发展关键要素，在我国城镇化快速发展阶段，是走向现代化的必由之路，尽管实施道路曲折，但"二八定律"仍然是城市规划重要的认知路径[24]。

我国目前进入城市转型阶段，在城市更新实践中，可以看到技术理性和价值理性之间的矛盾时常发生，不仅是因为二者所关注的效率和公平层面的差异，更重要的是二者在实际项目中"非此即彼"的困境。但是，城市发展过程中的每一对关系可能都包含了技术与价值理性的不同组合，这又为城市复杂关系的处理和平衡提供了取舍和决策的依据。因此，技术理性与价值理性不能割裂开来看。技术理性虽然更侧重对于机制和标准的制定，但其本质也是为了实现经济、社会和环境多重效益的最大化，符合大多数人的需求；价值理性虽然更侧重公平和正义的实现，但也必须通过理性工具和程序来落实，二者是辩证统一的关系。因此，基于对"二八定律"的思考，技术理性可留有余地，抓住主要矛盾，即只确定关键影响要素和底线指标约束，为市场、公众的协商和价值取向保留弹性。

5.2.3 协同和理性的相互作用

在我国存量规划建设的时代背景下，多元主体协同规划已成为城市更新实施过程中非常重要的治理模式之一。其主体数量多、各方利益错综复杂和价值观多样的现实挑战，对决策理性的要求更高，不仅体现在需要完善的政策体系、标准框架和灵活的政策工具保证城市更新目标高效实现，还体现在如何平衡多元主体的不同利益诉求和价值取向，解决不同主体的利益冲突，实现社会公平，在实施"弹性"的同时关注理性决策。协同规划的目的是解决城市更新中若干利益相关者的利益冲突，而决策理性通过制度建设、标准制定和价值共识的建立，发挥引导、把控和协调作用，对多主体间的利益博弈进行规范和约束，保障协同意愿和效率。然而，为了识别和调配各类资源以响应多主体的利益需求，以及推动形成共识，与以往城市更新相比，其沟通成本、时间成本、管理成本等还将面临大幅度增加的问题[25]。

5.3　交易成本与执行效率

5.3.1　交易成本与执行效率的概念内涵

1. 交易成本的内涵

交易成本的概念最早由诺斯提出，指在市场交易活动中，为促成交易发生而形成的各种成本。其定义涵盖了交易本身的各个方面，包括交换所有权的成本、合同的安排和执行成本以及与交易相关的事前和事后成本[26]。这一概念不仅适用于市场中的企业，也被延伸到公共部门的制度分析中，可定义为制定和实施政策所使用的资源成本。

学界对交易成本的定义和衡量并没有统一的标准，但一般认为交易成本是生产成本之外的成本[27-28]。相关研究中把交易成本分为信息成本和制度成本[29]，所谓信息成本是指获取相关信息所付出的代价；而制度成本是创造和使用制度的代价，其中涉及制度相关信息获取的成本也算作制度成本。也有一些学者在研究我国城中村更新课题时将交易成本归类为搜寻和告知信息成本、讨价还价成本以及政策和执行成本[28]。本节的论述，认为讨价还价是信息不对称和制度安排的结果：信息不对称使参与者在获取和利用信息方面存在差异，而制度安排则影响了参与者在权利和义务方面的明确性和可执行性。这些因素共同导致了讨价还价成本的存在，并对城市更新过程中的谈判和协商产生影响。上文提及的城市更新的组织方式不同，也就是对协同主体互动决策方式的选择，实际上是一种制度安排的选择过程，不同的组织方式相应会产生不同的交易成本。同时，采取信息公开、建立协商平台和协调机制、赋予权力等方式提高城市更新利益主体的协同意愿，从本质上来说，也是通过提高交易的确定性来降低交易成本。

2. 效率的内涵

效率作为经济分析中的核心概念，一般用于判断社会资源配置的有效性，以低投入和低消耗实现更优的资源配置，即为高效率。自改革开放以来，我国市场经济体制为经济高速发展注入动力。这种以效率优先的发展模式以工业化为支点，推动了大规模新城建设，但也带来了公平方面的损失[30]。效率与公平对立又统一。其对立主要表现在市场竞争可以提高效率，但是公共决策需要依靠干预市场运行来实现公平，导致市场运行效率降低；统一则表现为公平的协作有助于提高效率，而效率为公平提供发展依据[31]。在城市更新取代大规模新城发展的背景下，发展模式逐步由效率优先兼顾公平，调整为以效率为中心、公平为基础。如何在公平的基础上保证城市更新的效率仍有待探究。

传统经济学中把配置效率（Allocative Efficiency）最优，即帕累托最优，当作衡量资源效率是否有效分配的标准。而在制度经济学中，重点关注比较发展的过程效率（Process Efficiency）。这背后的一般假设是，不同的制度安排有不同的交易成本（制度成本），由不同的个体承担，比较不同制度安排的效率可能有助于"更好地"设计和使用制度安排[29]。在我国的制度背景下，城市更新的动力来源于空间增值与利益调整，其核心问题是复杂多元群体的博弈[32]。增量规划中的土地产权转换发生在产权人和政府之间，政府在这一过程中作为主导者对征地补偿标准和招拍挂底价设定一系列规范规定，产权置换与空间设计彼此分离，用非市场化的方式减少土地获取过程中的交易成本[33]。地方政府采取低成本的方式征用农用地之后，全面主导编制和实施控制性详细规划，明确所有地块的规划条件，并将已明确规划条件的经营性用地使用权在土地招拍挂市场上进行出让，以获取土地增值收益，并为城镇发展提供必要的基础设施和发展载体。存量规划相比于增量规划产生的空间增值收益相对有限，同时，利益格局调整的过程中会让部分产权人利益受损，进而陷入帕累托最优悖论当中。

3. 交易成本与执行效率

城市更新中，高交易成本可能影响城市更新项目的执行效率，而提高执行效率可以降低整体的交易成本。城市更新涉及多个利益相关者，进行城市更新需要进行协调、谈判和交易，这些过程会伴随着一定的交易成本，而这些成本可能导致执行效率的降低。高交易成本可能导致更新项目的推进缓慢、决策的滞后以及利益冲突的加剧，从而影响城市更新的执行效率。为了提高城市更新的执行效率，可以采取措施来降低交易成本。例如，建立清晰的制度和规则，以减少信息不对称和不确定性，提供透明的决策过程和规范的合同机制，从而降低交易成本。此外，建立合理的利益分配机制，平衡各方利益，可以减少潜在的利益冲突和谈判难度，进一步降低交易成本。

尽管交易成本不会直接影响城市更新的过程产出，但对其过程效率有重要影响[29]。高效的城市更新需要降低交易成本，促进利益相关者之间的协作，合理地配置利用土地资源，减少信息不对称并避免制度障碍，从而提高实施效率、促进社区参与、优化资源利用，以及提高透明度和公正性。

5.3.2 城市更新中的交易成本

在城市规划决策中，交易行为指政府、企业与公众三者之间达成共识的过程中涉及各方的经济、政治利益的协商、谈判[34]。交易成本是交易行为产生的代价，如协商讨论中花费的时间、精力和资金，公众参与的组织成本，信息收集和传递成本等。一般来说交易成本是不可避免的。由于规划中涉及的群体众多且利益关系复杂，城市规划决策通常是一种高成本的"交易"。城市更新过程可以视为契约交易行为[28]，涉及多方利益博弈协商以实现产权让渡和转移[35]，过程中耗费的交易成本包括资金、人力、物力和时间成本等，主要用于沟通多元主体（具有有限理性和机会主义倾向）、获取必要信息、协调复杂利益诉求及完成法律和规划管理流程等（表 5-5）。

表 5-5　城市更新流程中产生的交易成本

更新流程	具体内容	主要交易成本
确定更新目标	现状评估、民意调查、规划引领	信息收集与传递成本，经济、政治利益协商成本
更新协商博弈	产权人、利益相关者以及政府部门之间的协商与博弈（自上而下或自下而上）	沟通成本：信息不对称、有限理性、机会主义倾向、复杂利益诉求协调
方案制定与决策	参与主体（原产权人＋新权益人）运作模式（组织架构、规划引导、操作流程）利益分配（投资、获利方式、如何分配）	信息收集与传递成本，谈判协商成本，利益冲突导致的方案修改成本，合同制定、修改及签署成本等
方案申报与审批	规划／规定调整、政府监管／行政管理流程	行政成本：规划调整、行政审批流程、自由裁量与行政许可
更新实施	项目建设	—
维护运营	运营模式、维护主体与方式	—

资料来源：作者自绘

1. 城市更新中的信息成本

城市更新中交易的三大特点，即资产的特殊性、低频率和不确定性[26]，导致了较高的信息成本。具体来说，城市更新中涉及的每一块土地或房屋通常都是独特的，换句话说是其他土地或资产无法替代的，更新方案也只能以等价交换的形式获得开发用地。资产的特殊性带来两方面的影响：一方面，更新地块上的利益相关者倾向于获得更多的补偿；另一方面，更新地块具有独特性，更新开发的主导者需要花更多时间来收集信息并与利益相关者谈判。较高的机会主义倾向以及信息收集和传递成本容易导致较高的交易成本。其次，高频率的交易通常有助于归纳总结可复制的规则和流程，从而达到降低交易成本的目的。然而城市更新项目一般是"一次性"流程，一个更新项目完成之后，大多数参与者几乎不会再参与另一个项目。尽管一些政府工作人员或者市场主体也会主导参与多个更新项目，但是由于资产的特殊性，他们面对的利益相关者的诉求可能也大不相同，依旧需要花费大量时间成本去收集信息以及处理复杂利益博弈。此外，有限理性和机会主义倾向会给交易带来不确定性。

人的认知能力是有限的，且个人在追求利益的过程中可能具有损人利己的倾向。这一点在城市更新领域也适用，不确定性会增加项目的交易成本，给更新决策过程中利益相关群体造成额外的工作和沟通成本。城市更新决策存在行为不确定性和制度不确定性。前者源于机会主义倾向，可能导致沟通和合作效率低下；而后者则源自现有机构的运作方式，可能导致行政流程增加额外工作。

实践中，城市更新项目时常因为主体关系复杂、信息不对称和机会主义倾向等原因导致低效率的局面。例如在上海田子坊更新案例中，一方面，协调多元主体的复杂利益诉求产生了较多的人力及时间成本；另一方面，田子坊中的房屋产权关系复杂，市场交易的不确定性大，致使交易成本提高。在深圳大冲村更新案例中，项目改造前频繁传出旧改信号，当地居民在机会主义驱动下建造违规建筑以期获得更多拆迁赔偿，增加了项目的更新难度。为了满足多方主体的利益诉求，项目在拆迁赔偿谈判上不仅耗时多年，最终还以高容积率换取政府、产权人、开发商的一致共识，但项目的高容积率开发给片区市政设施带来压力，且在社会公平方面遭受争议。

跳出交易成本概念定义本身，从规划与市场关系的视角来讨论，城市更新不是政府的单一活动，而是公共和私营部门众多利益相关者寻求各自需求的一场严肃的博弈。规划和市场并非必然相互矛盾和对立的概念，而是更具凝聚力、可以相互促进的概念[36]。城市空间成为公共和私人利益相关者协调规划和市场活动的复杂界面。如果说市场机制构建自发秩序，规划则可以看作在城市内部人为构建的秩序，关键在于该如何调和二者。不论是市场机制或是公共部门的规划干预都存在一定的交易成本，不可避免地涉及与利益相关者之间的沟通和谈判。这种交易成本不仅来源于私营部门或公共部门组织内部的协调，也来源于合作或集体行动。一个设计良好的城市更新制度应该考虑并减少公私伙伴关系所面临的交易成本，其制度结构应该能够激励跨越公私边界的所有参与者的互动和相互依存。

日本的制度安排反映了规划在公私部门当中的协调作用，对城市更新项目的执行流程有明确规定，保证流程中公众参与权以及提出反对的权力。日本对私有产权的尊重和对公平性的强调使日本大多数城市更新项目周期较长。不过，对规划程序的法定化一定程度上避免了自由裁量带来的效率降低的影响，从程序上抑制个人和公共部门主观行为的随意性。城市更新的制度以法律为基础，避免出现更新权责划分不明确、项目执行无依据的困境，从而达到减少交易成本的目的。此外，为了让大都市城市更新项目得以顺畅且高效地执行，日本设立城市更新紧急建设区域、特定城市更新紧急建设区域，为重点城市更新项目开辟"绿色通道"。被指定的区域可以享有更新政策优先权，一方面，其获得的财政、金融、税收政策等都经过特殊考量；另一方面，畅通提案、加快审批等辅助制度也是特定特行。

2. 城市更新中的制度成本

从制度成本视角来看，城市更新的制度安排涵盖了国家层面的产权制度和空间规划制度（例如土地利用规划和区划），以及项目层面的规定（例如规划许可）。城市更新中涉及的土地权利和利用的制度安排主要有以下三种类型：其一，制度安排涉及决定土地权属划分和未来用地开发的规定。这方面的制度安排直接影响着土地所有权和使用权的确权与转让过程。若制度不明确或存在缺陷，会增加信息不对称和交易不确定性，从而提高交易成本。其二，制度安排涉及土地收购的规定，包括参与者如何参与、互动和达成协议的土地收购规定。这些规定涉及交易的程序、合同的签订、交易的条件等方面。若缺乏明确的规定安排，交易过程中的谈判、信息交流和协商成本会增加。其三，制度安排还涉及土地用途的变更和流转等方面的规定。这些规定直接影响着土地的转让和利用过程。若制度不健全或存在限制性要求过多，将增加交易的复杂性和成本。

城市更新的制度体系涵盖法规、管理、计划和运作四个方面[10]，可以概括为法规和权责分配体系。城市更新法规体系与各国法律组织形式相关。本书中所涉及的案例国家包括英国、美国和加拿大，它们属于海洋法系。就城市更新方面而言，这一法系的特点是缺乏统一且普适的更新法规，城市更新的过程中法律没有明确的限制，且常常采用高等法院的判例来解决争端。在这种体系下，市场行为在城市更新中发挥着更大的作用，政府的干预相对较少。相比之下，日本则结合城市实际需求形成了综合性的法系。日本颁布了多部互相平行的法律，如《都市再开发法》《土地区划整理法》《都市再生特别措施法》等，这些法律对应不同的更新方式和政策工具。每一部更新法律都详细界定了相应更新方式及政策工具的目标原则、基本流程、运作主体等具体内容。这些细则减少了项目运作过程中的不确定性，一定程度上降低了交易成本。此外，城市更新在不同时期的主要需求和矛盾发生变化，更新法规体系也呈现出时代性和制度长期变迁的基本特征。

而从权责分配角度来看，城市更新包含了政府、私营部门和公众三者之间的合作与博弈。在中国的制度安排中，国家主导的征地制度，土地利用规划由当地政府发起和批准，一定程度上反映了市政府的发展目标。这种自上而下的制度安排有利于农用地向城市用地的转变，并推动了中国快速的城市化进程。然而，国家主导的征地制度模式忽略了土地使用者的需求和偏好，并且无法有效激励市场主体的投资，增加了城市更新项目的交易成本[28]。一些城市在突破更新制度局限方面做出了实践，比如广州永庆坊更新案例中，项目所在的荔湾区政府在前期改造中通过拆迁获得大量房屋产权，并采纳 BOT 模式将规划实施决策权交予市场主体（万科集团），一定程度上降低了产权人的机会主义倾向。广州永庆坊项目在确定"微改造"方式后快速推进，在一年内快速完成改造，但是否建立了有效的公共参与机制，还有待论证。

5.3.3　成本与效率的相互作用

高效制度的基本功能是降低交易成本，而制度设计的路径选择折射出对效率和利益的权衡[38]。英国的规划制度设计以"自由裁量"为核心，其特征在于土地管控和开发具有灵活性，能够快速反应市场需求，城市更新项目基于个案，会充分考虑当地经济、社会、环境要素，以及满足地方政府对地区的未来规划设想，但没有明确的规则也造成了规划的不确定和延迟。这种不确定性增加了开发商的时间成本和开发成本，进一步增加了规划风险。英国的地方规划平均准备时间为 7 年，由于涉及多方利益主体协商谈判，需平衡各自的利益需求，容易陷入谈判僵局，因此英国更新项目普遍时间周期较长，速率较低。实践中，规划许可并非按照地方规划文件进行审批，而是很大程度上按照地方议员的讨论和当下实际情况进行权衡。一方面，编制地方规划的成本（人力、物力、财力、时间）被放大；另一方面，由于较长的时间跨度，已形成的地方规划可能还未利用，就已无法满足现状，进一步增大了规划成本。正因如此，英国通过简化政策、缩减规划文本等手段，例如对小规模无争议的项目实行"一般性开发原则"，即只要满足要求，即可直接通过审批，提高效率，降低协商成本。

从效率上来看，加拿大摄政公园更新项目的开发周期相较于英国、日本等国家明显缩短。相对高效的开发很大程度上归功于土地产权权属的高度集中。产权安排作为制度安排的重要部分会影响到交易成本。多伦多社区住房公司在成立之初，就获得了摄政公园社区的全部产权，从而降低了交易市场的不确定性。类似地，前文提到的日本和英国案例采用将土地所有人和利益相关者共同成立公司的方式整合产权，共同推动项目进程。但不同于加拿大案例中优先整合产权的方式，两个案例均经历几轮协商流程后再进行产权整合。此外，摄政公园更新项目交易成本主要产生自公众参与决策、寻找合作伙伴阶段。首先，多伦多社区住房公司从项目前期便对社区公共设施情况、经济现状进行了调查并发布了报告文件，这些文件也形成了项目方案制定过程中的有效依据，降低了政府、居民和市场之间三方博弈的成本。同时，公共参与包括公开听证会、社区会议、市民咨询、公民论坛、网络问卷调查、社交媒体互动等多种渠道方式，居民可根据上述途径反映自身利益诉求。通常情况下，住户的反对意见并不能直接否决规划决策，但这些反对意见仍需要规划人员进行介入和调解并最终达成共识。这一过程不可避免地降低了决策效率，提升了交易成本。其次，在寻找合作伙伴阶段，多伦多社区住房公司与合作开发商的利益诉求不尽相同。从事件发展过程来看，双方合作止于第三阶段，多伦多社区住房公司将为最后两个阶段重新寻找新的合作伙伴，结果将是新一轮的利益博弈。但是，在确定更新开发方案方面，项目所在的安大略省自身的制度设计也有值得借鉴的地方。在多方博弈环节之前，政府部门都将预先准备针对项目地点缺失的公共基础设施的可选清单，为开发商提供明确指引方向。同时，多伦多市政府也为政府和开发商的密度奖励协商规定了清晰的标准和流程，而非采取过去一事一议的形式。另外，值得一提的是限制第三方仲裁机构对地方规划决策干预的权利。比如新组建的地方规划上诉审裁处将不能做出推翻或取代市政府决策的决定。这些条文规定很大程度上也提升了决策效率。

国内部分城市率先构建制度创新机制以降低城市更新中的交易成本。上海的最新制度设计中，提出统筹主体、完善组织机制、鼓励多元主体参与、细化各部门职责，同时通过设立全市统一的城市更新信息平台向社会及时公布信息，并依托系统为项目的全生命周期管理提供服务保障；通过细化部门职责、减少社会在更新方面的信息不对称、凸显专家评审职能等制度设计降低交易成本，并降低人为因素可能产生的负面影响。然而，由于更新涉及政府部门较多、调整规划等手续流程耗时较长、拆迁群众的意愿协同周期长等因素，更新执行效率通常难以符合预期。上海在最新的制度文件《上海市城市更新指引》中提出"时效管理"要求，要求统筹主体、实施主体应当有效推进实施，在规定时限或批准延期时限内不能完成的将丧失统筹主体资格，同时更新方案失效，体现了制度设计对方案时效性的充分考虑。

深圳大冲村更新案例规划决策过程中，尽管有城市更新办法的指引，但具体实施细则当时仍未公布，拆迁补偿标准缺乏约束，交易市场存在诸多不确定性，产权人的机会主义倾向较高，也导致项目整体交易成本较高。随后，深圳出台了《深圳市城市更新办法》等文件，政府坚持"积极不干预"的原则，扮演引导和支持的角色，鼓励市场参与，逐步明确优化交易规则，减少交易市场的不确定性。其中，深圳的"强区放权"改革是降低制度性交易成本的重要手段。在城市更新项目管理中，区级政府往往比市级政府拥有更多的信息优势。深圳将城市更新涉及的各项管理事权从市级城市更新局下放到区级城市更新局，形成全流程管理机制，明确"市决策、区实施"的上下事权划分，平衡宏观统筹和微观实施机制，并构建了"规划计划—单元规划编制""项目管理—项目实施与监管"的审批机制。最新的《深圳市城市更新条例》创新提出"个别征收＋行政诉讼"制度，针对达到"双95%"更新意愿的旧住宅更新项目，政府可以对未签约部分实施征收，约束了产权人的机会主义倾向。

在广州恩宁路永庆坊更新案例中，最初的改造更新缺乏相关规划和明确的法律法规支持，导致了制度成本的发生。缺乏明确的规划政策和法律法规支持，使更新过程中权利和义务的界定变得模糊，制度安排不完善。在这种情况下，企业权力过大，更新改造方案主要由开发商和设计单位决定，而缺乏有效的导控监督。这种制度安排的不完善和权力过度集中增加了交易成本，导致了一些负面舆论，尤其是居民权益未得到充分保障。直到《恩宁路历史文化街区保护利用规划》在 2018 年底获得广州市政府批准，该规划才正式将保护历史文化价值置于街区保护规划的核心地位，并随之制定了以强化利用为导向的实施策略。这一规划的出台完善了制度安排，并明确了规划政策和法律法规的支持，有助于降低后续更新项目中的制度成本，保障居民权益，提升更新项目的社会认可度。

总的来说，交易成本的产生伴随着城市更新的协商、决策和实施等各个阶段，主要是由于信息不对称、制度不明确、机制不健全、产权不明晰 [39] 等原因。而执行效率与交易成本紧密相关，还包括城市更新资源配置、社会公平等因素。由于城市更新项目涉及的利益主体较多，一旦产权遗留问题难以解决、利益分配机制不确定、协商能力参差不齐，就会导致项目周期拉长，机会主义行为增多，继而抬高交易成本，降低项目实施效率，对于城市更新的推进产生关键性影响。从各个国家和地区的更新案例的经验来看，基于更新流程、空间确权、协商机制、激励标准等的制度建立，不仅能够增加更新行为的确定性，有效降低交易成本，还有助于兼顾资源和利益分配的合理性，保障社会公平。

5.4 激励公平与品质保障

5.4.1 城市更新中的激励公平

激励机制是一项对个人决策极具推动力的措施，能够提高行为主体参与行动的效率，影响个体决策，被广泛应用在企业管理、市场销售和公共政策等领域 [40]。分析激励机制最常用的是新制度经济学的"委托 - 代理"理论 [41]。委托人与代理人之间的利益目标冲突和信息不对称等问题是委托 - 代理关系中的常见问题，而如何设计有效的激励机制，促使代理人做出有利于委托人的行动，则成为管理学研究的核心内容之一 [42]。同时，激励与公平之间还存在着密切联系。美国心理学家约翰·斯塔希·亚当斯（John Stacey Adams）于 1965 年提出公平理论，并指出如果社会或组织中缺乏公平，会导致个体感到不满、积极性降低。因此公平是激励的基础条件，激励机制的设计和实施要考虑公平的原则，才能更好地发挥作用。

对于城市更新而言，研究激励机制主要有两个目的：（1）激励多方主体的参与。由于更新项目往往具有投入规模大、周期长、不确定因素多等特征，且不可避免地触及各方主体的权与利的复杂关系，因此需要针对各个利益相关者制定合理的激励机制，鼓励多方主体参与其中。（2）激励更新目标的达成。城市更新往往具有多元化的目标，并涉及多种利益相关者，委托 - 代理关系也较为复杂。一般来说，在政府与市场合作关系中，政府作为公共利益的代表，往往作为"委托人"；而市场主体作为"代理人"，可能为了自身盈利而损害公共利益，因此需要激励市场主体实现"委托人"所要求的公共利益目标[43]。但在居民、社会公众与政府的合作关系中，居民和社会公众往往都是"委托人"的角色，政府作为"代理人"面对复杂多元的利益和价值诉求，也可能因为追求政绩或迫于财政压力而做出不利于"委托人"的行为。总之，此城市更新必须制定合理的激励机制，以促进城市更新项目顺利推进，并助力实现城市更新多元化的目标。

另外，城市更新的本质是土地产权、增值收益再分配的问题，因此在实施激励措施的同时，注重公平也是非常重要的。不同于增量扩张时期，存量土地能产生的增值收益有限，且又涉及土地原权利人、开发商、政府、租户等多个利益相关主体。因此，城市更新应考虑不同群体的需求和权益，确保他们在更新中能够得到公正的对待并且受益。从过程和结果两个维度来看，城市更新中的公平问题主要涉及规划和决策过程的公平、拆迁补偿的公平以及对土地增值收益的公平分配等问题。

1. 激励工具

总体来看，城市更新的激励对象主要包括开发商、政府、产权人、租户等，针对不同的激励对象，有不同的激励工具：

（1）对开发商，一般从土地供给、用途变更、容量和资金、体制创新等多方面给予激励，减少开发商所需支付的地价成本，拓宽融资渠道，提高开发收益，降低交易成本，以吸引开发商的参与，并为城市公共空间、公共服务设施建设作出贡献。

（2）对于政府，区政府一般是更新项目的关键决策者和实施者，体制机制的创新激励可赋予区政府更多更新管理的行政审批和财务决策权，以提高其工作积极性，同时简化审批流程，优化城市更新实施效率。

（3）对土地权利人，土地用途弹性变更和资金激励两种激励方式，可提高权利人的更新意愿，为城市更新项目提供基础支持。

（4）对于租户，尽管在国内大多城市的更新中租户一般缺乏表达意愿的权利，但一些国家和地区的租户在更新项目中是拥有话语权的。因此给予租户经济补偿、提供可负担的住房等保障激励，能够提高租户的更新意愿，有助于城市更新的顺利实施。

具体来看，城市更新中的激励工具大致包括了以下六种（表 5-6）。

（1）土地供给激励

土地协议出让的供给方式有助于避免"招拍挂"出让方式中市场主体"价高者得"的相关问题，对市场主体具有显著激励作用，同时能增加土地出让的灵活性，缩短流程时间等成本，促进土地利用效率的提高。这一举措与土地所有制息息相关，也建立在我国土地实行公有和集体所有的基础之上。而西方国家主要以土地私有制为主，政府缺乏对土地的调控能力，因此较难在土地供给方面给予激励。

（2）用途弹性变更激励

在城市更新中，开发商和土地权利人往往有提高土地利用效率、更新业态的诉求，因此需要对更新范围内的土地进行用途变更。一般来说，国内土地用途变更需要经历较为烦琐的调整流程，因此土地用途弹性变更工具激励的对象主要是开发商和原产权人。土地用途弹性变更涉及两方面考虑：

一方面是对土地用途变更程序的管制问题。我国的土地用途由法定规划管控，对用地性质管理的刚性程度较高，比如我国大多城市对"商改住"行为是明令禁止的。但深圳的城市更新单元规划中对用地性质调整流程的简化、广州微改造项目中允许用地性质兼容、上海田子坊的"居改非"等政策和实践也表明，多座城市也在探索土地用途改变的灵活路径。相比之下，英国、美国等国际规划体系对于土地用途的管理则相对比较灵活，对"商改住"基本没有明确限制，并鼓励"混合用途"开发。比如美国在基本分区（土地使用性质分区）的基础上，补充了叠加分区、浮动分区等多样的分区形式，以实施土地用途弹性管制[44]。

另一方面是用途改变后产生增值收益的分配问题。国内城市土地用途改变一般需要补缴地价或通过招拍挂重新定价，所需资金成本较高。在美国和英国，用途变更也需要补缴一定的税费[45]。总的来说，土地用途弹性变更有助于推动城市空间再开发的价值增长，为城市更新活动提供动力，促进城市功能的提升和产业的转型升级。

（3）容量激励

建筑容积率及开发密度是城市更新项目中影响市场主体投资回报的关键因素，也因此成为城市更新中对开发商最常用的激励手段。尽管深圳、广州、上海等国内城市均在探索容量激励机制，但也仍然面临缺乏统一平台、跨区转移行政壁垒较大、缺乏规范的制度保障和法律基础等问题，对开发商吸引力不足，难以达到预期效果[46]。

针对国内的容量激励困境，国际经验可以为我们提供一些启发。美国通过"规

划 + 法律"双重控制体系执行容积率奖励：在规划层面，各地方政府基于科学评估，拟定容积率激励计划。在法律层面，一旦容积率激励计划通过区划立法，将纳入法定化的开发条例，作为开发商实施的法律依据 [47]。日本东京的容积率奖励基本实现制度化，补贴标准采用精细化、差异化的奖励机制。加拿大密度奖励工具包括了重要的反馈渠道、激励标准、公众咨询环节，其中的公众参与机制能够有效保障激励机制的公平。由此看来，我国城市更新中的容量奖励机制还需要结合国内的规划和法规政策体系，将容量奖励和转移的条目扩大到生态环境保护、历史文化保护、公共设施建设、保障房建设等层面，并制定精细化的补贴标准和综合性评估机制，同时提供反馈渠道和公众参与路径，保障激励标准的科学性与公平性。

（4）资金激励

在更新项目中，往往还需要提供资金层面的激励支持。资金激励的对象主要是开发商，也包括区级政府，其中包含直接的物质激励与间接的补贴优惠。直接物质激励包括中央政策性资金、地方土地出让收入和专项债等资金直接支持；间接的补贴优惠包括地价征收减免、政策性贷款、政府贴息、过渡期政策、税收减免等，资产证券化、房地产信托投资基金（REITs）等新型融资途径的引入也可降低开发商融资成本、提高效率。

（5）可负担性住房保障激励

可负担性住房保障是对租户激励的关键途径。在我国城中村改造项目中，租户往往是紧密的利益相关者，但却处于弱势地位，诉求难以得到重视，最终只能随着地块的空间与产业更新被迫向城市外围或郊区转移。近年来，国家政策和深圳、广州等地方实践基于对公共利益、社会公平的考量，对保障性住房给予了越来越多的重视，但总体上，大多数城市的租户在更新中仍难以获得合理的补贴和回迁权利等利益保障。

这方面可以借鉴加拿大和我国香港的更新经验。在香港市区重建发展策略中，政府会以特惠津贴或公屋安置的形式对租户进行补偿，使租户有能力继续租住 [43]。加拿大摄政公园社区更新项目中出台政策，原租户可在新建摄政公园内租得与原先住所相等面积的新房，租金也按原来方法计算 [48]。条件是，在公园施工期间租户们只能搬迁到 TCHC（该项目开发公司）的公寓中，否则将失去回迁权利 [49]。虽然可负担性住房可保护租户权益，但其建设也降低了项目的利润空间，需要建立合理的成本分担机制，探索弹性激励措施，引导租户、居民、开发商等利益相关者共同分担成本、分享增值收益，促进更新项目顺利实施。

（6）体制机制创新激励

简政放权、流程简化、将产权人纳入规划申报主体等机制创新，对基层政府、开发商以及产权人都有激励作用，可促进更新流程精简高效实施。各个国家或城市在权力下放方面的体制改革有助于提升基层政府的工作积极性与效能，也为开发商降低了交易成本。一些自下而上的规划编制，如城市更新单元规划让产权人有了参与、表达诉求的权利，而开发商作为组织制定更新单元规划的关键角色，拥有了更多修改与调整的灵活性，也成为激励开发商参与的重要因素。

表 5-6　城市更新中的激励工具

类型	对象	目标	地区 /案例	方法	依据	条件	影响
土地供给激励	开发商	吸引投资	深圳	允许土地协议出让	1998 年《深圳经济特区土地使用权出让条例》	—	正面：降低交易成本；负面：存在暗箱操作风险
容量激励	开发商	吸引开发商投资、提供公共空间或设施	深圳	容积率奖励与转移	2019 年《深圳市拆除重建类城市更新单元规划容积率审查规定》	配建保障性住房及公共设施项目	正面：增加开发收益；负面：可能造成开发强度过高、加速绅士化
			广州	容积率奖励	2021 年《广州市城市更新条例（征求意见稿）》	提供政府储备用地、公益类使用、做出历史文化保护贡献	
			上海	容积率奖励与转移	2021 年《上海市城市更新条例》	需提供公共服务设施、市政基础设施、公共空间等公共要素	
			纽约	容积率奖励与转移	《纽约市 1961 年版区划条例》	捐款、建设楼梯通道等基础设施、建设包容性住房等	
			东京	差异化的容积率奖励	1970 年《建筑基准法》	基于公共环境或基础设施方面的贡献实施差异化奖励	
			安大略省	增加建筑高度或密度	安大略省《规划法》	提供社区设施或其他社区事项	
用途变更激励	开发商、土地权利人	吸引开发商与产权人参与、促进城市产业升级	深圳	城市更新单元规划中可调整土地用途	2019 年《深圳市拆除重建类城市更新单元计划管理规定》	需经过市"建环委"审批通过	正面：有利于空间功能的活化与业态更新；负面：可能导致空间过度商业化，破坏原有社会网络
			广州	允许用地性质兼容和建筑使用功能转变	2021 年《广州市城市更新条例（征求意见稿）》	微改造类项目、符合区域发展导向的	

续表

类型	对象	目标	地区/案例	方法	依据	条件	影响
用途变更激励	开发商、土地权利人	吸引开发商与产权人参与、促进城市产业升级	上海	零星更新可按照规定转变用地性质	2021 年《上海市城市更新条例》	提供公共服务设施、市政基础设施、公共空间等公共要素	正面：有利于空间功能的活化与业态更新；负面：可能导致空间过度商业化，破坏原有社会网络
			纽约	允许用地性质转变与混合用途开发	2005 年的西切尔西区的特殊街区区划修正案	—	
资金激励	开发商	吸引开发商参与、投资	伦敦	单一再生预算基金	《1994 年投标指南：单一再生预算基金资助指南》	通过竞争性招标分配资金，让弱势群体参与规划、设计，并且平等共享更新后的空间场所及配套设施	提升了城市更新的包容性，或保障了城市环境
			纽约	联邦基金	1994 年《国家住宅法案》	需做环境影响评估，提交"环境影响报告"	
			深圳	地价优惠	2009 年《深圳市城市更新办法》	实施差异化的地价优惠政策，容积率越高，地价优惠程度越低。	正面：提高开发商参与积极性；负面：公共财富流向产权人和开发商
可负担性住房保障激励	租户	促进社会公平	香港	以特惠津贴或公屋安置的形式补偿租户	2001 年《市区重建策略》	需要对租户的条件进行认定	正面：保障租户权益、提升包容性；负面：可能增加成本，降低开发商积极性
		提高租户更新意愿	多伦多摄政公园	原住户均有"回迁权利"	2007 年《摄政公园二级规划》	—	
体制创新激励	政府	增加执行部门的积极性	深圳	"强区放权"改革	2016 年《深圳市人民政府关于施行城市更新工作改革的决定》	—	正面：简政放权，降低交易成本；负面：可能出现各地区对政策的差异化执行
	开发商、产权人	吸引开发商和产权人参与	深圳	城市更新单元规划	2019 年《深圳市拆除重建类城市更新单元计划管理规定》	需经过市"建环委"审批通过	正面：减少控规调整流程，降低交易成本；负面：削弱法定图则的管控力度

资料来源：作者整理自参考文献 [50]

2. 过程公平与结果公平

公平是指参与社会合作的每个人承担其应承担的责任，得到其应获得的利益。党的十八大提出，要建立以权利公平、机会公平、规则公平为主要内容的社会公平保障体系[51]。一方面，由于城市更新项目的成功与否与市场繁荣程度、地段的开发潜力也有关，因此，在开发潜力较强的地区实施激励机制比较容易成功，而实施真正困难的地方则难以得到改变。激励工具未必能促进此类区位上的公平。另一方面，在城市更新过程中，激励政策大多惠及开发商主体。尽管开发商投入大量资本，但也从各项激励中获得诸多利益。相比之下，许多更新项目的原产权人主体以及受到更新活动影响的其他社会公众是否获得了应得的权利和收益却很难说。因此，塑造公平的互动决策环境和利益共享机制，也是激励多方参与其中，促进城市更新良性发展的关键因素。而本书所讨论的公平也更多是针对土地原产权人和社会公众而言。

传统的委托 - 代理理论提出，人们对公平的偏好聚焦在两个方面：一是行为过程是否公平，二是分配结果是否公平。城市更新本质上是对城市中空间、权力、利益的再分配，其中的公平问题，也可以从过程和结果两个视角进行分析。（1）从过程视角来看，规划实践的公平性主要涉及相关公众参与机制的建设，其中关键是各方权利问题，如不同主体的知情权、参与权和决策权在更新过程中能否得到保障。（2）从结果视角来看，其公平性主要体现在空间利益与货币利益的分配方面。需要按照各主体持有的土地、物业价值及需要投入的资本进行测算与公平分配。已有研究发现，过程公平是结果公平的重要前提，但是过程公平不一定带来结果公平；反之，过程的不公平也不一定会造成结果的不公平[52]。

从产权人视角来看，广州永庆坊和上海田子坊案例更新的过程和结果都在一定程度上有失公平。两个案例的执行流程较为僵硬，反馈渠道比较匮乏，公众参与流于形式，居民的知情权和决策权并未得到保障。而代表深圳大冲村产权人的村集体公司与开发商开展了多轮谈判，虽然居民的知情权和决策权在过程中得到了保障，但租户等社会公众并未参与，且 1∶1 的物业补偿等同于认可了违法建筑面积，其过程公平和结果公平是否得以实现都值得商榷。在过程公平方面，可以适当借鉴国际城市更新案例。英国在自由裁量规划体系下，每一个规划许可决策都必须进行公众咨询，公众的知情权、参与权、决策权都得到了较好保障。加拿大注重公民参与意识的培育。社区服务机构在政府的引导下，发展成为带动公众参与的重要方式，这在摄政公园更新案例中也有充分体现[48]。因此，要想在城市更新过程中实现过程公平，应建设完善公众参与的规划决策体系，提升社区的自组织服务能力，保障程序正义，助力实现过程公平。在结果公平方面，英国则通过"规划得益"制度要求开发商向政府缴纳规划条款以外的利益，并引入"社区基础设施税"，对居民给予补偿，以实现结果分配的公平。在我国城市更新背景下，应给予土地权利人较为公平的补偿，同时避免因区位优势而过度享受红利。可考虑采用宅基地换住房、农地换公租房等空间补偿方式，减少缺乏长期公平性的一次性货币补偿[53]。

从产权人之外的社会公众视角来看，深圳大冲村的租客群体因房价、租金上涨被迫离开，成为"毫无补偿的受害者"。而更新项目的周边居民却因为设施完善、租金提升和生活便利度增加获益，成为"不劳而获的受益者"；但高强度的开发所造成的基础设施压力也可能将他们转变成"受害者"。总体上，更新所推高的生活成本、增加的基础设施负担，以及给周边居民和租客带来正负面效应等方面的价值捕获机制不足，社会公平难以实现[52]。这些现象源于过程的不公平，社会公众没有被赋予参与更新过程的权利，而是成为被动角色，因此也造成了更新结果的不公平。深圳大冲村、美国高线公园、英国国王十字车站和加拿大摄政公园更新项目都呈现出"绅士化"特征，对低收入群体和依赖低成本生活空间的创意产业形成"驱逐效应"，这也表明城市更新在实现所有社会公众的公平方面还任重道远。

作为城市更新的政策制定者、组织者和引导者，政府须培养资源整合和协调能力，确保公正透明，加强监管和执法，关注弱势群体利益和多元价值目标，与公众建立有效的沟通反馈机制；避免因信息不对称、参与反馈机制不健全，导致产权人利益受损；避免因激励举措突破开发条件和制度规则，导致社会公众利益受损。在城市更新研究与实践中，不仅要关注项目本身的利益相关者，更应将视角拓展到更大范围内，关注可能受到项目影响的多元主体，算好所有受影响群体的"小账"。一方面通过土地供给、用途变更、容量激励、资金激励与制度创新激励等工具，促进多元主体参与其中，另一方面应在事前事后做好及时评估，评判他们在过程中是否有知情、参与、影响项目的权利，以及最后是否能够合理分享更新所带来的收益，以促进公平的真正实现。

5.4.2　城市更新品质保障

城市品质强调内外兼修，满足居住、就业、交通、环境等多样化需求，良好的城市品质包括优良的生态景观环境、完善的公共服务设施、丰富的历史文化资源、多样化的城市公共空间、绿色智能的生产生活方式等方面[54]。城市更新行动本质上是推进以人为核心的新型城镇化，推动城市结构优化和品质提升，打造令人满意的高品质生活、生产、生态空间，促进经济社会持续健康发展。城市更新的品质内涵可从人居品质、产业品质、生态品质和人文品质四个维度进行分析：（1）人居品质重点关注与居民生活相关的住房、交通、教育，体现在保障性住房建设、基础设施改善和学校、医院等公共设施配套建设。高品质的更新还应具有社会包容性，关注对象需从"主流"人群过渡为更加包容的"全民"（包括弱势群体），并保障每个公民能够公平共享更新后的空间场所及配套设施。（2）产业品质关注更新片区的产业转型、业态更新、经济结构优化等。（3）生态品质主要体现在公共绿地空间建设、河流湖泊等环境改善方面。（4）人文品质则关注地方场所精神、文化底蕴的保留与传承。

在前文所述的国内城市更新案例中，改造后人居环境基本都得到优化，产业业态也有所优化升级，但在人文关怀方面可能还欠缺考虑。大冲村的拆除重建式更新对原有人文品质的破坏显而易见，且缺乏社会包容性。但近年来深圳市政府也更加重视人文和人居品质，强调综合整治，并在高房价地区增加保障性住房供应，探索具有社会包容性的更新路径。广州永庆坊虽然保留了街巷肌理，但居民的大量迁出对文化原真性的损害也值得反思。田子坊塑造了一个居住与文化创意产业相互融合的多元化空间，但大量商业的涌入对人居品质造成破坏。事实上，人文品质的提升要求各类更新在保护历史文化时不仅要保留建筑、环境等物质空间，更要考虑以"人"为载体的精神空间、社会网络关系等文化内涵和品质的关键来源。

国际案例中体现了更多样的品质优化方向，英国国王十字车站更新项目致力于实现碳中和目标，并创造了多元化的产业空间。美国高线公园将原本废弃的铁路改造为美丽生态的景观道，以生态品质提升带动地方旅游产业的发展，并吸引了全球资本的投资。但这两个案例中的绅士化问题也体现了人文品质保障方面的不足。加拿大摄政公园强调对人居品质的改善以及对多元人群的包容。日本大手町地区作为东京重要的经济中心，通过连锁式更新促进了企业的动态持续发展，保障了产业品质和商业活力（表5-7）。

表 5-7　城市更新案例的品质提升重点与保障思路

	人居品质	产业品质	生态品质	人文品质	保障方向
深圳大冲村	√				改善居住空间环境
广州永庆坊		√		√	强调业态更新
上海田子坊		√		√	引入文化创意产业
英国国王十字车站	√	√	√		创造多元化产业空间，吸引龙头企业入驻
美国高线公园	√	√	√		空间与生态环境改善，吸引全球资本投资
加拿大摄政公园	√			√	居住空间改善、包容多元人群
日本大手町地区更新		√		√	连锁式更新促进产业持续发展

资料来源：作者自绘

本书所研究的城市更新案例大多启动于 21 世纪初期。广州永庆坊改造时间较短，于 2015—2016 年启动建设，但实际上也在很大程度上受到了 21 世纪初恩宁路历史街区更新项目的影响。总体来看，21 世纪初，国际环境下的城市更新已经步入相对成熟的阶段，开始重视文化复兴引导的城市再生及创意产业的引入与更新，同时也注重更具包容性的更新。而对于国内环境下的城市更新模式，联系其发展阶段和特征，城市更新行动的目标以改善居住环境、生活环境为主，对于产业、生态、人文品质的建设和多元化品质的保障还有待加强。

尽管近年对开放空间、绿地、公共服务设施等公共要素的建设要求逐渐成为共识，但由于不同城市面临的发展困境和问题不同，各城市的制度与政策设计在品质保障方面的侧重点也有所差异。比如，深圳市住房矛盾较为突出，因此十分重视人居品质改善，强调要全面加大人才住房、保障性住房供应；广州是历史文化名城，也面临传统产业转型升级和众多老旧小区改造需求，因此在政策设计中注重保障人文品质、产业品质和人居品质，重视历史建筑的活化利用、职住平衡问题；上海城市更新优先保障公共要素的增加及清单制的做法是国内一大创新[55]。总体来看，国内城市更新大多较为重视人居品质提升，采取的主要举措是要求建设一定比例的公共空间、基础设施等，具体建设指标和要求还需要更加注重精细化的分类指引，同时加强对多元群体的包容性，以及产业和生态品质提升的保障。

而国际城市更新在品质保障方面的经验可为我们提供一些借鉴：（1）英国主要通过规划许可和"规划得益"制度保障人居品质和人文品质，同时鼓励文化创意产业发展，约束可能损害文化特色的行动；（2）美国则通过税收优惠、低息贷款、部分增加容积率等激励政策和地方性法规总体规划，引导私人开发商实现公共利益目标[56]；（3）加拿大主要通过政策性规划和法定性规划（区划法）维护区域整体利益，在空间、环境等方面实施约束以实现品质保障目标[57]；（4）日本的城市更新中对品质目标的实现主要是在《都市再开发法》《都市再生特别措施法》《建筑基准法》等法规体系保障下，通过容积率奖励等特殊政策优化公共空间环境，让城市更新项目为公共福利作出贡献。

国内城市更新的品质保障更多聚焦于物质空间等人居环境层面的提升，实现人文关怀、保护城市特色、促进业态升级与产业创新、保护生态环境等方面的目标虽在一些政策文件中有所提及，但仍需重视操作层面的行动与规范指引。这与我国特有的土地、规划和财税制度背景有关。目前城市更新对房地产导向的更新模式仍存在路径依赖，因此更多关注空间环境改善和以土地、房地产为核心的增值收益。土地制度中的产权公私共存现象以及历史遗留的模糊产权问题，导致城市更新项目具有高投入、低回报的特点，在资金受限和任务进度压力的条件下，缺乏足够时间、动力和资源来保障高品质的城市更新。

借鉴国外经验，注重各类品质之间的平衡，算好城市品质提升的"大账"，还需要从底层逻辑出发，完善相关法律制度，降低城市更新过程中的交易成本，以促进多元目标的实现（表5-8）。在借鉴国际经验时要根据各地的实际情况，有针对性地学习，因地制宜地提升城市品质。品质保障是一个综合性概念，各类品质之间存在相互促进的正向作用，如人居环境品质的提升可带动产业品质提升；但也应注意过度强调某一种品质所带来的负面影响，比如过度强调产业品质的提升可能带来空间的过度商业化，导致人居、人文、生态品质的破坏。为了降低这种负面影响，需要政府、开发商、产权人和公众共同努力。在城市更新的规划阶段做好对各类品质要求的充分考虑，促进公众参与，共同制定规则并加强监督和管理，同时适度鼓励混合用途开发等弹性举措，从而激励、平衡各类品质提升需求，促进城市更新可持续发展。

表 5-8　制度设计中的品质保障重点与举措

城市	保障重点	关键举措	相关制度政策
深圳	人居品质 产业品质	以"公益优先"为导向，重视公共空间、设施、保障性住房供给；鼓励"工改工"，促进产业空间市场化供给	《深圳市城市更新项目保障性住房配建规定》《深圳市工业区升级改造总体规划纲要（2007—2020）》《深圳市工业区块线管理办法》
广州	人居品质 产业品质 人文品质	以旧厂、旧村、旧城为抓手，重视产业升级、历史文化保护	《广州市城市更新实现产城融合职住平衡的操作指引》《广州市关于深入推进城市更新加强历史文化保护传承的实施指引》
上海	人居品质 人文品质	优先保障公共要素、推行公共要素清单制	《上海市城市更新规划土地实施细则》
伦敦	人居品质 人文品质 产业品质	（1）在规划许可中要求开发者承担公共空间、可负担住房等相关规划义务；（2）重视文化投入，发展文化创意产业	1990年《城乡规划法》中的"106条款"；《伦敦市长文化战略》（Cultural Metropolis 2014）
纽约	人居品质 产业品质	建设可负担住房、大型文化设施、高等教育机构	《1949年住房法》
多伦多	人居品质 生态品质	强调社会公平与可持续发展，要求保护自然资源、建设可负担性住房并支持提供最长25年的可负担期限	安大略省《规划法案》中的包容性分区规划、社区福利费《2022年加快建造更多房屋法案》
东京	人居品质 产业品质	划分不同功能的政策区，以精细化的奖励政策引导街区与居住环境改善、产业升级	《都市再开发法》《都市再生特别措施法》

资料来源：作者自绘

5.4.3　公平和品质的相互作用

事实上，当前城市更新的目标是从经济、社会、环境等多个维度打造高品质生产生活空间，实现空间整体优化。而激励公平机制则通过政策和技术手段促进多方主体参与并保障他们的权利，是实现高品质更新的基本条件和重要方法。从经济视角来看，激励公平强调城市更新利益相关者之间的博弈平衡，要算好利益相关者主体之间的"小账"；而品质保障进一步要求从产业、人居、生态、人文等多角度考虑，算好城市整体层面的"大账"。从社会视角来看，为了确保城市更新项目顺利实施和多元化的品质提升，在城市更新中既要建立有效的激励机制，在精准了解各方诉求的基础上，激发其投入更新项目的积极性，同时平衡各方利益；又要建立合理的约束机制，落实各方责任和投入，减少负外部性，促进整体效益和公共利益的实现。城市更新是一项复杂的系统工程，需要综合考虑多方利益和多元目标，不仅要在项目中灵活运用激励和约束机制、平衡各方的权责利，还要跳出项目本身，关注更大范围内的社会公众诉求，减少整体负外部性，从宏观层面和长期视角做出决策。应把握城市品质目标的整体性、系统性、综合性特征，制定科学评估体系，避免对单一目标的过度追求。通过弹性激励工具调动各方参与积极性，同时做好精细化管理运营，确保公平性和可持续性。未来的城市更新还需充分借鉴优秀地区的成功经验和做法，因地制宜、前瞻思考并制定整体性策略规划，实现公平且高品质、可持续的城市更新。

5.5　市场化手段与标准化约束

5.5.1　市场化手段

1. 市场化手段的内涵

城市更新已逐步成为盘活存量用地、促进产业升级和提高城市品质的重要途径，但同时又面临实施周期长、盈利低和资金平衡难等困境，单纯依靠政府、市场或社区的力量都无法在复杂更新背景下高效推进更新进程。因此，激发市场和社区等多方力量参与城市更新有着重要意义。市场作为强大的资本力量，其自组织能力及协调竞争属性有助于解决更新面临的资金短缺、任务繁重等问题，促使资源高效配置，提升竞争力水平，进而推动市场化主导或参与的更新模式成为地方政府的重要选择和合理手段。

市场化运作主要通过市场化手段实施，主要体现在以市场（含开发商与社会联盟）作为城市更新行动主体，充分发挥市场在资源配置方面的作用和效率，推进城市更新在产权、权力和空间增值分配上的交易，实现经济社会和环境方面的多重目标。缪春胜等人将市场运作的要点总结为四点[58]，一是向市场力量放权，由市场或业主主导实施；二是尊重市场意愿，以市场常态化申报为依据拟定更新计划；三是充分考虑经济可行性，降低成本投入，增加后期收益；四是利益分配市场化，尤其是与业主的拆迁补偿协商主要通过协议、签约等市场化方式解决。在市场化更新模式下，政府通常遵循"积极不干预"原则，仅充当政策引导或监督管理等角色。开发商可以通过谈判或协商直接与业主进行产权交易，实行项目的市场化运作，但是在该谈判协商过程中，可能会增加由于信息不对称以及利益博弈所引起的交易成本。

2. 国际经验

国际城市更新在市场运作方面积攒了较多的经验，以权力下放和确保经济可行性为主要手段，在平衡资金、改善空间、提高效率方面形成了较多的可借鉴成果。以英、美、加和日本为代表的发达国家均通过政府政策引导及管控积极引入市场主体参与更新。英国的国王十字车站项目，政府在法规条款中仅向开发商提出资金、设施建设、环境保护、社会包容等要求，给予开发商较多灵活空间应对不确定的市场需求，如允许其依据未来需求动态调整建设规模等。美国的高线公园项目，政府在区域提案中划定了开发转移区域并赋予多种宽松的激励措施，吸引了高度市场化行为的参与，市场积极性高，更新进展快，实施效果较好。不仅是高线公园，美国城市更新项目多数都依靠市场来推进，这是因为美国制定颁布的城市更新政策工具主要依赖市场规律和需求来实施[59]。加拿大的摄政公园项目，为了激发市场主体参与项目建设，多伦多社区住房公司提出了社会混合策略，即在公共住房项目中加入商品房，并引入私营部门参与运营，提高运营效率和管理水平，同时对社区新的娱乐设施进行收费，以增加运营收入和减少维护资金投入。日本城市更新项目的最大特点在于其原业主以土地作为改造活动的投资，因而可以基本做到经费自足，较低的改造资金门槛使其相对容易开展。日本政策也以详细的容积率奖励规定撬动市场参与基础设施建设的积极性，畅通民间资本参与更新项目的渠道。

3. 国内实践

相比于国外更新实践，国内的市场化运作主要以权力下放、尊重市场意愿、确保经济可行性、利益分配市场化为主要手段，吸引市场参与城市更新。深圳是国内市场化模式的典型代表，作为改革开放的窗口城市，具有"小政府、大社会"的传统，企业自组织能力强，政府服务意识显著[60]。深圳城市更新制度设计体现"政府引导、市场运作"的原则，极大调动了市场主体的参与积极性。具体包括：城市更新单元专项规划采用自下而上的规划编制方式，将部分规划事权下放给市场主体，通过协议出让的方式为市场与产权人提供充分的谈判空间，为开发商提供转移容积、奖励容积等容积率提升空间。在市场化的更新模式下，深圳在城市空间拓展、功能优化和产业升级等方面取得了显著的成绩。

由于市场化模式有助于解决众多城市更新问题，国内越来越多的城市通过政策文件肯定市场的作用并调动市场参与更新的积极性。例如，广州城市更新中采用土地协议出让、土地出让金优惠等手段激励市场主体参与城市更新。上海的制度设计鼓励产权主体及市场参与更新，并分别为产权主体主导的零星更新项目和统筹主体主导的区域更新项目提供了详细的实施细则，包括从规划、用地、标准、资金、金融等多方面完善了实施保障措施。在地块出让、容积奖励和转移等方面的措施也体现出上海重视吸引市场力量参与更新并充分发挥其作用。在上海田子坊案例中，政府亦是通过"居改非"政策的实施，将市场化自发式的地区更新合法化。

4. 存在问题

尽管市场化手段在城市更新中发挥了重要作用，但在城市整体发展、环境品质保障和社会公平等层面，依旧有其局限性。我国城市更新实践中的市场化运作仍处于起步阶段，相应法律法规、管理配套和保障实施机制仍未完善，还需不断平衡市场效率和社会公平的关系。

首先，城市更新强调的是通过综合且整体性的行动去解决复杂的存量空间问题，其本质应是一个综合考量社会、经济与环境目标的过程。而在市场化运作背景下，资本逐利的本性致使市场倾向于改造收益大、短平快的项目，违背了城市更新的初衷及设定的综合目标。此外，城市更新本身是一个复杂的系统，局部且分散的更新项目由于追求个体项目利益往往忽视城市整体利益，从而形成碎片化的更新及与城市总体协调发展的矛盾。因此，对于如何通过更新促进城市整体的持续发展、如何实现全市范围内的统筹协调，以及如何有效激励市场同样参与到利益较低的项目中，还需进一步的考虑和安排。

其次，虽然实践表明市场化运作提高了资源配置的效率，但随着城市更新工作的深入推进，市场化运作的缺陷逐渐暴露，出现更新结构失衡、更新容量超限、更新空间破碎及更新配套设施超负荷等问题。而且城市更新普遍采用"增容""改用地性质"等方式，忽视了资本投入阶段和运营阶段的财务平衡问题，可能陷入财务陷阱[60]。

再者，在非竞争市场（城市更新不可能是充分竞争的市场）情况下，原本资源越多，谈判的筹码越大，获得的利益越大，导致社会贫富差距扩大。因此，在给予市场一定弹性空间的基础上，对市场行为进行约束也尤为必要。例如通过设定惩罚标准，"监测和管理"市场在开发过程中对于制度、规则、条例等实施程度，一旦发现建设超出标准或出现不利于整体社会环境的情况，就立即对其进行警告或实施制止行为。

5.5.2 标准化约束

1. 标准化约束的内涵

从存量规划背景下的城市更新实践中可以看到，无论是资金支持、空间改善还是项目运营，"市场力量"发挥的作用正在加强，从而释放存量空间的增量价值。但鉴于市场化手段在城市整体统筹、品质保障与公共利益等方面的关注不足，重新平衡政府调控与市场主导两者的关系，制定标准化的约束来维护市场秩序的必要性日益凸显。市场秩序的维护不仅需要公权力合法干预来约束市场的过度逐利行为，形成公平机制，保障社会整体利益平衡，还需要按照一定标准来履行承诺，规范市场行为[61]。

根据我国自然资源部对于标准化的定义，标准化是一个过程，指为在一定的范围内获得最佳秩序，对实际的或潜在的问题制定共同的和重复使用的规则的活动[62]。其作用形式可包括技术标准、工作标准、管理标准等针对总体对象或具体对象的统一规定，目的是为经济发展降低交易成本、提高速度、增加管理透明性和确定性、保证质量和效率，带来显著社会、环境和经济效益，是实现可持续发展的基本条件之一[63]。

正如前文所述，城市更新是一个解决城市综合复杂性问题的过程，涉及制度文化、多主体利益、成本、效率、公平、品质等多重目标，需要平衡多方目标的标准。因此，"标准化约束"可被认为是政府通过制定一系列可重复使用的政策、标准和条件等约束和限制市场的过程，是一项规则，目的是在产权、用途、容量和公共空间品质建设等权利让渡的环节上对市场行为进行约束管理，同时避免增加交易成本，使城市更新项目在充分发挥市场高效资源配置作用的同时实现社会、经济和环境综合目标。标准化约束发挥作用的前提是制度安排上的完善，一系列标准化的制定一方面有利于让开发商明确开发预期，降低开发成本；另一方面有利于政府改善和控制城市物质空间品质，保证城区整体发展目标的实现并保障整体公共利益，满足技术合理和价值合理的要求。

2. 国际经验借鉴

通过对案例的梳理可以看出，国际城市更新项目主要通过利用规划许可和制定相关政策等统一标准来约束市场自发趋利性行为（表5-9）。英国城市规划延续了1947年确立的规划许可制度，由政府掌握土地开发权垄断性地位，规定所有项目获得规划许可后方可实施，并在"106协议条款"中明确规定开发商在保障性住房、开放空间、就业机会、基础设施建设等方面的强制性义务，对开发方案进行标准化约束；

同时又给予市场较大的灵活度，允许开发商根据市场需求做出开发计划，并通过与专业部门协商和公众咨询等流程获得当地议会批准，保证了市场行为的可实施空间。美国城市建设主要按照区划法（Zoning）实施，为调节土地私有化制度下政府将私人土地"充作公用"或限制开发权等问题，设置了诸如容积率奖励和开发权转移等以市场交易为主要手段的激励机制，同时明确了容量奖励上限和限制转移的区域等，这一点在高线公园更新项目中也有所体现。加拿大摄政公园更新项目中，为了防止项目高度市场化，剥夺原租户为代表的弱势群体权益，多伦多社区住房公司也通过制定相关政策文件（社会发展规划等）要求开发商引入公共服务机构，改善弱势群体难以获取教育和就业资源的情况。

表 5-9　市场化手段和标准性约束

案例国家/地区	市场化手段		标准化约束		品质保障
英国	政策激励	允许市场根据具体情况对建设容量等作动态调整	政策约束	将合理容量、社会包容等作为规划许可的条件	社会公平、保护环境
美国	政策激励	容积率奖励、开发权转移	政策约束	设定标准化开发条例、制定开发权转移区域	城市公共空间建设、零散空间整合、保护环境、保护历史文化环境、调节私人和社会利益
加拿大	指标激励	提出社会混合，加入商品房指标，吸引市场进行房地产开发	政策约束	颁布政策文件保障公共利益	社会公平
日本	指标激励	详细容积率奖励	指标约束	出台城市设计导则、规定奖励认定标准和计算公式	城市公共空间建设
深圳	政策激励	规划事权下放给市场	政策约束	法律法规、管理措施	城市公共空间建设、控制基础设施承载量
	指标激励	给予容积率奖励	指标约束	容积率全域审查管控、规定容积率上限	
广州	政策激励	土地出让金优惠、土地用途灵活改变、异地平衡	—①	—	提升土地利用效率、保护环境
上海	政策激励	市场作为统筹主体	政策约束	统筹主体资格认定	城市公共空间建设、风貌保护
	指标激励	给予容积率奖励、转移	指标约束	控制容量上限	

资料来源：作者自绘

---

① 提出相关市场化手段的 2021 年《广州市城市更新条例（征求意见稿）》目前未正式出台，且文件中对于一系列手段未明确指出实施路径和相关约束手段，因此该表格的标准化约束暂未填写。

3. 国内实践

为应对市场化失灵引发的问题，我国各地不断探索政府在城市更新中的角色和功能，最大限度发挥调控和管理作用。自 2015 年起，深圳在坚持市场运作的原则下，对市场化发展"积极调控"，从实施更新统筹规划、强化更新分区管控、搭建更新预警机制和提高更新配建标准四方面提出调控策略。以"更新办法"和"条例"为核心，建立了法律法规、管理措施、技术标准、操作指引四个层面的更新政策框架体系，制定公开透明的城市更新容积率管控、住房和公益用地保障等规则，并强化片区统筹规划与土地整备模式，对市场行为及其可能造成的影响进行约束与管理。上海仍在积极探索城市更新市场化的起步阶段，但为了避免未来市场脱离约束，已经通过制度设计对主体的权力边界进行界定及约束，如提出需要对统筹主体资格进行认定等制度。同时，上海的制度设计大部分都是激励与约束并存的，比如在容积率奖励方面，必须与公共要素供给"捆绑"，且在严控区域内建筑总量的基础上执行[22]。

总的来说，"市场运作 - 标准约束 - 惩罚机制"主要表现在政府对市场行为的激励、约束和惩罚上，其目的在于促进市场资本发挥价值的同时，不会偏离政府对社会经济环境的整体把控。在国内项目中，城市更新行动存在规模大、主体多、资金需求高等现实问题。在实践中，各地不断引入市场主体参与更新，同时为平衡市场主体资金投入产出，不断探索市场化手段，以发挥市场资源配置作用。与此同时，政府须通过规则来引导市场行为，避免项目运行"脱轨"，提出系列标准化约束，保证项目平稳进行。因此，标准化是前提和基础，市场化是目标，二者相互制约，又相互促进，需要共同发挥作用。

5.5.3 市场化和标准化的相互作用

在城市更新中，市场化手段与标准化约束密不可分，激励与约束大多并存，并非完全矛盾或互斥关系。市场化手段对应的是激发市场活力、提高参与积极性和发挥各方优势，可以利用市场投资缓解项目资金压力，并运用好专业能力，提高更新品质和效率；但也可能由于市场主体过度逐利而背离更新初衷，如出现过高密度的容积率奖励以及低水平的公共设施供应而导致的公共服务设施不足等问题。而标准化约束对应的是结合对地方条件和主要问题的识别，约束市场主体，达成更好的公平性，以保障城市公共空间，提升城市环境品质。因此，从这个角度看，在城市更新实施中，二者需要兼顾，互相配合。同时在实现灵活性的目标下，市场化与标准化的有机结合还能发挥出市场和制度的双重效率，即通过市场机制建立互赢关系，同时通过明确的规定提高市场参与者的确定性，降低其投入的风险。

然而，标准化与灵活性之间也是存在潜在冲突的。例如，分区规划作为最标准化的土地使用限制措施，在使用初期有助于降低土地开发的交易成本；但随着时间的推移和社会的发展，标准化制度和工具可能会成为社会进步的包袱，难以应对土地开发面临的动态挑战。因此，规划也许可以暂时地将允许的、禁止的、可协商的内容进行标准化，但同时还要确保系统在一定程度上是开放的、可以改变的。否则，今天的标准化将成为明天的桎梏。这也提醒着规划从业人员要做好降低交易成本和减少"寻租"行为的需要，与创新和应对以前所未有的速度出现的新情况的需要之间的持续拉锯战的准备。

5.6 弹性激励的反思和建议

5.6.1 弹性激励的主要体现

城市更新错综复杂，难点重重。很明显，僵化的、"一刀切"式的举措难以应对更新实践中面临的复杂群体需求和多元目标。城市更新需要采用灵活机制，才能更为有效和广泛地推动。纵观不同国家和地区的弹性实践和制度建设，城市更新灵活激励机制根据实际问题和发展需求呈现多样化特征，但相对来说比较集中地体现在权力、主体、资金和空间四个维度。

在权力维度上，有效的灵活激励往往涉及权力下放，包括从中央向地方政府各级的放权以及对社区居民和土地权属主体的赋权。赋予地方政府更多的决策权（如规划编制权和审批权等）可以发挥其能动性和创造性，更充分地利用和吸收资源，更自主和快速地反应，从而更好地满足地方需求；同时发挥其地方知识的优势，特别是基层政府机构，针对地方性复杂问题有的放矢。当然，为避免过大的灵活空间被地方规制俘获，同时为平衡地方利益和整体利益的冲突，中央政府会保留上级规划的编制权，通过上级规划、法律或管理条例，明确优先权问题，限制灵活程度的上限。中央政府还会通过设立专项基金等财政拨款手段，引导和要求地方在维持公共利益的前提下充分考虑市场的需求，一定程度上保留了对灵活机制的适度干预能力和实现公共目标的影响力。同时，权力下放还涉及城市规划师、社区民众、社会公众在更新过程中的知情权、参与权和决策权。土地开发权力的合理配置、奖励和转移可以激发更新的市场活力，并在城市更新所涉及的各个主体层面形成良性的权责共享和协同规划的主观意愿。

在主体维度上，灵活激励体现在多主体发起、参与和统筹更新。相比于以往政府主导的城市更新，包括政府主体、市场主体、半市场主体以及居民主体在内的多元主体参与或主导城市更新的意义在于促进城市更新的多元化、平衡各方利益、分担资金压力，以及增强社区参与感和归属感。政府主体通常拥有权威性和丰富的资源，能够提供政策、资金等关键支持，可以集中力量办大事，甚至在损失经济效益的情况下最大化满足社会利益。但是，政府主体也受到固有的政策和程序的限制，缺乏灵活性和创新性，加之人力和专业的限制，也难以应对快速变化的城市需求。而以企业为代表的市场主体通常具有高效的执行能力、前沿的专业能力和主动创新意识，能够快速响应市场需求，推动项目的进展和提升城市更新的效率。只是，市场主体往往更注重盈利，可能导致项目的社会效益受损，因而在政府基于公共利益的激励和约束的引导下，还需要居民等不同利益主体的参与和发声，通过多元制衡避免项目偏向单方利益。当然，灵活带来的效率难题也不应被忽视。因此，在更新实践中逐渐有统筹主体的出现，在一定程度上可协调资源重新分配并为多方主体间构建"讨价还价"的平台和渠道，同时通过自身的资源能力保证各方协同的有效结果和项目稳步向前推动。这样的统筹主体可以来自私营机构、国企单位或社会个人团体，这与其相应的社会制度和文化背景有关，且由于各自追求的目标和所拥有的权力的差异，也会取得不同的统筹结果。

在资金维度上，更新激励往往通过激励型政策和规划，撬动私营部门在城市更新中的资金投入，解决城市更新的融资难点，这在地方政府财力有限、国内土地财政不可持续以及银行贷款等融资门槛较高的现实背景下，符合项目长期运营和可持续发展的要求和趋势。当前政府与社会资本合作也出现了多种模式，比如公私合作伙伴关系 PPP 模式、合资企业、土地价值捕获、项目捆绑运作、异地平衡等，都是政府在当地制度环境下，提供私营部门实际盈利机会的同时，让更新发展的增值部分回馈到公共建设中，从而形成闭环，满足城市更新持续融资的需要。但在多地实践中，也仍然会遇到公私伙伴关系中风险难以共担的困局，导致激励不足和私营部门积极性偏低的情况。同时，私营部门对利益的根本性追逐也难以避免地产生了对更新项目"挑肥拣瘦"的问题。区域发展不协调、社会资本结构失衡的问题也常常是灵活机制面临的新难点，且为此所要增加的政府行政和财政刚性支出进一步抑制了灵活机制的启用、持续和推广。另外，私营部门为了降低风险和快速回笼资金，往往引入更多商业业态，增加建设密度，缺少对空间品质的关注，对当地居民社会网络和环境品质也造成影响。因此，社会资本参与城市更新的关键在于跨越私人贡献与公共利益的内在障碍，避免"舍本逐末"，促进社会、经济和环境的协调发展。

在空间维度上，作为城市更新行动实施的具体物质载体，空间的灵活安排既是城市发展的最新需求，也是重新定义城市功能活力和社会组织的关键内容，在存量发展背景下，与已开发土地、已建成建筑的空间改造和资源再调配、利益再分配密切相关。城市更新作用于空间的弹性机制主要包括土地开发利用的类型变化和混合程度，以及开发强度在空间上的灵活调整。城市产生和容纳新功能的背后，代表着对土地最佳使用方式的变化需求。而土地性质和开发权的改变，实际上是对权利拥有者和空间使用者的置换和更替。在我们所讨论的地区和案例中，不乏对工商用地改为居住用地实施鼓励的，但也有对此严格限制的。这不但反映了地方对产业布局和住房问题优先级的不同考量，也体现了灵活机制在同一问题上可应用的不同地方性策略。此外，建设开发的强度在地块内部、行政区域内或跨区域之间的灵活调整都有所表现，只不过相应的行政程序和采用的解决途径不尽相同。因此，空间的灵活性在实践中同样表现出类型的多样性和不同的灵活范围，其背后的关键在于对更新要解决的问题的深入判定，以及在所处的社会制度环境下，对所需的资源进行有效调配的可行性。当然，空间的灵活调整并非意味着资源的随意调配，而是需要更加严格的管控和制衡措施，在给予用途和开发强度灵活激励的同时，须进行"底线"约束，实施保障城市人居环境、环境生态、历史文化等方面的高品质建设，避免灵活过度导致城市公共设施超负荷运载或在空间和区域上产生新的不公。

5.6.2　灵活激励的实现手段

要让灵活机制真正发挥出效力，就需要有一套解决问题的整体思路，以及合适的契机、撬动力量和驾驭灵活策略的能力。

首先，站在权力下放和放松管制的角度，国内外经验表明，在城市更新制度设计中向地方适当下放如土地配置、规划编制、建设管理和审批等土地管理权限，以及资金和人员的统筹管理和自主支配权，让地方拥有一定的自由决策权力，有助于提高地方的积极性，增强人员配置能力，提升基层治理的灵活性以及办事效率。但值得注意的是，权力下放时应对灵活性的内容和范围进行规定，守住"底线"以保障公共利益和城市整体利益。同时应明确中央和地方在城市更新方面的事权划分，避免因事权分配不明造成多机构管制困境，导致决策复杂化；应适当简化决策流程，降低灵活的规划调整的成本；同时也需要健全国家和地方相关立法，建立规范的管理约束机制，制定城市更新负面清单，从而对超出底线的灵活加以限制。上级政府和社会公众应发挥监督作用，避免"一放就乱"的现象发生。

其次，土地用途转变、容积率奖励、开发权转移等具体的灵活工具将有助于城市更新的高效实施，但也需要因地制宜、前置思考并降低负外部性。选择并实施灵活工具时需要首先明确区分其适用情况和预期影响，并结合本地制度环境条件采取因地制宜的举措、调整和创新，以确保其有效性。比如：（1）当该地区需要调整产业结构，或单一功能的地块需要满足多功能需求时，可考虑采用土地用途转变或功能混合的灵活工具，以优化土地资源配置、促进功能多样化，提高城市品质；但同时要结合本地的规划体系，并相应地简化调整程序，比如英国的自由裁量规划体系和美国的分区规划体系中对土地用途转变和功能混合的共同目标有着不同的制度安排，这既是与本地制度文化相结合的产物，也反映了对效率公平等的不同理解和解决方式。（2）当地区内需要新增公共设施、保障性住房或开放空间，但因容积率受限导致开发商缺乏建设动力时，可考虑采用容积率奖励工具，以满足城市公共利益的需要；但与此同时，也应健全相关法律法规和精细化的容积率管理制度、测算工具方法等，以保障公共空间和设施的供给品质和维护使用等问题。（3）当地块因历史或生态保护等原因导致开发权受限，可以考虑采用开发权转移工具，将开发权转移至可开发的地块，这将有利于空间资源的高效配置，促进社会公平正义的实现。但是同时需注意的是，国际国内在土地所有制、管理体制、市场经济模式等方面有诸多差异，应结合地域特点采取个性化的策略。比如在土地私有制背景下，国际开发权转移大多是建立在跨地区和不同主体之间的市场交易上，而国内更多探索的是行政区内或跨区中的开发权转移和置换平衡路径，而与此对应的制度体系和流程过程也相应有所差异。

同时，发挥灵活工具的正面作用时还不能忽视其潜在的负面影响。比如土地用途转变可能造成过度经营性开发，容积率奖励和开发权转移可能造成交通、基础设施负载过重、风貌破坏等问题。因此，采用灵活工具之前需要完善法律法规体系，建立差异化、精细化的技术标准，比如规定不同类型的公共利益贡献能获得的奖励或转移量，以明确收益预期，约束开发商或产权人行为，保障公共品质和社会公平的实现。在城市更新中不仅要识别关键问题和目标，根据本地制度环境特征选择适合的灵活工具，而且要采用全局视角和批判性思维，在保证实施效率的同时兼顾公平，为灵活工具的实施提供相应的保障，减少灵活可能产生的负外部效应（表 5-10）。

表 5-10　弹性激励的路径与保障

放权类别与内容	灵活工具	品质和效率保障手段
土地配置、规划编制、建设管理和审批等土地管理权限； 部分财政管理权限； 人员统筹、配置权	土地用途转变或功能混合； 容积率／开发权奖励； 容积率／开发权转移	限定土地用途转变、混合的范围和条件； 设定规划许可条件和特定情形的绿色通道； 精细化的公益贡献要求或清单； 容积率上限管控约束； 简化审批流程并保证干预和监督权力和机制

资料来源：整理自绘

最后，点状的法外突破实践为城市更新提供了反思和调整的机会。类似上海田子坊案例中"居改非"的法外行为，在一定程度上反映了部分利益相关者的关键诉求，但最终这种突破是否得到认同、是否可以被纳入合法的更新框架，还需从多方利益相关者及社会公众的角度进行整体考量和前瞻性的思考。既要尊重行动者的诉求，又要避免倾向部分群体而忽视其他群体、忽视其潜在的负面影响。例如纽约 SOHO 更新中虽然推动了法律条文的修改，促进制度灵活性的提升，但也因为对消防问题的忽视造成了严重后果。而上海田子坊"居改非"试点尽管得到了接受认可，但并没有在制度层面被纳入合法性框架，这也反映了对其可能造成的过度经营性开发等负面效应的考虑。这些案例还说明，在合法化法外行为的同时必须要做好前瞻性的准备，预判调整后的产权、空间、利益分配格局和产业发展趋势，在激励的同时健全利益共享与约束管控机制，避免灵活工具所导致的生活空间破坏、过度商业化等发展失控问题。总之，城市更新中因刚性控制面临难以解决的障碍问题时，应根据利益相关者的多元诉求和城市更新的关键目标要求，从权力、主体、资金和空间等维度选择灵活方案，同时前置思考灵活方法和工具可能产生的新问题，健全法规政策，提前做好体制机制建设，以保障主体利益平衡和多元目标落实。不仅利益相关者和社会公众要积极参与、表达诉求，政府也需要给予充分的引导、监督和管控，协调冲突矛盾，集合多方力量，在充分预判潜在问题的前提下，发挥好灵活工具的效用，并保障公共利益和公平正义的实现。

5.6.3　弹性激励的适度把握

城市更新中的弹性激励是一种对复杂城市系统的理解和动态管理方式，旨在平衡变化的矛盾冲突、解决现有机制与需求之间的不匹配问题，为城市的发展、改善和修复提供持续不断的力量，创造共建共享的机会，打造公平包容的环境。它既是存量发展的必然趋势，也是解锁难题僵局的关键密码。但是，启用灵活激励之前，应该树立一个基本观念，即"灵活"是为了解决问题，而非创造新的问题。灵活并非放弃规范，更不等于随意而为。实践经验和教训提示我们，在灵活实施过程中，底线不可或缺，必须守住一系列基本原则和公共利益，以防范潜在风险，避免偏离更新的初衷。一方面，需要在制度规范的体系框架中做适当调整，因地制宜地选取灵活的方式、工具和内容，调整实施规则和优化权利分配方式，释放和激励多元力量的参与和多方能力资源的汇聚，以达到更高品质的发展目标。另一方面，需要有相应的规范约束，并通过合理的制度设计精准有效地实现公平和效率的兼顾，既避免因为增加的不确定性和博弈成本而降低积极性，又能够通过有效的关系制衡来保证公平和协同意愿。灵活不是一时之举，而应保持对实施过程和效果的持续关注，在政策制定、规划实施和后期运营的全周期过程中长期评估和调整，并在积累经验的基础上培养系统思维，不断提高城市规划师、城市治理者、政策制定者和决策者的响应力和预判力。

参考文献

[1] 申琳，孙庆文.研发投入跳跃、地区制度环境与经营风险 [J].科技创业月刊，2023，36（1）：39-44.

[2] 沈江平.中国式现代化道路文化基因阐析 [J].东南学术，2022（3）：12-19.

[3] 曾大兴.特定时空中的岭南文化——岭南文化的来源、历程、特点和局限 [J].岭南学术研究，2017，12（1）：1-10.

[4] 匡晓明.上海城市更新面临的难点与对策 [J].科学发展，2017，（3）：32-39.

[5] 衣霄翔，于帅.文化导向的收缩城市复兴策略——英国利物浦经验及启示 [J].中国名城，2022，36（8）：97-104.

[6] 宋雄伟.英国地方政府治理：中央集权主义的分析视角 [J].北京行政学院学报，2013，（5）：15-19.

[7] 徐南南.面向实施的规划制度设计：美国 1920 年代的两部规划立法示范 [J].国际城市规划，2018，33（04）：111-116.

[8] 张薇薇.加拿大文化现象透视 [J].中国校外教育（下旬刊），2013（3）：23-24，146.

[9] 刘涟涟，高莹，陆伟.基于地域文化与国际比较下的城市更新教学探索 [C]//2019 中国高等学校城乡规划教育年会论文集.2019：238-243.

[10] 徐瑾，顾朝林.英格兰城市规划体系改革新动态 [J].国际城市规划，2015，30（3）：78-83.

[11] 董舒婷，张立，赵民.立法规制与地方自治下的日本空间规划体系的演变、协同和传导 [J].国际城市规划，2022，37（5）：14-23.

[12] 唐燕，殷小勇.城市更新的 4S 理论支持：主体 - 资金 - 空间 - 运维 [J].北京规划建设，2023，No.208（1）：6-11.

[13] R·爱德华·弗里曼著.战略管理：利益相关者方法 [M].王彦华，梁豪，译.上海：上海译文出版社，2006.

[14] 谢涤湘，李华聪.我国城市更新中的权益博弈研究述评 [J].热带地理，2013，33（2）：231-236.

[15] 温锋华，姜玲 . 整体性治理视角下的城市更新政策框架研究 [J]. 城市发展研究，2022，29（11）：42-48.

[16] HEALEY P.Collaborative Planning in Perspective[J].Planning Theory，2003，2（2），101-123.

[17] MARGERUM R D.Collaborative planning：Building consensus and building a distinct model for practice[J].Journal of planning education and research，2002，21（3）：237-253.

[18] 郭旭，田莉 . "自上而下"还是"多元合作"：存量建设用地改造的空间治理模式比较 [J]. 城市规划学刊，2018，241（1）：66-72.

[19] 林辰芳，杜雁，岳隽，等 . 多元主体协同合作的城市更新机制研究——以深圳为例 [J]. 城市规划学刊，2019，253（6）：56-62.

[20] 任绍斌 . 城市更新中的利益冲突与规划协调 [J]. 现代城市研究，2011，26（1）：12-16.

[21] 赵峥，王炳文 . 城市更新中的多元参与：现实价值、主要挑战与对策建议 [J]. 重庆理工大学学报（社会科学），2021，35（10）：9-15.

[22] 司南 . 市场化城市更新模式下的产业空间供给研究——基于深圳市的实证 [J]. 城市规划，2023，47（6）：38-42+120.

[23] 中国城市规划学会学术工作委员会 . 理性规划 [M]. 北京：中国建筑工业出版社，2017：258-263.

[24] 吴婷婷，黄睿 . 基于理性决策的城市设计影响评估模式 [J]. 中国住宅设施，2022，232（9）：22-24.

[25] 李泽新，杨新旗，王婷 . 双重博弈结构下城市更新协作机制及转变趋势研究——以重庆市渝中区为例 [J]. 中国名城，2023，37（7）：24-30.

[26] YUAN D，YAU Y，LIN W，et al.An Analysis of Transaction Costs Involved in the Urban Village Redevelopment Process in China[J].Buildings，2022，12（5）：692.

[27] ALEXANDER E R.A Transaction Cost Theory of Planning[J].Journal of the American Planning Association，1992，58（2）：190-200.

[28] LAI Y，TANG B.Institutional barriers to redevelopment of urban villages in China：A transaction cost perspective[J].Land Use Policy，2016，58：482-490.

[29] BUITELAAR E.A Transaction-cost Analysis of the Land Development Process[J].Urban Studies，2004，41（13）：2539-2553.

[30] 张颖 . 从公平和效率的关系看政府的决策问题 [J]. 山西经济管理干部学院学报，2007（1）：17-20.

[31] 刘霞.公共决策中的公平与效率 [J]. 文史博览（理论），2008（10）：47-49.

[32] 唐燕,殷小勇,刘思璐.我国城市更新制度供给与动力再造 [J]. 城市与区域规划研究，2022，14（1）：1-19.

[33] 邹兵.增量规划向存量规划转型:理论解析与实践应对 [J]. 城市规划学刊,2015（5）：12-19.

[34] 雷翔.走向制度化的城市规划决策 [M]. 北京:中国建筑工业出版社，2003.

[35] 黄砂.产权交易视角下的城市更新策略研究 [J]. 上海城市规划，2016（2）：77-82.

[36] LAI S K, LIU H L, LAN I C.Planning for urban redevelopment：a transaction cost approach[J].International Journal of Urban Sciences，2022，26（1）：53-67.

[37] 刘迪，唐婧娴，赵宪峰，等.发达国家城市更新体系的比较研究及对我国的启示——以法德日英美五国为例 [J]. 国际城市规划，2021，36（3）：50-58.

[38] 杨槿，徐辰.城市更新市场化的突破与局限——基于交易成本的视角 [J]. 城市规划，2016，40（9）：32-38+48.

[39] 何鹤鸣，张京祥.产权交易的政策干预:城市存量用地再开发的新制度经济学解析 [J]. 经济地理，2017，37（2）：7-14.

[40] 李稷，张沛.行为经济学视角下公众参与城市规划的动力机制优化 [J]. 现代城市研究，2018（6）：44-50.

[41] 刘有贵，蒋年云.委托代理理论述评 [J]. 学术界，2006（1）：69-78.

[42] 王熹.委托—代理理论视角下经理人激励机制与努力水平选择研究的演化 [J]. 理论学刊，2022（2）：137-143.

[43] 张理政，王洁晶.香港城市更新策略的治理结构研究——基于委托—代理关系视角 [J]. 国际城市规划，1-14[2024-02-28].

[44] 卢为民.城市土地用途管制制度的演变特征与趋势 [J]. 城市发展研究，2015，22（6）：83-88.

[45] 卢为民，张琳薇.境外城市土地用途变更管理的经验做法 [J]. 国土资源，2015（6）：38-40.

[46] 詹水芳.上海实施容积率奖励、转移面临的难点和对策 [J]. 科学发展，2019（4）：84-89.

[47] 何芳，谢意.容积率奖励与转移的规划制度与交易机制探析——基于均等发展区域与空间地价等值交换 [J]. 城市规划学刊，2018（3）：50-56.

[48] 清华同衡规划播报.国际经验｜加拿大摄政公园:PPP 如何推进城市"边缘社区"复兴 [EB/OL].（2017-03-15）[2024-02-28]. https：//mp.weixin.qq.com/s/SaZayjbSePIQ

dmBKrIkusg.

[49]　Spacing，the University of Toronto.Regent Park：A Progress Report[R/OL].Regent Park Community Resource Library，2021.https：//metcalffoundation.com/wp-content/uploads/2022/02/Regent-Park-2022-ONLINE-metcalf.pdf.

[50]　王曼琦 . 城市更新如何接纳弱势群体——伦敦城市更新中的包容性设计 [EB/OL].（2020-07-11）[2024-02-28].https：//mp.weixin.qq.com/s/Pc2hSlBIEBGVriXcg36EzA.

[51]　唐子来，顾姝 . 上海市中心城区公共绿地分布的社会绩效评价：从地域公平到社会公平 [J]. 城市规划学刊，2015（2）：48-56.

[52]　葛岩，周俭 . 权利视角下城市更新公平性探讨 [EB/OL].（2022-08-09）[2024-02-28]. https：//mp.weixin.qq.com/s/xdN6AifHR1-naY7wk8mSEQ.

[53]　段禄峰，宋佳丽，魏明 . 城镇化进程中土地增值收益公平分配机制研究——基于土地所有权与开发权相分离视角 [J]. 广西社会科学，2020（3）：66-71.

[54]　赵群毅，黄建军，王茂军 . 人本视角下城市品质提升的方法论——来自厦门实践的思考 [J]. 城市发展研究，2020，27（9）：82-87+41.

[55]　梁晨,卓健 . 聚焦公共要素的上海城市更新问题,难点及政策探讨 [J]. 城市规划学刊，2019（S01）：8.

[56]　顾媛媛，邢忠，陈子龙，等 . "空间—社会"关系视角下保障房规划研究——美国包容性住房计划的启示 [J]. 国际城市规划，2021，36（5）：129-137.

[57]　印晓晴 . 加拿大地方政府的行政架构与规划体系——以安大略省为例 [J]. 上海城市规划，2018，（1）：109-114.

[58]　缪春胜，邹兵，张艳 . 城市更新中的市场主导与政府调控——深圳市城市更新"十三五"规划编制的新思路 [J]. 城市规划学刊，2018（4）：81-87.

[59]　姚之浩，曾海鹰 .1950 年代以来美国城市更新政策工具的演化与规律特征 [J]. 国际城市规划，2018，33（4）：18-24.

[60]　赵燕菁，宋涛 . 城市更新的财务平衡分析——模式与实践 [J]. 城市规划，2021，45（9）：53-61.

[61]　自然资源部 . 标准化在现代市场经济中的主要职能 [EB/OL].（2019-11-11）[2023.12.15]. http：//www.nrsis.org.cn/portal/bzzsDetail/27.

[62]　自然资源部 . 标准化的定义 [EB/OL].（2019-11-11）[2023.12.15].http：//www.nrsis.org.cn/portal/bzzsDetail/32.

[63]　自然资源部 . 标准化的主要作用 [EB/OL].（2019-11-11）[2023.12.15].http：//www.nrsis.org.cn/portal/bzzsDetail/28.